U0322648

高等职业技术教育机电类规划教材

机电设备控制技术

主　编　徐德凯　王丽洁
副主编　史卫朝　呼刚义　张　丽
参　编　朱明辉　梅小宁　杨　鹏
主　审　吴　东

机械工业出版社

本书是根据高职高专机电类专业“机电设备控制技术”课程教学基本要求，并结合近几年高职教育的经验编写而成的。本书在编写上以实用为主、够用为度，主要内容有机电设备传动控制系统概述、液压传动与控制技术、气压传动与控制技术、低压电气控制系统、智能电气控制系统。对于书中的部分模块，不同专业可根据教学实际情况选用。本书内容力求叙述清楚、简明扼要、图文并茂，并附有习题，以便于学生自学和巩固所学的知识。

本书可作为高职高专院校机电类及相近专业的教材，也可作为技术人员岗位技能培训用书，还可供从事机电类专业工作的工程技术人员参考。

本书配有电子课件，凡使用本书作为教材的教师可登录机械工业出版社教育服务网 www.cmpedu.com 注册后下载。咨询邮箱：cmpgaozhi@sina.com。咨询电话：010-88379375。

图书在版编目（CIP）数据

机电设备控制技术/徐德凯，王丽洁主编．—北京：机械工业出版社，2015.9

高等职业技术教育机电类规划教材

ISBN 978-7-111-51253-0

Ⅰ.①机… Ⅱ.①徐… ②王… Ⅲ.①机电设备-控制系统-高等职业教育-教材 Ⅳ.①TP271

中国版本图书馆 CIP 数据核字（2015）第 189374 号

机械工业出版社（北京市百万庄大街 22 号 邮政编码 100037）
策划编辑：刘良超 责任编辑：刘良超 版式设计：赵颖喆
责任校对：张晓蓉 封面设计：鞠 杨 责任印制：乔 宇
唐山丰电印务有限公司印刷
2016 年 1 月第 1 版第 1 次印刷
184mm×260mm · 19.5 印张 · 477 千字
0001—3000 册
标准书号：ISBN 978-7-111-51253-0
定价：39.80 元

凡购本书，如有缺页、倒页、脱页，由本社发行部调换

电话服务	网络服务
服务咨询热线：010-88379833	机 工 官 网：www.cmpbook.com
读者购书热线：010-88379649	机 工 官 博：weibo.com/cmp1952
	教育服务网：www.cmpedu.com
封面无防伪标均为盗版	金 书 网：www.golden-book.com

前　言

本书是根据高职高专机电类专业“机电设备控制技术”课程教学基本要求，并结合近几年高职教育的经验编写而成的。本书在编写上以实用为主、够用为度，主要内容有机电设备传动控制系统概述、液压传动与控制技术、气压传动与控制技术、低压电气控制系统、智能电气控制系统。对于书中的部分模块，不同专业可根据教学实际情况选用。本书内容力求叙述清楚、简明扼要、图文并茂，并附有习题，以便于学生自学和巩固所学的知识。

在本书编写过程中，编者注重机电设备控制的典型性、代表性、实用性和先进性，主要介绍了控制元件的工作原理及应用，常见故障及其排除方法；在液压与气压传动控制方面介绍了液压与气动系统的使用维护、安装调试、故障诊断和维修方面的知识；在电气控制方面既介绍了继电器-接触器控制技术，又介绍了可编程序控制器（PLC）的原理及应用。书中的术语、图形符号均采用最新的国家标准；书中采用了较多的原理图、结构图、产品图片、系统图及表格，实现了文字、图表的有机结合，达到图文并茂的效果，使教材具有直观性，便于学生深入理解和掌握课程内容，以提高学习效果。

本书由西安理工大学高等技术学院徐德凯、王丽洁担任主编，西安理工大学高等技术学院史卫朝、呼刚义、北京电子科技职业学院张丽担任副主编，西安理工大学高等技术学院朱明辉、梅小宁、杨鹏担任参编，西安航空发动机公司培训中心吴东担任主审。其中模块一由王丽洁编写；模块二由史卫朝编写；模块三中的项目一、二、四，模块四由徐德凯编写；模块三中的项目三由朱明辉编写；模块五中的项目一及附录由张丽编写；模块五中的项目二由呼刚义、梅小宁、杨鹏编写。全书由徐德凯统稿。

由于编者水平有限，书中不妥之处在所难免，恳请广大读者提出宝贵意见，以便修正。

编　者

目　录

绪　论

机械设备种类繁多，功能各异，大都是由原动机、传动机构、控制系统和工作机构四个部分组成的。显然，生产中各种设备的动作运行都离不开设备控制技术。机电设备控制技术是机械设备制造技术的主要内容，实现设备控制的手段是多种多样的，可以用电气、机械、液压、气动、数字等方法来实现。机械设备控制技术主要涉及液压、气动、电气和数字控制技术。

(1) 机电设备控制技术课程的性质与任务　机电设备控制技术课程是机电专业的一门主干课程，其主要内容是机电设备的电气、数字控制和液压、气压传动控制原理及其应用。本课程主要介绍机床液压、气动控制技术，电气和数字控制技术的基本原理，实际控制电路及其常见故障与排除方法，以控制元件的基本结构、作用、主要技术参数、应用范围、选用为基础，从应用角度出发，讲授上述几方面的内容，培养学生对机电设备控制系统进行日常维护、分析排除常见故障及正确选用常用元器件的基本能力。

本课程的主要学习内容是液压、气压传动控制，电气和数字控制。具体学习任务如下。

1) 理解液压传动的基本概念，掌握液压系统基本回路的组成及工作原理，具有阅读机械设备说明书中液压传动系统图和分析、排除系统常见故障的初步能力。

2) 了解气压传动的基本知识，掌握气动基本回路的组成及工作原理，具有阅读机械设备说明书中气动系统图的能力，并具有分析、排除气动系统常见故障的初步能力。

3) 了解常用低压电气元件的结构、工作原理、用途、型号，达到能正确选择和使用的目的。

4) 掌握继电器、接触器控制电路基本组成环节的工作原理、维护常识、常见故障排除方法；具有阅读、分析一般机电设备电气控制电路图的能力，并初步具有设计简单电气控制系统的能力。

5) 了解数控机床电气控制的工作原理，具有使用数控机床可编程序控制器的初步能力。

6) 了解可编程序控制器的工作原理，具有使用可编程序控制器的初步能力。

(2) 机电设备控制技术的发展概况　最早的机械设备是采用手动控制，20 世纪初电动机的出现，使得机械设备的拖动发生了变革，用电动机代替了蒸汽机，机床的电气拖动技术随电动机的发展而逐步提高，以后逐渐发展到用按钮、继电器、接触器和行程开关等电器组成的控制电路对电动机进行控制。由于这种控制方式结构简单，容易掌握，价格低廉，便于维修，所以得到了广泛应用。目前，很多机械设备的电动机还是用这种方法控制。随着工业自动化和生产过程控制技术的不断发展，电气控制技术逐步被程序控制技术取代。所谓程序控制，就是对生产过程按预先规定的逻辑顺序自动地进行工作的一种控制。20 世纪 60 年代出现了由分立元件组成的顺序控制器、可编程序控制器（PLC）等，并已经开始在一系列机械设备中得到应用，它集自动技术、计算机技术、通信技术于一身，具有编程灵活、功能齐全、使用方便、体积小及抗干扰能力强等一系列优点。它不但可以进行开关量控制，而且还具有逻辑和算术运算、数据传递以及对模拟量进行采集和控制的功能，为机电设备控制技术的发展开辟了广阔的前景。

自18世纪末，英国制造出世界上第一台水压机算起，液压技术已有两百多年的历史，第二次世界大战后，液压技术在机床、工程机械、农业机械、汽车行业中逐步得到推广。近年来，液压技术得到了很大的发展，液压技术与传感技术、微电子技术密切结合，出现了许多诸如电液比例阀、数字阀、电液伺服液压缸等机（液）电一体化元件，使液压技术向高压、高速、大功率、高效、低噪声、低能耗、经久耐用、高度集成化方向迅速发展，液压技术在机电设备控制技术中的作用也越来越重要。

在科技飞速发展的当今世界，气动技术的发展更加迅速。随着工业的发展，气动技术的应用领域已从汽车、采矿、钢铁等行业迅速扩展到化工、轻工、食品、军事工业等各行各业。气动技术已发展成为包含传动、控制与检测在内的自动化技术。气动元件当前发展的特点和研究方向主要是节能化、小型化、轻量化、位置控制高精度化以及与电子技术相结合的综合控制技术。

随着科学技术的不断发展，机电设备控制技术也在不断进步。生产技术和生产力的高速发展，要求机器具有更高的精度、更高的效率、更多的品种、更高的自动化程度及可靠性。机电设备控制技术的发展在控制方法上，主要是从手动控制到自动控制；在控制功能上，从简单到复杂；在操作规程上，由笨重到轻巧；在控制系统组成上，由单一的电气控制、液压控制和气动控制转向电、液联合控制或电、气联合控制；在控制原理上，由电气、液压、气动元件组成的硬件控制系统转向以微处理器为中心的软件控制系统。随着新的控制理论和新型电气、液压、气动元件的出现，机电设备控制技术的发展将日新月异。

近年来出现的各种机电一体化产品，如数控机床、机器人、柔性制造单元及系统等均是控制技术现代化的硕果。现代企业的生产水平、产品质量和经济效益等各项指标，在很大程度上取决于生产设备的先进性和控制的自动化程度。可见机电设备控制技术对于现代机床的发展有极其重要的作用，机电类专业的学生以及从事机电设备操作的工程技术人员都必须掌握机电设备控制技术的理论和方法。

模块一　机电设备传动控制系统概述

【学习目标】

知识目标

- 了解典型机电设备的结构组成和功能分工。
- 了解机电设备的常见传动和控制形式及其特点。
- 了解机电设备的当前技术状态及发展趋势。

【知识准备】

一、机电设备的结构组成

任何机电设备都是由设备的本体和设备的功能实现部分组成的。

设备的本体是设备的基础部分，对设备其他部分起到连接、固定和承载的作用，将设备构成一个整体。设备的机体、壳体、支架、外观装饰都属于设备的本体。对于设备的本体，除了要符合实用、美观的要求外，更重要的是要满足质量、刚度、工作精度、工作稳定性等方面的要求。

传统机电设备的功能实现部分一般可以分为动力部分、传动部分、工作部分。动力部分是设备的动力来源，如机电设备中的电动机；工作部分是完成预定功能的终端部分，如普通车床的主轴、溜板，升降机的平台，洗衣机的波轮等；传动部分则是中间环节，负责把动力部分的运动和动力传递给工作部分，一般通过机械传动和液压、气压传动来实现。

现代机电设备已经渗透到人类生产和生活领域的各个方面，技术越来越先进，功能越来越强大，它们的构成也发生了很大的变化，对动力部分和工作部分提出了新的要求，传动部分在很大程度上实现了机、电、液一体化。现代机电设备的功能实现部分不仅有动力部分、传动部分、工作部分，还包括自动检测和自动控制部分。

机电设备的各个组成部分是相辅相成、密不可分的。但对于每一个组成部分来讲，又有其本身的工作特点和结构形式。熟悉机电设备的基本构成，有助于我们深入、系统地分析机电设备的结构特点、工作原理，进而正确地使用、维护和维修机电设备。

本模块将从动力源、传动装置、检测与传感装置、控制系统等方面来介绍机电设备的基本构成。

1. 动力源

任何机电设备的工作都离不开动力。电能、风能、热能、化学能等都可以作为机电设备的动力。机电设备中最常见的动力源是电动机。在现代机电设备中，电动机不仅是动力的提供者，它在自动控制系统中还具有检测、反馈、执行等方面的作用。

电动机广泛应用于各种机械加工设备、农业机械、家用电器等各种机电设备。电动机的输出功率有百万分之几瓦到1000MW以上，转速有数天一转到每分钟几十万转，品种和规格越来越多，可适用于高山、平原、高温、低温、陆地、水下或其他液体中等各种各样的工作环境。

2. 传动装置

传动装置是一种将动力源输出的运动和动力传递给设备工作终端的装置。常用的传动装置有带传动、螺旋传动、齿轮传动等形式的机械传动，以及液压与气压传动。机电设备的传动装置可以采用其中一种，也可以是几种传动装置的组合，比如螺旋传动与齿轮传动的组合、带传动与齿轮传动的组合等。机、电、液（气）一体化是一种技术先进的组合方式。有检测系统、控制系统的机电设备，其传动装置一般比较简单，如普通机床的进给机构是由轮系组成的进给箱，而数控机床的进给机构一般由伺服电动机、简单的齿轮传动和滚珠丝杠副组成。现代机电设备对传动部分的传动精度、运动平稳性、快速响应性、可靠性、效率等都提出了更高的要求，同时，还希望传动装置体积小、质量轻。

3. 检测与传感装置

(1) 自动检测系统的组成　自动检测系统由检测对象、传感器、测量与转换电路及显示和记录装置组成，如图 1-1 所示。

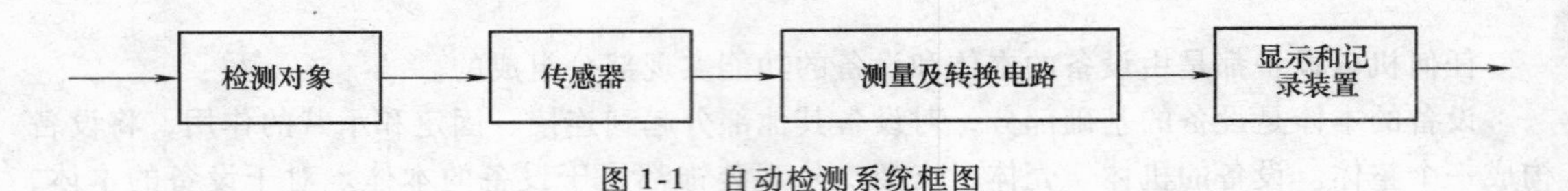

图 1-1　自动检测系统框图

其中：

检测对象——随时为传感器提供相应的物理量。

传感器——完成检测对象信息的采集，并实时监控检测对象物理量的变化。

测量与转换电路——将传感器采集的物理信息转化成电路可以识别的信号，并及时传递给显示和记录装置。

显示和记录装置——随时记录测量及转换电路所传递来的设备运行的信息。

(2) 传感器　传感器通常由敏感元件、传感元件和测量转换电路三部分组成。传感器按被测量对象分类，可分为位移、力矩、转速、振动、加速度、温度、流量、流速等传感器；按测量原理分类，可分为电阻、电容、电感、电压、光栅、热电偶、光电、超声波、光导纤维等传感器；按输入、输出特性分类，可分为线性传感器和非线性传感器；按输入信号的方式分类，有开关式、模拟式、数字式传感器。

传感器的信号转换见表 1-1。

表 1-1　传感器的信号转换

效应现象	信号转换	工作原理
光电效应	光→电	PN 结部分的半导体用短波长的光照射时产生电子和空穴，并产生电动势
光电导效应	光→电阻	半导体用光照射时电阻发生变化
热电效应	温度→电	某些晶体温度升高时表面会出现电荷
压阻效应	力→电阻	外力作用在半导体或金属材料上，使材料电阻发生变化
压电效应	压力→电	介质受压力时产生极化或电位差

4. 控制系统

控制系统是现代机电设备重要的组成部分之一，主要用来处理检测与传感装置传递的信息，并能及时对机电设备相应运动参数进行调整或修改，达到预期设计的功能。机电设备中其他部分的功能需要在控制系统的协调和控制下才能实现。如果检测与传感装置相当于人体的五官，那么控制系统就相当于人体的大脑和四肢。

在日常生活中，机电设备的控制无处不在，如电熨斗加热温度的控制、微波炉加热时间的控制、全自动洗衣机的洗衣全过程的控制、遥感卫星的控制等。由于控制对象不同，控制的要求也不同，因此控制装置的工作原理与结构也有很大的差别，但它们的基本组成是相同的。

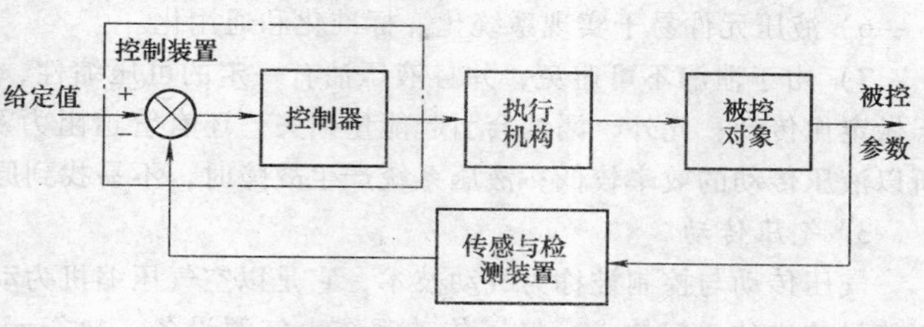

图 1-2　控制系统的基本组成

（1）控制系统的基本组成　如图 1-2 所示。

（2）控制系统的分类

1）按照执行机构的控制方式分类，有开环控制系统、闭环控制系统、半闭环控制系统。

2）按照控制系统所使用的器件分类，有电器元件控制系统、电子及半导体控制系统。

二、机电设备常用传动及其特点

1. 机械传动

（1）带传动　根据带的横截面形状，带传动可分为平带传动、V 带传动、圆带传动和同步带传动。其特点是：两中心距较远，外廓尺寸大，结构不紧凑；过载打滑，有安全保护作用；传动比不准确，效率低；传动平稳，无噪声；结构简单，成本低，安装维护方便。

（2）链传动　链传动是由两个具有特殊齿形的链轮和一条具有挠性的闭合链条所组成的。其特点是：传动比准确，结构紧凑，承载能力大，效率高，振动和噪声大，无过载保护，但铰链易磨损，链条会伸长，易发生脱链现象。主要用于要求传动比准确且两轴相距较远的场合，目前广泛应用于农业机械、轻工机械、交通运输机械和国防工业各部门。

（3）齿轮传动　根据齿轮轴线的相对位置关系可分为平行轴的直齿轮传动、斜齿轮传动和齿轮齿条传动、锥齿轮传动，交错轴圆柱斜齿轮传动和蜗杆传动，此外还有人字齿轮传动、行星齿轮传动等。其特点是：传动比恒定，功率大，效率高，结构紧凑，制造与安装精度要求高；但精度较低的齿轮在高速运转时会产生较大的振动噪声，且不适用于中心距较大的传动。

（4）滚珠丝杠传动　滚珠丝杠副由螺母、丝杠、滚珠和滚珠循环装置构成，具有运动稳定、动作灵敏的特点。

2. 液压传动

液压传动是以油液为工作介质、依靠密封容器的受压油液来传递运动和压力的一种传动方式，由动力装置、执行装置、控制装置、辅助装置构成。其特点是：

1）易于获得很大的力和力矩。

2）易于在较大范围内实现无级变速。

3）传动平稳，便于实现频繁换向和自动防止过载。

4）便于采用电液联合控制以实现自动化。

5）工件在油液中工作，润滑好，寿命长。

6）液压元件易于实现系统化、标准化和通用化。

7）由于泄漏不可避免，并且液压油有一定的可压缩性，因而传动比不是恒定的，不适于做定比传动；此外，漏油会引起能量损失，还有管道阻力及机械摩擦也会造成能量损失，所以液压传动的效率较低；液压系统产生故障时，不易找到原因。

3. 气压传动

气压传动与控制被称为气动技术，它是以空气压缩机为动力源，以空气为工作介质，进行能量传递的一门技术。气压传动系统由气源设备、执行元件、控制元件、辅助元件等组成。气压传动的特点如下。

1）气动装置结构简单、轻便，安装维护简单。

2）因空气黏度小，流动时能量损失小，所以便于集中供应。

3）气动动作迅速、调节容易，不存在介质变质及补充问题。

4）具有防火、防爆、耐潮的能力，能适应多种恶劣的环境。

5）由于空气具有较大的可压缩性，因而运动平稳性较差。

6）输出力或力矩比液压传动方式小。

7）有较大的排气噪声。

4. 电气传动

（1）三相异步电动机　三相异步电动机主要由定子和转子组成。定子和转子都是由表面涂有绝缘漆的硅钢片叠压而成的，定子铁心上都装有三相对称绕组。转子绕组分为笼型和绕线转子型，工作时转子将产生感应电流。

异步电动机的调速方法有三种，即变极调速、变频调速和变压调速。其中变频调速方法应用越来越广泛。

（2）同步电动机　电动机转子转速始终与定子旋转磁场的转速相同，这类电动机称为同步电动机。同步电动机主要分为三相同步电动机和微型同步电动机两大类，作为驱动与控制装置，机电设备中常使用同步电动机。

（3）伺服电动机。伺服电动机将输入信号转换成轴上的角位移或角速度输出，在自动控制系统中通常作为执行元件使用，又称为执行电动机。伺服电动机按使用电源的不同分为交流伺服电动机和直流伺服电动机两大类。

（4）步进电动机　步进电动机又称为脉冲电动机，每当输入一个脉冲时，电动机就旋转一个固定的角度。所以，它是一种把输入的电脉冲信号转换成机械角位移的执行元件。

三、机电设备的发展趋势

机电设备的发展趋势也就是机电一体化技术的发展趋势，典型的机电一体化产品——数控机床的发展方向便具有代表性。

（1）机电设备的高性能化趋势　高性能化一般包括高速度、高精度、高效率和高可靠性。为了满足“四高”的要求，新一代数控系统采用了32位多CPU结构，在伺服系统方面使用了超高数字信号处理器，以达到对电动机的高速、高精度控制。为了提高加工精度，采用高分辨率、高响应的检测传感器和各种误差补偿技术；在提高可靠性方面，新型数控系统大量使用大规模和超大规模集成电路，从而减小了元器件数量和它们之间连线的焊点，以降低系统的故障率，提高可靠性。

（2）机电设备的智能化趋势　人工智能在机电设备中的应用越来越多，如自动编程智能化系统在数控机床上的应用。原来必须由程序员设定的零件加工部位、加工工序、使用刀具、切削用量、刀具使用顺序等，现在可以由自动编程智能化系统自动地设定，操作者只需输入工件素材的形状和加工形状的数据，加工程序便自动生成。这样不仅缩短了数控加工的编程周期，而且简化了操作。

目前，除了在数控编程和故障诊断智能化方面有所发展外，还出现了智能制造系统控制器，这种控制器可以模拟专家的智能制造活动，对制造中的问题进行分析、判断、推理、构想和决策。因此，随着科学技术的进步，各种人工智能技术将普遍应用于机电设备之中。

（3）机电设备的系统化发展趋势　由于机电一体化技术在机电设备中的应用，机电设备的构成已不再是简单的“机”和“电”，而是由机械技术、微电子技术、自动控制技术、信息技术、传感技术、软件技术构成的一个综合系统，各技术之间相互融合，彼此取长补短，其融合得越好，系统就越优化。所以，系统化发展可以使机电设备获得最佳性能。

（4）机电设备的轻量化发展趋势　随着机电一体化技术在机电设备中广泛应用，机电设备正在向轻量化方向发展，这是因为构成机电设备的机械主体除了使用钢铁材料之外，还广泛使用复合材料和非金属材料。随着电子装置组装技术的进步，设备的总体尺寸也越来越小。

知识小结

任何机电设备都是由设备的本体和设备的功能实现部分组成的。

设备的本体是设备的基础部分，对设备其他部分起到连接、固定和承载的作用，将设备构成一个整体。传统机电设备的功能实现部分一般可以分为动力部分、传动部分、工作部分。动力部分是设备的动力来源，如机电设备中的电动机；工作部分是完成预定功能的终端部分，如普通车床的主轴、溜板，升降机的平台，洗衣机的波轮等；传动部分则是中间环节，负责把动力部分的运动和动力传递给工作部分，一般通过机械传动和液压、气压传动来实现。

机电设备由动力源、传动装置、检测与传感装置、控制系统四个部分构成。

机电设备常用的传动方式有：机械传动、液压传动、气压传动和电气传动等。

习　题

1. 机电设备由哪几部分组成？各有什么作用？
2. 常用控制电动机有哪几种类型？简述其工作原理。
3. 液压传动的主要优点有哪些？
4. 传感器由哪几部分构成？有哪些类型的传感器？
5. 机电一体化产品未来的发展趋势是什么？

模块二　液压传动与控制技术

项目一　认识液压元件

【学习目标】

知识目标

- 掌握液压传动的工作原理、力学基础和流量特性。
- 掌握液压泵的工作原理和分类。
- 掌握蓄能器的工作原理和结构。
- 识读控制阀的结构图及工作原理。

技能目标

- 会识读简单液压原理图。
- 能阐述齿轮泵的结构，在此基础上能完成齿轮泵的拆装。

【知识准备】

一、液压系统的基本知识

（一）识别液压系统元器件

图2-1a所示为一种半结构式的液压系统工作原理图，虽然直观但绘制起来比较麻烦。目前我国国家标准GB/T 786.1—2009《流体传动系统及元件图形符号和回路图　第1部分：用于常规用途和数据处理的图形符号》规定了液压元件的图形符号，图形符号脱离元件的具体结构，只表示元件的图形。使用这些符号可使液压系统简单明了，便于阅读、分析、设计和绘制。按照规定，液压元件的图形符号应以元件的静止位置或中间零位置来表示。当液压元件无法用图形符号表示时，仍允许采用半结构原理图表示。对于这些图形符号有以下几条基本规定：

1）图形符号只表示元件的图形及连接系统的通路，不表示元件的具体结构和参数，也不表示元件在机器中的实际安装位置。

2）图形符号内的液流方向用箭头表示，线段两端都有箭头的，表示流动方向可逆。

3）图形符号均以元件的静止位置或中间零位置表示，当系统的动作另有说明时，可作例外。

图2-1b所示为用液压元件图形符号绘制的磨床工作台系统工作原理图。

如图2-1a所示，磨床工作台液压系统由油箱、过滤器、液压泵、溢流阀、开停阀、换向阀、液压缸以及连接这些元件的油管、接头等组成，其工作原理如下：液压泵由电动机驱动后，从油箱中吸油；油液经过滤器进入液压泵，在图2-1a所示状态下，通过开停阀、节流阀、换向阀进入液压缸左腔，推动活塞使工作台向右移动，同时，液压缸右腔的油经换向阀和回油管排回油箱。

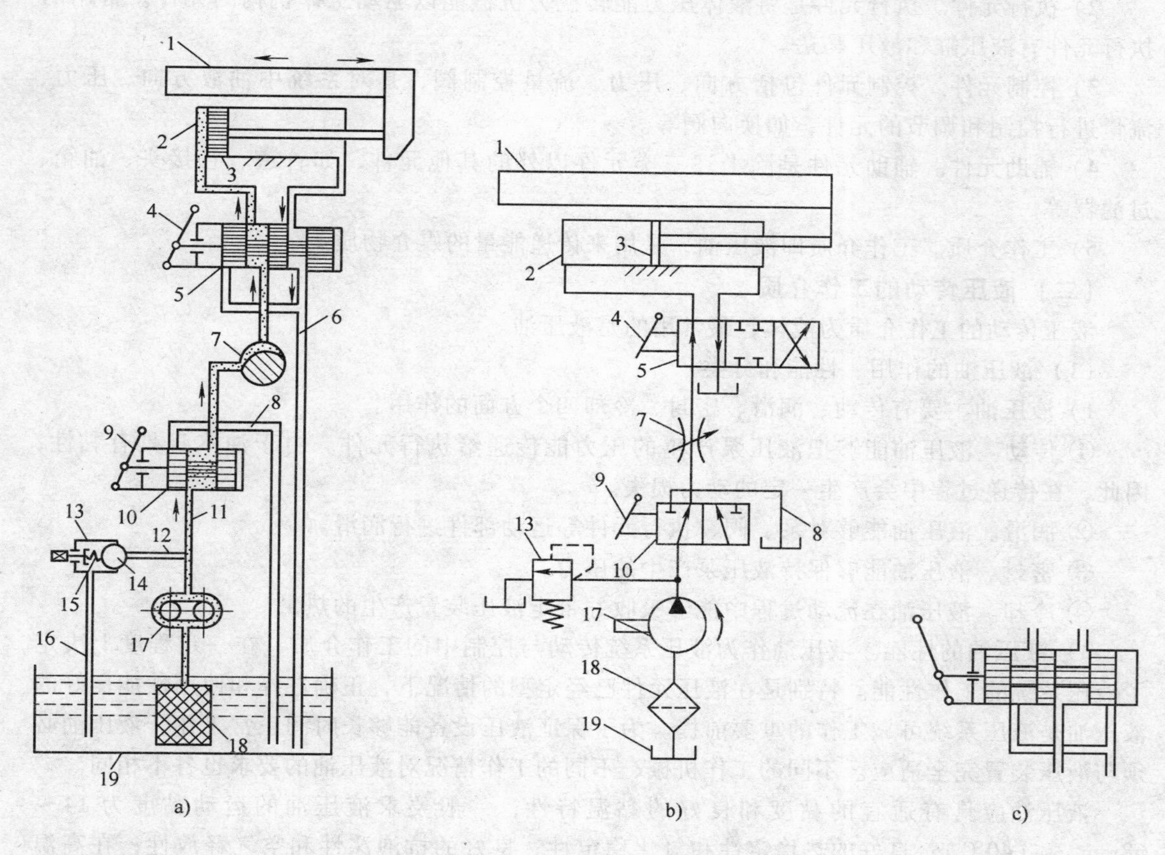

图 2-1 磨床工作台液压系统工作原理图

1—工作台 2—液压缸 3—活塞 4—换向手柄 5—三位四通手动换向阀
6、8、16—回油管 7—节流阀 9—开停手柄 10—开停阀 11、12—压力管
13—溢流阀 14—钢球 15 —弹簧 17—液压泵 18—过滤器 19—油箱

如果将换向阀手柄转换成图 2-1c 所示状态，则压力管中的油将经过开停阀和换向阀进入液压缸右腔，推动活塞使工作台向左移动，并使液压缸左腔的油经换向阀回路油管排回油箱。

工作台的移动速度是通过节流阀来调节的。当节流阀开大时，进入液压缸的油量增多，工作台的移动速度将增大；当节流阀关小时，进入液压缸的油量减少，工作台的移动速度将减小。为了克服移动工作台时所受到的各种阻力，液压缸必须产生一个足够大的推力，这个推力是由液压缸中的油液压力产生的。要克服的阻力越大，缸中的油液压力越高；反之，压力就越低。这种现象说明了液压传动的一个基本原理——压力取决于负载。

从上述例子可以看出，液压传动是以液体作为工作介质进行工作的，一个完整的液压传动系统由以下几部分组成：

1）动力元件。动力元件是将原动机输出的机械能转换为液体压力能的元件，其作用是向液压系统提供压力油。常用的动力元件是液压泵。

2）执行元件。执行元件是将液体压力能转换为机械能以驱动工作机构的元件。常用的执行元件有液压缸和液压马达。

3）控制元件。控制元件包括方向、压力、流量控制阀，是对系统中油液方向、压力、流量进行控制和调节的元件，如换向阀等。

4）辅助元件。辅助元件是除上述三类元件以外的其他元件，如管道、管接头、油箱、过滤器等。

5）工作介质。工作介质即液压油，是用来传递能量的媒介物质。

（二）液压传动的工作介质

液压传动的工作介质为液体，最常用的是液压油。

（1）液压油的作用、性能和分类

1）液压油主要有传动、润滑、密封、冷却四个方面的作用。

① 传动。液压油能够把液压泵产生的压力能传递给执行元件。由于油本身具有黏性，因此，在传递过程中会产生一定的动力损失。

② 润滑。液压油能够对泵、阀、执行元件等运动部件进行润滑。

③ 密封。液压油能够保持液压泵产生的压力。

④ 冷却。液压油在流动过程中能够吸收并带走液压装置产生的热量。

2）液压油的性能。液压油作为液压系统传动与控制中的工作介质，在一定程度上决定了液压系统的工作性能。特别是在液压元件已经定型的情况下，正确选择和使用性能良好的液压油是液压系统可靠工作的重要前提。为了保证液压设备能够长时间正常工作，液压油必须与液压装置完全适应。不同的工作机械、不同的工作情况对液压油的要求也各不相同。

液压油应具有适宜的黏度和良好的黏温特性，一般要求液压油的运动黏度为 14 ~ $68mm^2/s$（40℃）；良好的热稳定性和氧化稳定性；良好的抗泡沫性和空气释放性；在高温环境下具有较高的闪点，起防火作用，在低温环境下具有较低的凝点。

3）液压油的分类及选用。随着液压技术的发展，液压油的使用条件日益复杂，液压油的种类也日益繁多。我国制定了 GB/T 7631.2—2003《润滑剂、工业用油和相关产品（L类）的分类　第2部分：H组（液压系统）》，对液压油进行了品种分类。我国各种液压设备所采用的液压油，按抗燃烧性可分为矿物油型（石油基液压油）和不燃或难燃油型（抗燃油型）。

矿物油型液压油是由提炼后的石油制品加入各种添加剂精制而成的。这种液压油润滑性好，腐蚀性小，化学稳定性好，是目前最常用的液压油，几乎90%以上的液压设备都使用这种类型的液压油。为满足液压装置的特别要求，可以在基油中配合添加剂来改善性能。液压油的添加剂主要有抗氧化剂、防锈剂、抗磨剂、消泡剂等。

不燃或难燃型液压油可分为水基液压油（含水液压油）和合成液压油两种。水基液压油的主要成分是水，再加入某些具有防锈、润滑等作用的添加剂。水基液压油具有价格便宜、抗燃等优点，但润滑性能差，腐蚀性强，适用温度范围小。因此，水基液压油一般用于水压机、矿山机械和液压支架等特殊场合。合成液压油是用多种磷酸酯和添加剂经化学方法合成的，其优点是润滑性能好、凝固点低、防火性能好；缺点是黏温性能和低温性能差、价格昂贵、有毒。因此，这种合成液压油一般用于钢铁厂、压铸车间、火力发电厂和飞机等有高等级防火要求的场合。目前以水作为液压传动介质的研究，也得到了越来越多的重视。

不同种类的液压油精制的程度不同，添加剂也不同，故适用的场合也不同。石油型液压油主要有通用液压油（L-HL）、液压导轨油（L-HG）、抗磨液压油（L-HM）、低温液压油（L-HV）、高黏度指数液压油（L-HR）和机械油（L-HH）。上述各种油的适用范围见表2-1。

表 2-1　石油型液压油的使用范围

工作介质	黏度等级	应用场合
通用液压油 L-HL	32、46、68	7~14MPa 的液压系统及精密机床液压系统
液压导轨油 L-HG	22、32、46、68	液压与导轨合用的系统，如万能磨床、轴承磨床、螺纹磨床、齿轮磨床等
抗磨液压油 L-HM	32、46、68	-15~70℃温度环境中工作的高压、高速工程机械和车辆等的液压系统
低温液压油 L-HV	32、46、68	-25℃以上温度环境中工作的高压、高速工程机械、农业机械和车辆等的液压系统
高黏度指数液压油 L-HR	22、32、46	数控机床及高精密机床液压系统，如高精度坐标镗床的液压系统
机械油 L-HH	15、22、32、46、68	7MPa 以下的液压系统，如普通机床液压系统

（2）液压油的管理　对液压油进行良好地管理，保证液压油的清洁，对于保证设备的正常运行，提高设备使用寿命有着非常重要的意义。污染物种类不同，来源各异，相对应的治理和控制措施也有较大差别。因此应在充分分析污染物来源及种类的基础上，采取经济有效的措施，控制液压油污染程度，保证系统正常工作。对液压油的管理工作概括起来有两个方面：一是防止污染物侵入液压系统；二是把已经侵入的污染物从系统中清除出去。污染控制贯穿于液压系统的设计、制造、安装、使用、维修等各个环节。在实际工作中污染控制主要有以下几种措施。

1）在使用前保持液压油清洁。液压油进厂前必须取样检验，加入油箱前应按规定进行过滤并注意加油管、加油工具及工作环境的影响。储运液压油的容器应清洁、密封，系统中漏出来的油液未经过滤不得重新加入油箱。

2）做好液压元件和密封元件清洗，减少污染物侵入。所有液压元件及零件装配前应彻底清洗，特别是细管、细小不通孔及死角的铁屑、锈片和灰尘、沙粒等应清洗干净，并保持干燥。零件清洗后一般应立即装配，暂时不装配的则应妥善防护，防止二次污染。

3）使液压系统在装配后、运行前保持清洁。液压元件加工和装配时要认真清洗和检验，装配后进行防锈处理。油箱、管道和接头应在去除毛刺、焊渣后进行酸洗以去除表面氧化物。液压系统装配好后应做循环冲洗并进行严格检查后再投入使用。液压系统开始使用前，还应将空气排尽。

4）在工作中保持液压油清洁。液压油在工作中会受到环境的污染，所以应采用密封油箱或在通气孔上加装高效能空气过滤器，可避免外界杂质、水分和空气的侵入。控制液压油的工作温度，防止过高油温引起油液氧化变质。

5）防止污染物从活塞杆伸出端侵入。液压缸活塞工作时，活塞杆在油液与大气间往返，易将大气中的污染物带入液压系统中。设置防尘密封圈是防止这种污染侵入的有效方法。

6）合理选用过滤器。根据设备的要求、使用场合在液压系统中选用不同的过滤方式、不同精度和结构的过滤器，并对过滤器进行定期检查、清洗。

7）对液压系统中使用的液压油进行定期检查、补充、更换。

(三) 液压传动的力学基础

1. 液体静力学

(1) 帕斯卡原理　在密封的容器内，施加于静止液体上的压力将以等值同时传递到液体内各点，容器内压力方向垂直于内表面，如图 2-2 所示。

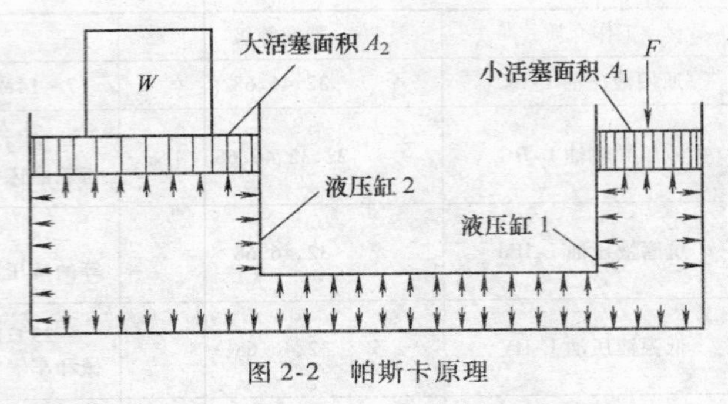

图 2-2　帕斯卡原理

容器内液体各点的压力为

$$p=\frac{W}{A_2}=\frac{F}{A_1} \tag{2-1}$$

式 (2-1) 建立了一个概念，即在液压传动中工作的压力取决于负载，而与流入的液体多少无关。帕斯卡原理是液压传动最基本的原理。

(2) 液体压力的表示方法　根据度量基准的不同，液体压力分为绝对压力和相对压力两种。绝对压力是以绝对零压力作为基准来进行度量的，相对压力是以大气压力为基准来进行度量的，它们之间的关系为

绝对压力 = 大气压力 + 相对压力

因为大气中的物体受大气压的作用是自相平衡的，所以大多数压力表测得的压力值是相对压力，故相对压力又称为表压力。在液压技术中所提到的压力，如不特别指明，均为相时压力。若液体中某点处的绝对压力低于大气压力，则此时该点处的绝对压力低于大气压力的那部分压力值称为真空度。真空度就是大气压力和绝对压力之差，即

真空度 = 大气压力 − 绝对压力

有关绝对压力、表压力和真空度的关系如图 2-3 所示。

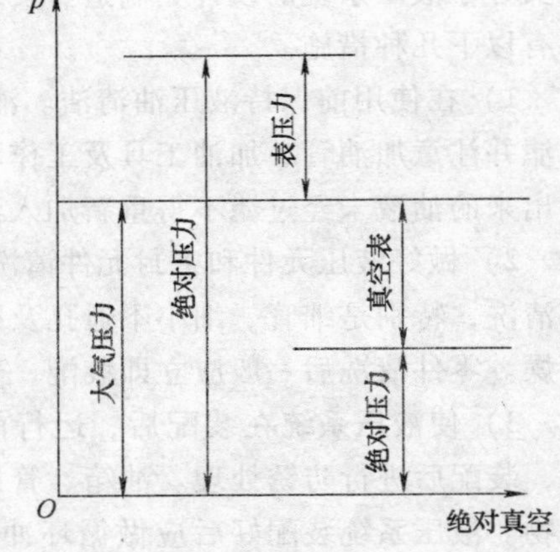

图 2-3　绝对压力、表压力和真空度的关系

注意：如不特别指明，液压与气压传动中所提到的压力均为表压力。

压力的单位为 Pa（帕斯卡，简称为帕），1Pa = 1N/m²，由于 Pa 的单位量值太小，在工程上常采用它的倍数单位 kPa（千帕）和 MPa（兆帕）表示。它们之间的换算关系为

$$1\text{MPa}=10^3\text{kPa}=10^6\text{Pa} \tag{2-2}$$

2. 液体动力学

(1) 基本概念　流量和平均流速是描述液体流动的两个主要参数。液体在管道中流动时，通常将垂直于液体流动方向的截面称为通流截面。单位时间内通过某通流截面的液体的

体积称为流量，一般用符号 q 表示，常用法定计量单位有 m^3/s、L/min 等。

在实际中，液体在管道中流动时的速度分布规律为抛物面（图 2-4），计算较为困难。为了便于计算，假设通流截面上的流速是均匀分布的，且以均布流速 v_a 流动，流过截面 A 处的流量等于液体实际流过该截面的流量。流速 v_a 称为通流截面上的平均流速，以后所指的流速，除特别说明外，均按平均流速来处理。于是有 $q=v_aA$，故平均流速 v_a 为

$$v_a = q/A \tag{2-3}$$

在液压缸中，液体的流速与活塞的运动速度相同。由此可见，当液压缸的有效作用面积一定时，活塞运动速度的大小由输入液压缸的流量来决定。

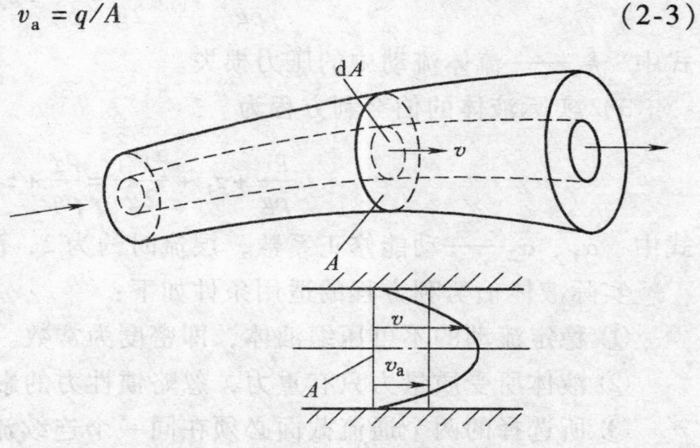

图 2-4 流量和平均流速

（2）连续性方程的计算 质量守恒是自然界的客观规律，不可压缩液体的流动过程同样遵守质量守恒定律。在流体力学中这个规律称为连续性方程的数学形式。

任取一段流管，其中不可压缩流体做定常流动的连续性方程为

$$v_1A_1 = v_2A_2 = q = 常数 \tag{2-4}$$

式中 v_1、v_2——流管通流截面 A_1 及 A_2 上的平均流速。

式（2-4）表明通过流管内任一通流截面上的流量相等。则有任一通流截面上的平均流速为

$$v = q/A \tag{2-5}$$

（3）伯努利方程的计算 能量守恒是自然界的客观规律，流动液体也遵守能量守恒定律，这个规律是用伯努利方程的数学形式来表达的。

1）理想液体微小流束的伯努利方程。由图 2-5 可得，理想液体微小流束的伯努利方程为

$$\frac{p_1}{\rho g}+z_1+\frac{v_1^2}{2g}=\frac{p_2}{\rho g}+z_2+\frac{v_2^2}{2g} \tag{2-6}$$

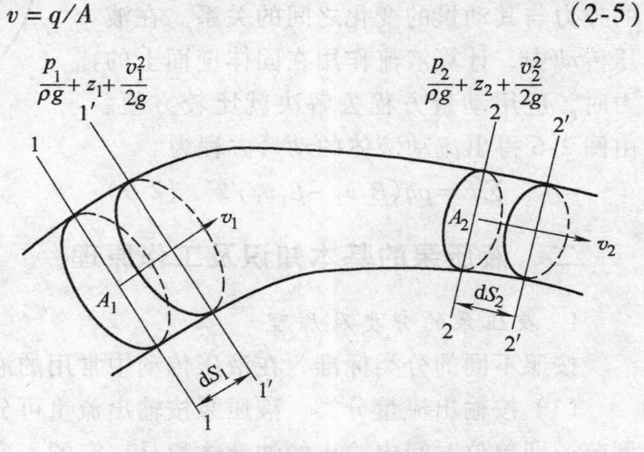

图 2-5 液流能量方程关系转换图

式中 $\frac{p}{\rho g}$——单位重量液体所具有的压力能，称为比压能，也称为压力水头；

z——单位重量液体所具有的位能，称为比位能，也称为位置水头；

$\frac{v^2}{2g}$——单位重量液体所具有比动能，也称为速度水头。

理想液体伯努利方程的物理意义为：在密封管道内做定常流动的理想液体在任意一个通流截面上具有三种形成的能量，即压力能、势能和动能。三种能量的总和是一个恒定的常量，而且三种能量之间是可以相互转换的，即在相同的通流截面上，同一种能量的值是不同

的，但各截面上的总能量值都是相同的。

2）实际液体微小流束的伯努利方程。由于液体存在着黏性，其黏性力在起作用，并表现为对液体流动的阻力。实际液体的流动要克服这些阻力，表现为机械能的消耗和损失，因此，当液体流动时，液流的总能量或总比能在不断地减少。所以，实际液体微小流束的伯努利方程为

$$\frac{p_1}{\rho g}+z_1+\frac{v_1^2}{2g}=\frac{p_2}{\rho g}+z_2+\frac{v_2^2}{2g}+h_w \tag{2-7}$$

式中 h_w——流体流动中的压力损失。

3）实际液体的伯努利方程为

$$\frac{p_1}{\rho g}+z_1+\frac{\alpha_1 v_1^2}{2g}=\frac{p_2}{\rho g}+z_2+\frac{\alpha_2 v_2^2}{2g}+h_w \tag{2-8}$$

式中 α_1、α_2——动能修正系数，层流时约为2，湍流时约为1。

实际液体伯努利方程的适用条件如下：

① 稳定流动的不可压缩液体，即密度为常数。

② 液体所受质量力只有重力，忽略惯性力的影响。

③ 所选择的两个通流截面必须在同一个连续流动的流场中是渐变流（即流线近于平行线，有效截面近于平面），而不考虑两截面间的流动状况。

4）动量方程的计算。动量方程是动量定理在流体力学中的具体应用。流动液体的动量方程是流体力学的基本方程之一，它用来研究液体运动时作用在液体上的外力与其动量的变化之间的关系。在液压传动中，计算液流作用在固体壁面上的力时，应用动量方程去解决就比较方便。由图2-6得出流动液体的动量方程为

$$\sum F=\rho q(\beta_2 v_2-\beta_1 v_1) \tag{2-9}$$

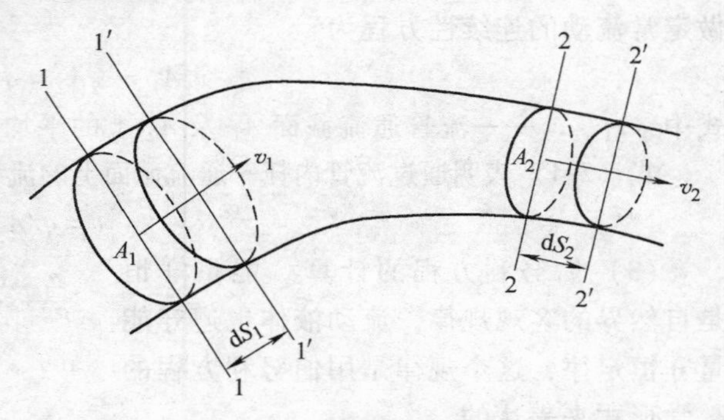

图2-6 动量变化

二、液压泵的基本知识及工作原理

1. 液压泵的分类及原理

按照不同的分类标准，在液压传动中常用的液压泵类型如下。

（1）按输出流量分类 液压泵按输出流量可分为定量泵和变量泵。定量泵输出流量不能调节，即单位时间内输出的油液体积是一定的；变量泵输出流量可以调节，即根据系统的需要，液压泵输出不同的流量。变量泵可以分为单作用叶片泵、径向柱塞泵、轴向柱塞泵等。各种液压泵的图形符号如图2-7所示。

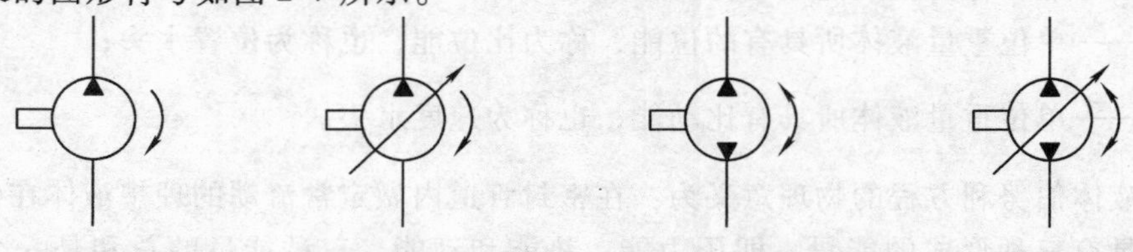
a) 单向定量液压泵　b) 单向变量液压泵　c) 双向定量液压泵　d) 双向变量液压泵

图2-7 各种液压泵的图形符号

（2）按结构形式分类　液压泵按结构形式可分为齿轮泵、叶片泵、柱塞泵、螺杆泵和转子泵。

（3）按压力分类　液压泵按压力可分为低压泵、中压泵、高压泵、中高压泵、超高压泵，见表2-2。

表2-2　液压泵按压力分类

液压泵类型	低压泵	中压泵	高压泵	中高压泵	超高压泵
压力/MPa	0~2.5	2.5~8	16~32	8~16	>32

下面以单柱塞液压泵为例来说明液压泵的工作原理。液压泵都是依靠密封容积变化的原理来进行工作的，故一般称为容积式液压泵。图2-8所示为单柱塞液压泵的工作原理，图中柱塞4装在缸体3中形成一个密封油腔a，柱塞在弹簧2的作用下始终压紧在偏心轮5上。原动机驱动偏心轮5旋转使柱塞4做往复运动，使密封油腔a的大小发生周期性的交替变化。当密封油腔a由小变大时就形成部分真空，使油箱中的油液在大气压作用下，经吸油管顶开吸油单向阀6进入密封油腔a而实现吸油；反之，当密封油腔a由大变小时，油腔中吸满的油液将顶开压油单向阀1流入系统而实现压油。这样液压泵就将原动机输入的机械能转换成液体的压力能，原动机驱动偏心轮不断旋转，液压泵就不断地吸油和压油。

由上可知，液压泵是通过密封容积的变化来完成吸油和压油的，其排油量的多少取决于密封油腔容积的变化量。为了保证液压泵的正常工作，压油单向阀1和吸油单向阀6使吸、压油腔不相通，起配油作用。为了保证液压泵吸油充分，油箱必须和大气相通。

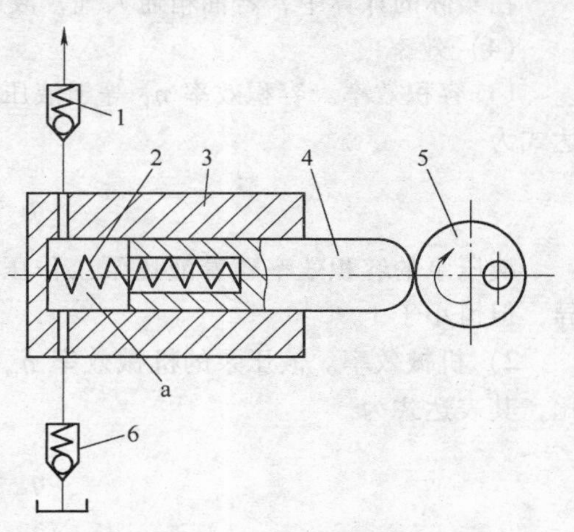

图2-8　单柱塞液压泵的工作原理

1—压油单向阀　2—弹簧　3—缸体　4—柱塞　5—偏心轮　6—吸油单向阀　a—密封油腔

液压泵有以下几个主要工作参数。

（1）工作压力和额定压力

1）工作压力。液压泵实际工作时的输出压力称为工作压力。工作压力的大小取决于外负载的大小和排油管路上的压力损失，而与液压泵的流量无关。

2）额定压力。液压泵在正常工作条件下，按试验标准规定连续运转的所允许的最高压力称为液压泵的额定压力。

3）最高允许压力。在超过额定压力的条件下，根据试验标准规定，允许液压泵短暂运行的最高压力值称为液压泵的最高允许压力。

（2）排量和流量

1）排量V。液压泵的排量是指液压泵每转一周，由其密封容积几何尺寸变化计算而得的排出液体的体积。排量可调节的液压泵称为变量泵，排量为常数的液压泵则称为定量泵。

2）理论流量q_t。理论流量是指在不考虑液压泵的泄漏流量的情况下，在单位时间内所排出液体体积的平均值。显然，如果液压泵的排量为V，其主轴转速为n，则液压泵的理论流量q_t为

$$q_t = Vn \tag{2-10}$$

式中 V——液压泵的排量（m^3/r）；

n——液压泵的转速（r/s）。

3）实际流量 q。液压泵在某一具体工况下，单位时间内所排出的液体体积称为实际流量。它等于理论流量 q_t 减去泄漏流量 Δq，即

$$q = q_t - \Delta q \tag{2-11}$$

4）额定流量 q_n。液压泵在正常工作条件下，按试验标准规定（如在额定压力和额定转速下）必须保证的流量。

(3) 功率

1）输入功率 P_i。液压泵的输入功率是指作用在液压泵主轴上的机械功率，当输入转矩为 T_i、角速度为 ω 时，有

$$P_i = T_i\omega = 2\pi n T_i \tag{2-12}$$

2）输出功率 P_o。液压泵的输出功率是指液压泵的工作压力 p 和实际流量 q 的乘积，即

$$P_o = pq \tag{2-13}$$

在实际的计算中，若油箱通大气，液压泵吸、压油的压差往往采用液压泵的出口压力。

(4) 效率

1）容积效率。容积效率 η_V 等于液压泵的实际输出流量 q 与其理论流量 q_t 之比，其表达式为

$$\eta_V = \frac{q}{q_t} \times 100\% \tag{2-14}$$

液压泵的容积效率随着液压泵工作压力的增大而减小，且随液压泵的结构类型不同而异，但恒小于1。

2）机械效率。液压泵的机械效率 η_m 等于液压泵的理论转矩 T_t 与实际输入转矩 T_i 之比，其表达式为

$$\eta_m = \frac{T_t}{T_i} \times 100\% \tag{2-15}$$

当忽略能量损失时，液压泵的理论功率 P_t 为

$$P_t = pq_t = pVn = 2\pi n T_t$$

$$T_t = pV/(2\pi) \tag{2-16}$$

将式（2-16）代入式（2-15）中，得

$$\eta_m = \frac{pV}{2\pi T_i} \times 100\% \tag{2-17}$$

3）液压泵的总效率。液压泵的总效率是指液压泵的实际输出功率与其输入功率的比值，即

$$\eta = \frac{P_o}{P_i} = \frac{pq}{2\pi n T_i} = \frac{pV}{2\pi T_i}\frac{q}{Vn} = \frac{pV}{2\pi T_i}\frac{q}{q_t} = \eta_m \eta_V \tag{2-18}$$

由式（2-18）可以看出，液压泵的总效率等于容积效率 η_V 和机械效率 η_m 的乘积。

2. 齿轮泵的结构和工作原理

齿轮泵按齿轮啮合形式的不同分为外啮合齿轮泵和内啮合齿轮泵两种，其中外啮合齿轮泵的应用最为广泛。

（1）外啮合齿轮泵的结构和工作原理　图 2-9 所示为外啮合齿轮泵的剖面结构及实物图。

图 2-9　外啮合齿轮泵的剖面结构及实物图

图 2-10 所示为 CB-B 型外啮合齿轮泵的结构原理图，它是分离三片式结构，三片是指后泵盖 4、前泵盖 8 和泵体 7，泵体 7 内装有一对齿数相同、宽度和泵体接近而又互相啮合的齿轮 6，这对齿轮与两端盖和泵体形成密封腔，并由齿轮的齿顶和啮合线把密封腔划分为两部分，即吸油腔和压油腔。两齿轮分别用键固定在由滚针轴承支承的主动轴 12 和从动轴 15 上，主动轴由电动机带动旋转。

为了防止压力油从泵体和泵盖间泄漏到泵外，并减小压紧螺钉的拉力，在泵体两侧的端面上开有卸荷槽 16，将渗入泵体和泵盖间的压力油引入吸油腔。泵盖和从动轴上的小孔的作用是将泄漏到轴承端部的压力油也引到泵的吸油腔去，防止油液外溢，同时也对滚针轴承 3 起到了润滑作用。

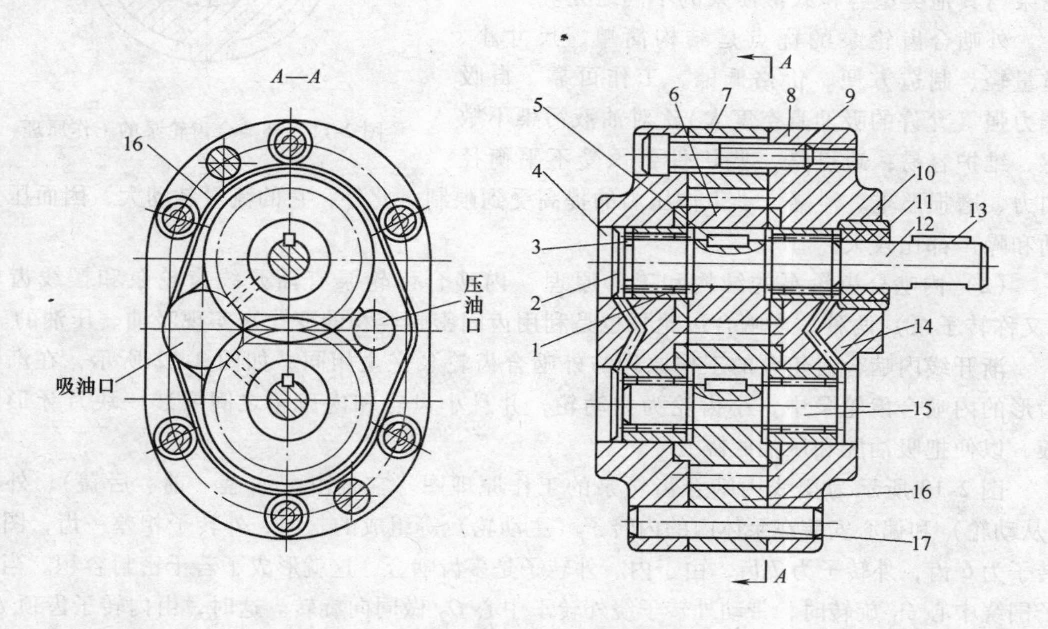

图 2-10　CB-B 型齿轮泵的结构原理图

1—轴承外环　2—堵头　3—滚针轴承　4—后泵盖　5—键　6—齿轮
7—泵体　8—前泵盖　9—螺钉　10—压环　11—密封环　12—主动轴
13—键　14—泄油孔　15—从动轴　16—卸荷槽　17—定位销

CB-B 型齿轮泵型号的意义如下：

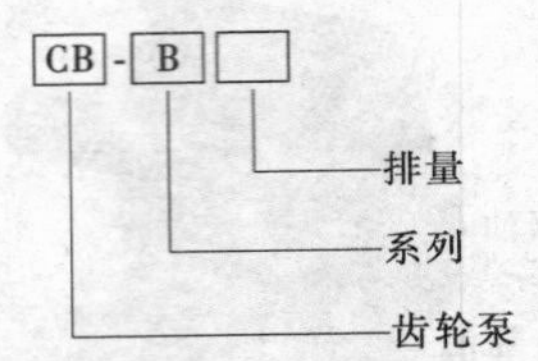

外啮合齿轮泵的工作原理如图 2-11 所示，在泵体内有一对相互啮合的齿轮，齿轮两侧有端盖（图中未示出），泵体、端盖和齿轮的各个齿间槽组成了密封工作腔，而啮合线又把它们分隔为两个互不串通的吸油腔和压油腔。当齿轮按图示方向旋转时，下方的吸油腔由于相互啮合的轮齿逐渐脱开，密封工作容积逐渐增大，形成部分真空。油箱中的油液在外界大气压力的作用下，经吸油管进入吸油腔，将齿间槽充满。随着齿轮旋转，油液被带到上方的压油腔内。在压油腔一侧，由于轮齿在这里逐渐进入啮合，密封工作腔容积不断减小，油液被挤出来，由压油腔输入压力管路供系统使用。

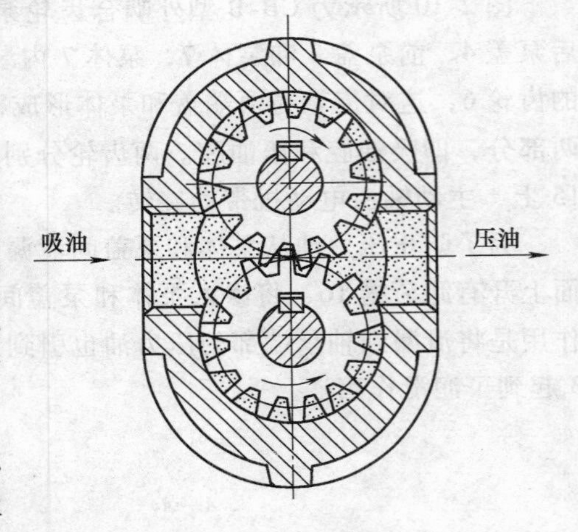

图 2-11　外啮合齿轮泵的工作原理

当两齿轮的旋转方向不变时，其吸、压油腔的位置也就确定不变。齿轮啮合点处的齿面接触线将高、低压两腔分隔开，起着配油作用。因此在齿轮泵中不需要设置专门的配油机构，这是齿轮泵与其他类型容积式液压泵的不同之处。

外啮合齿轮泵的优点是结构简单、尺寸小、重量轻、制造方便、价格低廉、工作可靠、自吸能力强（允许的吸油真空度大）、对油液污染不敏感、维护容易；缺点是一些机件要承受不平衡径向力、磨损严重、泄漏大、工作压力的提高受到限制。此外，它的流量脉动大，因而压力脉动和噪声都比较大。

（2）内啮合齿轮泵的结构和工作原理　内啮合齿轮泵有渐开线齿轮泵和摆线齿轮泵（又称转子泵）两种。内啮合齿轮泵也是利用齿间密封容积的变化来实现吸油、压油的。

渐开线内啮合齿轮泵的工作原理与外啮合齿轮泵完全相同。如图 2-12 所示，在渐开线齿形的内啮合齿轮泵中，小齿轮为主动轮，并且小齿轮和内齿轮之间要装一块月牙形的隔板，以便把吸油腔和压油腔隔开。

图 2-13 所示为摆线内啮合齿轮泵的工作原理图。它是由配油盘（前、后盖）、外转子（从动轮）和偏心安装在泵体内的内转子（主动轮）等组成的。内、外转子相差一齿，图中内转子为 6 齿，外转子为 7 齿，由于内、外转子是多齿啮合，这就形成了若干密封容积。当内转子围绕中心 O_1 旋转时，带动外转子绕外转子中心 O_2 做同向旋转。这时，由内转子齿顶 A_1 和外转子齿谷 A_2 间形成密封容积 c。随着转子的转动，密封容积逐渐扩大，于是就形成局部真空，油液从配油窗口 b 被吸入密封容积，至 A_1'、A_2'位置时密封容积最大，这时吸油完毕。

当转子继续旋转时，充满油液的密封容积便逐渐减小，油液受挤压，于是通过另一配油窗口 a 将油排出，至内转子的另一齿全部和外转子的齿谷 A_2 全部啮合时，压油完毕。内转

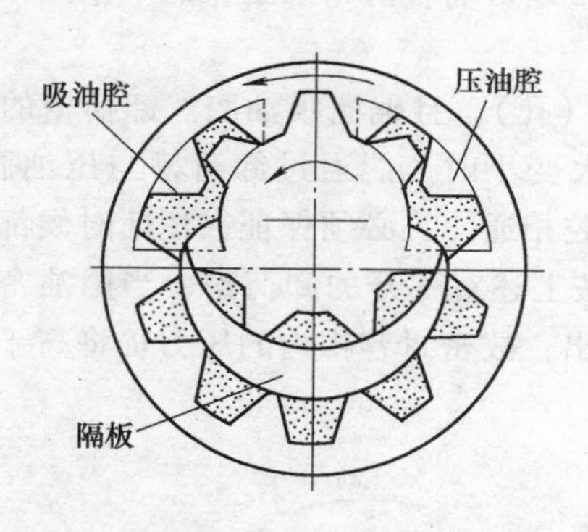

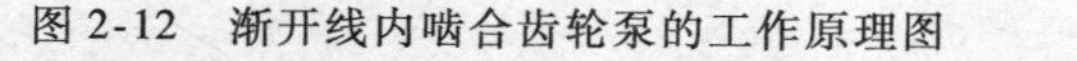
图 2-12　渐开线内啮合齿轮泵的工作原理图

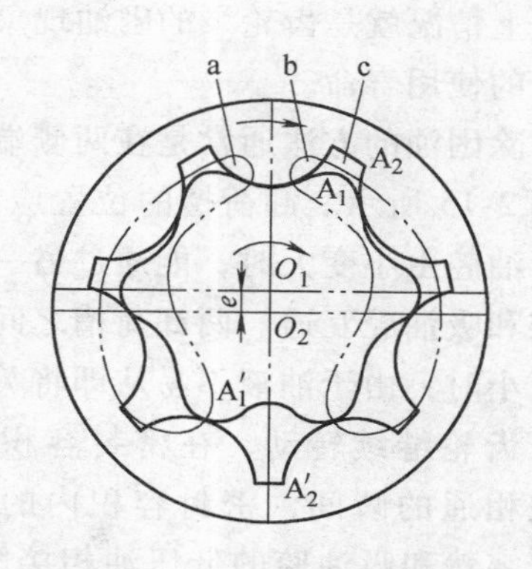

图 2-13　摆线内啮合齿轮泵的工作原理图

子每转一周，由内转子齿顶和外转子齿谷所构成的每个密封容积完成吸、压油各一次，当内转子连续转动时，即完成了液压泵的吸、压油工作。内啮合齿轮泵结构紧凑、尺寸小、重量轻，由于齿轮转向相同，相对滑动速度小，磨损小，使用寿命长，流量脉动远小于外啮合齿轮泵，因而压力脉动和噪声都较小；内啮合齿轮泵允许在高转速下工作（高转速下的离心力能使油液更好地充入密封工作腔），可获得较高的容积效率，其中摆线内啮合齿轮泵排量大、结构更简单，而且由于啮合的重合度高，传动平稳，吸油条件更为良好。内啮合齿轮泵的缺点是齿形复杂，加工精度要求高，需要专门的制造设备，造价较高。

（3）影响齿轮泵工作的因素

1）困油现象。齿轮泵要能连续地供油，就要求齿轮啮合的重合度 ε 大于1，也就是当一对齿轮尚未脱开啮合时，另一对齿轮已进入啮合，这样，就出现同时有两对齿轮啮合的情况，在两对齿轮的齿向啮合线之间形成了一个密封容积，一部分油液就被困在了这一密封容积中，如图 2-14a 所示；齿轮连续旋转时，这一密封容积便逐渐减小，当两啮合点处于节点两侧的对称位置时，密封容积最小，如图 2-14b 所示；齿轮再继续转动，密封容积又逐渐增大，直到图 2-14c 所示位置时，容积又变为最大。

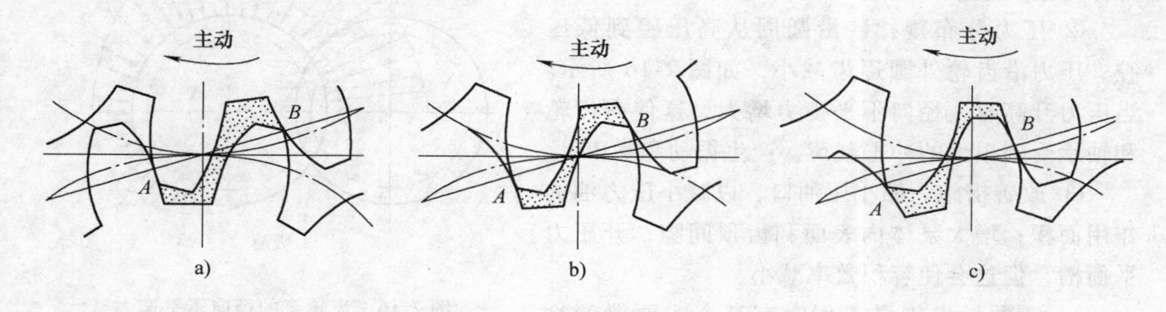

图 2-14　齿轮泵的困油现象

在密封容积减小时，被困油液受到挤压，压力急剧上升，使轴承突然受到很大的冲击载荷，泵剧烈振动，这时高压油从一切可能泄漏的缝隙中挤出，造成功率损失，使油液发热等。当密封容积增大时，由于没有油液补充，导致形成局部真空，使原来溶解于油液中的空气分离出来，形成了气泡，油液中产生气泡后，会引起噪声、造成气蚀等。

以上情况就是齿轮泵的困油现象，这种现象严重地影响着齿轮泵工作的平稳性，并缩短齿轮泵的使用寿命。

消除困油的方法通常是在两侧端盖上开卸荷槽（孔），且偏向吸油腔。卸荷槽的工作原理如图 2-15 所示。卸荷槽的位置应该使困油腔由大变小时，能通过卸荷槽与压油腔相通，而当困油腔由小变大时，能通过另一卸荷槽与吸油腔相通，且必须保证在任何时候都不能使压油腔和吸油腔互通。两卸荷槽之间的距离为 a，按上述对称开的卸荷槽，当困油密封腔由大变至小时，由于油液不易从即将关闭的缝隙中挤出，故密封容积内的压力仍将高于压油腔压力；齿轮继续转动，在密封容积和吸油腔相通的瞬间，密封容积内的高压油又突然和吸油腔的低压油相接触，会引起冲击和噪声。于是 CB-B 型齿轮泵将卸荷槽的位置整个向吸油腔侧平移了一段距离。

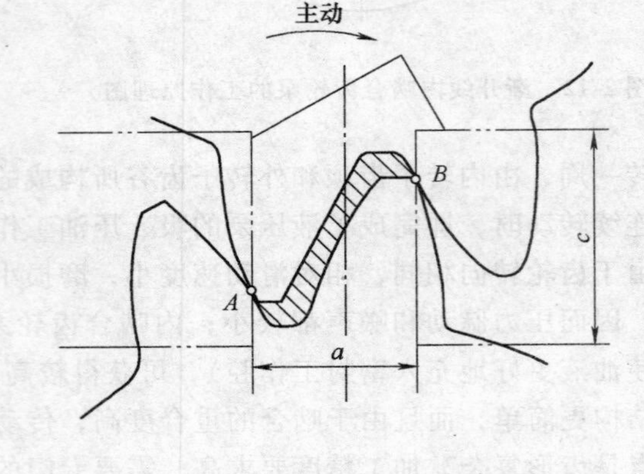

图 2-15　卸荷槽的工作原理

这时密封容积只有在由小变大时才和压油腔断开，油压没有突变。密封容积和吸油腔接通时，密封容积不会出现真空也没有压力冲击，这样改进后，齿轮泵的振动和噪声得到了改善。

2）径向作用力不平衡。

① 径向不平衡力的产生。齿轮泵工作时，在齿轮和轴承上承受径向液压力的作用。在压油腔内有液压力作用于齿轮上，沿着齿顶的泄漏油，具有大小不等的压力，这就是齿轮和轴承受到的径向不平衡力。液压力越高，这个不平衡力就越大，其结果不仅加速了轴承的磨损，降低了轴承的寿命，甚至使轴变形，造成齿顶和泵体内壁的摩擦等。

② 压力分布规律。沿圆周从高压腔到低压腔，压力沿齿轮外圆逐齿减小，如图 2-16 所示。当压力升高时，径向不平衡力增大，这使得齿轮和轴承受到很大的冲击载荷，产生振动和噪声。

③ 改善措施。缩小压油口，以减小压力油的作用面积；增大泵体内表面和齿顶间隙；开压力平衡槽，但这会使容积效率减小。

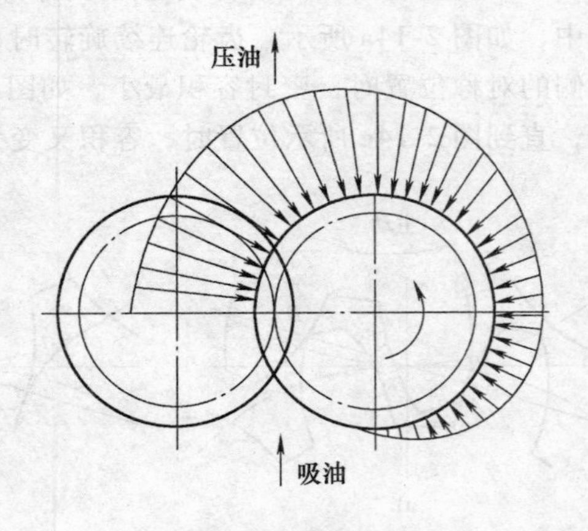

图 2-16　齿轮泵的径向不平衡力

3）泄漏。齿轮泵工作时有三个主要泄漏途径：通过齿轮啮合处的间隙、通过泵体内表面和齿顶圆间的径向间隙、通过齿轮两端面和端盖间的轴向间隙。其中主要泄漏途径是轴向间隙，占总泄漏量的 70% ~80%。高压齿轮泵对泄漏量最大的轴向间隙可采用自动补偿装置，常用的间隙补偿装置有以下几种：

① 浮动轴套式。图 2-17a 所示为浮动轴套式间隙补偿装置。它将泵的出口压力油引入

齿轮轴上的浮动轴套的外侧 A 腔，在液体压力作用下，使轴套紧贴齿轮的侧面，可以消除间隙并补偿齿轮侧面和轴套间的磨损量。在泵起动时，靠弹簧来产生预紧力，保证了轴向间隙的密封。

② 浮动侧板式。如图 2-17b 所示，浮动侧板式间隙补偿装置的工作原理与浮动轴套式基本相似，也是将泵的出口压力油引到浮动侧板的背面，使之紧贴于齿轮的端面来补偿间隙。起动时，浮动侧板靠密封圈来产生预紧力。

③ 挠性侧板式。图 2-17 c 所示为挠性侧板式间隙补偿装置，它是将泵的出口压力油引到侧板的背面后，靠侧板自身的变形来补偿轴向间隙的，侧板的厚度较小，这种结构采取一定措施后，易使侧板外侧面的压力分布大体上和齿轮侧面的压力分布相适应。

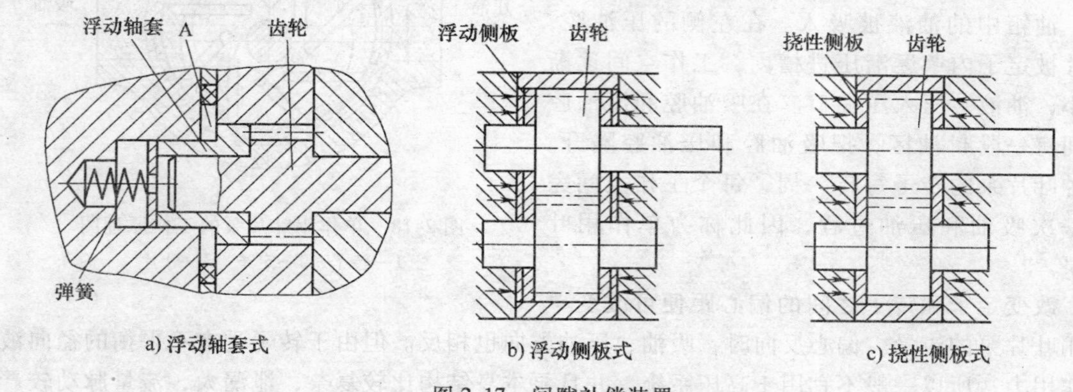

图 2-17 间隙补偿装置

（4）齿轮泵的排量和流量 齿轮泵的排量 V 相当于一对齿轮所有齿槽的容积之和，假如齿槽容积大致等于轮齿的体积，那么齿轮泵的排量等于一个齿轮的齿槽容积和轮齿体积的总和，即相当于以有效齿高（$h=2m$）和齿宽构成的平面所扫过的环形体积，即

$$V=\pi DhB=2\pi zm^2B \tag{2-19}$$

式中 D——齿轮分度圆直径（mm），$D=mz$；

h——有效齿高（mm），$h=2m$；

B——齿轮宽（mm）；

m——齿轮模数（mm）；

z——齿数。

实际上齿槽的容积要比轮齿的体积稍大，故上式中的 π 常以 3.33 代替，则式 2-19 可写成

$$V=6.66zm^2B \tag{2-20}$$

齿轮泵的流量 q 为

$$q=Vn\eta_V=6.66zm^2Bn\eta_V \tag{2-21}$$

式中 n——齿轮泵的转速（r/s）。

齿轮泵的输油量是脉动的。实际上，由于齿轮泵在工作过程中，排量是转角的周期函数，存在排量脉动，瞬时流量也是脉动的，故式（2-21）所表示的是泵的平均流量。流量脉动会直接影响到系统工作的平稳性，从而引起压力脉动，使管路系统产生振动和噪声。

3. 单作用叶片泵工作原理和结构

单作用叶片泵的工作原理图如图 2-18 所示，它由转子 1、定子 2、叶片 3 和端盖等组成。定子具有圆柱形内表面，定子和转子间有偏心距。叶片装在转子槽中，并可在槽内滑动，当转子回转时，由于离心力的作用，叶片紧靠在定子内壁，这样在定子、转子、叶片和两侧配油盘间就形成若干个密封的工作空间。当转子按图示的方向回转时，在图的右部，叶片逐渐伸出，叶片间的工作空间逐渐增大，从吸油口吸油，这是吸油腔。转子如逆时针方向旋转，右侧吸油腔叶片间的工作空间逐渐增大，油箱中的油液被吸入。在左侧的压油腔，叶片被定子内壁逐渐压进槽内，工作空间逐渐缩小，油液被压入压油口。在吸油腔和压油腔之间有一段封油区，把吸油腔和压油腔隔开。这种叶片泵的转子每转一周，每个工作空间完成一次吸油和压油过程，因此称为单作用叶片泵。

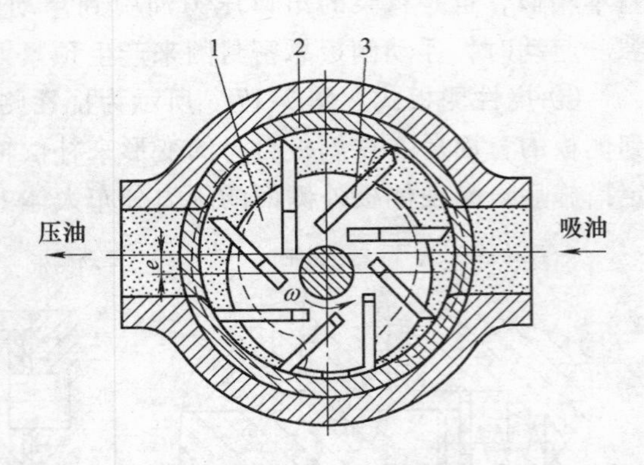

图 2-18 单作用叶片泵的工作原理图

1—转子 2—定子 3—叶片

改变定子和转子之间的偏心距便可改变单作用叶片泵的流量。偏心反向时，吸油、压油方向也相反。但由于转子受有不平衡的径向液压作用力，所以一般不宜用于高压系统。并且泵本身结构比较复杂，泄漏大，流量脉动较严重，致使执行元件的运动速度不够平稳。

单作用叶片泵的流量是有脉动的，理论分析表明：泵内叶片数越多，流量脉动率越小；此外，奇数叶片泵的脉动率比偶数叶片泵的脉动率小。所以，单作用叶片泵的叶片数均为奇数，一般为 13 或 15。

4. 双作用叶片泵的工作原理和结构

(1) 双作用叶片泵的工作原理　双作用叶片泵的工作原理图如图 2-19 所示，它也是由定子 1、转子 2、叶片 3 和配油盘（图中未示出）等组成的。转子和定子中心重合，定子内表面近似为椭圆形，该椭圆形由两段长半径、两段短半径和四段过渡曲线组成。当转子转动时，叶片在离心力和根部压力油的作用下，在转子槽内做径向移动而压向定子内表面，由叶片、定子的内表面、转子的外表面和两侧配油盘形成若干个密封空间，当转子按图示方向旋转时，处在小圆弧上的密封空间经过渡曲线而运动到大圆弧的过程中，叶片外伸，密封空间的容积增大，要吸入油液；再从大圆弧经过渡曲线运动到小圆弧的过程中，叶片被定子内壁逐渐压进槽内，密封空间的容积变小，将油液从压油口压出。因而，转子每转一

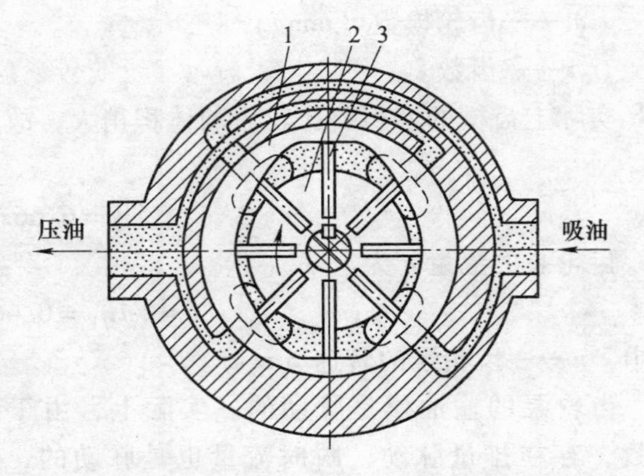

图 2-19 双作用叶片泵的工作原理图

1—定子 2—转子 3—叶片

周，每个工作空间要完成两次吸油和压油，所以称为双作用叶片泵。这种叶片泵由于有两个吸油腔和两个压油腔，并且各自的中心夹角是对称的，所以作用在转子上的油液压力相互平衡，因此双作用叶片泵又称为卸荷式叶片泵。为了使径向力完全平衡，密封空间数（即叶片数）应当是偶数。

双作用叶片泵结构紧凑，流量均匀，排量大，且几乎没有流量脉动，运动平稳，噪声小，容积效率可达90%以上。转子受力相互平衡，可工作于高压系统中，轴承寿命长。但双作用叶片泵结构复杂、制造比较困难，转速也不能太高，一般在2000r/min以下工作。它的抗污染能力也较差，对油液的质量要求较高，如果油液中存在杂质往往会导致叶片在槽内卡死。

（2）双作用叶片泵的结构　YB1型双作用叶片泵的结构原理图如图2-20所示，它由前泵体7和后泵体6、左配油盘1和右配油盘5、定子4、转子12、叶片11及传动轴3等组成。

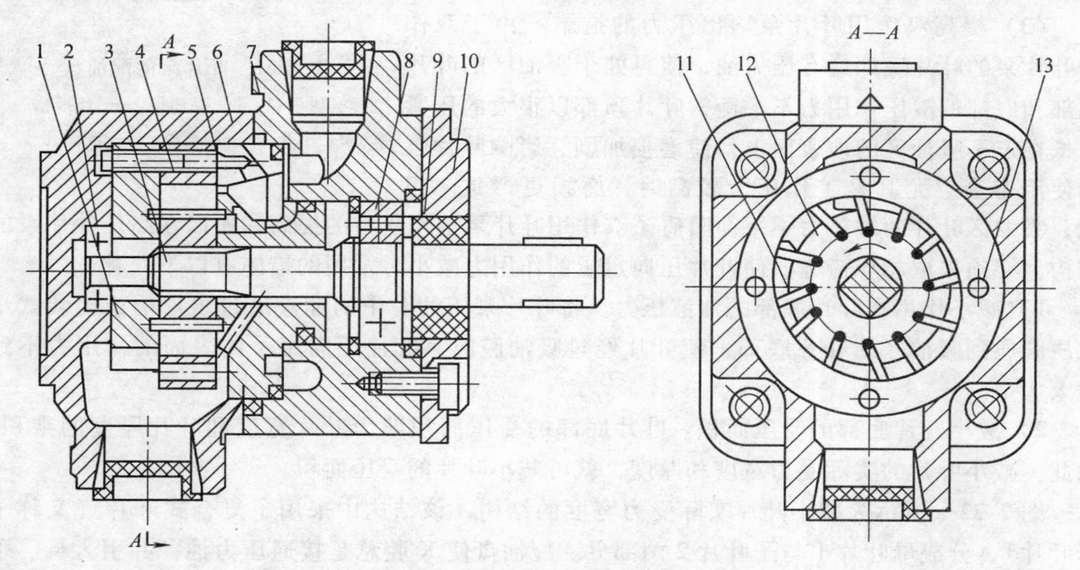

图2-20　YB1型叶片泵的结构原理图

1—左配油盘　2、8—轴承　3—传动轴　4—定子　5—右配油盘　6—后泵体　7—前泵体
9—密封圈　10—盖　11—叶片　12—转子　13—定位销

双作用叶片泵有如下几个结构特点：

1）吸油口与压油口有四个相对位置。前、后泵体的四个连接螺钉布置成正方形，所以前泵体的压油口可变换四个相对位置装配，以方便使用。

2）采用组合装配和压力补偿配油盘。左、右配油盘及定子、转子、叶片可以构成一个组件。两个长螺钉为组件的紧固螺钉，它们的头部作为定位销13插入后泵体6的定位孔内，并保证配油盘上吸、压油窗的位置能与定子内表面的过渡曲线相对应。当泵运转建立压力后，右配油盘5在右侧压力油的作用下，会产生微量弹性变形，紧贴在定子上以补偿轴向间隙，减少内泄漏，有效地提高容积效率。

3）配油盘。如图2-21所示，配油盘的上、下两缺口b为吸油口，两个腰形孔a为压油口，相隔部分为封油区域。在腰形孔端开有三角槽，它的作用是使叶片间的密封容积逐步与高压腔相通，以避免产生液压冲击，可减小振动和噪声。在配油盘上对应于叶片根部位置处开有一环形槽 c，在环形槽 c 内有两个小孔 d 与排油孔道相通，引进压力油作用于叶片底部，使叶片紧贴定子内表面保证可靠密封。f 为泄漏孔，作用是将泵体间的泄漏油引入吸油腔。

4）定子内曲线。定子的内曲线由四段圆弧和四段过渡曲线组成。理想的过渡曲线能使叶片顶紧定子内表面，又能使叶片在转子槽内的滑动速度和加速度变化均匀，过渡曲线和弧线交接处应圆滑过渡，这样会减小加速度突变，减小冲击、噪声及磨损。目前双作用叶片泵一般都使用综合性能较好的等加速、等减速曲线作为过渡曲线。

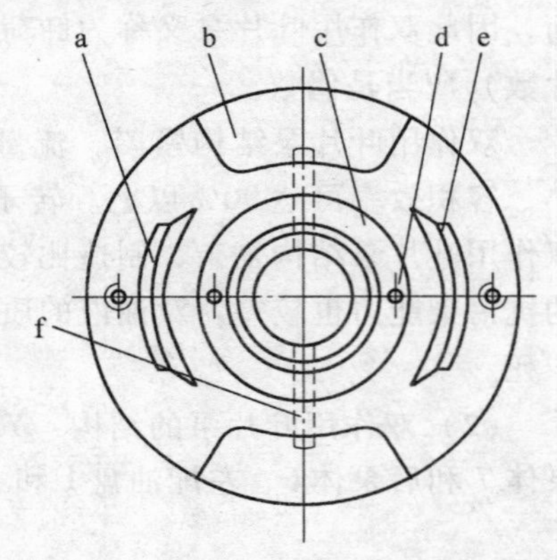

图 2-21　叶片泵的配油盘

a—压油口　b—吸油口　c—环形槽　d—小孔　e—卸荷槽　f—泄漏孔

5）叶片倾角。为了减小叶片对转子槽侧面的压紧力和磨损，双作用叶片泵的叶片在转子槽内不采用径向安装，而是有一个顺转向的倾角 ε，一般 ε 为 13°。

（3）提高双作用叶片泵输出压力的措施　由于双作用叶片泵的叶片底部通有压力油，使得处于吸油区的叶片顶部和底部的液压作用力不平衡，叶片顶部以很大的压紧力抵在定子吸油区的内表面上，使磨损加剧，影响叶片泵的使用寿命，尤其是工作压力较高时，磨损更严重。因此，吸油区叶片两端压力不平衡阻碍了双作用叶片泵工作压力的提高。所以在高压叶片泵的结构上必须采取相应措施，使叶片压向定子的作用力减小。常用的措施有以下几种：

1）减小作用在叶片底部的油液压力。将叶片泵压油腔中的油液通过阻尼槽或内装式小减压阀通到吸油区的叶片底部，使叶片经过吸油腔时，叶片压向定子内表面的作用力不致过大。

2）减小叶片底部的受压面积。叶片底部的受压面积即为叶片宽度和叶片厚度的乘积，因此，减小叶片的实际受力宽度和厚度，就可减小叶片的受压面积。

图 2-22 a 所示为减小叶片实际受力宽度的结构，该结构中采用了复合式叶片（又称子母叶片），分成母叶片 1 与子叶片 2 两部分。配油盘使 K 腔总是接通压力油，并引入母、子叶片间的油腔 c 内，而母叶片底部 L 腔则借助油孔始终与顶部油液压力相同。这样，无论叶片是处在吸油区还是压油区，母叶片顶部和底部的压力总是相等的。当叶片处在吸油腔时，只有油腔 c 内的高压油作用使叶片压向定子内表面，这样减小了叶片和定子内表面间的作用力。

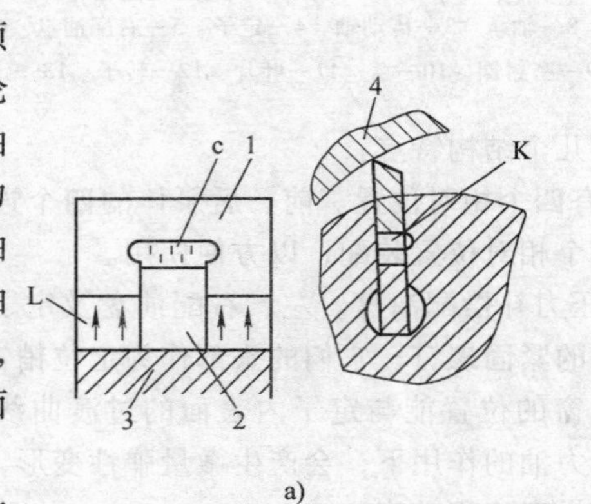

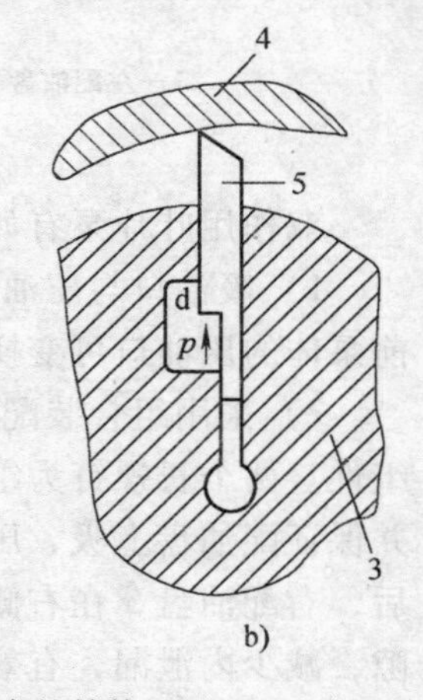

图 2-22　减小叶片实际受力宽度的结构

1—母叶片　2—子叶片　3—转子　4—定子　5—叶片

c、L、K—油腔　d—油室

图 2-22b 所示为阶梯叶片结构，阶梯叶片和阶梯叶片槽之间的油室 d 始终与压力油相通，而叶片的底部和其所在腔

相通。这样，叶片在油室 d 内的油液压力作用下压向定子内表面，由于作用面积减小，其作用力不致太大，但这种结构的缺点是工艺性较差。

3）使叶片顶端和底部的液压作用力平衡。图 2-23 a 所示为双叶片结构，叶片槽中有两个可以做相对滑动的叶片 1、2，每个叶片都有一棱边与定子内表面接触，在叶片的顶部形成一个油腔 a，叶片底部的油腔 b 始终与压油腔相通，并通过两叶片间的小孔 c 与油腔 a 相连通，因而使叶片顶端和底部的液压作用力得到平衡。适当选择叶片顶部棱边的宽度，既可以使叶片对定子表面有一定的压紧力，又不致使该力过大。为了使叶片运动灵活，对零件的制造精度提出了较高的要求。图 2-23b 所示为叶片装弹簧的结构，这种结构的叶片较厚，顶部与底部有孔相通，叶片底部的油液是由叶片顶部经叶片的孔引入的，因此叶片上、下油腔油液的作用力基本平衡。为使叶片紧贴定子内表面，以保证密封，在叶片根部装有弹簧。

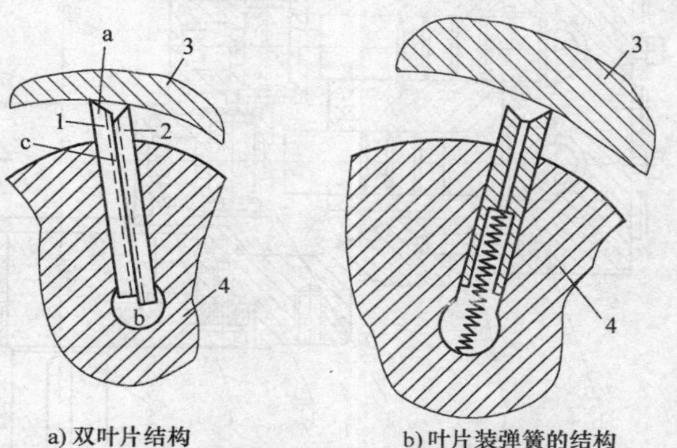

图 2-23　叶片液压力平衡的高压叶片泵结构

1、2—叶片　3—定子　4—转子

a、b—油腔　c—小孔

5. 径向柱塞泵的工作原理和结构

（1）径向柱塞泵的工作原理　如图 2-24 所示，径向柱塞泵主要由定子、转子、配油轴、衬套（图中未示出）和柱塞等组成。转子上均匀地布置着几个径向排列的孔，柱塞可在孔中自由地滑动。配油轴把衬套的内孔分隔为上、下两个油室，这两个油室分别通过配油轴上的轴向孔与泵的吸、压油口相通。定子与转子偏心安装，当转子逆时针方向旋转时，柱塞在下半周时逐渐向外伸出，柱塞孔的容积增大而形成局部真空，油箱中的油液通过配油轴上的吸油口和油室进入柱塞孔。这就是吸油过程。

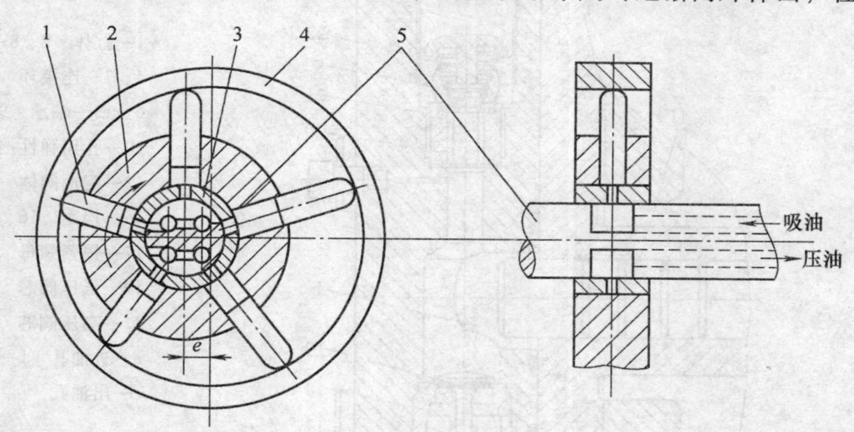

图 2-24　径向柱塞泵的工作原理图

1—柱塞　2—转子（缸体）　3—衬套　4—定子　5—配油轴

当柱塞运动到上半周时，定子将柱塞压入柱塞孔中，柱塞孔的密封容积变小，孔内的油液通过配油轴上的油室和排油口压入系统。这就是压油过程。转子每转一周，每个柱塞各吸、压油一次。

径向柱塞泵的输出流量由定子与转子间的偏心距决定。若偏心距可调，则为变量泵；若偏心距的方向可改变，进油口和压油口也随之互换，则为双向变量泵。

（2）径向柱塞泵的结构　图 2-25 所示为 JB86 型配油阀式径向柱塞泵的结构图。

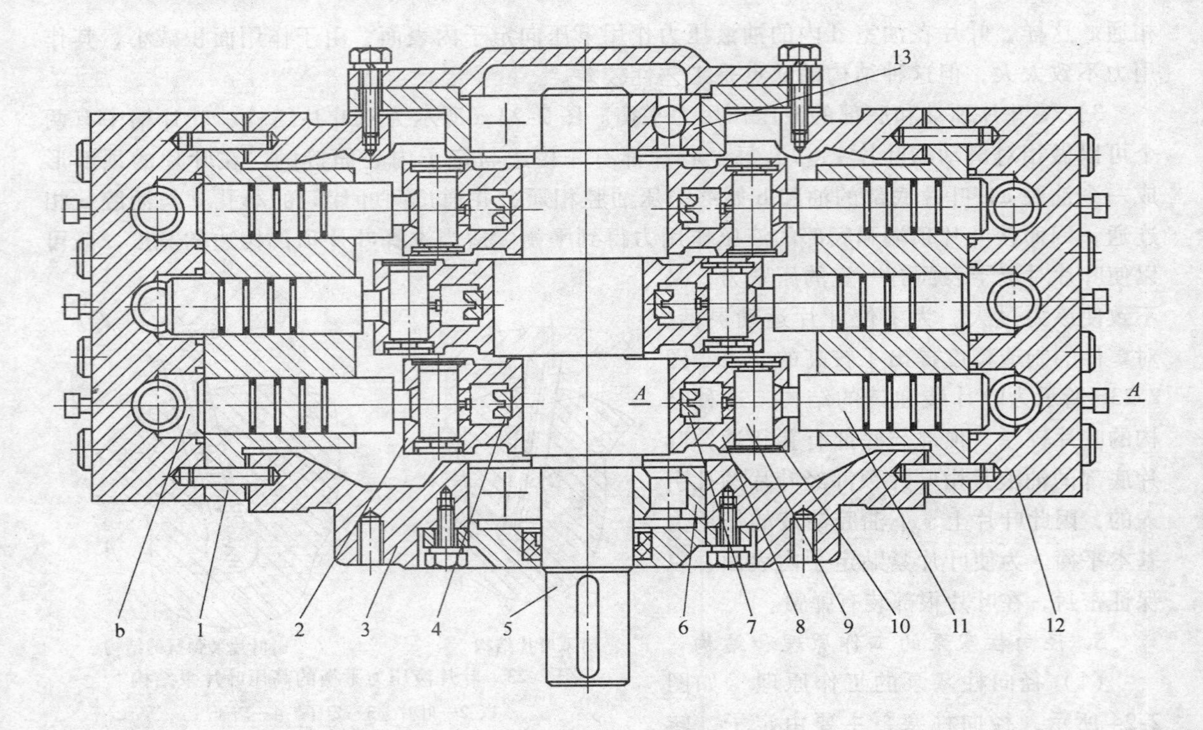

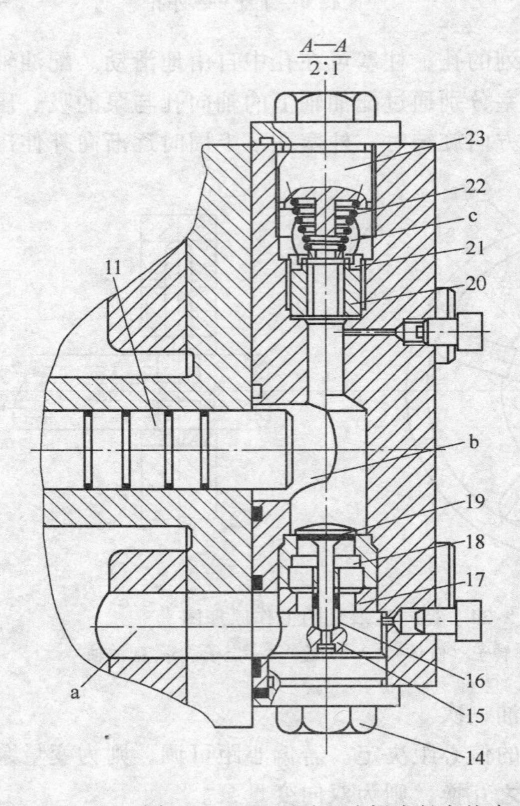

1—缸体 2、8—连杆 3—泵体
4、7—连接环 5—传动轴
6、13—轴承 9—销轴
10—孔用弹性挡圈 11—柱塞
12—配油阀体 14—螺塞
15—挡圈 16、22—弹簧
17—锁紧螺母 18—阀座
19—低压阀芯 20—高压阀座
21—高压阀芯 23—高压油塞
a—进油孔 b—工作容积
c—出油孔

图 2-25 JB86 型配油阀式径向柱塞泵的结构图

6. 轴向柱塞泵的工作原理和结构

（1）轴向柱塞泵的工作原理　轴向柱塞泵是将多个柱塞配置在同一个缸体的圆周上，并使柱塞轴线和缸体轴线平行的一种液压泵。轴向柱塞泵有直轴式（斜盘式）和斜轴式（摆缸式）两种形式。图 2-26 所示为轴向柱塞泵的工作原理图，这种泵主体由缸体 1、配油盘 2、柱塞 3 和斜盘 4 组成。柱塞沿圆周均匀分布在缸体内。斜盘轴线与缸体轴线倾斜一角度，柱塞靠机械装置或在低压油作用下压紧在斜盘上（图中为弹簧），配油盘 2 和斜盘 4 固定不转，当原动机通过传动轴使缸体转动时，在斜盘的作用大，柱塞在缸体内做往复运动，并通过配油盘的配油窗口进行吸油和压油。如图 2-26 中所示回转方向，当缸体转角在 π ~ 2π 范围内时，柱塞向外伸出，柱塞底部缸孔的密封工作容积增大，通过配油盘的吸油窗口吸油；在 0 ~ π 范围内，柱塞被斜盘推入缸体，使缸孔容积减小，通过配油盘的压油窗口压油。缸体每转一周，每个柱塞各完成吸、压油一次，如改变斜盘倾角，就能改变柱塞行程的长度，即改变液压泵的排量，改变斜盘倾角方向，就能改变吸油和压油的方向，即成为双向变量泵。

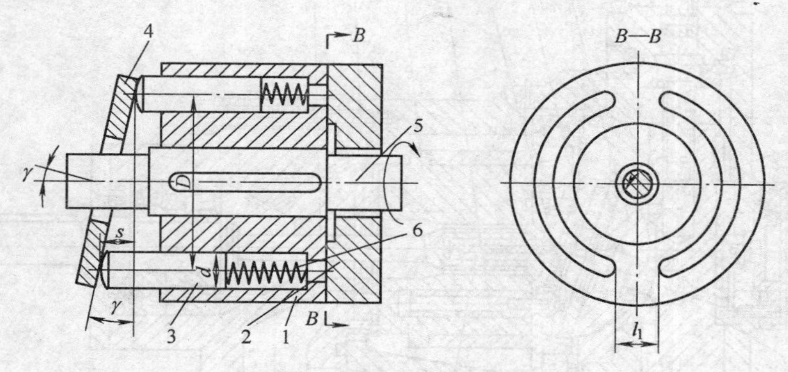

图 2-26　轴向柱塞泵的工作原理图

1—缸体　2—配油盘　3—柱塞　4—斜盘　5—传动轴　6—弹簧

（2）直轴式（斜盘式）轴向柱塞泵的结构　直轴式轴向柱塞泵（图 2-27）是靠斜盘推动活塞做往复运动来改变缸体柱塞腔内容积进行吸油和压油的。它的传动轴轴线和缸体轴线重合，柱塞轴线和传动轴平行。通过改变斜盘的倾角大小或倾角方向，就可改变液压泵的排量或吸油和压油的方向，成为双向变量泵。

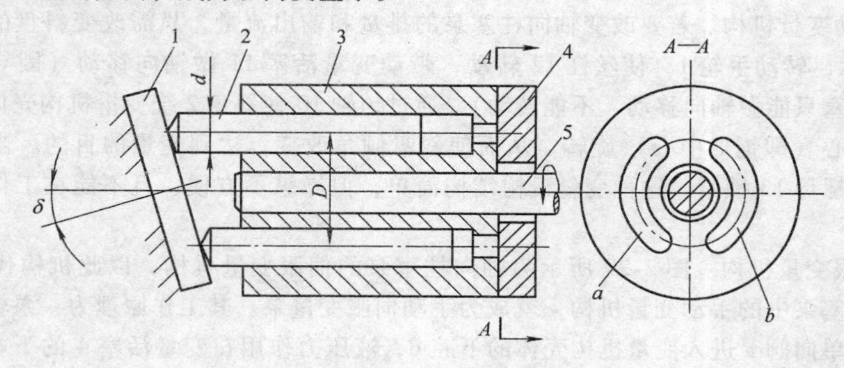

图 2-27　直轴式轴向柱塞泵的工作原理图

1—斜盘　2—柱塞　3—缸体　4—配油盘　5—传动轴

1）典型结构。图 2-28 所示为一种直轴式轴向柱塞泵的结构。柱塞的球状头部装在滑履 4 内，以缸体作为支承的弹簧通过钢球推压回程盘 3，回程盘和柱塞滑履一同转动。在压油过程中借助斜盘 2 推动柱塞做轴向运动；在吸油时依靠回程盘、钢球和弹簧组成的回程装置将滑履紧紧地压在斜盘表面上滑动，弹簧 9 一般称为回程弹簧，这样的泵具有自吸能力。在滑履与斜盘相接触的部分有一油室，它通过柱塞中间的小孔与缸体中的工作腔相连，压力油进入油室后在滑履与斜盘的接触面间形成了一层油膜，起着静压支承的作用，使滑履作用在斜盘上的力大大减小，因而磨损也减小。传动轴 8 通过左边的花键带动缸体 6 旋转，由于滑履 4 贴紧在斜盘表面上，柱塞在随缸体旋转的同时在缸体中做往复运动。缸体中柱塞底部的密封工作容积是通过配油盘 7 与泵的进出口相通的。随着传动轴的转动，液压泵就连续地吸油和压油。

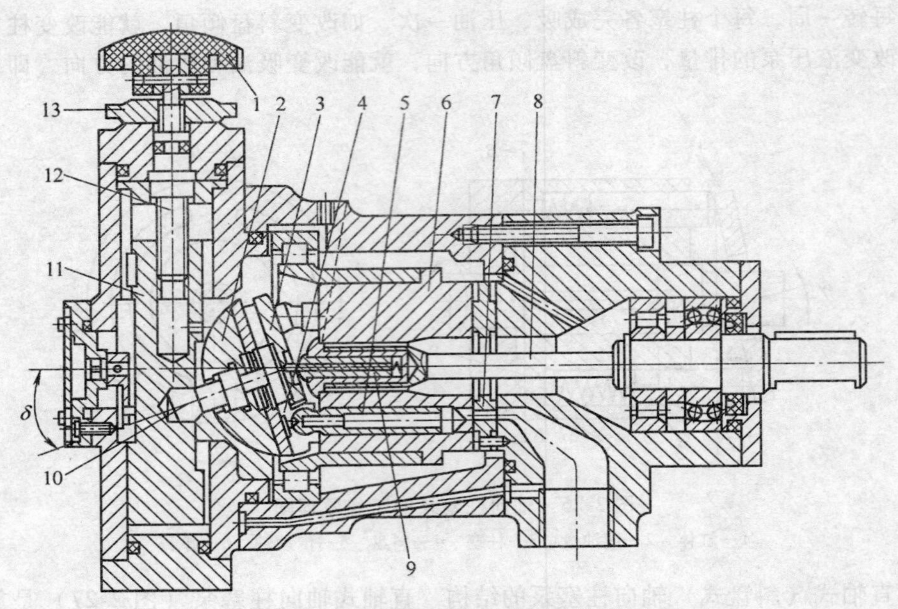

图 2-28　直轴式轴向柱塞泵结构

1—手轮　2—斜盘　3—回程盘　4—滑履　5—柱塞　6—缸体　7—配油盘　8—传动轴　9—弹簧　10—销轴　11—变量活塞　12—丝杠　13—螺母

2）手动变量机构。若要改变轴向柱塞泵的排量和输出流量，只需改变斜盘的倾角。如图 2-28 所示，转动手轮 1，使丝杠 12 转动，带动变量活塞 11 做轴向移动（因导向键的作用，变量活塞只能做轴向移动，不能转动），通过销轴 10 使斜盘 2 绕变量机构壳体上的圆弧导轨面的中心（即钢球中心）旋转，从而使斜盘倾角改变，达到变量的目的。当流量达到要求时，用螺母 13 锁紧。这种变量机构结构简单，但操纵不方便，且不能在工作过程中实现变量。

3）伺服变量机构。图 2-29 所示为轴向柱塞泵的伺服变量机构，以此机构代替图 2-28 所示轴向柱塞泵中的手动变量机构，就成为手动伺服变量泵。其工作原理为：泵输出的压力油由通道经单向阀 a 进入变量机构壳体的下腔 d，液压力作用在变量活塞 4 的下端。当与伺服阀阀芯 1 相连接的拉杆不动时（图示状态），变量活塞 4 的上腔 g 处于密封状态，变量活塞不动，斜盘 3 在某一相应的位置上。当使拉杆向下移动时，推动阀芯 1 一起向下移动，下腔 d 的压力油经通道 c 进入上腔 g。由于变量活塞上端的有效面积大于下端的有效面积，向下的液压力大于向上的液压力，故变量活塞 4 也随之向下移动，直到将通道 c 的油口密封为止。

变量活塞的移动量等于拉杆的位移量。当变量活塞向下移动时，通过轴销带动斜盘 3 摆动，斜盘倾斜角增大，泵的输出流量也随之增加；当拉杆带动伺服阀阀芯向上运动时，阀芯将通道 f 打开，上腔 g 通过卸压通道接通油箱卸压，变量活塞向上移动，直到阀芯将卸压通道关闭为止。阀芯的移动量也等于拉杆的位移量，这时斜盘也被带动做相应的摆动，使倾斜角减小，泵的流量也随之相应地减小。由上述可知，伺服变量机构是通过操作液压伺服阀，利用泵输出的压力油推动变量活塞来实现变量的。故加在拉杆上的力很小，控制灵敏。拉杆可用手动方式或机械方式操作，斜盘可以倾斜 ±18°，故在工作过程中泵的吸、压油方向可以变换，因而这种泵就是双向变量液压泵。

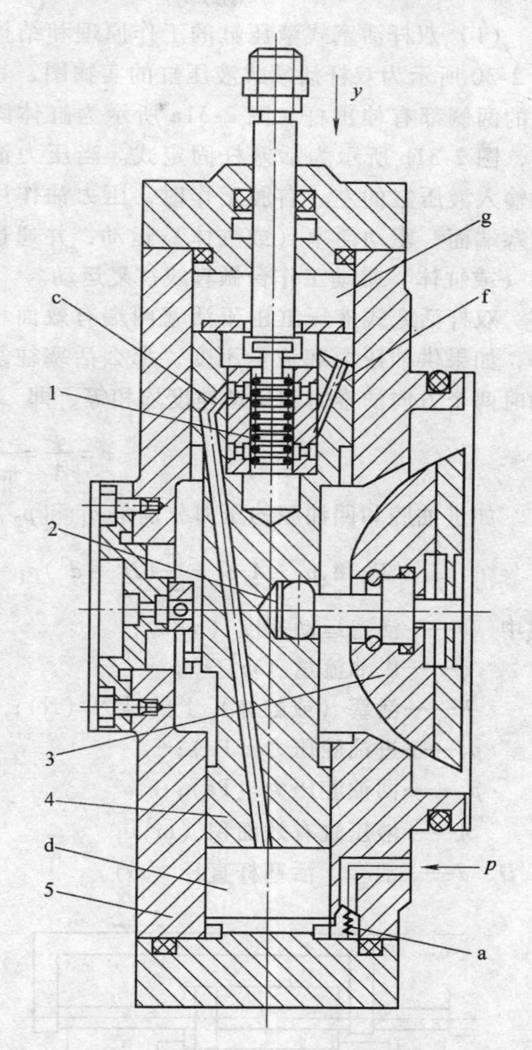

图 2-29　轴向柱塞泵的伺服变量机构

1—阀芯　2—铰链　3—斜盘　4—变量活塞　5—壳体

a—单向阀　c、f—通道　d—下腔　g—上腔

(3) 柱塞泵的特点　柱塞泵是靠柱塞在缸体中做往复运动造成密封容积的变化来实现吸油与压油的液压泵，与齿轮泵和叶片泵相比，柱塞泵有如下优点。

1) 构成密封容积的零件为圆柱形的柱塞和缸孔，加工方便，可得到较高的配合精度，密封性能好，在高压下工作时仍有较高的容积效率。

2) 只需改变柱塞的工作行程就能改变流量，易于实现变量。

3) 柱塞泵中的主要零件均受压应力作用，材料强度可得到充分利用。由于柱塞泵压力高、结构紧凑、效率高、流量调节方便，故在需要高压、大流量、大功率的系统中和流量需要调节的场合得到了广泛的应用，如龙门刨床、拉床、液压机、工程机械、矿山冶金机械、船舶等。

三、液压缸的基本知识及工作原理

1. 活塞式液压缸的工作原理和结构

活塞式液压缸可分为双杆活塞式和单杆活塞式两种结构，其固定方式有缸体固定和活塞杆固定两种。

（1）双杆活塞式液压缸的工作原理和结构

图 2-30 所示为双杆活塞式液压缸的实物图，其活塞的两侧都有伸出杆。图 2-31a 所示为缸体固定式，图 2-31b 所示为活塞杆固定式。当压力油交替输入液压缸的左、右腔工作时，压力油作用于活塞端面，驱动活塞（或缸体）运动，并通过活塞（或缸体）带动工作台做直线往复运动。

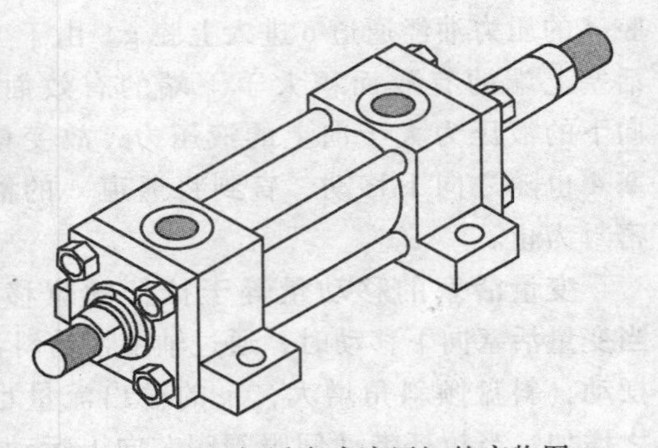

图 2-30　双杆活塞式液压缸的实物图

双杆活塞式液压缸由于活塞两端有效面积相等，如果供油压力和流量不变，那么活塞往复运动时两个方向的推力和运动速度均相等，即

$$v=\frac{q}{A}=\frac{4q}{\pi(D^2-d^2)} \tag{2-22}$$

如进油腔和回油腔的压力分别是 p_1 和 p_2，则推力 F 为

$$F=A_2p_1-A_1p_2=\frac{\pi}{4}(D^2-d^2)p_1-\frac{\pi}{4}D^2p_2=\frac{\pi}{4}D^2(p_1-p_2)-\frac{\pi}{4}d^2p_1 \tag{2-23}$$

式中　v——活塞运动速度（m/s）；

q——供油流量（m^3/s）；

F——活塞（或缸体）上的推力（N）；

p_1——进油腔压力（Pa）；

p_2——回油腔压力（Pa）；

A——液压缸有效面积（m^2）；

D、d——活塞、活塞杆直径（m）。

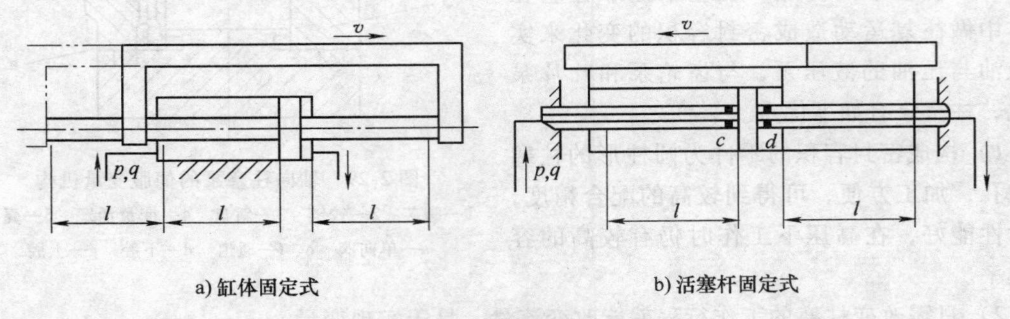

图 2-31　双杆活塞式液压缸

液压缸主要包括缸体组件、活塞组件、密封装置、缓冲装置和排气装置五部分。

1）缸体组件。缸体组件包括缸筒、缸盖和导向套等。缸筒和缸盖的常用连接方式有法兰连接、卡环连接和螺纹连接。

2）活塞组件。活塞组件由活塞、活塞杆和连接件等组成。活塞和活塞杆的连接方式主有整体式结构、焊接式连接、锥销式连接和卡环式连接。

3）密封装置。液压缸高压腔中的油液向低压腔泄漏称为内泄漏，液压缸中的油液向外部泄漏称为外泄漏。由于液压缸存在内泄漏和外泄漏，使得液压缸的容积效率降低，从而影响液压缸的工作性能，严重时使系统压力上不去而无法工作，并且外泄漏还会污染环境。因此，要求液压缸要有良好的密封性能。常用的密封方法有间隙密封和密封元件密封两种。

间隙密封是靠相对运动件配合面之间保持微小间隙，使其产生液体摩擦阻力来防止泄漏的一种密封方法。间隙密封常用于直径较小、压力较低的液压缸与活塞间的密封。为增强间隙密封的效果，一般可以在活塞上开几条环形均压槽，其作用一是增强间隙密封的效果，当油液从高压腔向低压腔泄漏时，由于油路截面突然改变，在小槽中形成旋涡而产生阻力，使油液的泄漏量减少；二是阻止活塞轴线的偏移，从而有利于保持配合间隙，保证润滑效果，减小活塞与缸壁的磨损，增强间隙密封性能。密封元件目前多用非金属材料制成的各种形状的密封圈及组合式密封装置。

4）缓冲装置。液压缸缓冲装置的作用是防止活塞在行程终了时，由于惯性力的作用与缸盖发生撞击。缓冲的原理是：活塞在接近缸盖时，增大回油阻力，以减小活塞的运动速度，从而避免活塞撞击缸盖。缸盖处常利用节流原理来实现缓冲。

图 2-32 所示为带缓冲装置的液压缸，它采用的缓冲装置是可调的。

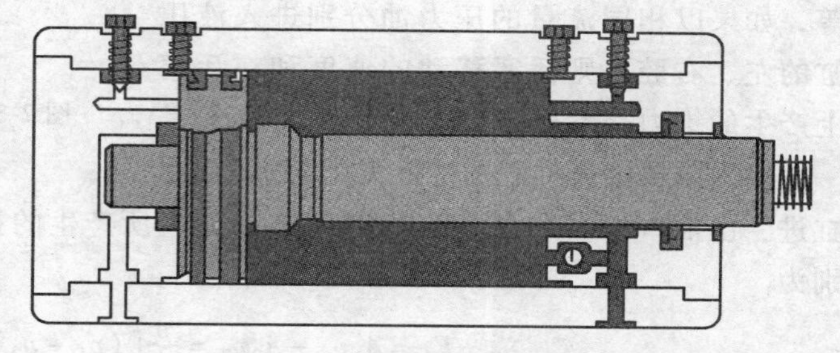
图 2-32　带缓冲装置的液压缸

5）排气装置。液压系统在安装过程中或长时间停工后会渗入空气，油液中也会混有空气，这些空气的存在会使活塞运动产生爬行、振动和噪声，严重时会影响液压系统的正常工作。为了便于排除积留在液压缸内的空气，一般采取以下两种措施：

① 对于要求不高的液压缸可不设专门的排气装置，而是将油口布置在缸筒两端最高处，这样使缸中的空气随油液流回油箱，再从油箱中逸出。

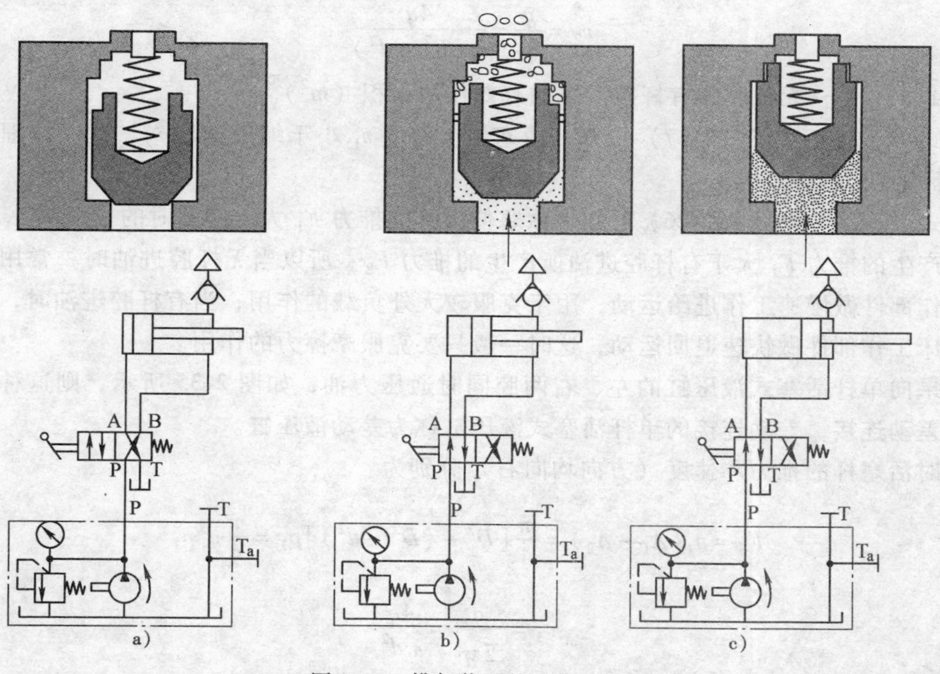

图 2-33　排气装置的工作过程

② 对于速度稳定性要求较高的液压缸和大型液压缸，则必须设置专门的排气装置（排气阀）。工作前打开排气塞，使缸中活塞全行程空载往复运动数次，空气通过排气阀排出，排完气后关闭排气阀。排气装置的工作过程如图 2-33 所示。

（2）单杆活塞式液压缸的工作原理和结构　活塞杆仅从液压缸的某一侧伸出的液压缸称为单杆活塞式液压缸，也称单出杆液压缸。

1）双作用单杆活塞式液压缸。图 2-34 所示的单杆活塞式液压缸只有一根活塞杆，其伸出和缩回均由液压力推动实现，是双作用式液压缸。由于活塞两端有效作用面积不等，如果以相同流量的压力油分别进入液压缸的左、右腔，则活塞移动的速度和在活塞上产生的推力是不相等的。

图 2-34　双作用单杆活塞式液压缸实物图

输入液压缸无杆腔的油液流量为 q，液压缸进、出油口的压力分别为 p_1 和 p_2，活塞上所产生的推力 F_1 和速度 v_1（方向均向右）分别为

$$F_1 = A_1 p_1 - A_2 p_2 = \frac{\pi}{4}[(p_1 - p_2)D^2 + p_2 d^2] \tag{2-24}$$

$$v_1 = \frac{q}{A_1} = \frac{4q}{\pi D^2} \tag{2-25}$$

当油液从有杆腔输入时，其活塞上所产生的推力 F_2 和速度 v_2（方向均向左）分别为

$$F_2 = A_2 p_1 - A_1 p_2 = \frac{\pi}{4}[(p_1 - p_2)D^2 - p_1 d^2] \tag{2-26}$$

$$v_2 = \frac{q}{A_2} = \frac{4q}{\pi(D^2 - d^2)} \tag{2-27}$$

式中　A_1、A_2——无杆腔和有杆腔活塞的有效作用面积（m^2）。

由式（2-25）和式（2-27）可知，活塞伸出速度 v_1 小于缩回速度 v_2，这一原理常用于实现机床的快速退回。

由式（2-24）和式（2-26）可知，活塞伸出时的推力 F_1 大于缩回时的推力 F_2，即无杆腔进油产生的推力 F_1 大于有杆腔进油所产生的推力 F_2。所以当无杆腔进油时，常用于驱动机床工作部件做慢速工作进给运动，用于克服较大外负载的作用；当有杆腔进油时，常用于驱动机床工作部件做快速退回运动，这时一般只要克服摩擦力的作用。

如果向单杆活塞式液压缸的左、右两腔同时通压力油，如图 2-35 所示，则这种连接方式称为差动连接，差动连接的单杆活塞式液压缸称为差动液压缸。

这时活塞杆的推力和速度（方向均向右）分别为

$$F_3 = p_1(A_1 - A_2) = \frac{\pi}{4}[D^2 - (D^2 - d^2)]p_1 = \frac{\pi}{4}d^2 p_1 \tag{2-28}$$

$$v_3 = \frac{q}{\frac{\pi}{4}d^2} = \frac{4q}{\pi d^2} \tag{2-29}$$

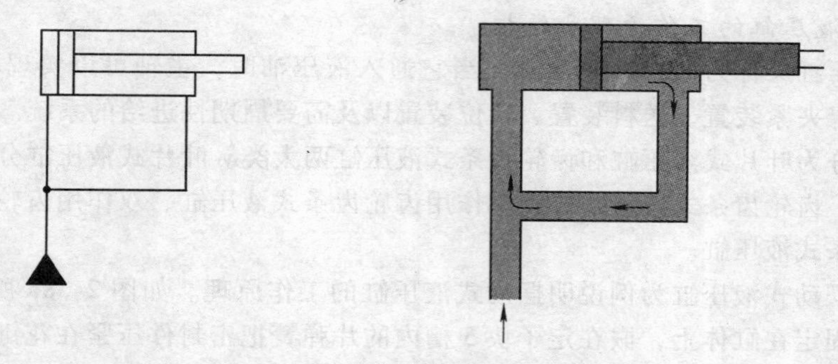

图 2-35　差动液压缸示意图

将式（2-24）、式（2-28）和式（2-25）、式（2-29）比较可知：$F_3 < F_1$，$v_3 > v_1$，即差动液压缸可以产生的推力较小，但可以使用小流量泵得到较快的运动速度，所以在机床上应用较多，如在组合机床上用于要求推力不大、快进与快退的工作循环中。如果要求快进与快退的速度相同，即 $v_3 = v_2$，则由式（2-27）和式（2-29）可得活塞杆的直径 $d = D/\sqrt{2} = 0.707D$

2）单作用单杆活塞式液压缸。图 2-36 所示为弹簧复位单作用单杆活塞式液压缸。单作用单杆活塞式液压缸只能对进油腔一侧的活塞加压，因此只能单方向做功。反向回程要靠重力、弹簧力或负载实现，因此这些力必须能克服液压缸、管道及阀内摩擦力，并且将液压油排到排油回路中去。单作用单杆活塞式液压缸可应用在只要求液压力在单个方向上做功的场合。

2. 柱塞式液压缸的工作原理和结构

柱塞式液压缸是一种单作用式液压缸。图 2-37 所示为一种单杆柱塞式液压缸，压力油进入缸筒时，柱塞带动运动部件向外伸出，但反向退回时必须依靠其他外力或自重才能实现，或将两个柱塞式液压缸成对反向使用。

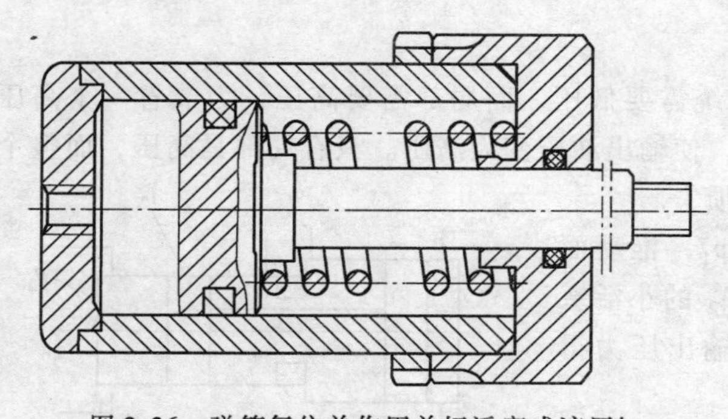

图 2-36　弹簧复位单作用单杆活塞式液压缸

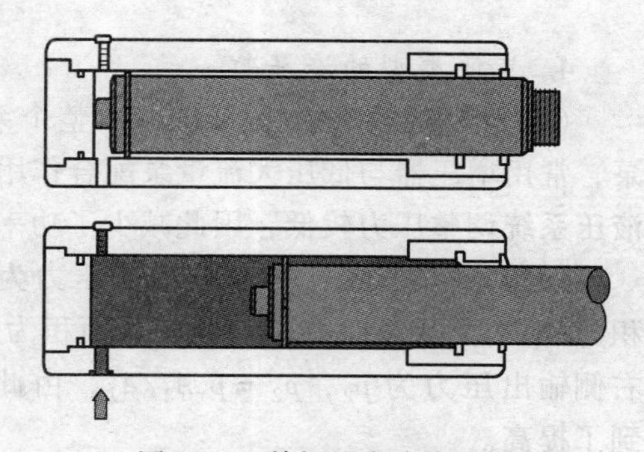

图 2-37　单杆柱塞式液压缸

柱塞式液压缸的柱塞端面是承受油压的工作面，动力是通过柱塞本身传递的。由于柱塞运动时由缸盖上的导向套来导向，缸筒内壁和柱塞有一定的间隙而不用直接接触。因此缸筒内壁不用加工或只做粗加工，从而给制造带来了方便，也特别适用于行程较长的场合，此时必须保证导向套和密封装置部分内壁的精度。另外，柱塞式液压缸一般不宜水平安装，因为柱塞式液压缸的柱塞一般较粗，水平放置会导致柱塞因自重而下垂，造成导向套和密封圈单向磨损。

3. 摆动式液压缸的工作原理和结构

摆动式液压缸又称为回转式液压缸。当它通入液压油时，主轴可以实现小于360°的往复摆动，常用于夹紧装置、送料装置、转位装置以及需要周期性进给的系统。摆动式液压缸根据结构主要分为叶片式液压缸和齿轮齿条式液压缸两大类。叶片式液压缸分为单叶片式和双叶片式两种；齿轮齿条式液压缸分为单作用齿轮齿条式液压缸、双作用齿轮齿条式液压缸和双缸齿轮齿条式液压缸。

以单叶片摆动式液压缸为例说明摆动式液压缸的工作原理。如图2-38a所示，定子块3由螺钉和柱销固定在缸体上，嵌在定子块3槽内的片弹簧把密封件压紧在花键轴套的外圆柱面上，起密封作用，叶片2用螺钉固定在花键轴套上。当缸的一个油口进压力油，另一个油口回油时，叶片在压力油作用下往一个方向摆动，带动轴偏转一定角度（小于360°）。当进、回油口互换时，轴反转。图2-38b所示为摆动式液压缸的图形符号。

单叶片摆动式液压缸的摆动角度一般不超过280°。摆动式液压缸常用于机床的送料装置、间歇进给机构、回转夹具、工业机器人手臂和手腕的回转装置及工程机械回转机构等的液压系统中。此外，还有齿轮齿条摆动式液压缸，其结构如图2-39所示。

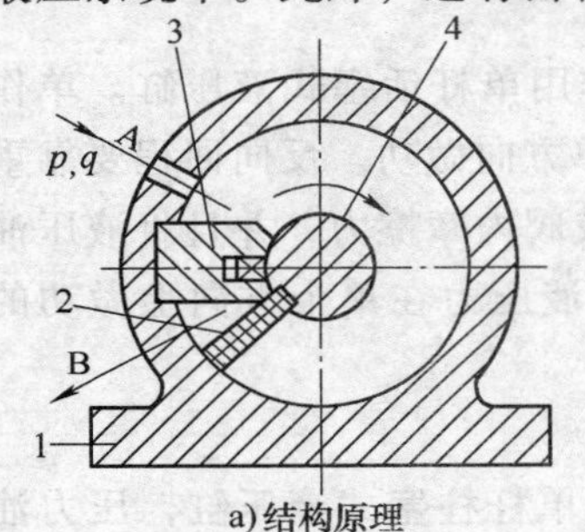

a) 结构原理　　b) 图形符号

图2-38　单叶片摆动式液压缸

1—缸体　2—叶片　3—定子块　4—外花键

图2-39　齿轮齿条摆动式液压缸剖面结构图

4. 其他类型的液压缸

(1) 增压器　在液压系统中，整个系统需要低压，而局部需要高压，为节省一个高压泵，常用增压器与低压大流量泵配合作用，使输出油压变为高压。只有局部是高压，而整个液压系统调整压力较低，因此减少了功率损失。

如图2-40所示，当左腔输入压力为p_1，推动面积为A_1的大活塞向右移动时，从面积为A_2的小活塞右侧输出压力为p_2，$p_2=p_1A_1/A_2$，由此输出压力得到了提高。

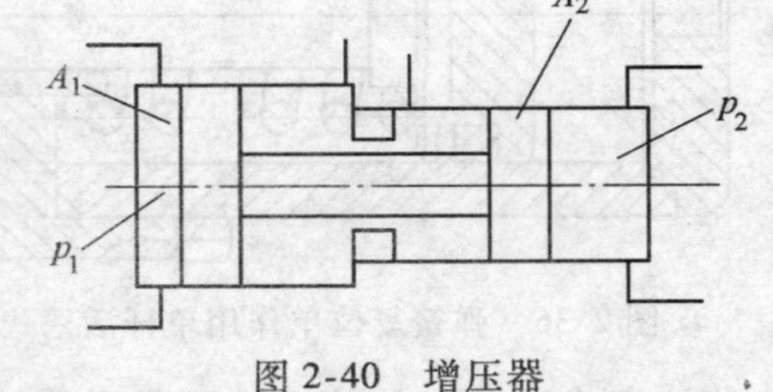

图2-40　增压器

(2) 伸缩式液压缸　伸缩式液压缸又称为多套缸，它是由两个或多个活塞式液压缸套装而成的，如图2-41所示。这种液压缸在各级活塞依次伸出时可获得很长的行程，而当它们依次缩回后，又能使液压缸轴向尺寸很短，广泛用于起重运输车辆上。

伸缩式液压缸也有单作用式和双作用式之分，前者靠外力实现回程，后者靠液压力实现回程。

(3) 串联式液压缸　当液压缸长度不受限制，但直径受到限制，从而无法满足输出力

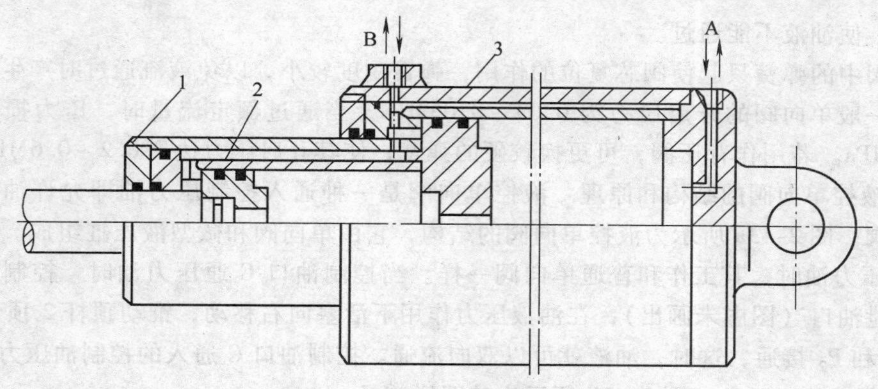

图 2-41 伸缩式液压缸的结构

1、2—活塞 3—缸体

的大小要求时，可以采用多个液压缸串联构成串联式液压缸来获得较大的推力。

四、液压阀的工作原理

（一）液压方向控制阀

液压系统中用来控制油路的通断或改变油液的流动方向，从而实现液压执行元件的动作要求或完成其他特殊功能的液压阀称为方向控制阀。它和气动系统中的方向控制阀一样，主要分为单向阀和换向阀两类。

1. 单向阀

单向阀有普通单向阀和液控单向阀两种。

（1）普通单向阀的结构和原理 普通单向阀简称单向阀，其作用是只允许液流单方向流动，不允许反向流动，故又称为逆止阀或止回阀。要求其正方向液流通过时压力损失小，反向截止时密封性能好。

按进、出油液流向的不同，普通单向阀可分为直通式和直角式两种形式，直通式单向阀为管式连接，如图 2-42a 所示；直角式单向阀为板式连接，如图 2-42b 所示；图 2-42c 所示为单向阀的图形符号。

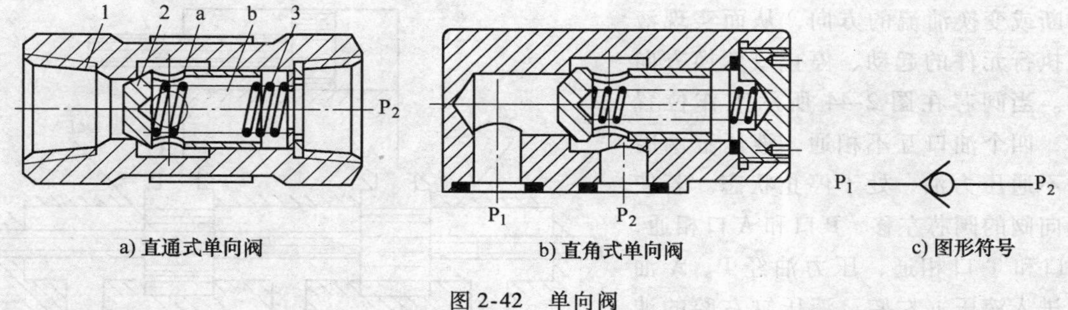

a) 直通式单向阀 b) 直角式单向阀 c) 图形符号

图 2-42 单向阀

1—阀体 2—阀芯 3—弹簧

如图 2-42a 所示，单向阀由阀体 1、阀芯 2 和弹簧 3 等零件组成。当压力油从 P_1 口流入时，油液压力克服弹簧力使阀芯右移，阀口开启，油液经阀口、阀芯上的径向孔 a 和轴向孔 b，从 P_2 口流出。油液从 P_2 口流入时，在油压和弹簧的作用下，阀芯锥面紧压在阀体上，阀口关闭，使油液不能通过。

单向阀中的弹簧只起使阀芯复位的作用，弹簧刚度较小，以免液流通过时产生过大的压力损失。一般单向阀的开启压力为0.03～0.05MPa，当通过额定流量时，压力损失不超过0.1～0.3MPa。若用作背压阀，可更换较硬的弹簧，使其开启压力达到0.2～0.6MPa。

（2）液控单向阀的结构和原理　液控单向阀是一种通入控制压力油即允许油液双向流动的单向阀。图2-43a所示为液控单向阀的结构，它由单向阀和微型液压缸组成。当控制油口C不通压力油时，其工作和普通单向阀一样。当控制油口C通压力油时，控制活塞1右侧a腔通泄油口（图中未画出），在油液压力作用下活塞向右移动，推动顶杆2顶开阀芯3，使油口P_1和P_2接通，这时，油液就可以双向流通。控制油口C通入的控制油压力最小为主油路压力的30%～50%。图2-43b所示为其图形符号。

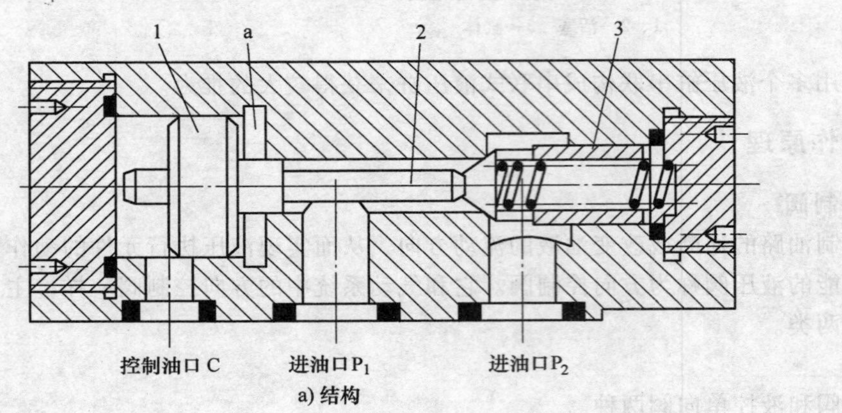

a) 结构

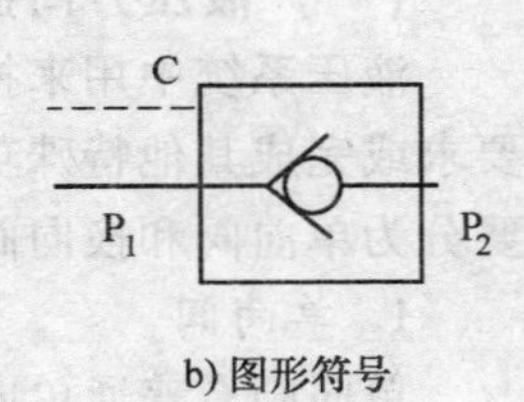

b) 图形符号

图2-43　液控单向阀
1—控制活塞　2—顶杆　3—阀芯

液控单向阀控制油口C未通控制压力油时具有良好的反向密封性能，所以常用于保压、锁紧和平衡回路中。

2. 换向阀

（1）换向阀的工作原理和分类　换向阀是通过改变阀芯与阀体的相对位置使油路接通、切断或变换油流的方向，从而实现液压执行元件的起动、停止或变换方向的。当阀芯在图2-44所示工作位置时，四个油口互不相通，液压缸两腔均不通压力油，处于停止状态。若使换向阀的阀芯左移，P口和A口相通，B口和T口相通，压力油经P、A油口进入液压缸左腔，液压缸右腔的油液经B、T油口回油箱，活塞向右运动；反之，若使阀芯右移，P口和B口相通，A口和T口相通，活塞向左运动。

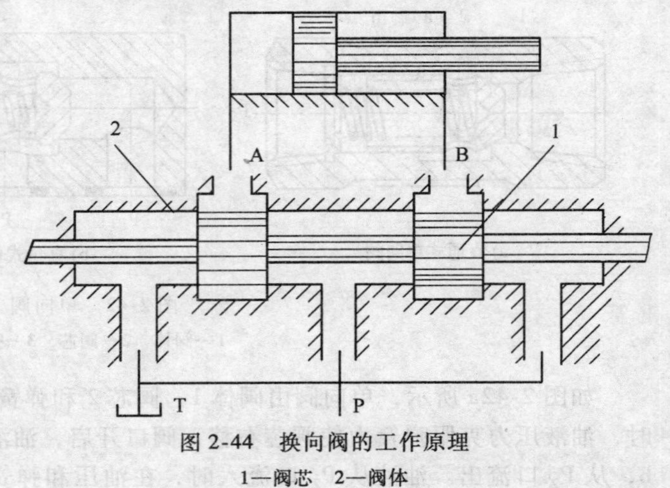

图2-44　换向阀的工作原理
1—阀芯　2—阀体

换向阀可按照如下方式进行分类：

1）按换向阀阀芯在阀体内的工作位数和油口通路数分，换向阀有二位二通、二位三通、二位四通、三位四通、二位五通、三位五通等类型。

2）按换向阀阀芯换位的控制方式分，换向阀有手动、机动、电动、液动和电液动等类型。

3）按换向阀阀芯结构及运动方式分，换向阀有滑阀、转阀、锥阀等。

4）按换向阀的安装方式分，换向阀有管式、板式、法兰式等。

（2）换向阀的图形符号　换向阀的结构原理和图形符号见表2-3。

表2-3　换向阀的结构原理和图形符号

位和通	结构原理图	图形符号
两位两通	A B	B A
两位三通	A P B	A B P
两位四通	B P A T	A B P T
两位五通	T_1 A P B T_2	A B T_1 P T_2
三位四通	A P B T	A B P T
三位五通	T_1 A P B T_2	A B T_1 P T_2

绘制换向阀的图形符号时有如下注意事项：

1）用方格数表示阀的工作位数，如三格即三位。

2）在一个方格内，箭头或堵塞符号“⊥”与方格的相交点数为油口的通路数，即“通”数。箭头表示两油口连通，但不表示流动方向；“⊥”表示该油口不通流。

3）控制方式和复位弹簧的符号画在方格的两侧。

4）P 表示进油口，T 表示通油箱的回油口，A 和 B 表示连接其他两个工作油路的油口，L 表示泄油口。

5）三位阀的中格、二位阀画有弹簧的那一格为常态位。二位二通阀有常开型和常闭型两种，前者常态位连通，后者则不通。在液压原理图中，换向阀的符号与油路的连接一般应画在常态位上。

（3）换向阀的中位机能　液压系统中所用的三位换向阀，当阀芯处于中间位置时各油口的连通情况称为换向阀的中位机能。不同的中位机能，可以满足液压系统的不同要求，在设计液压回路时应根据不同的中位机能所具有的特性来选择换向阀。表 2-4 列出了三位换向阀的常用中位机能。将结构图中的油口 T 分接为两个油口 T_1 和 T_2，四通即成为五通。另外，还有 J、C 等多种类型的中位机能。

表 2-4　三位换向阀的常用中位机能

中位机能	结构原理图	中位图形符号	机能特点和作用
O 型	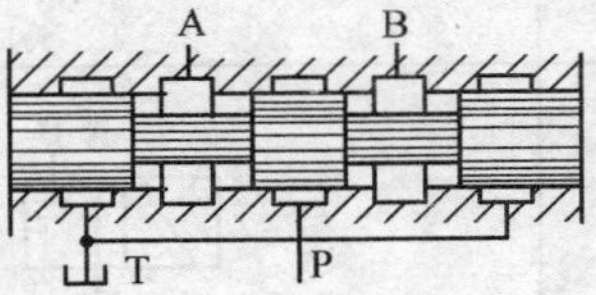	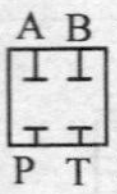	各油口全部封闭，缸两腔封闭，系统不卸荷。液压缸充满油，从静止到起动平稳；制动时运动惯性引起液压冲击较大；换向位置精度高
H 型	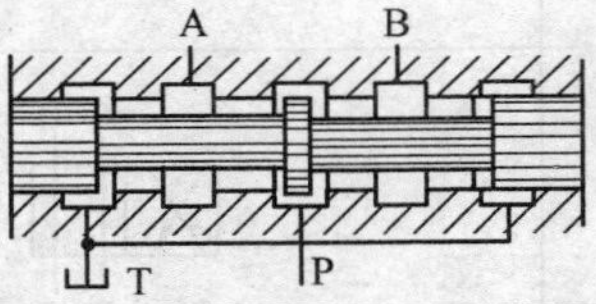	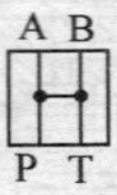	各油口全部连通，系统卸荷，缸呈浮动状态。液压缸两腔接油箱，从静止到起动有冲击；制动时油口互通，故制动较 O 型平稳；但换向位置变动大
P 型	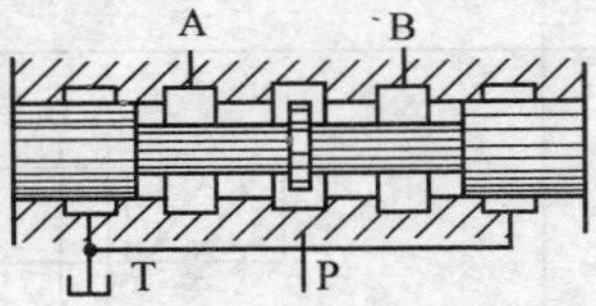		压力油口 P 与缸两腔连通，可形成差动回路，回油口封闭。从静止到起动较平稳；制动时缸两腔均通压力油，故制动平稳；换向位置变动比 H 型的小，应用广泛
Y 型	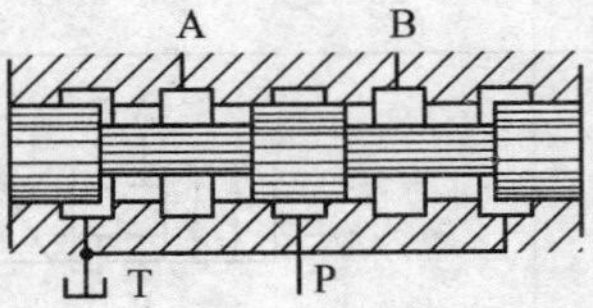	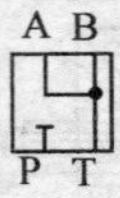	液压泵不卸荷，缸两腔通回油，缸呈浮动状态。由于缸两腔接油箱，从静止到起动有冲击，制动性能介于 O 型与 H 型之间
K 型	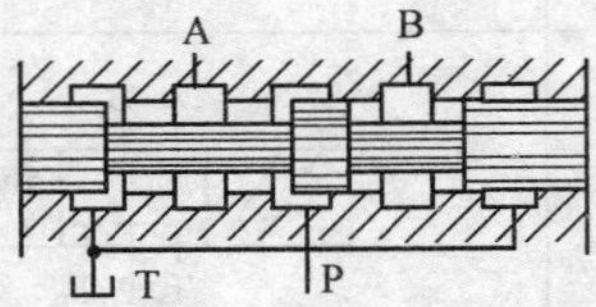		液压泵卸荷，液压缸一腔封闭一腔接回油。两个方向换向时性能不同
M 型	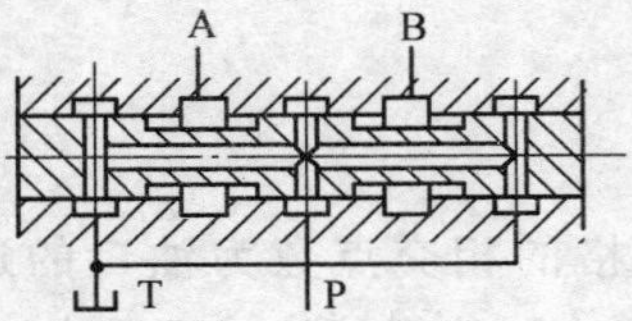		液压泵卸荷，缸两腔封闭。从静止到起动较平稳；制动性能与 O 型相同；可用于液压泵卸荷、液压缸锁紧的液压回路中

对中位机能的选用应从执行元件的换向平稳性要求、换向位置精度要求、重新起动时是否允许有冲击、是否需要卸荷和保压等方面加以考虑。下面对常用的中位机能举例说明。

在分析和选择三位换向阀的中位机能时，通常应考虑以下几个问题：

1）系统是否需要保压。对于中位 A、B 油口封闭的换向阀，中位具有一定的保压作用。

2）系统是否需要卸荷。对于中位 P、T 油口导通的换向阀，可以实现系统卸荷。但此时如并联有其他工作元件，会使其因无法得到足够的压力而不能正常动作。

3）起动平稳性要求。在中位时，如液压缸某腔通过换向阀 A 油口或 B 油口与油箱相通，会造成起动时液压缸该腔无足够的油液进行缓冲，从而导致起动平稳性变差。

4）换向平稳性和换向精度要求。对于中位时与液压缸两腔相通的 A、B 油口均封闭的换向阀，换向时油液有突然的速度变化，易产生液压冲击，换向平稳性差，但换向精度则相对较高；相反，如果换向阀与液压缸两腔相通的 A、B 油口均与 T 油口相通，换向时具有一定的过渡，换向比较平稳，液压冲击小，但工作部件的制动效果差，换向精度低。

5）是否需液压缸“浮动”和能在任意位置停止。如中位时换向阀与液压缸相连的 A、B 油口相通，卧式液压缸就呈“浮动”状态，可以通过其他机械装置调整其活塞的位置。如果中位时换向阀 A、B 油口均封闭，则可以使液压缸活塞在任意位置停止。

（4）换向阀的控制方式　换向阀有手动、机动、电动、液动和电液动等控制方式，如图 2-45 所示。

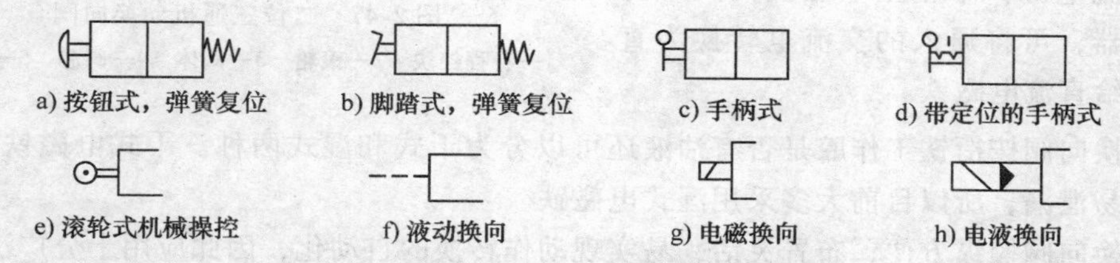

图 2-45　不同控制方式液压换向阀的图形符号

1）手动换向阀。手动换向阀一般是利用手动杠杆来改变阀芯位置实现换向的，其结构如图 2-46 所示。

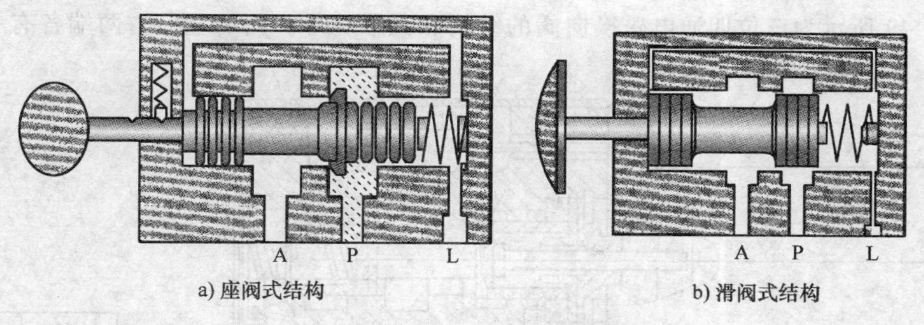

图 2-46　手动换向阀的结构

该换向阀弹簧腔设有泄油口 L，其作用是将阀右侧泄漏进弹簧腔的油液排回油箱。如果弹簧腔的油液不能及时排出，不仅会影响换向阀的换向操作，积聚到一定程度还会自动推动阀芯移动，使设备产生错误动作造成事故。

2）机动换向阀。机动换向阀利用行程挡块或凸轮迫使阀芯移动，从而达到改变油液流向的目的，实现换向。机动换向阀动作可靠，改变挡块斜面角度便可改变换向时阀芯的移动速度，因此可以调节换向过程的快慢。机动换向阀主要用来检测和控制机械运动部件的行程，所以又称为行程阀。

图 2-47 所示为二位三通机动换向阀。在常态位，P 与 A 相通；当行程挡块 1 压下滚轮 2 时，P 与 B 相通。图中阀芯 4 上的轴向孔是泄漏通道。这种换向阀经常应用于机床液压系统的速度换接回路中。

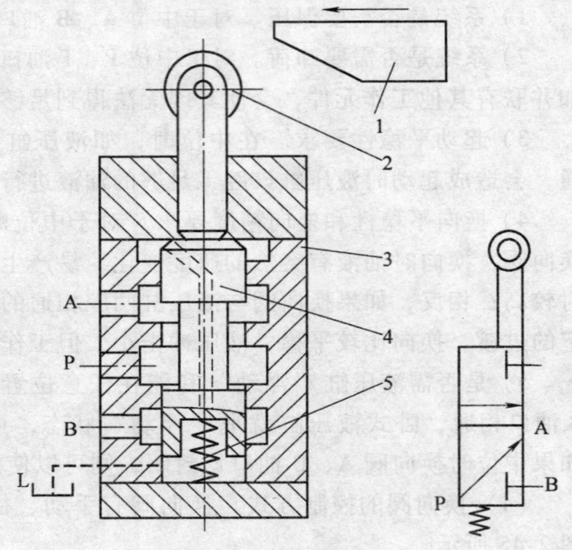

图 2-47 二位三通机动换向阀

1—行程挡块 2—滚轮 3—阀体 4—阀芯 5—弹簧

3）电磁换向阀。电磁换向阀利用电磁线圈的通电吸合与断电释放，直接推动阀芯运动来控制液流方向。电磁换向阀按电磁铁使用电源不同可分交流型、直流型和本整型（本机整流型）。交流式电磁换向阀起动力大，不需要专门的电源，吸合、释放速度快，但在电源电压下降 15% 以上时，吸力会明显下降，影响工作的可靠性；直流式电磁换向阀工作可靠、冲击小、允许的换向频率高、体积小、寿命长，但需要专门的直流电源；本整型电磁换向阀本身自带整流器，可将通入的交流电转换为直流电再供给直流电磁铁。

电磁换向阀按衔铁工作腔是否有油液还可以分为干式和湿式两种。干式电磁铁寿命短，易发热，易泄漏，所以目前大多采用湿式电磁铁。

电磁换向阀操纵方便，布置灵活，易实现动作转换的自动化，因此应用十分广泛。每种电磁换向阀都有不同的工作位置数和通路数以及各种流量规格。

图 2-48 所示为二位三通电磁换向阀的结构和图形符号。电磁铁不通电时，阀芯在常态处于右位，当左端电磁铁通电吸合时，衔铁通过推杆将阀芯推至右端，换向阀在左位工作。

图 2-49 所示为三位四通电磁换向阀的结构和图形符号。阀的左、右两端各有一个电磁

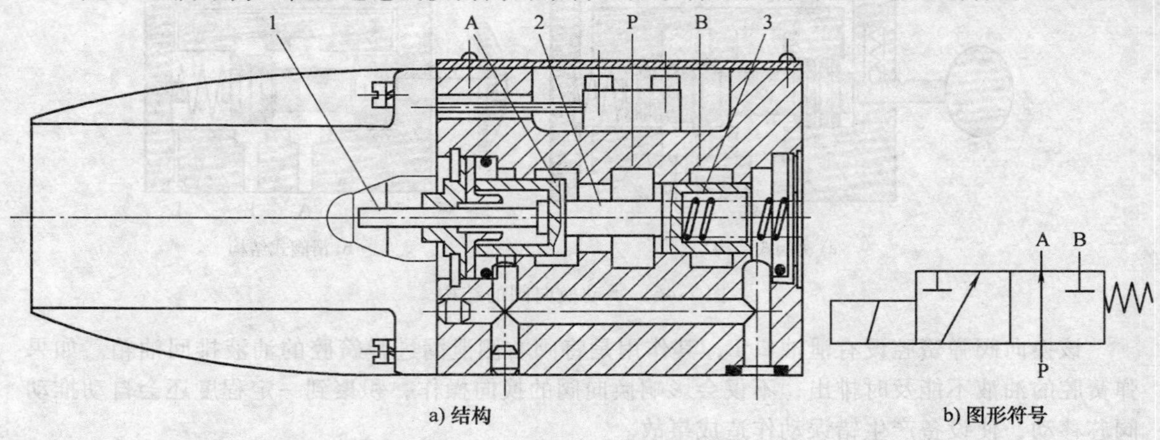

图 2-48 二位三通电磁换向阀的结构和图形符号

1—推杆 2—阀芯 3—弹簧

铁和一个对中弹簧，阀芯在常态处于中位，当右端电磁铁通电吸合时，衔铁通过推杆将阀芯推至左端，换向阀在右位工作；当左端电磁铁通电吸合时，衔铁通过推杆将阀芯推至右端，换向阀就在左位工作。

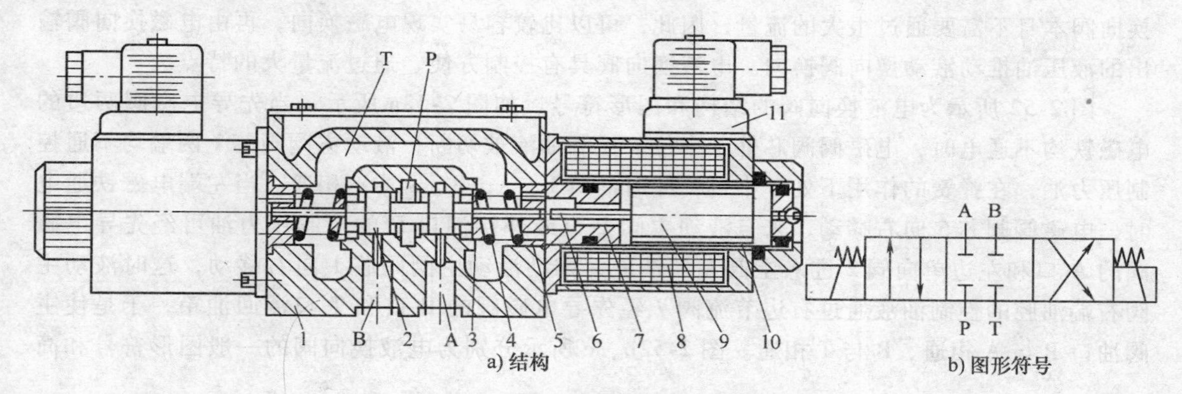

图 2-49　三位四通电磁换向阀的结构和图形符号

1—阀体　2—阀芯　3—定位套　4—对中弹簧　5—挡圈　6—推杆

7—导向环　8—线圈　9—衔铁　10—导套　11—插头组件

4）液动换向阀。液动换向阀利用控制油路的压力油来推动阀芯实现换向。图 2-50 所示为三位四通液动换向阀的结构和图形符号。当阀芯两端控制油口 C_1、C_2 都不通入压力油时，阀芯在两端弹簧力的作用下处于中位，当 C_1 口接通压力油、C_2 口接通回油时，阀芯右移，此时 P 与 A 接通，B 与 T 接通；当 C_2 口接通压力油，C_1 口接通回油时，阀芯左移，此时 P 与 B 接通，A 与 T 接通。液动换向阀的优点是结构简单、动作可靠、换向平稳，由于液压驱动力大，故可用于流量大的系统中。

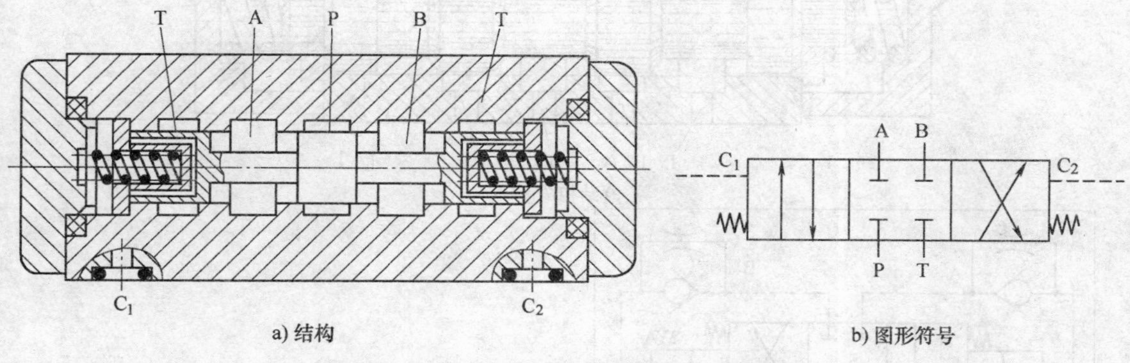

图 2-50　三位四通液动换向阀的结构和图形符号

液动换向阀如果换向过快，会造成压力冲击，这时可以通过在其液控口设置单向节流阀来降低切换速度，如图 2-51 所示。

5）电液换向阀。在大中型液压设备中，当通过换向阀的流量较大时，作用在换向阀阀芯上的摩擦力和液动力就比较大，直接用电磁铁来推动阀芯移动就会比较困难甚至无法实现，这时可以用电液换向阀来

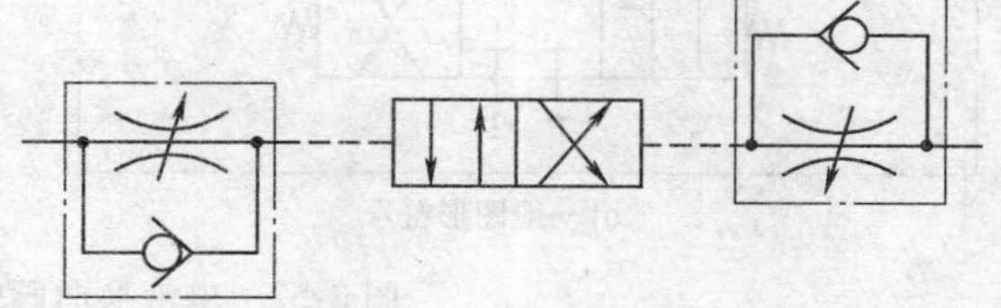

图 2-51　设置单向节流阀的液动换向阀

代替电磁换向阀。电液换向阀是由小型电磁换向阀（先导阀）和大型液动换向阀（主阀）两部分组合而成的。电磁换向阀起先导作用，它利用电信号改变主阀阀芯两端控制液流的方向，控制液流再去推动液动主阀阀芯改变位置实现换向，从而实现主油路的换向。由于电磁换向阀本身不需要通过很大的流量，因此，可以比较容易实现电磁换向，再由电磁换向阀输出的液压油推动液动换向阀换向。电液换向阀具有控制方便、通过流量大的特点。

图2-52所示为电液换向阀的结构和图形符号。如图2-52a所示，当先导电磁阀两边的电磁铁均不通电时，电磁阀阀芯处于中位，控制油液被切断，液动主阀阀芯1两端均不通控制压力油，在弹簧的作用下处于中位，此时油口P、A、B、T均不相通。当左端电磁铁通电时，电磁阀阀芯5向右移动，来自液动主阀P口或外接油口P′的控制压力油可经先导电磁阀的A′口和左边单向阀2进入主阀左端油腔，推动液动主阀阀芯1向右移动，这时液动主阀右端油腔的控制油液通过右边节流阀7经先导电磁阀的B′口和T′口流回油箱，于是使主阀油口P与A相通、B与T相通。图2-52b、c所示分别为电液换向阀的一般图形符号和简

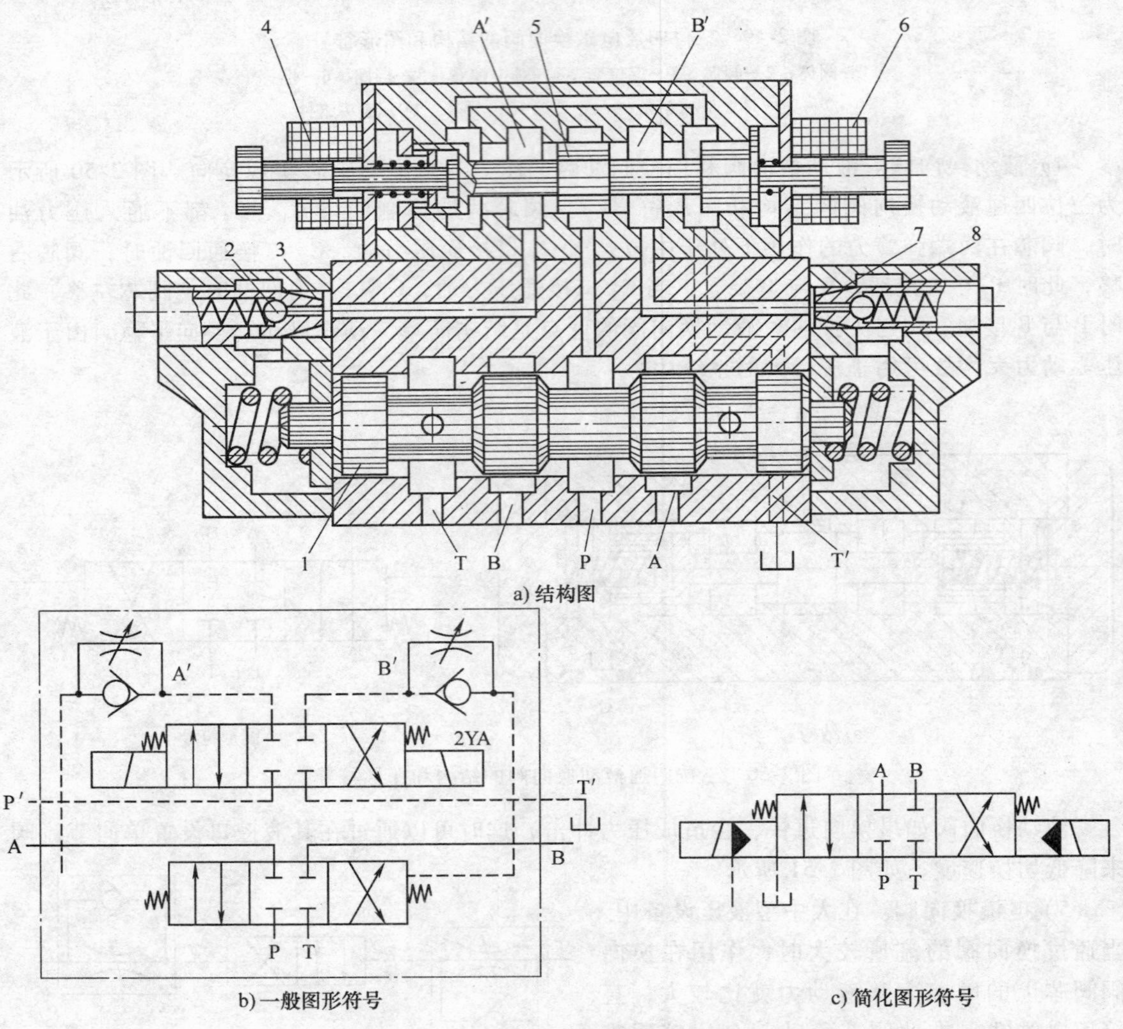

a) 结构图

b) 一般图形符号

c) 简化图形符号

图2-52 电液换向阀的结构和图形符号

1—液动主阀阀芯 2、8—单向阀 3、7—节流阀 4、6—电磁铁 5—电磁阀阀芯

化图形符号。

反之，当右端电磁铁通电时，电磁阀阀芯 5 向左移动，液动主阀右端油腔进控制压力油，左端油腔的油液经左边节流阀 3 回油箱，使液动主阀阀芯 1 向左移动，则油口 P 与 B 相通、A 与 T 相通。阀体内的节流阀可用来调节液动主阀阀芯的移动速度，使其换向平稳，无冲击。

3. 液压控制阀的阀芯结构

液压控制阀根据阀芯结构不同可分为座阀和滑阀两种，如图 2-53 所示。座阀结构的液压控制阀其阀芯大于管路直径，是以端面对液流进行控制的；滑阀结构的液压控制阀是通过圆柱形阀芯在阀套内做轴向运动来实现控制的。

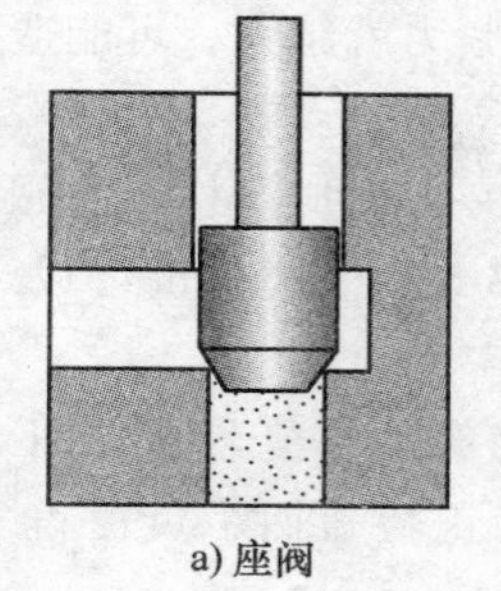

a) 座阀

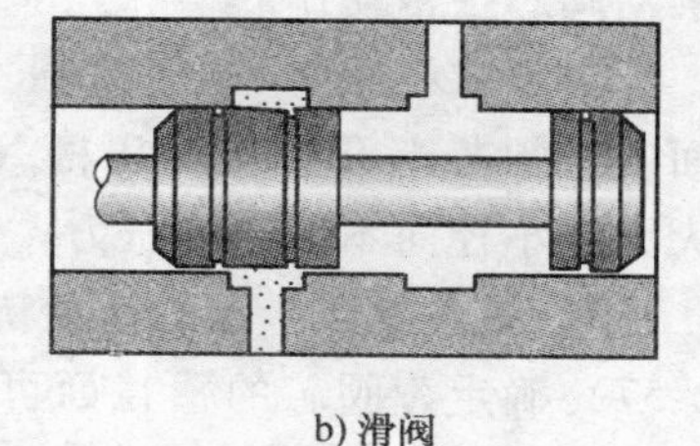

b) 滑阀

图 2-53　液压控制阀的结构

（1）座阀

1）分类。座阀按阀芯形状不同，主要分为球阀和锥阀两种，如图 2-54所示。球阀制造比较简单，但液体流过时易产生振动和噪声；锥阀密封性能好，但安装精度要求较高。

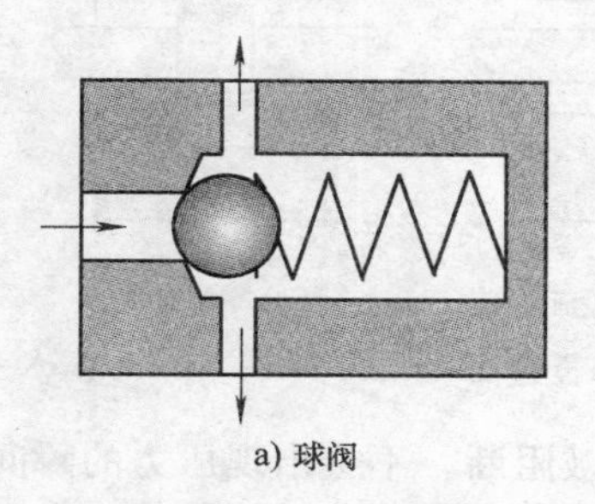

a) 球阀

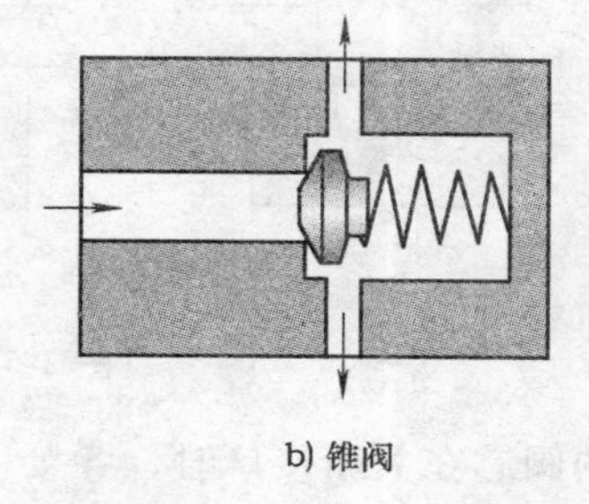

b) 锥阀

图 2-54　不同阀芯的座阀结构

2）操作力。座阀结构的液压控制阀可以保证关闭时的严密性，但由于背压的存在，使得阀芯运动所需的操作力也相应提高，这时可以采用压力平衡回路来减小操作力，如图 2-55所示。

（2）滑阀　一般滑阀的阀芯和阀套间都存在着很小的间隙，当间隙均匀且充满油液时，阀芯运动只要克服摩擦力和弹簧力（如果有的话）即可，操作力是很小的。但由于有间隙的存在，在高压时会使油液的泄漏加剧，严重影响系统性能，所以滑阀式结构的液压控制阀不适用于高压系统。

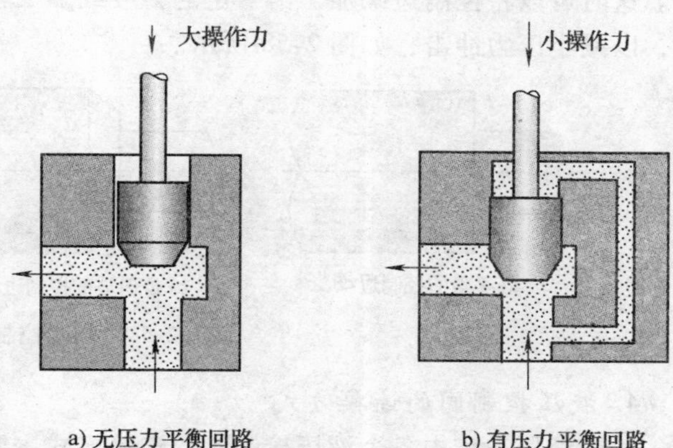

a) 无压力平衡回路　　b) 有压力平衡回路

图 2-55　座阀操作力示意图

1）液压卡紧现象。滑阀的阀芯有时会出现移动困难或无法移动的现象，这种现象称为液压卡紧。引起液压卡紧的原因一般有以下几点：

① 杂质卡入阀芯与阀套的间隙中。

② 间隙过小，油温升高时造成阀芯膨胀而卡紧。

③ 滑阀副的几何误差和同轴度的变化，引起径向不平衡液压力。

其中径向不平衡液压力是造成液压卡紧的最主要原因。当阀芯受到径向不平衡液压力的作用而偏向一边时，该处间隙的油液被挤出，导致阀芯与阀套间的润滑油膜消失，阀芯与阀套间的摩擦成为干摩擦或半干摩擦，因此阀芯移动所需的操作力大大增大。

滑阀停留的时间越长，液压卡紧力就越大，可能造成操作力不足以克服卡紧力，而无法推动阀芯正常动作。

为了减小径向不平衡液压力，一方面应严格控制阀芯和阀套的制造和装配精度；另一方面应在阀芯上开环形均压槽（图 2-56），这样也可以大大减小径向不平衡液压力。

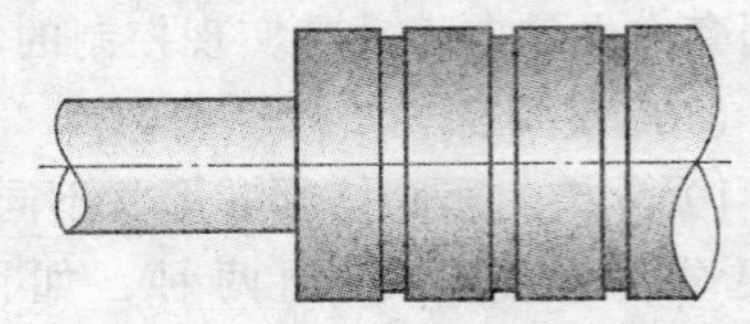

图 2-56　环形均压槽

2）覆盖面。滑阀的开关特性由阀芯的覆盖面（图 2-57）确定，阀芯的覆盖面可分为正覆盖面、负覆盖面和零覆盖面。

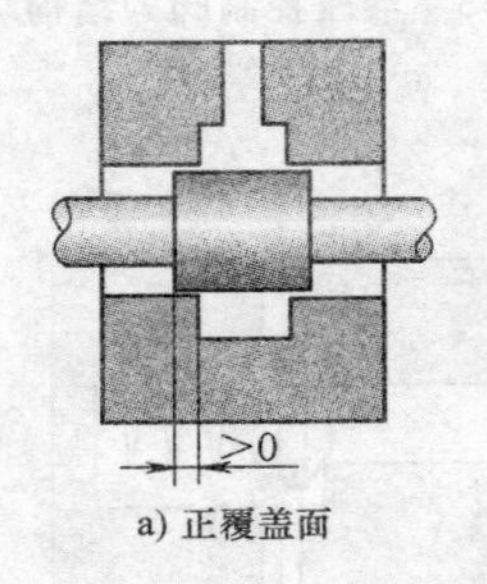

a) 正覆盖面

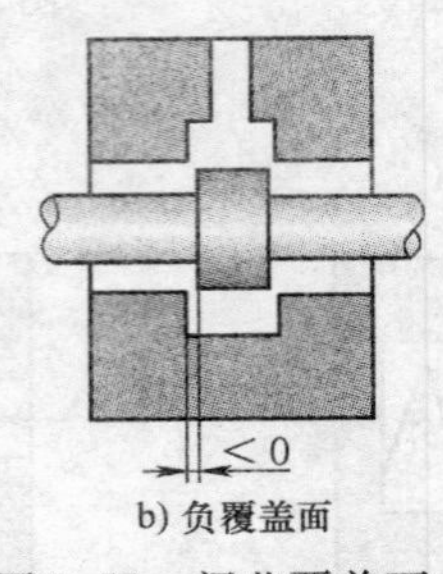

b) 负覆盖面

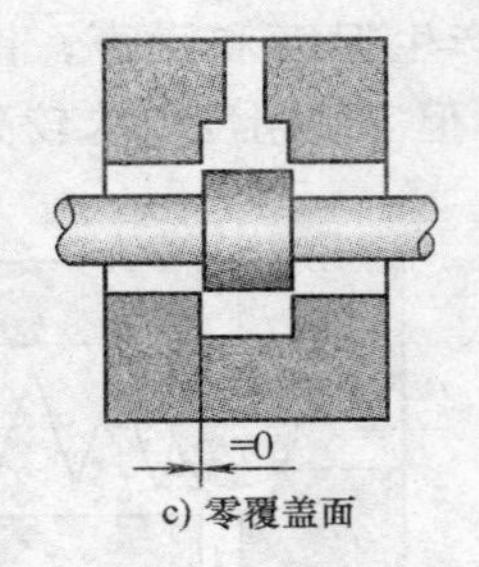

c) 零覆盖面

图 2-57　阀芯覆盖面

正覆盖面的阀芯在关断接口时，各接口同时被阻断，不会出现压力的瞬间下降，但易出现开关冲击，起动冲击也较大；负覆盖面的阀芯在关断接口时，各接口瞬间会互相接通，造成压力瞬时下降，但冲击相对较小；零覆盖面的阀芯通断接口快速，可以实现快速通断。

3）控制边缘。阀芯的控制边缘如果十分平整，在接口通断切换时会造成较强的压力冲击。这时可以将控制边缘加工出一定的斜坡或多个轴向三角槽，让接口的通断有一个过渡阶段，以减小压力冲击，如图 2-58 所示。

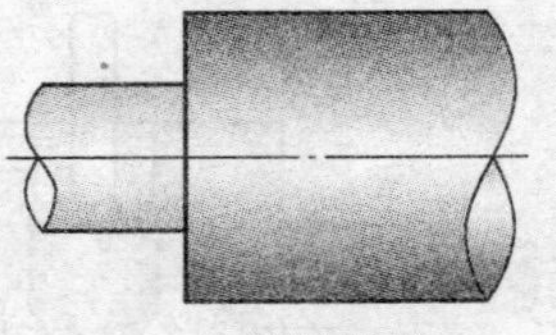

a) 平整的控制边缘

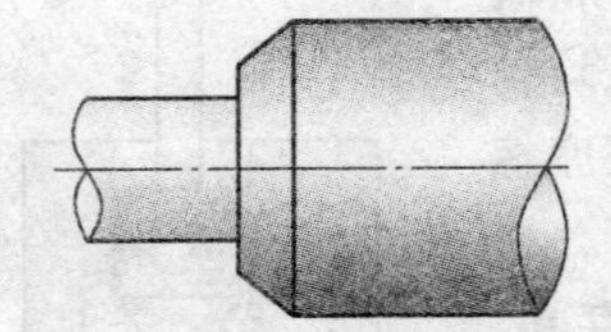

b) 带斜坡的控制边缘

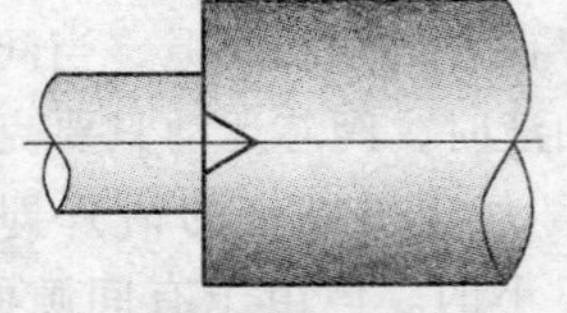

c) 带轴向三角槽的控制边缘

图 2-58　阀芯控制边缘

4. 液压控制阀的连接方式

一个液压系统中各个液压控制阀的连接方式主要有管式连接、板式连接、集成式连接。

（1）管式连接　管式连接就是将管式液压阀用管道互相连接起来，构成液压回路。在管式连接中，管道与控制阀一般采用螺纹管接头连接，流量大时则用法兰连接。

管式连接不需要其他专门的连接元件，系统中各阀之间油液运行线路明确，但由于结构分散，所占空间大，管路交错，接头数量多，不便于装拆维修，易造成漏油和空气渗入，易产生振动和噪声。目前管式连接在液压系统中使用较少。

（2）板式连接 板式连接就是将液压阀用螺钉安装在专门的连接板上，液压管与连接板背面相连。板式连接结构简单，密封性较好，油路检查也较方便，但所需安装空间较大。

（3）集成式连接 集成式连接分为集成块式连接、叠加阀式连接和插装阀式连接。

1）集成块式连接。集成块式连接是利用集成块将标准化的板式液压元件连接在一起构成液压系统的。集成块是一种代替管路把液压阀连接起来的连接体，在集成块内根据各控制油路设计加工出所需的油液通道。集成块与装在周围的控制阀构成了可以实现一定控制功能的集成块组。将多个集成块组组合在一起就可构成一个完整的集成块式液压传动系统。

集成块式连接结构紧凑，装卸与维修方便，可以根据控制需要选择相应的集成块组，广泛用于各种液压系统中。集成块式连接的缺点是设计工作量大，加工复杂，组合后的系统不能随意修改。

2）叠加阀式连接。叠加阀式连接是液压元件集成连接的另一种方式，它由叠加阀互相连接而成，如图 2-59 所示。叠加阀除了具有液压控制阀的基本功能外，还起到油路通道的作用。因此，由叠加阀组成的液压系统不需要使用其他类型的连接体或连接管，将叠加阀直接叠合再用螺栓连接即可。

用叠加阀构成的液压系统结构紧凑，配置方式灵活。由于叠加阀已经成为标准化元件，因此，根据设计要求选择相应的叠加阀进行组装就能实现控制功能，设计、装配快捷，装卸改造也很方便。采用无管连接方式也消除了油管和管接头引起的漏油、振动和噪声。叠加阀式连接的缺点是回路形式较少，通径较小，不能满足复杂回路和大功率液压系统的需要。

3）插装阀式连接。插装阀又称为二通插装阀，它在高压大流量的液压系统中得到了非常广泛的应用，如图 2-60 所示。对二通插装阀进行组合就可组成满足要求的复合阀。利用插装阀组成的液压系统结构紧凑，通流能力强，密封性能好，阀芯动作灵敏，对污染不敏感，但故障查找和对系统改造比较困难。

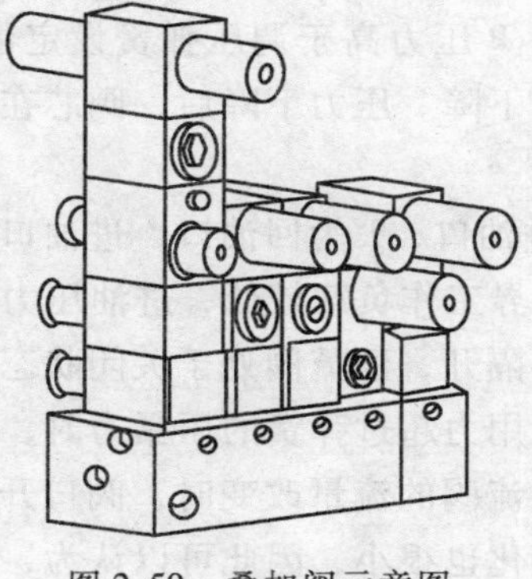

图 2-59 叠加阀示意图

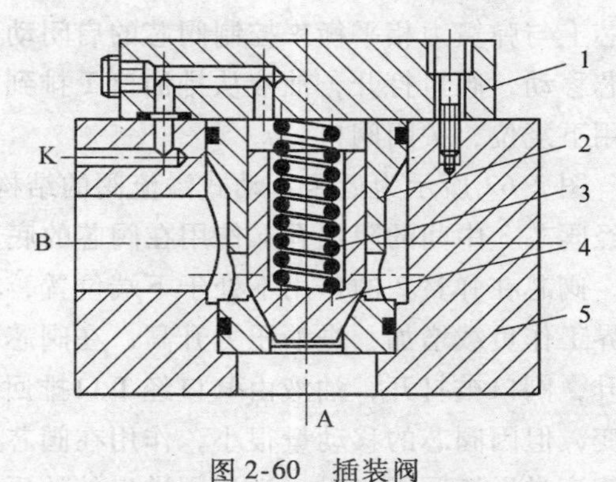

图 2-60 插装阀

1—控制盖板 2—阀套 3—弹簧 4—锥阀 5—阀体

（二）压力控制阀

在液压传动系统中，控制油液压力高低的液压阀称为压力控制阀，简称为压力阀。这类阀都是利用作用在阀芯上的液压力和弹簧力相平衡的原理工作的。在具体的液压系统中，根据工作需要的不同，对压力控制的要求也不同。有的需要稳定液压系统中某处的压力值，如溢流阀、减压阀等；有的利用液压力作为信号控制动作，如顺序阀、压力继电器等。

1. 溢流阀

几乎所有液压系统都要用到溢流阀，它是液压系统中十分重要的压力控制阀。溢流阀在液压系统中最主要的作用是维持系统压力的恒定和限定最高压力，以及在节流调速系统中和流量控制阀配合使用，调节进入系统的流量。常用的溢流阀按其结构形式和基本动作方式可分为直动式和先导式。

（1）直动式溢流阀　图 2-61a ~ c 所示分别为直动式溢流阀的实物图、剖面图和图形符号。

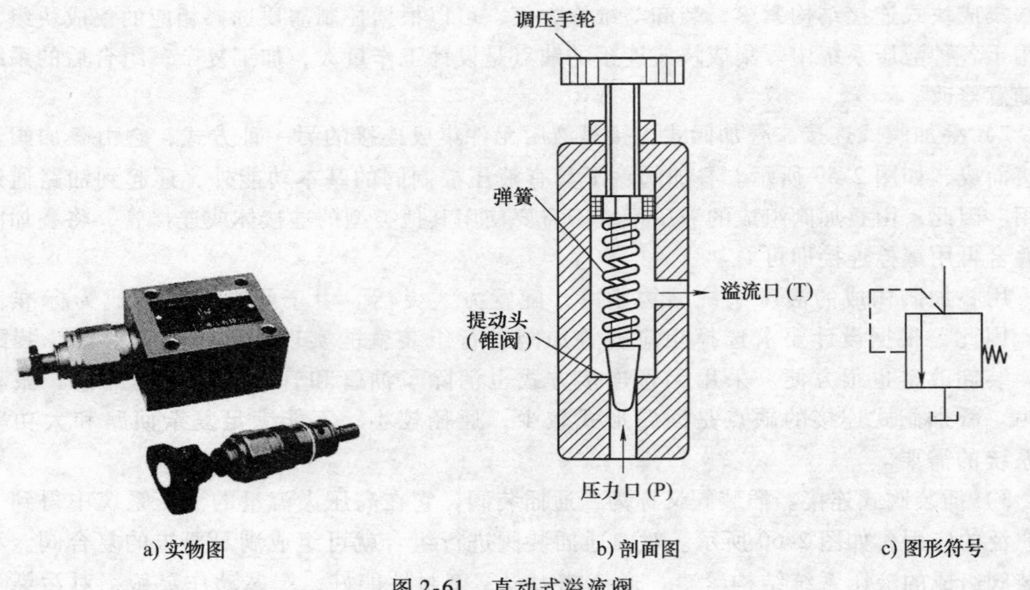

a) 实物图　　b) 剖面图　　c) 图形符号

图 2-61　直动式溢流阀

1）直动式溢流阀的结构和工作原理。直动式溢流阀是依靠系统中的压力油直接作用在阀芯上与弹簧力相平衡来控制阀芯的启闭动作的。当进油口 P 压力高于调压弹簧设定值时，阀芯移动，阀口打开，油液从排油口 T 排到油箱，系统压力下降。压力下降后，阀芯在弹簧作用下复位，关闭阀口。

图 2-62 所示为低压直动式溢流阀的结构原理图，P 为进油口，T 为回油口，进油口压力油经阀芯 3 中间的阻尼孔 a 作用在阀芯的底部端面上，当外界工作负载较低，进油压力较小时，阀芯在弹簧 2 的作用下处于下端位置，将 P 和 T 两油口隔开，溢流阀处于关闭状态。当外界工作负载增加，进油压力升高，在阀芯下端所产生的作用力超过弹簧的压紧力时，阀芯上升，阀口被打开，油液由 P 口经 T 口排回油箱。当通过溢流阀的流量改变时，阀口开度也改变，但因阀芯的移动量很小，作用在阀芯上的弹簧力的变化也很小，因此可以认为，当有油液流过溢流阀阀口时，溢流阀进口处的压力基本上保持恒定。

调整螺钉1可以改变弹簧的压紧力，从而可以调节溢流阀的溢流压力，阀芯上的阻尼孔a用来对阀芯的动作产生阻尼，以提高阀的工作平衡性。

2）直动式溢流阀的特点。直动式溢流阀结构简单，动作灵敏，但当控制较高压力或较大流量时，需要安装刚度较大的弹簧，不但手动调节困难，而且阀口开度（弹簧的压缩量）略有变化便会引起较大的压力波动，导致阀的精度降低，因此直动式溢流阀一般只用于系统压力小于2.5MPa的低压小流量场合。

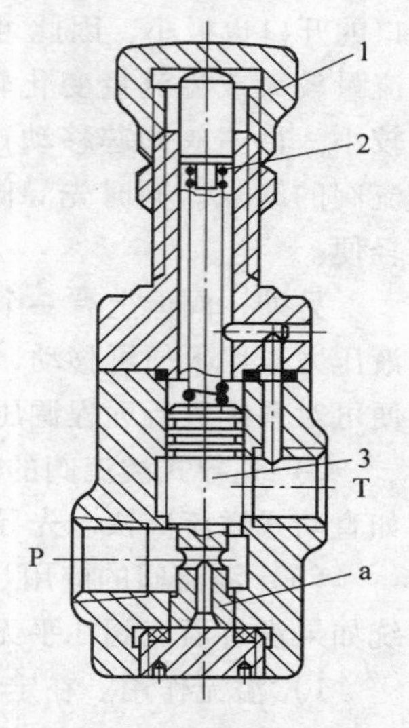

图2-62 低压直动式溢流阀的结构原理图

1—螺钉 2—弹簧 3—阀芯 a—阻尼孔

（2）先导式溢流阀 图2-63a～c所示分别为先导式溢流阀的实物图、内部结构及图形符号。

1）先导式溢流阀的结构和工作原理。先导式溢流阀由先导阀和主阀两部分组成。先导阀一般为小规格的锥阀，其内的弹簧为调压弹簧，用来调定主阀的溢流压力。主阀用于控制主油路的溢流。主阀有各种结构形式，其内的弹簧为平衡弹簧，刚度较小，仅是为了克服摩擦力使主阀阀芯及时复位而设置的。如图2-63b所示，油液通过进油口P进入后，经主阀阀芯5的轴向孔g进入阀芯下腔，同时油液又经阻尼孔e进入主阀阀芯5的上腔，并经b孔、a孔作用于先导阀阀芯3上。当系统压力低于先导阀调压弹簧的调定压力时，先导阀关闭，此时主阀阀芯上、下两腔的压力相等，主阀在弹簧4的作用下处于最下端位置压在阀座上，主阀阀口关闭，进油口P与回油口T不相通。

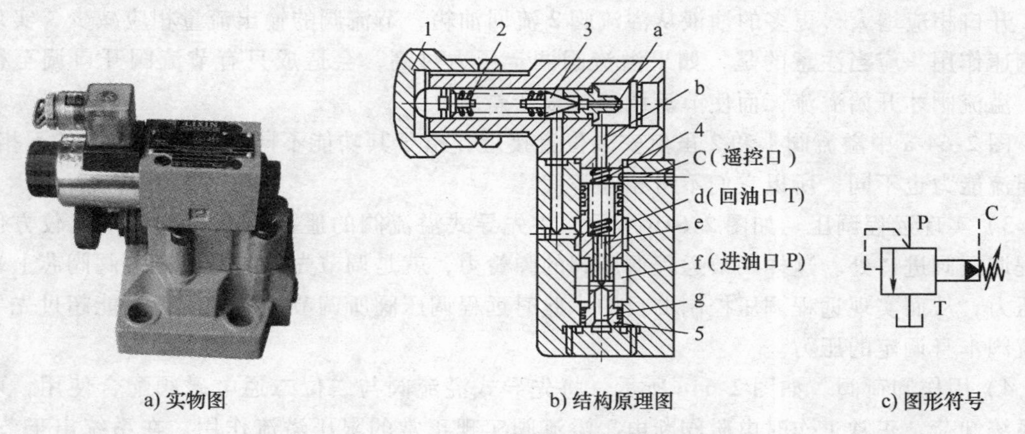

图2-63 先导式溢流阀

1—螺母 2—调压弹簧 3—先导阀阀芯 4—主阀弹簧 5—主阀阀芯

当系统压力升高，作用在先导阀阀芯上的液压力大于调压弹簧的调定压力时，先导阀将被打开，主阀上腔的压力油经先导阀开口、回油口T流回油箱。这时就有压力油经主阀阀芯上的阻尼孔流动而产生了压差，使主阀阀芯上腔的压力 p_1 低于下腔的压力 p_0，当此压差对主阀阀芯产生的作用力超过弹簧力 F 时，主阀阀芯被抬起，进油口P和回油口T相通，实现了溢流稳压的目的。调节螺母1可调节调压弹簧2的预紧力，从而调定系统的压力。

先导式溢流阀溢流时，经主阀阀芯上的阻尼孔和先导阀流回油箱的油液极少，先导阀阀口的开口也极小，因此可以认为打开先导阀油液的压力 p_1 就是溢流阀的调定压力；当溢流量较大或溢流量变化较大时，阀口开度较大或上下波动较大，但由于平衡弹簧的刚度较小，由主阀阀芯移动产生的压力或压力变化也较小，可以忽略，这就克服了直动式溢流阀的缺点。同时先导阀的承压面积一般较小，调压弹簧 2 的刚度也不大，因此调压比较轻便。

另外，阀体上有一个遥控口 C，当其通过二位二通换向阀接油箱时，主阀阀芯在很小的液压力作用下便可移动，打开阀口实现溢流，称为卸荷。若遥控口 C 接另一个远程调压阀，便可对系统进行远程调压。

2）先导式溢流阀的特点。先导式溢流阀工作时振动小，噪声低，压力稳定，但反应不如直动式溢流阀快。先导式溢流阀适用于中、高压系统。

（3）溢流阀的应用　溢流阀在液压系统中有着非常重要的地位，特别是定量泵供油系统如果没有溢流阀几乎无法工作。溢流阀的主要作用有以下几个方面。

1）溢流作用。在定量泵供油系统中，不管采用何种流量阀进行节流调速，都要利用溢流阀进行分流，只有这样才能实现液压系统的流量调节和控制。如图 2-64a 中的溢流阀 1，它正常工作时产生溢流，用于调定系统最高压力。

2）安全保护作用。安全保护作用是溢流阀最主要的作用。如图 2-64a 中的溢流阀 2，它平时是关闭的，只有当油液压力超过规定的极限压力时才开启，起溢流和安全保护作用，从而避免液压系统和设备因过载而引起事故。通常这种溢流阀的调定压力比系统最高工作压力高 10% ~20%。特别是在定量泵供油的系统中，这种安全阀是必备的。

在图 2-64 a 所示的回路中，随着节流阀开口的减小，节流阀进口压力相应升高，溢流阀 2 开口相应增大，更多的油液从溢流阀 2 流回油箱，节流阀的输出流量相应减少，实现节流调速作用。应当注意的是，如果溢流阀调定压力过高，会造成只有节流阀开口调至很小时，溢流阀才开始溢流，而使节流调速效果变差。

图 2-64 a 中溢流阀 1 和 2 虽然安装位置接近，由于其功能不同，调定的压力各不相同，其通流能力也不同，所以它们不可相互替代。

3）实现远程调压。如图 2-64b 所示，将先导式溢流阀的遥控口 C 接到调节比较方便的远程调压阀进口处。这样调节远程调压阀的弹簧力，就是调节先导式溢流阀主阀阀芯上端的液压力，从而实现远程调压控制的目的。此时远程调压阀所调节的最大压力不能超过先导式溢流阀本身调定的压力。

4）用作卸荷阀。如图 2-64c 所示，将先导式溢流阀与二位二通电磁阀配合使用，可实现系统卸荷。正常工作时电磁阀断电，溢流阀实现正常的限压溢流作用。在系统出于节能、安全或检修等原因需要卸荷时，电磁阀得电，先导式溢流阀遥控口 C 与油箱相通，主阀阀芯上端压力接近于零，主阀阀口完全打开。由于先导式溢流阀主阀弹簧较软，故其 P 口压力可以很低，系统实现卸荷。

5）用于产生背压。如图 2-64d 所示，将溢流阀串联在液压缸的回油路上，可以在其排油腔产生背压，提高执行元件运动的平稳性。

2. 顺序阀

顺序阀是以压力作为控制信号，在一定的控制压力作用下能自动接通或切断某一油路的压力阀，用来控制液压系统中各执行元件动作的先后顺序。顺序阀的实物图如图 2-65 所示。

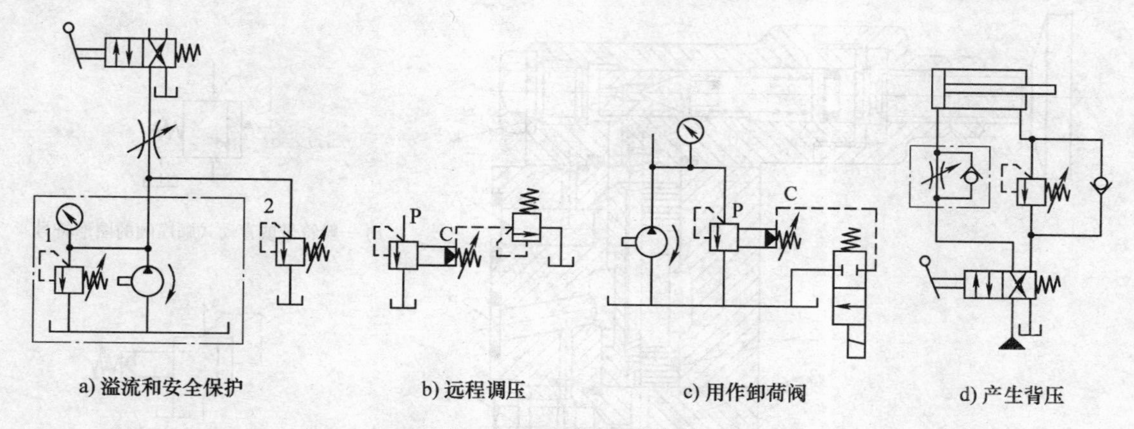

a) 溢流和安全保护　b) 远程调压　c) 用作卸荷阀　d) 产生背压

图 2-64　溢流阀的作用

图 2-65　顺序阀的实物图

按照控制方式不同，顺序阀可分为两大类：一类是直接利用该阀进油口压力来控制阀口启闭的内部控制顺序阀，称为内控式顺序阀（简称顺序阀）；另一类是用独立于阀进口的外来压力油控制阀口启闭的外部控制顺序阀，称为外控式顺序阀（又称为液控顺序阀）。按结构不同也可分为直动式顺序阀和先导式顺序阀两类，前者用于低压系统，后者可用于中、高压系统。顺序阀的结构和工作原理与溢流阀相似。

（1）顺序阀的结构和工作原理　图 2-66 和图 2-67 所示分别为直动式顺序阀和先导式顺序阀。当进油口压力低于调定压力时，阀口关闭；当进油口压力超过调定压力时，进、出油口接通，出油口的压力油使其后面的执行元件动作。出油口油路的压力由负载决定，因此它的泄油口需要单独接回油箱。调节弹簧的预紧力，即可调节打开顺序阀所需的压力。

若将顺序阀下盖旋转 90°或 180°安装，去掉外控口 C 的螺塞，并从外控口 C 引入控制压力油来控制阀口的启闭，则这种阀称为液控顺序阀，其图形符号如图 2-66c 所示。液控顺序阀阀口的开启和关闭与阀的主油路进口压力无关，而只决定于外控口 C 引入的控制压力。若将顺序阀上盖旋转 90°或 180°安装，使外泄油口 L 与出油口 A 相通（阀体内开有连通孔道，图中未标出）并将外泄油口 L 堵死，便成为外控内泄式顺序阀，阀出口接油箱，常用于使泵卸荷，故称为卸荷阀，其图形符号如图

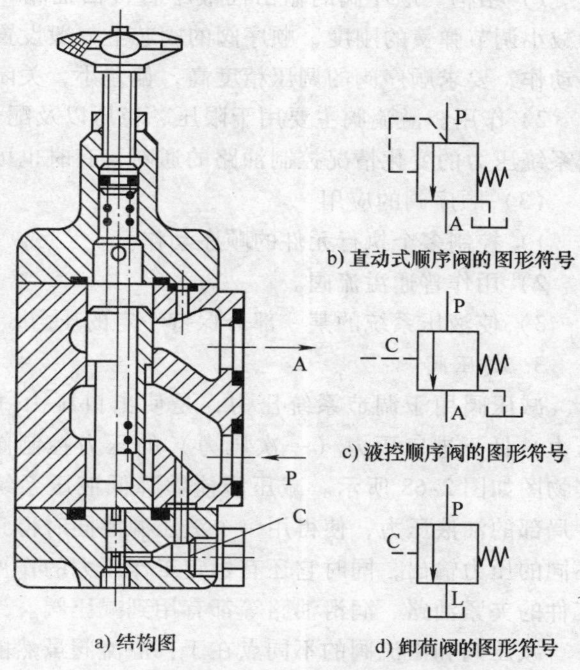

a) 结构图　b) 直动式顺序阀的图形符号　c) 液控顺序阀的图形符号　d) 卸荷阀的图形符号

图 2-66　直动式顺序阀

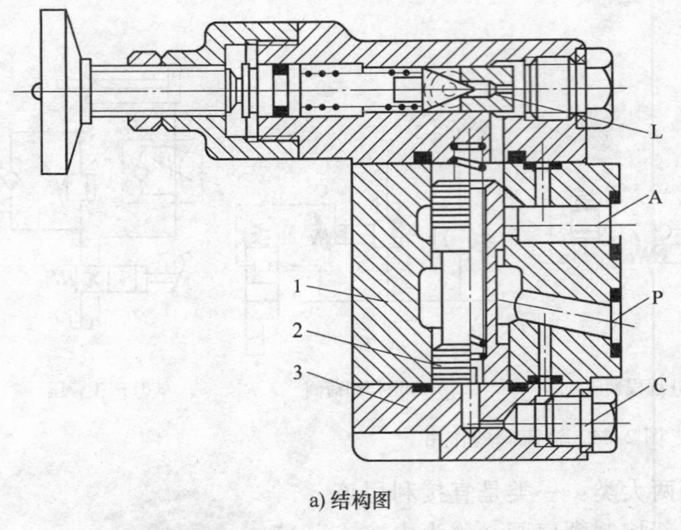

a) 结构图

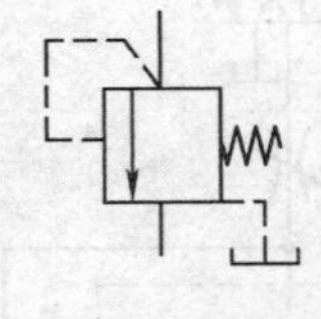

b) 一般符号或直动式顺序阀的图形符号

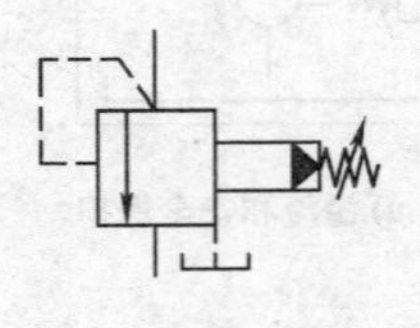

c) 先导式顺序阀的图形符号

图 2-67 先导式顺序阀

1—阀体 2—阻尼孔 3—下盖

2-66d 所示。

(2) 顺序阀与溢流阀的异同 顺序阀的结构和工作原理与溢流阀很相似，主要差别在于以下两个方面。

1) 结构。顺序阀的输出油液不直接回油箱，所以弹簧侧的泄油口必须单独接回油箱。为减小调节弹簧的刚度，顺序阀的阀芯上一般设置有控制柱塞。为了使执行元件准确实现顺序动作，要求顺序阀的调压精度高，偏差小，关闭时内泄漏小。

2) 作用。溢流阀主要用于限压、稳压以及配合流量阀用于调速；顺序阀则主要用来根据系统压力的变化情况控制油路的通断，有时也可以将它作为溢流阀来使用。

(3) 顺序阀的应用

1) 控制多个执行元件的顺序动作。

2) 用作普通溢流阀。

3) 使液压系统的某一部分保持一定的压力，起背压作用。

3. 减压阀

减压阀用于调节系统压力，是使出口压力（二次压力）低于进口压力（一次压力）的压力控制阀，其实物图如图 2-68 所示。减压阀能够降低液压系统中某一局部的油液压力，使得用一个液压源能同时得到多个不同的压力输出，同时它还有稳定工作压力的作用，如工件的夹紧油路、润滑油路等都有用到减压阀。

图 2-68 减压阀实物图

减压阀和溢流阀的不同点在于：溢流阀虽然能够对压力进行调整，但只能限定系统的最高压力，而无法在一个泵源的条件下使系统的不同部分获得不同的压力；而利用减压阀能将液压系统分成不同压力的油路，以满足在一个泵源条件下各油路对不同工作压力的需要。

根据所控制的压力不同，减压阀可分为定值减压阀、定差减压阀和定比减压阀。其中定值减压阀在液压系统中应用最为广泛，因此也简称为减压阀。定值减压阀能将其出口压力维持在一个定值，常用的有直动式减压阀、溢流减压阀和先导式减压阀。

（1）定值减压阀

1）直动式减压阀。图2-69所示为直动式减压阀的工作原理图。当其出口压力未达到调压弹簧的预设值时，阀芯处于最左端，阀口全开。随着出口压力逐渐上升并达到设定值时，阀芯右移，阀口开度δ逐渐减小直至完全关闭。

如果忽略其他次要因素，仅考虑作用在阀芯上的液压力和弹簧力相平衡的条件，则可以认为减压阀出口压力不会超过通过弹簧预设的调定值。

减压阀的稳压过程为：当减压阀输入压力变大时，出口压力随之增大，阀芯也相应右移，使阀口开度减小，阀口处压差增加，出口压力回到调定值；当减压阀输入压力变小时，出口压力减小，阀芯相应左移，使阀口开度增大，阀口处压差减小，出口压力也会回到调定值。通过这种输出压力的反馈作用，可以使其输出压力保持稳定。

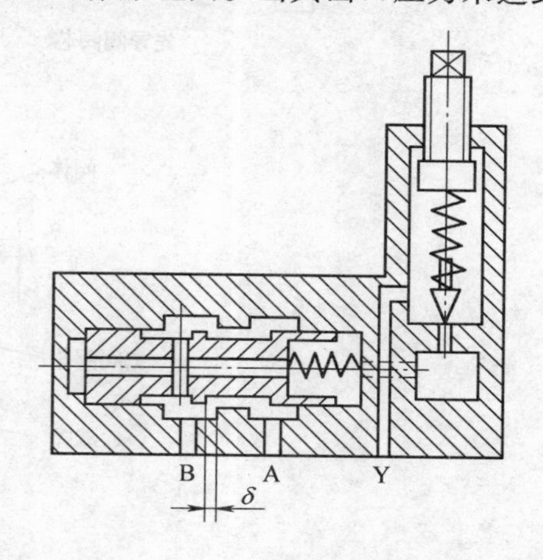

图2-69 直动式减压阀

直动式减压阀与直动式顺序阀的结构相似，它们的差别在于以下两个方面：

① 减压阀的控制压力来自出油口，顺序阀的控制压力来自进油口。

② 减压阀阀口常开，即在减压阀的出口压力未达到设定值时，阀口全开。而顺序阀在进口压力未达到设定值时，其阀口为关闭状态。

采用直动式减压阀的减压回路中，如果由于外部原因造成减压阀出口压力继续升高，此时由于减压阀阀口已经关闭，减压阀将失去减压作用。这时由于减压阀出口的高压无法马上卸掉，可能会造成设备或元件的损坏。在这种情况下，可以在减压阀出口处并联一个溢流阀来卸掉这部分高压，或采用溢流减压阀代替直动式减压阀。

2）溢流减压阀。溢流减压阀相当于在直动式减压阀出口处并联一个溢流阀所构成的组合阀。直动式减压阀和溢流减压阀都是用弹簧力与油液压力直接平衡的，也就是意味着工作压力越高，弹簧刚度就要越大，所以在中、高压系统中更常用的是先导式减压阀。

3）先导式减压阀。先导式减压阀的结构如图2-70a所示，压力油由阀的进口P_1流入，经减压口f减压后由出口P_2流出。出口压力油经阀体与端盖上的通道及主阀阀芯上的阻尼孔e流到主阀阀芯的上腔和下腔，并作用在先导阀阀芯上。当出口油液压力低于先导阀的调定压力时，先导阀阀芯关闭，主阀阀芯上、下两腔压力相等，主阀阀芯在弹簧作用下处于最下端，减压口f开度为最大，阀处于非工作状态。当出口压力达到先导阀调定压力时，先导阀阀芯移动，阀口打开，主阀弹簧腔的油液便由泄油口L流回油箱，由于油液在主阀阀芯阻尼孔内流动，使主阀阀芯两端产生压差，主阀阀芯在压差作用下，克服弹簧力抬起，减压口f减小，压差增大，使出口压力下降到调定值。

应当指出，当减压阀出口处的油液不流动时，仍有少量油液通过减压口经先导阀和泄油口L流回油箱，阀处于工作状态，阀出口压力基本上保持在调定值上。

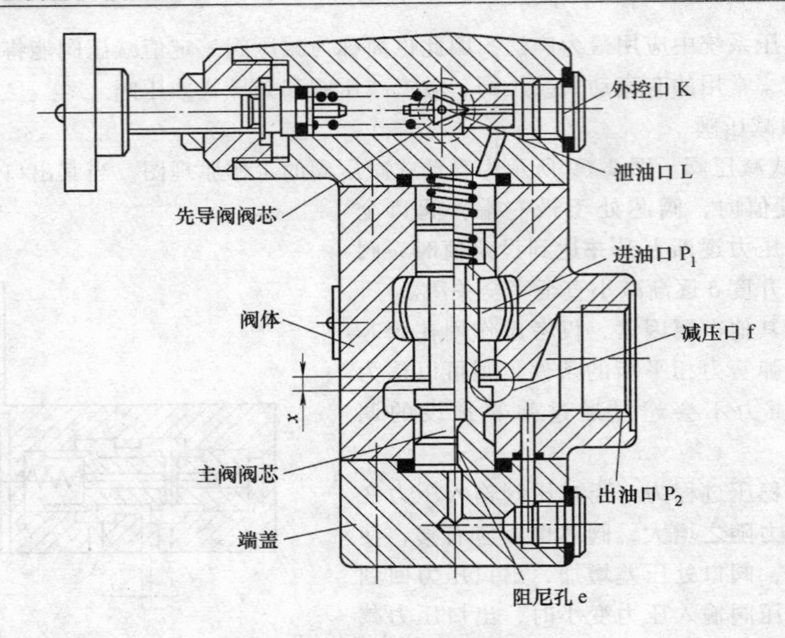

图 2-70 先导式减压阀的结构

定值减压阀的图形符号如图 2-71 所示。

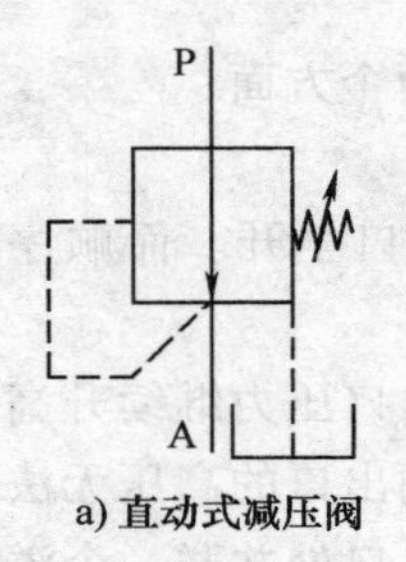

a) 直动式减压阀

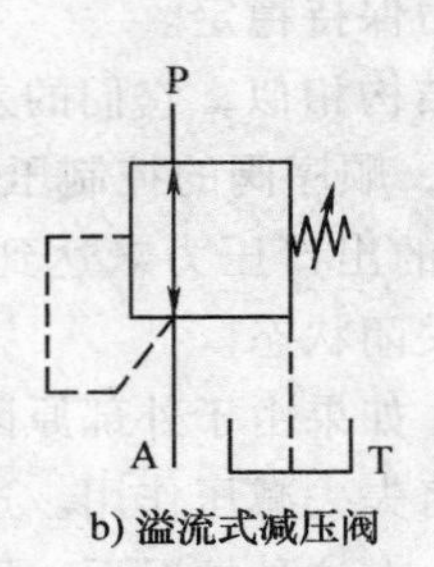

b) 溢流式减压阀

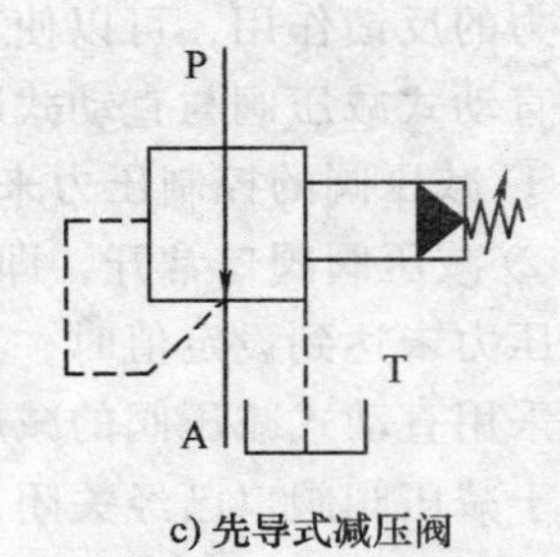

c) 先导式减压阀

图 2-71 定值减压阀的图形符号

(2) 定差减压阀 图 2-72 所示的定差减压阀能保持进、出油口的压差恒定。压力为 p_1 的高压油由进油口进入，经节流口减压至 p_2 后流出，同时低压油经阀芯中心孔进入减压阀上腔，进油口与出油口间的压差与预先调定的弹簧力相平衡，使其基本保持不变，即 $\Delta p = p_1 - p_2 =$ 常数。

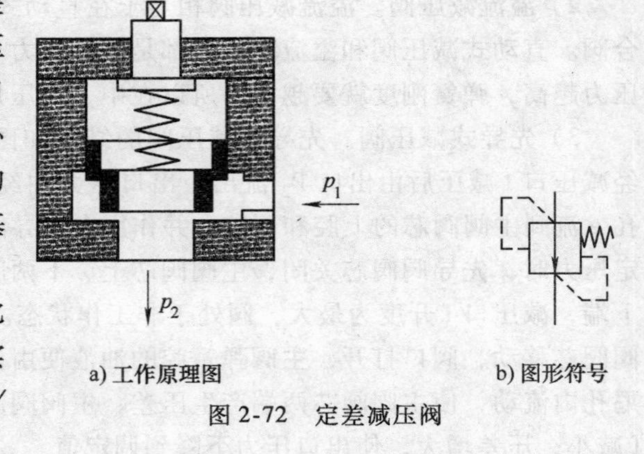

a) 工作原理图 b) 图形符号

图 2-72 定差减压阀

(3) 定比减压阀 图 2-73 所示的定比减压阀利用其阀芯两端的面积比可以实现进、出油口压力比值的基本恒定，即 $p_2/p_1 = A_1/A_2 =$ 常数。

减压阀、溢流阀、顺序阀的区别如下。

1) 从控制压力来看。减压阀是出口压力控制，保证出口压力为定值；溢流阀是进口压

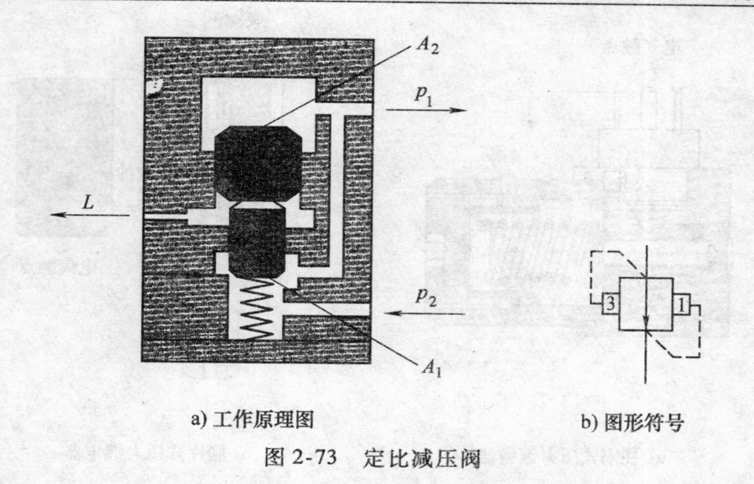

a) 工作原理图　　b) 图形符号

图 2-73　定比减压阀

力控制，保证进口压力为定值；顺序阀可用进口压力控制，也可用外部压力控制。

2）从不工作时阀口的状态来看，减压阀阀口常开，溢流阀阀口常闭，顺序阀阀口常闭。

3）从工作时阀口的状态来看。减压阀阀口关小，溢流阀阀口开启，顺序阀阀口开启。

4）从泄油口来看，减压阀有单独的泄油口，顺序阀通常有单独的泄油口，溢流阀弹簧控的泄漏油经阀体内流道内泄至出口。

减压阀主要适用于下面一些情况。

1）降低液压泵输出油的压力，供给低压回路使用。

2）在供油压力不稳定的回路中串接减压阀来进行稳压，避免一次压力波动对执行元件工作产生影响。

3）根据不同的需要，将液压系统分成若干不同的压力回路，以满足控制油路、辅助油路或各种执行元件不同工作压力的需要。

4）利用溢流减压阀的特性来减小压力冲击。

4. 压力继电器

（1）压力继电器的结构和工作原理　压力继电器是一种将油液的压力信号转换成电信号的液-电转换元件，如图 2-74 所示。当油液压力达到压力继电器的调定压力时，即发出电信号，以控制电气元件（如电动机、电磁铁、电磁离合器、继电器等）动作，实现泵的加载或卸荷、执行元件的顺序动作、系统安全保护作用等。任何压力继电器都由压力-位移转换装置和微动开关两部分组成。压力继电器按压力-位移转换装置的结构分，有柱塞式压力继电器、弹簧管式压力继电器、膜片式压力继电器和波纹管式压力继电器四类，其中以柱塞式压力继电器最常用。图 2-75a、b 所示分别为柱塞式压力继电器和膜片式压力继电器的结构示意图。

图 2-74　压力继电器实物图

图 2-76a 所示为柱塞式压力继电器的结构图，其主要零件包括柱塞 1、顶杆 2、调节螺钉 3 和微动开关 4。当系统压力达到调定压力时，作用于柱塞上的液压力克服弹簧力，使柱塞上移，通过顶杆 2 使微动开关 4 的触点动作，发出电信号。图 2-76b、c 所示分别为其图形符号和电气触点。

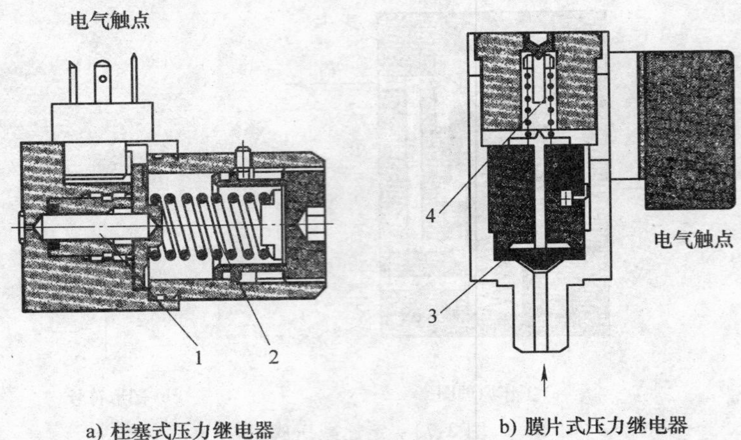

a) 柱塞式压力继电器　　b) 膜片式压力继电器

图 2-75　压力继电器的结构示意图

1—柱塞　2、4—弹簧　3—膜片

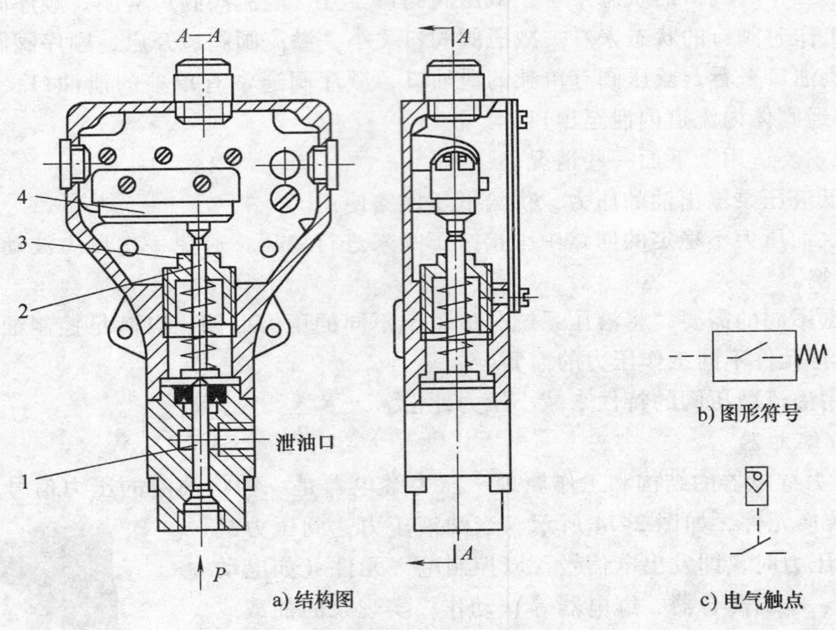

a) 结构图

图 2-76　柱塞式压力继电器

1—柱塞　2—顶杆　3—调节螺钉　4—微动开关

（2） 压力继电器的主要性能

1） 调压范围。调压范围是指发出电信号的最低压力和最高压力的范围。拧动调节螺钉，即可调整工作压力。

2）通断调节区间。压力升高，继电器接通电信号的压力，称为开启压力；压力下降，继电器复位切断电信号的压力，称为闭合压力。为避免压力波动时继电器时通时断，产生误动作，要求开启压力与闭合压力有一可调的差值，称为通断调节区间。

（3）压力继电器的应用　压力继电器是利用液体压力信号来控制电气触点通断的液-电转换元件，对于液压系统的电气控制有着非常重要的作用。

压力继电器在液压传动控制系统中主要有以下两方面的应用：

1）用于控制执行元件，实现顺序动作。利用前一个执行元件动作完成时产生的压力信号，使压力继电器发出信号，控制下一个执行元件动作，这样就实现了压力控制下的顺序动作，如刀具移到指定位置碰到挡铁或负载过大时的自动退刀。

2）用于安全保护。在机床设备上，利用压力继电器对工件或刀具夹紧力进行检测，只要夹紧力不够，就无法使压力继电器产生输出。通过电气联锁让加工设备不继续动作或发出报警信号，可以有效防止因工件或刀具未夹紧而发生危险事故。压力继电器也可用于润滑系统发生故障时的工件机械自动停车等。

（三）流量控制阀

液压系统中执行元件运动速度的大小由输入执行元件的油液流量的大小来确定。用来控制油液流量的阀统称为流量控制阀。流量控制阀就是通过改变阀口通流截面（节流口局部阻力）的大小或通流通道的长短来控制流量的液压阀。节流阀、单向节流阀和调速阀是液压系统中最常用的流量控制阀。

1. 节流阀

节流阀实物图如图 2-77 所示。

（1）节流阀的结构和工作原理　在液压传动系统中，节流阀是结构最简单的流量控制阀，广泛应用于负载变化不大或对速度稳定性要求不高的液压传动系统中。节流阀通过改变节流口的开口大小来改变通过的流量。节流阀节流口的形式有很多种，图 2-78 所示为常见的几种。

图 2-77　节流阀实物图

图 2-79 所示为一种普通节流阀的结构和图形符号。这种节流阀的节流口为轴向三角槽式。油液从进油口 P 进入，经阀芯上的三角槽节流口，从出油口 A 流出。转动调节螺母 1 可通过推杆 2 推动阀芯 3 做轴向移动，从而改变节流口的通流截面大小来调节流量。

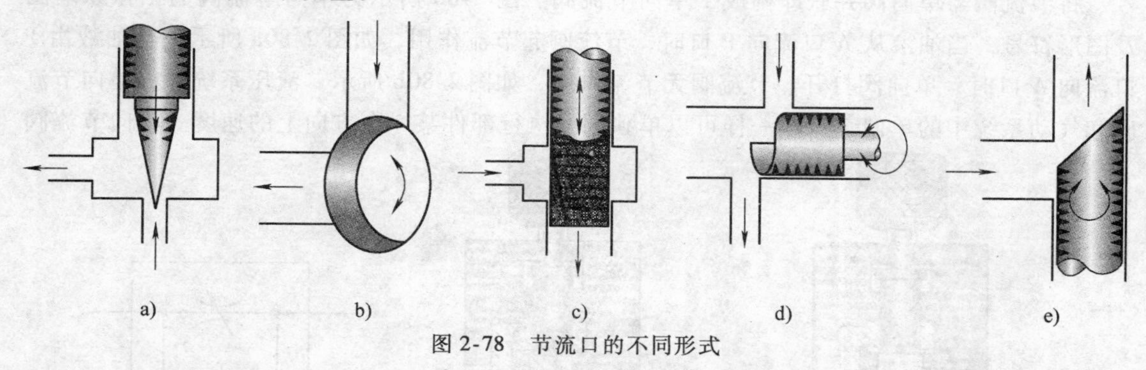

图 2-78　节流口的不同形式

（2）节流阀的特点　在液压回路中希望节流阀阀口面积 A 一经调定，通过流量 q 即不发生变化，以使执行元件速度稳定，但实际上做不到，其主要原因有以下几点。

1）节流口的堵塞。由于节流阀节流口的开度较小，易被油液中的杂质影响而发生局部堵塞。这样就使节流阀的通流截面变小，流量也随之发生改变。在实际应用中，防止节流阀堵塞的措施为：

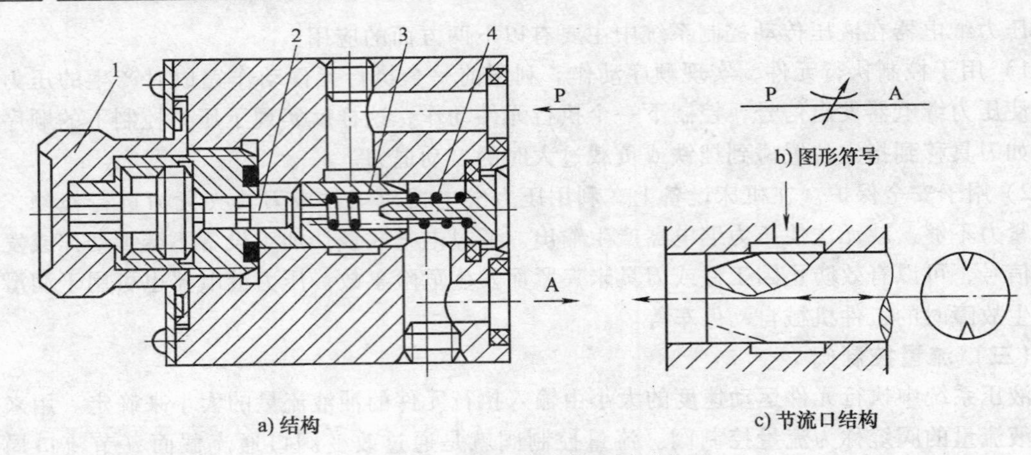

图 2-79 节流阀的结构和图形符号

1—调节螺母 2—推杆 3—阀芯 4—弹簧

① 使油液精密过滤。实践证明，5～10μm 的过滤精度能显著改善堵塞现象，为除去铁质污染，采用带磁性的过滤器效果更好。

② 使节流阀两端压差适当。压差大，节流口能量损失大、温度高，对同等流量，压差大对应的通流截面小，易引起堵塞。设计时一般取压差 $\Delta p = 0.2 \sim 0.3\text{MPa}$。

2）温度的影响。液压油的温度影响到油液的黏度，黏度增大，流量变小；黏度减小，流量变大。节流孔越长，则影响越大。

3）节流阀两端的压差。节流阀两端的压差和通过它的流量有固定的比例关系。压差越大，流量越大；压差越小，流量越小。节流阀的刚性反映了节流阀抵抗负载变化的干扰、保持流量稳定的能力。节流阀的刚性越大，流量随压差变化所产生的变化越小；刚性越小，流量随压差变化所产生的变化就越大。

2. 单向节流阀

将节流阀与单向阀并联即构成了单向节流阀。图 2-80 所示为单向节流阀的工作原理图及图形符号，当油液从 A 口流向 P 口时，节流阀起节流作用，如图 2-80a 所示；当油液由 P 口流向 A 口时，单向阀打开，节流阀无节流作用，如图 2-80b 所示。液压系统中的单向节流阀和气动系统中的单向节流阀一样可以单独调节执行部件某一个方向上的速度。单向节流阀

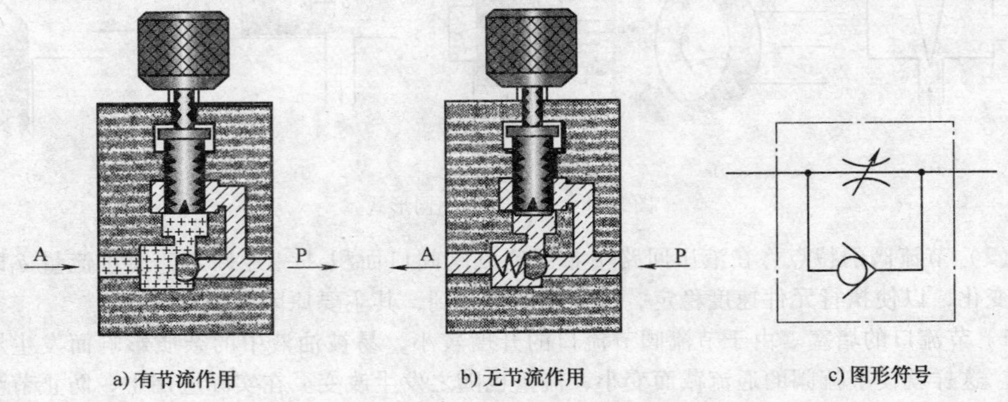

图 2-80 单向节流阀的工作原理图及图形符号

的图形符号如图 2-80c 所示。

3. 调速阀

在液压系统中，采用节流阀调速，在节流口开口一定的条件下通过它的流量随负载和供油压力的变化而变化，无法保证执行元件运动速度的稳定性，速度负载特性较软，因此只适用于工作负载变化不大和速度稳定性要求不高的场合。为了克服这个缺点，使执行元件获得稳定的运动速度，而且不产生爬行，就应采用调速阀。调速阀实物图如图 2-81 所示。

图 2-81　调速阀实物图

（1）调速阀的结构和原理　调速阀是由定差减压阀与节流阀串联而成的组合阀。节流阀用来调节通过的流量，定差减压阀则自动补偿负载变化的影响，使节流阀前后的压差为定值，消除了负载变化对流量的影响。

调速阀的工作原理如图 2-82 所示，1 为定差减压阀，2 为节流阀。调速阀的进油口压力 p_1 由溢流阀调定，工作时基本保持恒定，压力为 p_1 的油液进入调速阀后，先经减压阀的阀口 h 使压力降至 p_2，然后经节流阀流出，其压力为 p_3。进入节流阀前的压力为 p_2 的油液，经通道 e 和 f 被引入定差减压阀的 b 腔和 c 腔；而经过节流阀后压力为 p_3 的油液，经通道 g 被引入 a 腔。

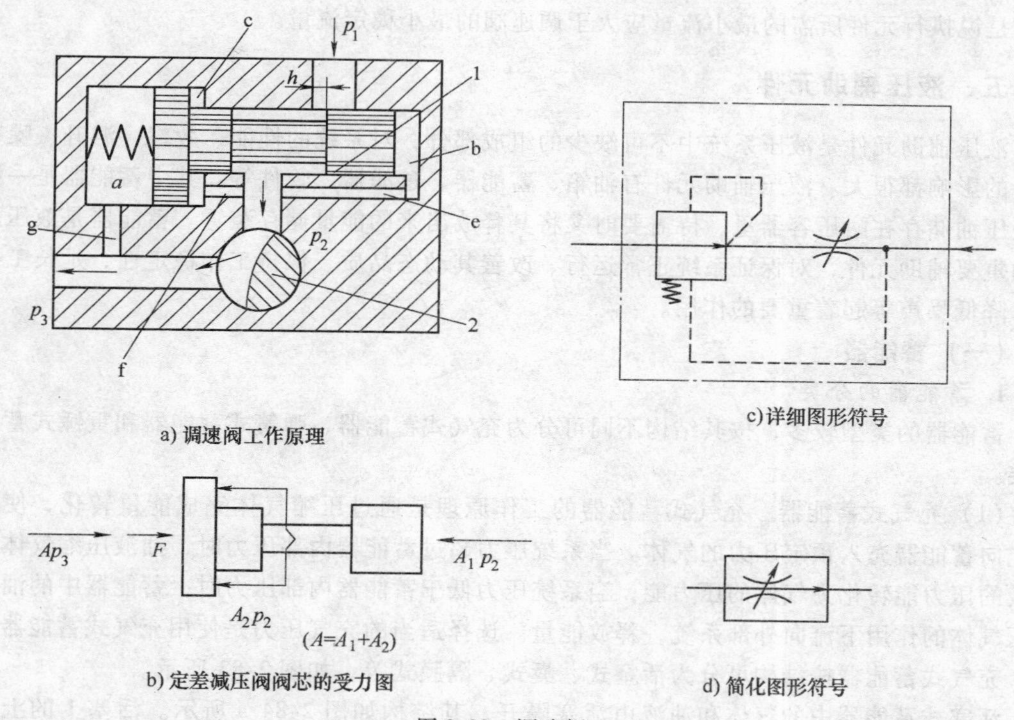

a) 调速阀工作原理　b) 定差减压阀阀芯的受力图　c) 详细图形符号　d) 简化图形符号

图 2-82　调速阀

1—定差减压阀　2—节流阀

当定差减压阀稳定工作时，若不计阀芯摩擦力，作用于减压阀阀芯上的力平衡方程为 $Ap_3+F=A_1p_2+A_2p_2$，即节流阀节流口前后的压差 $\Delta p=p_2-p_3=F/A$（F 为定差减压阀 a 腔内弹簧的压紧力)。

因弹簧刚度较低，且工作过程中减压阀阀芯位移较小，可以认为弹簧压紧力 F 基本保持不变，故节流阀两端压差 Δp 也基本保持不变，从而保证了通过节流阀的流量稳定。

若调速阀的进、出口压力因为某种原因发生变化，由于定差减压阀的自动调节作用，仍能使节流阀两端压差 Δp 保持不变，其自动调节过程为：若调速阀出口处油压 p_3 由于负载变化而增大，则作用在阀芯左端的力也随之增大，阀芯失去平衡而右移，于是开度 h 增大，液阻减小（即减压阀的减压作用减小），使 p_2 也随之增大，直到阀芯在新的位置上达到平衡为止。因此，当 p_3 增大时，p_2 也增大，其差值 Δp 基本保持不变；当 p_3 减小时，情况也一样。同理，当调速阀进口压力 p_1 增大时，定差减压阀阀芯因失去平衡而左移，使开度 h 减小，液阻增加，又使 p_2 减小，故 Δp 仍保持不变。由于定差减压阀自动调节液阻，使节流阀前后的压差保持不变，从而保持了流量的稳定。

（2）调速阀的特点　节流阀的流量随压差的变化较大，而调速阀在压差达到一定值后，减压阀处于工作状态，流量基本保持恒定。

压差很小时，由于减压阀阀芯被弹簧推至最下端，减压阀阀口全开，不起减压作用，此时调速阀的性能和节流阀相同。所以，要使调速阀正常工作，就必须保证调速阀有一个最小压差 Δp_{min}（中低压调速阀为 0.5MPa，高压调速阀为 1MPa）。

选择调速阀时，还应注意调速阀的最小稳定流量应满足执行元件需要的最低速度要求，也就是说执行元件所需的最小流量应大于调速阀的最小稳定流量。

五、液压辅助元件

液压辅助元件是液压系统中不可缺少的组成部分，对系统的性能、效率、温升、噪声和寿命的影响都很大。液压辅助元件有油箱、蓄能器、过滤器、管件等。其中蓄能器是一种能把液压油储存在耐压容器里，待需要时又将其释放出来的能量储存装置。蓄能器是液压系统中的重要辅助元件，对保证系统正常运行、改善其动态品质、保持工作稳定性、延长工作寿命、降低噪声等起着重要的作用。

（一）蓄能器

1. 蓄能器的分类

蓄能器的类型较多，按其结构不同可分为充气式蓄能器、弹簧式蓄能器和重锤式蓄能器三类。

（1）充气式蓄能器　充气式蓄能器的工作原理是通过压缩气体完成能量转化，使用时首先向蓄能器充入预定压力的气体。当系统压力超过蓄能器内部压力时，油液压缩气体，将油液的压力能转化为气体的压力能；当系统压力低于蓄能器内部压力时，蓄能器中的油液在高压气体的作用下流向外部系统，释放能量。选择适当的充气压力是使用充气式蓄能器的关键。充气式蓄能器按结构可分为活塞式、囊式、隔膜式等，如图 2-83 所示。

活塞式蓄能器中的气体和油液由活塞隔开，其结构如图 2-84 a 所示。活塞 1 的上部为压缩空气，气体经充气阀 3 充入，其下部经油孔 a 通向液压系统，活塞 1 随下部压力油的储存和释放而在缸筒 2 内来回滑动。活塞式蓄能器结构简单、寿命长，主要应用于大体积和大流量的液压系统中。但因活塞有一定的惯性和 O 形密封圈存在较大的摩擦力，所以其反应不够灵敏。

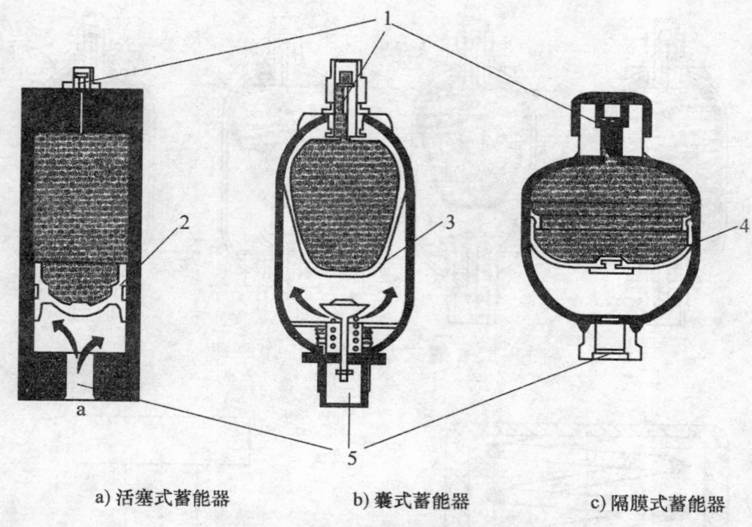

图 2-83　充气式蓄能器的结构示意图

1—充气阀　2—活塞　3—气囊　4—隔膜　5—液压油入口

囊式蓄能器中的气体和油液用气囊隔开，其结构如图 2-84b 所示。气囊用耐油橡胶制成，固定在耐高压壳体的上部，气囊内充入惰性气体，壳体下端的提升阀由弹簧构成，压力油由此通入，并能在油液全部排出时防止气囊膨胀而挤出油口。这种结构使气、液密封可靠，并且因气囊惯性小而克服了活塞式蓄能器响应慢的缺点，因此，它的应用范围非常广泛。其缺点是工艺性较差。图 2-84c 所示为充气式蓄能器的图形符号。

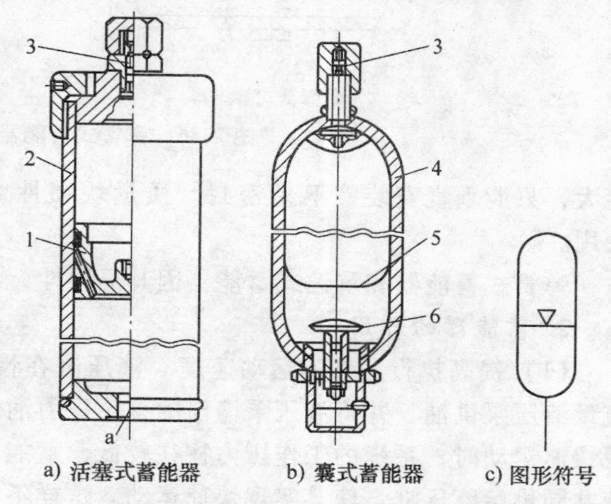

图 2-84　充气式蓄能器结构及图形符号

1—活塞　2—缸筒　3—充气阀　4—壳体

5—气囊　6—提升阀　a—油孔

囊式蓄能器的工作原理如图 2-85 所示。使用前先通过充气阀向气囊内充入一定压力的气体（常用氮气），充气完毕后，将充气阀关闭，使气体被封闭在气囊内。当外部油液压力高于蓄能器内的气体压力时，油液从蓄能器下部的进油口进入蓄能器，使气囊受压缩而储存液压能。当系统压力下降至低于蓄能器内压力油的压力时，蓄能器内的压力油就流出蓄能器，向系统提供压力能。

（2）弹簧式蓄能器和重锤式蓄能器　弹簧式蓄能器如图 2-86a 所示，它依靠压缩弹簧把液压系统中的过剩压力能转化为弹簧势能储存起来，需要时释放出去。弹簧式蓄能器的结构简单，成本较低。但是因为弹簧伸缩量有限，而且弹簧的伸缩对压力变化不敏感，消振功能差，所以只适合小容量、低压系统（$p\leq1.0$MPa），或者用作缓冲装置。

重锤式蓄能器如图 2-86b 所示，它通过提升加载在密封活塞上的质量块把液压系统中的压力能转化为重力势能积蓄起来，其结构简单、压力稳定。重锤式蓄能器的缺点是安装局限

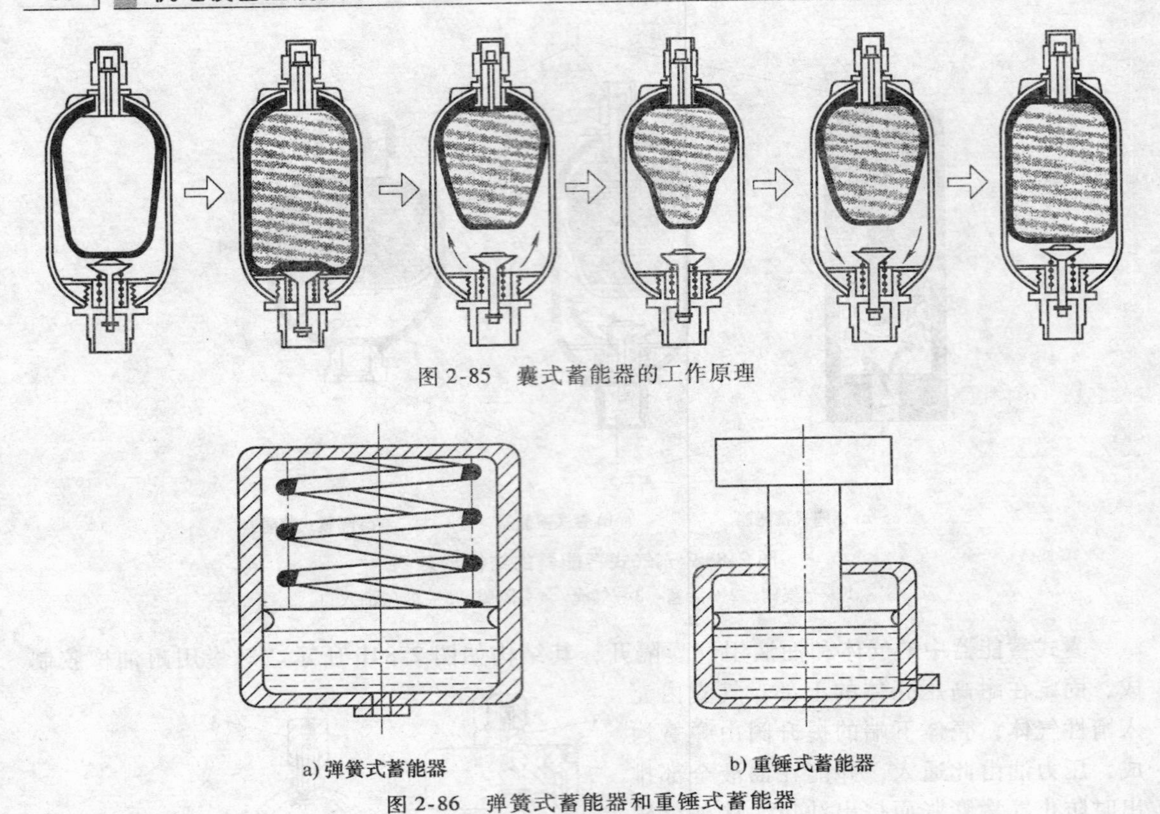

图 2-85 囊式蓄能器的工作原理

图 2-86 弹簧式蓄能器和重锤式蓄能器

性大，只能垂直安装，不易密封，质量块惯性大，不灵敏。重锤式蓄能器仅供暂存能量使用。

弹簧式蓄能器和重锤式蓄能器因其局限性，目前已经很少使用。

2. 蓄能器的作用

(1) 提高执行元件的运动速度 液压缸在慢速运动时，需要的流量较少，这时可用小流量液压泵供油，并将液压泵输出的多余压力油储存在蓄能器内。而当液压缸需要大流量实现快速运动时，系统的工作压力往往较低，蓄能器将储存的压力油排出，与液压泵输出的油液共同供给液压缸，使其实现快速运动。这样不必采用大流量的液压泵，就可以实现液压缸的快速运动，同时可以减少电动机功率损耗，节省能源。

(2) 作为应急动力源 在间歇工作或周期性动作中，蓄能器可以把泵输出的多余压力油储存起来，当系统需要时，由蓄能器释放出来。这样可以减少液压泵的额定流量，从而减小电动机功率的损失。大型工程机械的转向和制动多采用液压助力，当转向或制动系统的液压源出现故障时，蓄能器可以帮助解决其应急转向或制动的问题。工厂突然停电或发生故障，液压泵中断供油时，蓄能器能提供一定的油量作为应急动力源，使执行元件能继续完成必要的动作。图 2-87 所示为蓄能器作为应急动力源的回路，停电时，二位四通换向阀下位接入，蓄能器放出油液经单向阀进入液压缸有杆腔，使活塞杆缩回，达到保障安全的目的。

(3) 吸收压力脉动，缓和压力冲击 除螺杆式液压泵外，其他类型的液压泵输出的压力油都存在压力脉动。通过在液压泵出口处设置一个蓄能器，可以有效地吸收压力脉动。

换向阀突然换向、液压泵突然停转、执行元件的运动突然停止，甚至在需要执行元件紧急制动时，都会使管路内的液体受到冲击而产生冲击压力。这些情况下安全阀也不能避免其压力的增高，其值可能高达正常压力值的几倍以上。这种冲击压力往往会引起系统中仪表、元件发生故障，还会使系统产生强烈的振动。将蓄能器设置在易产生压力冲击的部位，可缓和压力冲击，从而提高液压系统的性能。图 2-88 所示回路中，在控制阀或液压缸等之前的管路上安装蓄能器，可以吸收或缓和因换向阀突然换向、液压缸突然停止运动而产生的冲击压力。换向阀突然换向时，蓄能器吸收了液压冲击，使压力不会剧增。

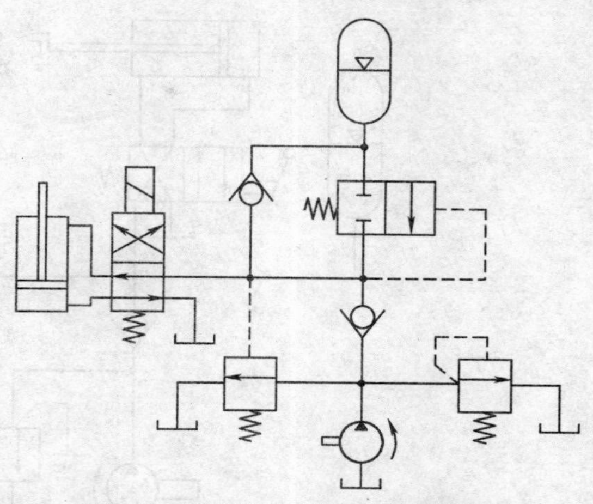

图 2-87　蓄能器作为应急动力源的回路

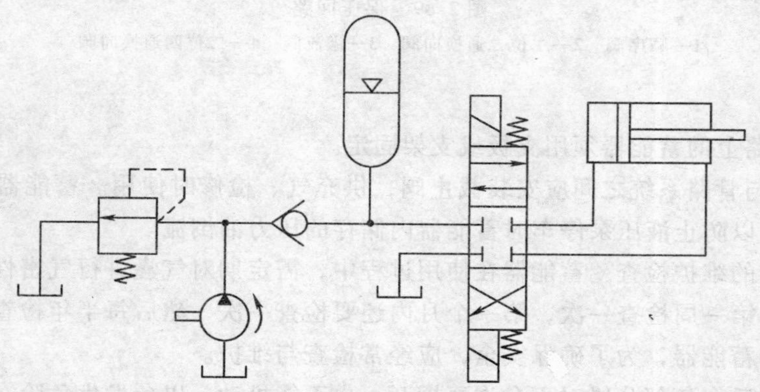

图 2-88　吸收液压冲击回路

（4）用于停泵保压　某些液压执行元件工作中要求在一定的工作压力下长时间保持不动，这时如果起动液压泵来补充泄漏以保持压力恒定是不经济的，而采用蓄能器则是最经济有效的。液压系统泄漏时，蓄能器向系统中补充供油，使系统压力保持恒定，常用于执行元件长时间不动作，并要求系统压力恒定的场合。保压回路如图 2-89 所示，二位四通换向阀 4 右位接入时，工件夹紧，油压升高，通过顺序阀 1、二位二通换向阀 2、溢流阀 3 使液压泵卸荷，利用蓄能器供油保持恒压。

3. 蓄能器的安装和维护检查

（1）蓄能器的安装　蓄能器在液压回路中的安装位置随其作用的不同而不同：吸收液压冲击或压力脉动时，宜安装在冲击源或脉动源附近；补油保压时，宜尽可能接近有关的执行元件。

1）充气式蓄能器应使用惰性气体（一般为氮气），允许工作压力视蓄能器结构形式而定，如囊式蓄能器的工作压力为 3.5～32MPa。

2）不同的蓄能器各有其适用的工作范围，如囊式蓄能器的气囊强度不高，不能承受很大的压力波动，且只能在 -20～70℃的温度范围内工作。

3）囊式蓄能器原则上应垂直安装（油口向下），只有在空间位置受限制时才允许倾斜

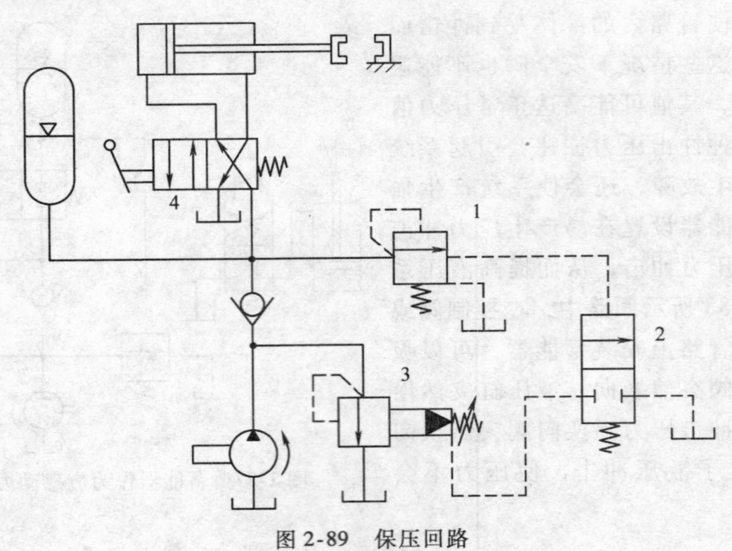

图 2-89 保压回路

1—顺序阀 2—二位二通换向阀 3—溢流阀 4—二位四通换向阀

或水平安装。

4）装在管路上的蓄能器须用支板或支架固定。

5）蓄能器与管路系统之间应安装截止阀，供充气、检修时使用。蓄能器与液压泵之间应安装单向阀，以防止液压泵停车时蓄能器内储存的压力油倒流。

（2）蓄能器的维护检查 蓄能器在使用过程中，需定期对气囊进行气密性检查。对于新使用的蓄能器，第一周检查一次，第一个月内还要检查一次，然后每半年检查一次。对于作为应急动力源的蓄能器，为了确保安全，应经常检查与维护。

蓄能器充气后，各部分绝对不允许再拆开，也不能松动，以免发生危险。需要拆开时应先放尽气体，确认无气体后再拆卸。在有高温辐射热源的环境中使用的蓄能器，可在其旁边装设由两层铁板和一层石棉组成的隔热板，起隔热作用。安装蓄能器后，系统的刚度降低，因此，对于对系统有刚度要求的装置，必须充分考虑这一因素的影响程度。

在长期停止使用后，应关闭蓄能器与系统管路间的截止阀，保持蓄能器油压在充气压力以上，使气囊不靠底。

4. 液压蓄能器选型

（1）明确蓄能器的主要功能

确定蓄能器在液压系统中是用作辅助动力源，还是用于吸收泵的脉动，或用于吸收冲击。

（2）依据主要功能计算蓄能器的容积和工作压力

1）作辅助动力源。

$$V_0 = \frac{V_x (p_1/p_0)^{\frac{1}{n}}}{1-(p_1/p_2)^{\frac{1}{n}}} \tag{2-30}$$

式中 V_0——所需蓄能器的容积（m^3）；

p_0——充气压力（Pa），按 $0.9p_1 > p_0 > 0.25p_2$ 充气；

V_x——蓄能器的工作容积（m^3）；

p_1——系统最低压力（Pa）；

p_2——系统最高压力（Pa）；

n——指数，等温时取 $n=1$，绝热时取 $n=1.4$。

2）吸收泵的脉动。

$$V_0=\frac{AkL(p_1/p_0)^{\frac{1}{n}}\times 10^3}{1-(p_1/p_2)^{\frac{1}{n}}} \tag{2-31}$$

式中　A——缸的有效作用面积（m^2）；

L——柱塞行程（m）；

k——与泵的类型有关的系数，单缸单作用泵为0.60，单缸双作用泵为0.25，双缸单作用泵为0.25，双缸双作用泵为0.15，三缸单作用泵为0.13，三缸双作用泵为0.06；

p_0——充气压力，按系统工作压力的60%充气。

3）吸收冲击。

$$V_0=\frac{m}{2}v^2\frac{0.4}{p_0}\frac{10^3}{\left(\frac{p_2}{p_0}\right)^{0.285}-1} \tag{2-32}$$

式中　m——管路中液体的总质量（kg）；

v——管中液体流速（m/s）；

p_2——系统最高压力（Pa）；

p_0——充气压力（Pa），按系统工作压力的90%充气。

液压蓄能器选型时的注意事项如下：

1）充气压力按应用场合选用。

2）蓄能器工作循环在3min以上时，按等温条件计算，其余均按绝热条件计算。

3）依据计算得出工作压力，然后查阅蓄能器相应的压力系列。

4）在相应的压力系列中寻找与计算得出容积最接近的型号。

（二）油箱

1. 油箱的结构和使用

油箱的作用主要是储油，油箱必须能够储存系统中的全部油液。液压泵从油箱里吸取油液送入系统，油液在系统中完成传递动力的任务后返回油箱。此外，油箱应该有一定的表面积，能够散发油液工作时产生的热量；同时还具有沉淀油液中的杂质、使渗入油液中的空气逸出、分离水分的作用；有时它还兼作液压元件的阀块和安装台等。

油箱可分为开式油箱和闭式油箱两种。开式油箱中油液的液面与大气相通，而闭式油箱中油液的液面与大气隔绝。开式油箱广泛用于一般的液压系统，闭式油箱则用于水下和高空无稳定气压的场合。开式油箱又分为整体式油箱和分离式油箱。整体式油箱是利用机器设备机身内腔作为油箱（如压铸机、注塑机等），其结构紧凑，各处漏油易于回收，但维修不便，散热条件不好。而分离式油箱则与主机分离并与泵组成一个独立的供油单元（泵站），减小了油箱发热和液压源振动对工作精度的影响，因此得到了普遍的应用，特别是在组合机床、自动生产线和精密机械设备中大多采用分离式油箱。

油箱的典型结构如图 2-90 所示。其内部用隔板 7、9 将吸油管 1 与回油管 4 隔开，顶部、侧部和底部分别装有过滤网 2、液位计 6 和排放污油的放油阀 8。安装液压泵及其驱动电动机的安装板 5 则固定在油箱顶面上。

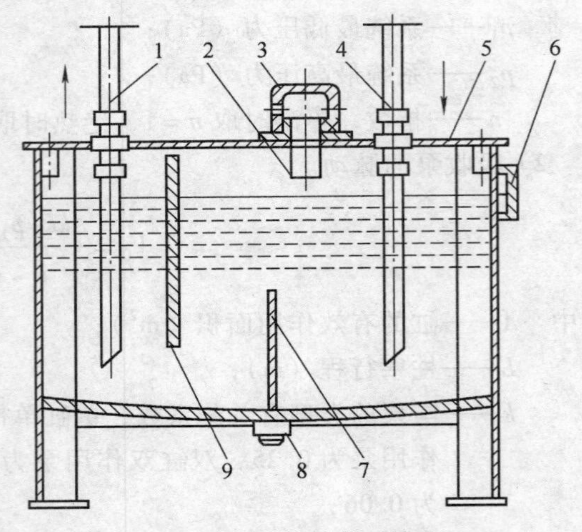

图 2-90 油箱的典型结构

1—吸油管 2—过滤网 3—盖 4—回油管 5—安装板 6—液位计 7、9—隔板 8—放油阀

以图 2-91 所示的开式油箱为例，油箱应具有以下结构特点。

1）应有足够的容量。液压系统工作时，油箱油面应保持一定的高度，以防液压泵吸空。为了防止系统中的油液全部流回油箱时油液溢出油箱，所以油箱中的油面不能太高，一般不应超过油箱高度的 80%。油面高度为油箱高度 80% 时的容积称为油箱的有效容积。为防止油液被污染，油箱上各盖板、管口处都要妥善密封。注油孔上要加装过滤器，通气孔上装空气过滤器。空气过滤器的通流量应大于液压泵的流量，以便液位下降时及时补充空气。

2）为使漏到上盖板上的油液不至于流到地面上，油箱侧壁应高出上盖板 10～15mm。油箱应有足够的刚度和强度，特别是上盖板上如果要安装电动机、液压泵等装置时，应适当加厚，而且要采取局部加固措施。为了便于排净存油和清洗油箱，油箱底板应有适当的斜度，并在最底部安装放油阀或放油塞。油箱内部应喷涂耐油防锈漆或与工作油液相容的塑料薄膜，以防生锈。油箱底部应设底脚，便于通风散热和排除箱底油液。

3）吸油管和回油管之间的距离应尽量远。油箱中的吸油管和回油管应分别安装在油箱的两端，以增加油液的循环距离，使其有充分的时间进行冷却和沉淀污物，排出气泡。为此，一般在油箱中设置隔板，使油液迂回流动。

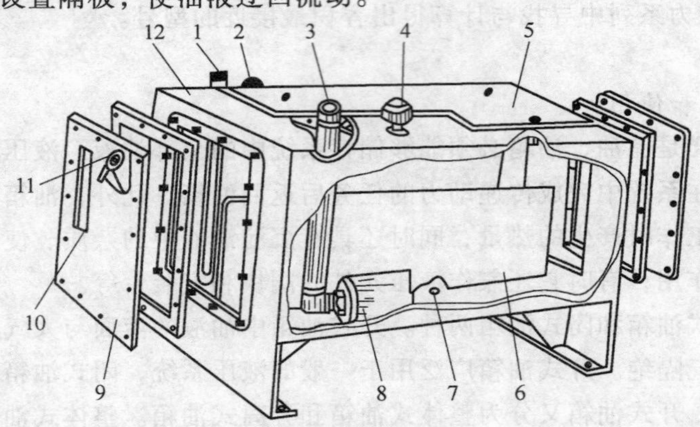

图 2-91 开式油箱

1—回油管 2—泄油管 3—吸油管 4—空气过滤器 5—安装板 6—隔板 7—放油孔 8—粗过滤器 9—清洗窗侧板 10—液位计窗口 11—注油孔 12—油箱上盖

为防止吸油时吸入空气和回油时油液冲入油箱而搅动液面形成气泡，吸油管和回油管均应保证在油面最低时仍没入油液中。为避免将油箱底部沉淀的杂质吸入泵内和回油对沉淀的杂质造成冲击，油管端距箱底应大于2倍管径，距箱壁应大于3倍管径。

吸油管口与回油管口应制成45°斜断面以增大流通截面，降低流速。这样一方面可以减小吸油阻力，避免吸油时因流速过快而产生气蚀和吸空；另一方面还可以减小回油时引起的冲溅，有利于油液中杂质的沉淀和空气的分离。

4）箱体侧壁应设置油位指示装置，过滤器的安装位置应便于装拆，油箱内部应便于清洗。

5）对于负载大并且长期连续工作的系统来说，还应考虑系统发热与散热的平衡。油箱正常工作温度应为15~65℃，如要安装加热器或冷却器，必须考虑其在油箱中的安装位置。

2. 油箱的选用和安装

选用油箱时首先要考虑其容量，应根据液压系统发热、散热平衡的原则来计算，这项计算在系统负载较大、长期连续工作时是必不可少的。但对于一般情况来说，油箱的有效容积可以按液压泵的额定流量估计出来，一般移动式设备取泵最大流量的2~3倍，固定式设备取3~4倍。其次考虑油箱油位，当系统中的液压缸活塞杆完全伸出后，油箱内的油面不得低于最低油位；当液压缸活塞杆完全回缩以后，油面不得高于最高油位。

按安装位置的不同，油箱可分为上置式、侧置式和下置式。上置式油箱把液压泵等装置安装在有较好刚度的上盖板上，其结构紧凑，应用最广；此外还可以在油箱外壳上铸出散热翅片，以加强散热效果，延长液压泵的使用寿命。上置式油箱的安装如图2-92所示。侧置式油箱是指安装在液压泵等装置旁边的油箱，占地面积虽大，但安装与维修都很方便，通常在系统流量和油箱容量较大时采用，尤其是在一个油箱给多台液压泵供油时使用。因侧置式油箱油位高于液压泵吸油口，故具有较好的吸油效果。下置式油箱是把液压泵置于油箱底下，不仅便于安装和维修，而且液压泵吸入能力大为改善。

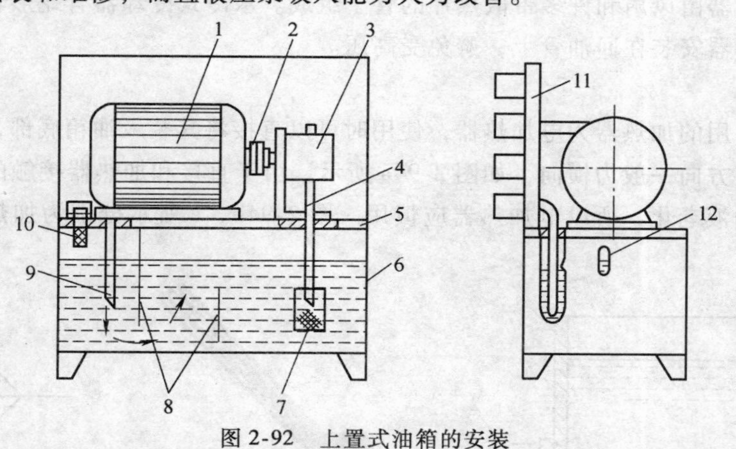

图2-92 上置式油箱的安装

1—电动机 2—联轴器 3—液压泵 4—吸油管 5—盖板 6—箱体 7—过滤器 8—隔板 9—回油管 10—加油口 11—控制阀连接板 12—液位计

（三）热交换器

油液在液压系统中具有密封、润滑和传递动力等多重作用，为保证液压系统正常工作，应将油液温度控制在一定范围内。

一般液压系统工作时，油液的温度在30～60℃为宜，最低不应低于15℃。如果油液温度过高，则其黏度下降，会使润滑部位的油膜破裂、油液泄漏增加、密封材料提前老化、气蚀现象加剧等。长时间在较高温度下工作，还会加快油液氧化，析出沉淀物，影响泵和阀运动部分的正常工作。所以当依靠自然散热无法使系统油温降低到正常温度时，就应采用冷却器进行强制冷却。相反，若油温过低，则油液黏度过大，会造成设备起动困难，压力损失增加，并导致振动加剧等不良后果，这时就要通过设置加热器来提高油液温度。

1. 冷却器

液压系统中的功率损失几乎全部变成热量，使油液温度升高。如果散热面积不够，则需要采用冷却器使油液的平衡温度降低到合适的范围内。按冷却介质的不同，冷却器可分为风冷、水冷和氨冷等多种形式，一般液压系统中主要采用前两种。冷却器实物图及图形符号如图2-93所示。

a) 风冷式冷却器

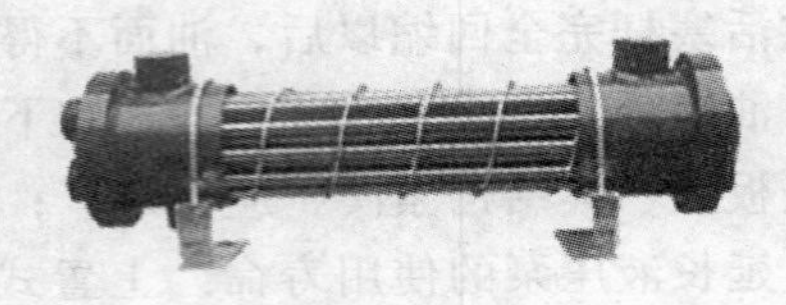

b) 水冷式冷却器

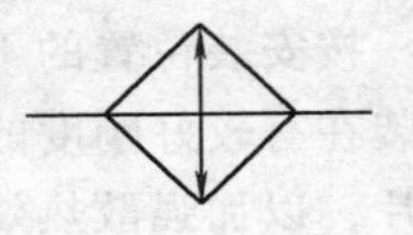

c) 图形符号

图2-93　冷却器实物图及图形符号

风冷式冷却器由风扇和许多带散热片的管子组成。水冷式冷却器有蛇形管式、多管式和翅片式等。冷却器安装在回油管上，避免受高压。

2. 加热器

液压系统常用的加热器为电加热器，使用时可以直接将其装入油箱底部，并与箱底保持一定距离，安装方向一般为横向，如图2-94a所示。由于直接和加热器接触的油液温度可能很高，会加速油液老化，所以电加热器应慎用。图2-94b、c所示分别为加热器的实物图和图形符号。

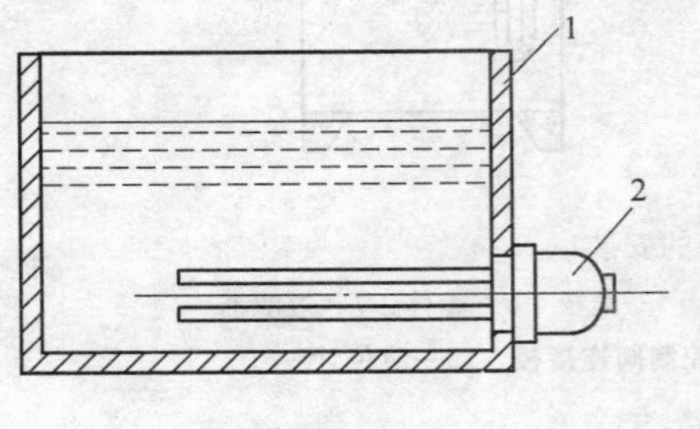

a) 安装位置

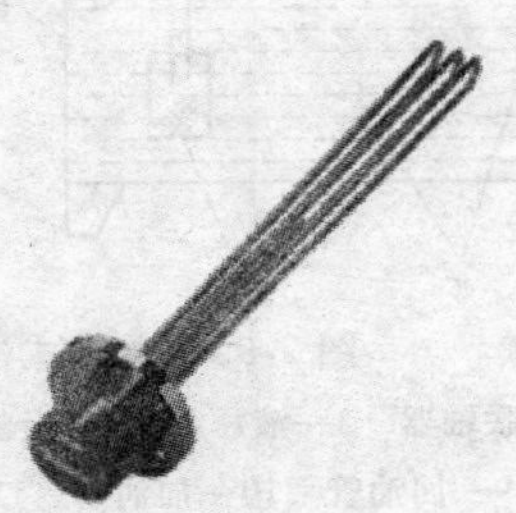

b) 实物图

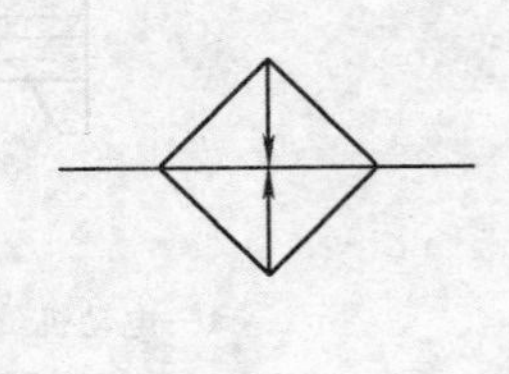

c) 图形符号

图2-94　加热器

1—油箱　2—电加热器

（四）油管和管接头

1. 油管

油管分为硬管和软管两种。

（1）硬管　硬管主要用于连接无相对运动的液压元件。常用的硬管为无缝钢管和纯铜管。无缝钢管承受压力高、价格便宜，但装配时不易弯曲，主要用于中、高压系统。无缝钢管分为冷拔和热轧两种，用于系统压力大于8MPa的场合。纯铜管容易弯曲、装配方便、摩擦阻力小，但耐压能力低，抗振能力也比较弱，价格较贵，在高温下工作时油液容易氧化变质。纯铜管主要用于中、低压系统中，在机床上应用较多。

（2）软管　软管主要用于连接有相对运动的液压元件，通常为耐油橡胶软管，可分为高压和低压两种。高压橡胶软管常用于液压支架和外挂式单体液压支柱管路系统，低压橡胶软管适用于低压管路。高压软管制造工艺复杂、寿命短、成本高、刚度低；低压软管装配方便，能吸收液压系统的冲击和振动。

2. 管接头

管接头是油管与油管、油管与其他液压元件之间可拆装的连接件，常用的有以下几种。

（1）金属管接头

1）焊接式管接头。图2-95所示为焊接式管接头，钢管和基体通过焊接管接头连接，连接管1焊在被连接的钢管端部，接头体4用螺纹拧入某元件的基体，用组合密封圈防止元件中的油液外漏。将O形密封圈3放在接头体4的端面处，并把螺母2拧在接头体4上即完成连接。

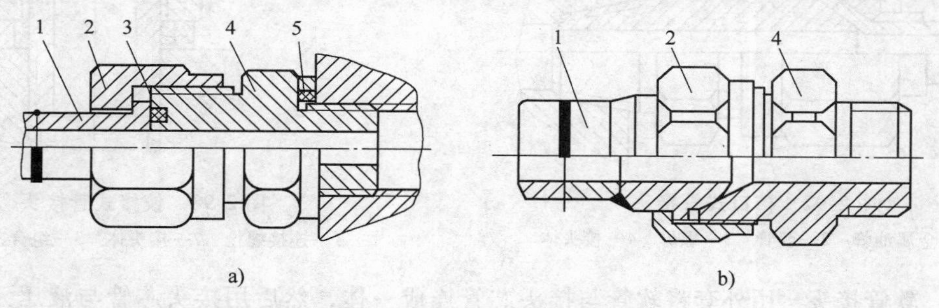

图2-95　焊接式管接头

1—连接管　2—螺母　3—O形密封圈　4—接头体　5—组合垫圈

焊接式管接头制造简单，工作可靠，适用于管壁较厚、压力较高的系统。焊接式管接头的缺点是对焊接质量要求较高。

2）卡套式管接头。卡套式管接头的种类很多，但基本原理相同，都是利用卡套的变形卡住油管并进行密封。

如图2-96所示，拧紧接头螺母2后，卡套3发生弹性变形便将金属液压油管4夹紧。卡套式管接头对轴向尺寸要求不严，装拆方便，但对连接所用管道的尺寸精度要求较高。

卡套式管接头工作比较可靠，装拆方便，其工作压力可达31.5MPa。卡套式管接头的缺点是对卡套的制造工艺要求及连接油管外径的几何精度要求都较高。

3）扩口式管接头。如图2-97所示，当旋紧螺母3时，通过套管2使被连接金属油管1端部的扩口压紧在接头体4的锥面上。扩口式管接头结构简单，制造安装方便。被扩口的管子只能是薄壁且塑性良好的管子，如铜管。扩口式管接头的工作压力不能高于8MPa。

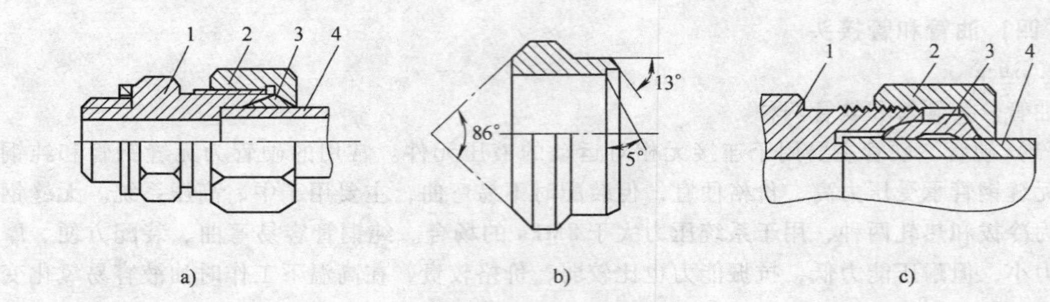

图 2-96 卡套式管接头

1— 接头体 2—接头螺母 3—卡套 4—金属液压油管

4）铰接式管接头。如图 2-98 所示，接头体 2 两侧各用一个组合密封圈 3，再由一中空并具有径向孔的连接螺栓 1 固定在液压元件上，接头体 2 与管路可采用焊接式或卡套式连接。铰接式管接头的使用压力较高。

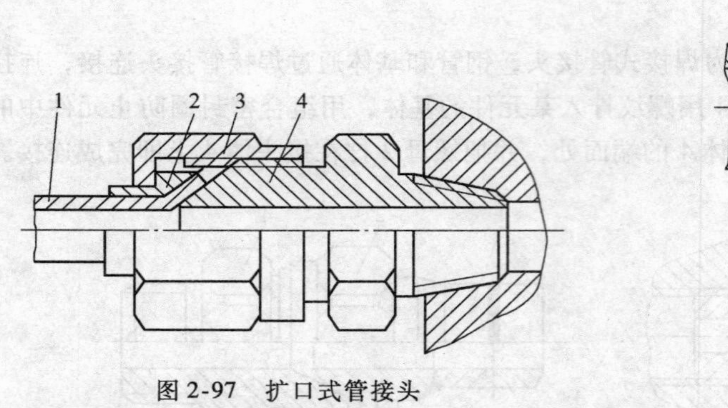

图 2-97 扩口式管接头

1—金属油管 2—套管 3—螺母 4—接头体

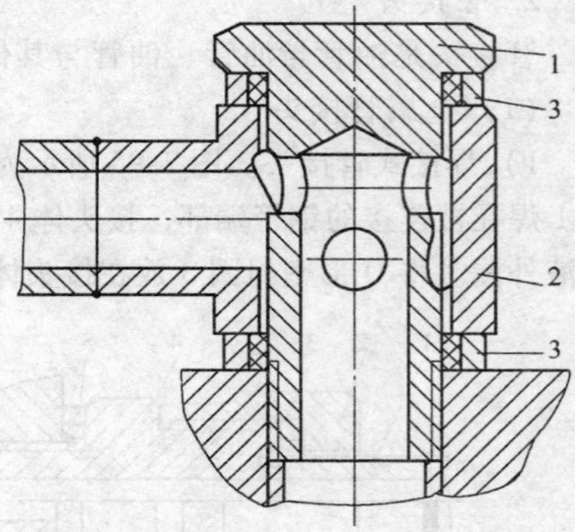

图 2-98 铰接式管接头

1—连接螺栓 2—接头体 3—组合密封圈

（2）软管接头 用外套将软管与接头芯管连成一体，然后用接头芯管与液压元件或其他油管相连接。

1）螺纹连接的软管接头。利用螺纹将接头芯管与液压元件或其他油管连接，而软管与接头之间的连接有扣压式和可拆式两种，分别如图 2-99a、b 所示。

a) 扣压式连接 b) 可拆式连接

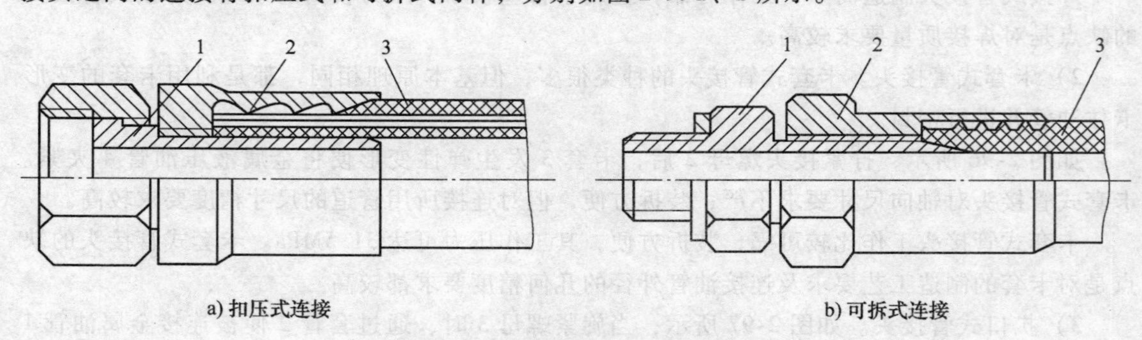

图 2-99 螺纹连接的软管接头

1—接头芯管 2—外套 3—软管

2）快速接头。快速接头（图 2-100）又称为快速装拆管接头，其无需装拆工具，适用于经常装拆的场合。快速接头结构复杂，压力损失大。

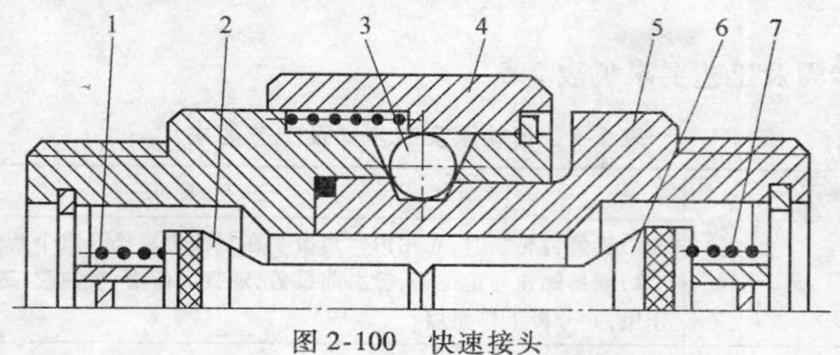

图 2-100　快速接头

1、7—弹簧　2、6—阀芯　3—钢球　4—外套　5—接头体

【项目任务】

任务一　齿轮泵的拆装及选用

一、任务描述

图 2-101 所示为齿轮泵的内部结构。本任务要求学生通过拆装齿轮泵，掌握其结构、工作原理和特点。

图 2-101　齿轮泵的内部结构

1—左端盖　2—泵体　3—右端盖　4—压环　5—密封圈　6—传动轴　7—主动齿轮　8—轴　9—从动齿轮　10—滚针轴承　11—堵头

a、b—槽　c—压力卸荷槽　d、e—孔　f、g—困油卸荷槽　m—进油口　n—排油口

二、实训内容

1. 实训器材

1）内六角扳手、呆扳手、螺钉旋具、卡簧钳、铜棒等。

2）齿轮泵。

3）棉纱、煤油等。

2. 实训过程

齿轮泵安装步骤及工艺要求见表2-5。

表2-5 齿轮泵安装步骤及工艺要求

安装步骤	工艺要求
第一步:拆解前泵盖	1)拆解齿轮泵时,先用内六角扳手在对称位置松开六个紧固螺栓 2)取掉螺栓与定位销,掀去前泵盖,观察卸荷槽、吸油腔、压油腔等结构,弄清楚其作用,并分析工作原理
第二步:从泵体中取出主动齿轮及轴、从动齿轮及轴	1)拆解时注意各部件的安装顺序及位置 2)分清主动齿轮及从动齿轮
第三步:分解端盖与轴承、齿轮与轴、端盖与油封	拆装中避免损坏零部件和轴承
第四步:装配步骤与拆卸步骤相反	脏的零部件应用煤油清洗后才可安装
第五步:自检	1)安装完毕后应使泵转动灵活、平稳,没有阻滞、卡死现象 2)清理安装现场

3. 注意事项

1）拆装过程中应避免敲打零部件，如需敲击则应垫以纯铜棒，以免损坏零部件和轴承。

2）拆卸过程中，遇到元件卡住的情况时，不要乱敲硬砸，请指导老师来解决。

3）装配时，遵循先拆的部件后安装，后拆的零部件先安装的原则，正确合理地安装。脏的零部件应用煤油清洗后才可安装，安装完成后应使泵转动灵活、平稳，没有阻滞、卡死现象。

4）装配齿轮泵时，先将齿轮、轴装在后泵盖的滚针轴承内，轻轻装上泵体和前泵盖，打紧定位销，拧紧螺栓，注意使其受力均匀。

4. 评分标准（表2-6）

表2-6 评分标准

考核项目	考核要求	配分	评分标准	得分	备注
液压泵的拆解	1)按照规定拆装齿轮泵 2)正确编号	10	1)不按规定拆解泵体扣10分 2)损坏元件每处扣5分		
液压泵的安装	1)按原理图顺序安装 2)规范安装,无漏油现象	40	1)不按规定安装扣40分 2)安装不牢固每处扣3分		
调试	按照要求和步骤正确调试齿轮泵	50	1)一次调试不成功扣10分 2)两次调试不成功扣30分 3)三次调试不成功扣50分		
安全生产	自觉遵守安全文明生产规程		有违反安全文明生产规程的行为由指导教师适当扣分		
时间	4h		超过定额时间,每5min扣2分		
开始时间:		结束时间:		实际时间:	总分

任务二　单杆活塞缸的拆装

一、任务描述

单杆活塞缸的内部结构如图 2-102 所示。本任务要求学生按规范拆装单杆活塞缸，弄清液压缸的结构和工作原理，学会液压缸的拆装方法。

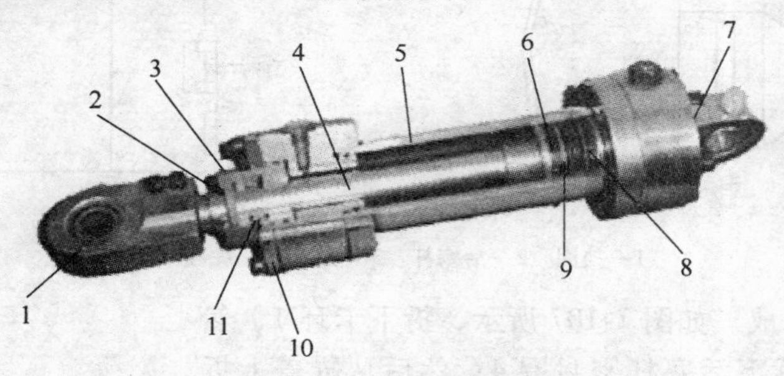

图 2-102　单杆活塞缸的内部结构

1—耳环　2—防尘圈　3—导向套　4—活塞杆　5—缸筒　6—活塞　7—缸底　8、11—密封圈　9—支承环　10—缸盖

二、实训内容

1. 实训器材

1）内六角扳手、呆扳手、卡簧钳、铜棒、棉纱、煤油等。

2）单杆活塞缸。

2. 实训过程

1）松开缸筒与缸盖的连接螺栓，如图 2-103 所示。

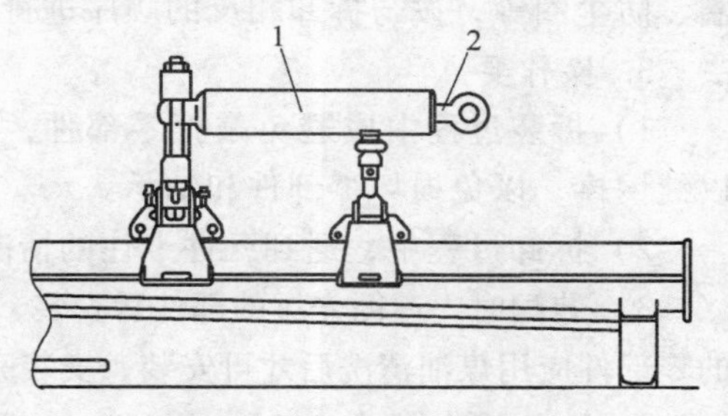

图 2-103　松开缸筒与缸盖

1—缸筒　2—缸盖

2）从缸筒上拉出缸盖及活塞杆总成（从液压缸上拆下活塞杆总成时，在油孔下放置一个容器接油），如图 2-104 所示。

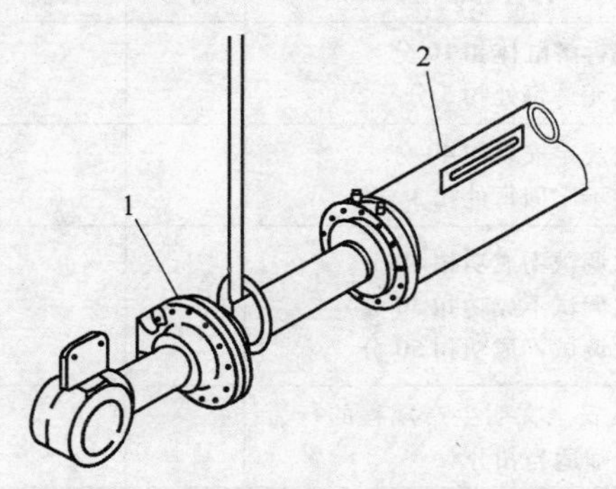

图 2-104　拉出缸盖及活塞杆总成

1—缸筒　2—缸盖及活塞杆总成

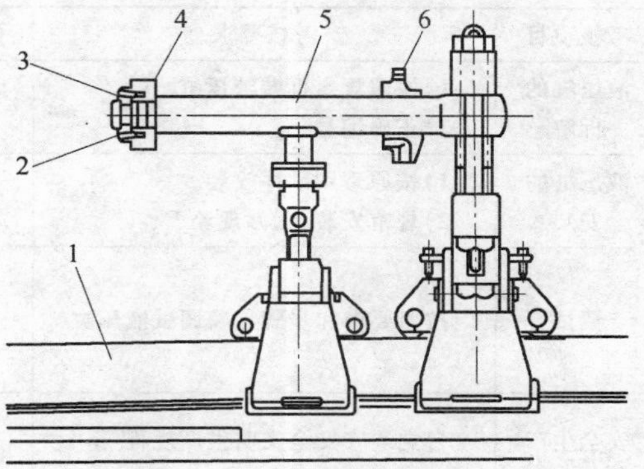

图 2-105　拆解各部件（一）

1—夹具　2—挡圈　3—固定螺母　4—活塞　5—活塞杆　6—缸盖

3）拆卸缸盖及活塞杆总成。

① 把缸盖及活塞杆总成放到夹具 1 上拆下活塞的固定螺母 3，然后拆下挡圈 2、活塞 4 和缸盖 6，如图 2-105 所示。

② 从活塞杆 2 上拆下 O 形密封圈和挡圈 1，从活塞上拆下密封环 4 和支承环 3，如图 2-106所示。

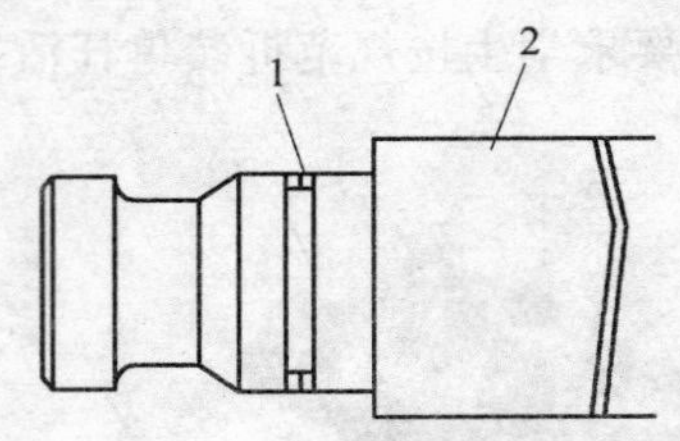

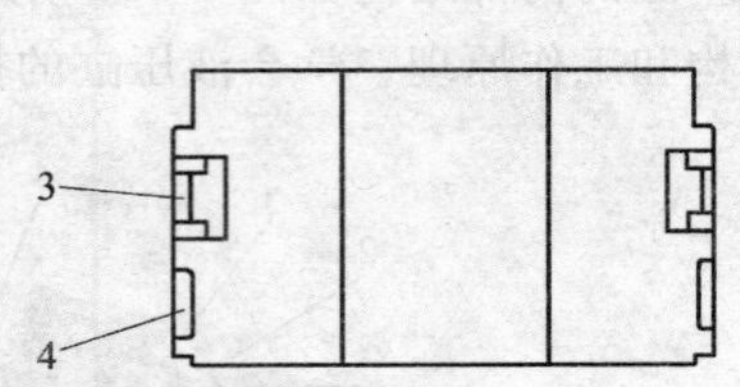

图 2-106　拆解各部件（二）

1—挡圈　2—活塞杆　3—支承环　4—密封环

4）拆卸缸盖总成。如图 2-107 所示，拆下卡环 1，然后拆下防尘圈 2；拆下活塞杆密封圈 4；然后从缸盖上拆下衬套 3；拆下 O 形密封圈和卡环 5。

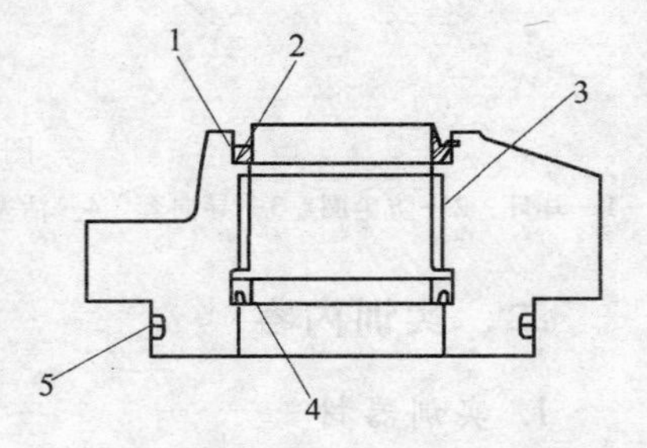

图 2-107　拆卸缸盖总成

1—卡环　2—防尘圈　3—衬套　4—密封圈　5—卡环

组装前，擦净所有部件，检查有无污损，用百分表检查活塞与活塞杆的同轴度及活塞杆的直线度；然后用液压油涂抹所有滑动表面，小心安装，不要损坏活塞杆、密封圈、防尘圈等，按与拆卸相反的顺序进行装配。

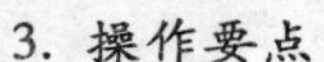

3. 操作要点

1）拆装过程中应避免敲打零部件，如需敲击则应垫以纯铜棒，以免损坏零部件和轴承。

2）拆卸过程中，遇到元件卡住的情况时，不要乱敲硬砸，请指导老师来解决。

3）装配时，遵循先拆的部件后安装，后拆的零部件先安装的原则，正确合理地安装，脏的零部件应用煤油清洗后才可安装，安装完毕后应使缸运动灵活平稳，没有阻滞、卡死现象。

4. 评分标准（表 2-7）

表 2-7　评分标准

考核项目	考核要求	配分	评分标准	得分	备注
液压缸的拆解	1）按照规定拆装液压缸 2）正确编号	10	1）违规拆解缸体扣 10 分 2）损坏元件每处扣 5 分		
液压缸的安装	1）按原理图顺序安装 2）规范安装，无漏现象	40	1）不按规定安装扣 40 分 2）安装不牢固每处扣 3 分		
调试	按照要求和步骤正确调试液压缸	50	1）一次调试不成功扣 10 分 2）两次调试不成功扣 30 分 3）三次调试不成功扣 50 分		
安全生产	自觉遵守安全文明生产规程		有违反安全文明生产规程的行为由指导教师适当扣分		
时间	4h		超过定额时间，每 5min 扣 2 分		
开始时间：	结束时间：		实际时间：	总分	

知识小结

液压传动系统是以液体作为工作介质进行工作的，一个完整的液压传动系统由以下几部分组成。

1）动力元件。动力元件是将原动机输出的机械能转换为液体压力能的元件，其作用是向液压系统提供压力油。常用的动力元件是液压泵。

2）执行元件。执行元件是将液体压力能转换为机械能以驱动工作机构的元件。常用的执行元件有液压缸和液压马达。

3）控制元件。控制元件包括方向、压力、流量控制阀，是对系统中油液方向、压力、流量进行控制和调节的元件，如换向阀等。

4）辅助元件。辅助元件是除上述三类元件以外的其他元件，如管道、管接头、油箱、过滤器等。

5）工作介质。工作介质即液压油，是用来传递能量的媒介物质。

液压泵按输出流量可分为定量泵和变量泵。定量泵输出流量不能调节，即单位时间内输出的油液体积是一定的；变量泵输出流量可以调节，即根据系统的需要，液压泵可输出不同的流量。变量泵可以分为单作用叶片泵、径向柱塞泵、轴向柱塞泵等。

活塞式液压缸可分为双杆活塞式和单杆活塞式两种结构，其固定方式有缸体固定和活塞杆固定两种。

液压系统中用来控制油路的通断或改变油液的流动方向，从而实现液压执行元件的动作要求或完成其他特殊功能的液压阀称为方向控制阀，其主要分为单向阀和换向阀两类。

在液压传动系统中，控制油液压力高低的液压阀称为压力控制阀，简称为压力阀。这类阀都是利用作用在阀芯上的液压力和弹簧力相平衡的原理工作的。在具体的液压系统中，根据工作需要的不同，对压力控制的要求也不同。有的需要稳定液压系统中某处的压力值，如溢流阀、减压阀等；有的利用液压力作为信号控制动作，如顺序阀、压力继电器等。

液压系统中执行元件运动速度的大小，由输入执行元件的油液流量的大小来确定。用来控制油液流量的阀统称为流量控制阀。流量控制阀就是通过改变阀口通流面积（节流口局部阻力）的大小或通流通道的长短来控制流量的液压阀。节流阀、单向节流阀和调速阀是液压系统中最常用的流量控制阀。

液压辅助元件是液压系统中不可缺少的组成部分，对系统的性能、效率、温升、噪声和寿命的影响都很大。液压辅助元件有油箱、蓄能器、过滤器、管件等。

习　题

1. 液压系统通常由哪些部分组成？各部分的主要作用是什么？
2. 液压油主要有哪些品种？如何选择液压油？
3. 单向阀与液控单向阀有何区别？分别应用于什么场合？
4. 解释换向阀的“位”与“通”。画出三位四通电磁换向阀、二位三通机动换向阀及三位五通电液换向阀的图形符号。
5. 分析三位四通换向阀 O 型、H 型、M 型中位机能的作用与特点。
6. 举例说明油箱的典型结构及各部分的作用。

项目二　液压基本控制回路

【学习目标】

知识目标

● 掌握各种控制回路的基本原理及作用

- 能设计基本液压控制回路。

技能目标

- 能设计和仿真专用零件的配设备的液压控制回路。
- 能设计和仿真小型钻孔设备的液压控制系统。

【知识准备】

一、方向控制回路

方向控制回路利用各种方向控制阀来控制液流的通断与变向调节，从而控制执行元件的起动、停止和换向。各种控制方式的换向阀或双向变量泵均可组成方向控制回路。

图 2-108 所示回路为单作用液压缸的换向回路。回路中采用二位三通电磁换向阀进行换向。当按下按钮 S1 时，电磁铁 1Y1 得电，二位三通电磁换向阀工作在右位，液压油进入液压缸左腔，活塞杆向右伸出；当松开按钮 S1 时，电磁铁 1Y1 失电，电磁阀工作于左位，活塞杆在弹簧的作用下向左运动，液压缸左腔的液压油通过电磁阀流回油箱。

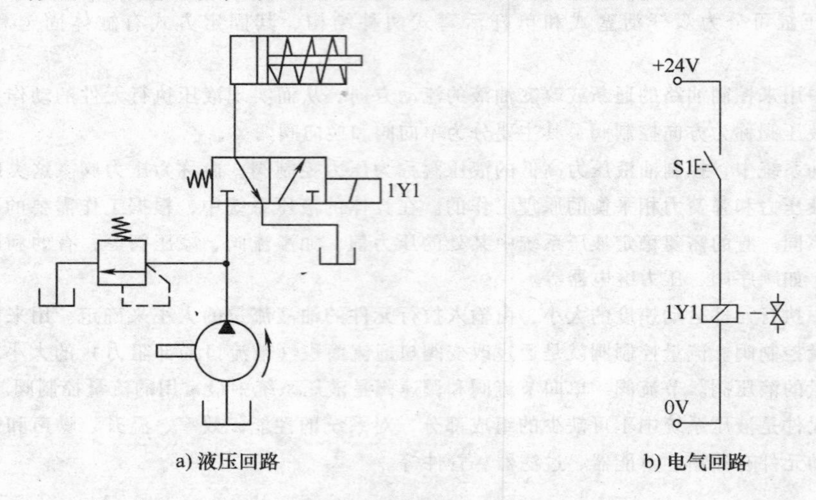

图 2-108 单作用液压缸的换向回路

双作用液压缸，一般可采用二位四通（或五通）及三位四通（或五通）电磁换向阀进行换向，按不同的用途可选用不同控制方式的换向回路。图 2-109 所示回路为双作用液压缸的换向回路。回路中采用三位四通 M 型中位机能的电磁换向阀来控制液压缸的换向。为简化起见，图中“▲”表示泵站所构成的液压源（除油箱外）。

按下按钮 SB1，继电器 K1 得电并自锁，图 2-109b 中电路 3 的常开触点 K1 闭合，三位四通电磁换向阀的电磁铁 1Y1 得电，电磁阀工作在左位，压力油进入液压缸左腔，推动活塞向右运动，液压缸右腔的油经换向阀流回油箱。

按下按钮 SB2，继电器 K2 得电并自锁，图 2-109b 中电路 6 上的常开触点 K2 闭合，三位四通电磁换向阀的电磁铁 1Y2 得电，电磁阀工作在右位，压力油进入液压缸右腔，推动活塞向左运动，液压缸左腔的油经换向阀流回油箱。

若按下停止按钮 SB3，电磁铁 1Y1、1Y2 都失电，即为中位，此时液压缸停止运动，液压泵排出的油通过三位四通电磁阀的中位流回油箱，实现系统卸荷。

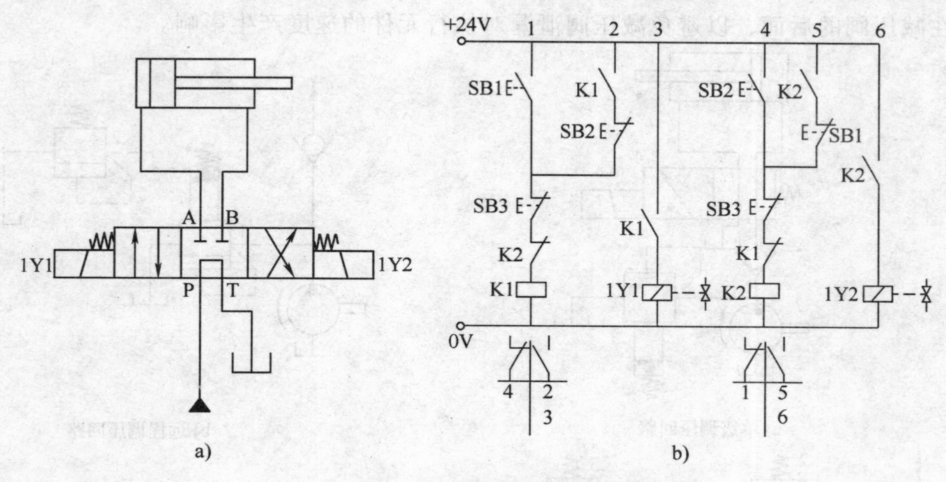

图 2-109 双作用液压缸的换向回路

二、压力控制回路

1. 调压回路

调压回路的作用是使液压系统整体或部分的压力保持恒定或不超过某个数值。在定量泵供油的系统中，液压泵的供油压力可以通过溢流阀来调节。在变量泵供油的系统中，用安全阀来限定系统的最高压力，防止系统过载。若系统中需要两种以上的压力，则可采用多级调压回路。

（1）单级调压回路 单级调压回路如图 2-110a 所示，它是最基本的调压回路。压力由溢流阀的调压弹簧调定。溢流阀的调定压力应该大于液压缸的最大工作压力，其中包含液压管路上各种压力损失。

（2）远程调压回路 如图 2-110b 所示，将起远程调压作用的溢流阀 2 接在光导式溢流阀 1 的遥控口上，调节溢流阀 2 即可调节系统的工作压力。

（3）多级调压回路 如图 2-110c 所示，当液压系统需要多级压力控制时，可采用此回路。图中溢流阀 1 的遥控口通过三位四通电磁换向阀 4 分别与起远程调压作用的溢流阀 2、3 相接。三位四通电磁换向阀中位工作时，系统压力由溢流阀 1 调定；左位工作时，系统压力由溢流阀 2 调定；右位工作时，由溢流阀 3 调定，因而系统可设置三种压力值。溢流阀 2、3 的调定压力必须低于溢流阀 1 的调定压力。

（4）比例调压回路 如图 2-110d 所示，根据电液比例溢流阀的调定压力与输入电流成比例，连续改变比例溢流阀的输入电流即可实现系统压力的无级调节。

2. 减压回路

减压回路的作用是使系统中的某一部分油路具有低于主油路的稳定压力。最常见的减压回路采用定值减压阀与主油路相连，如图 2-111a 所示。回路中的单向阀用于防止油液倒流，起短时保压的作用。减压回路中也可以采用类似两级或多级调压的方式获得两级或多级减压，图 2-111b 所示的减压回路是利用先导式减压阀 7 的遥控口接溢流阀 8，可由先导式减压阀 7、溢流阀 8 各调得一种低压。但要注意，溢流阀 8 的调定压力值一定要低于先导式减压阀 7 的调定压力值。为了使减压回路工作可靠，减压阀的最低调定压力应不小于 0.5MPa，最高调定压力至少应比系统压力低 0.5MPa。当减压回路中的执行元件需要调速时，调速元件应放在减压阀的后面，以避免减压阀泄漏对执行元件的速度产生影响。

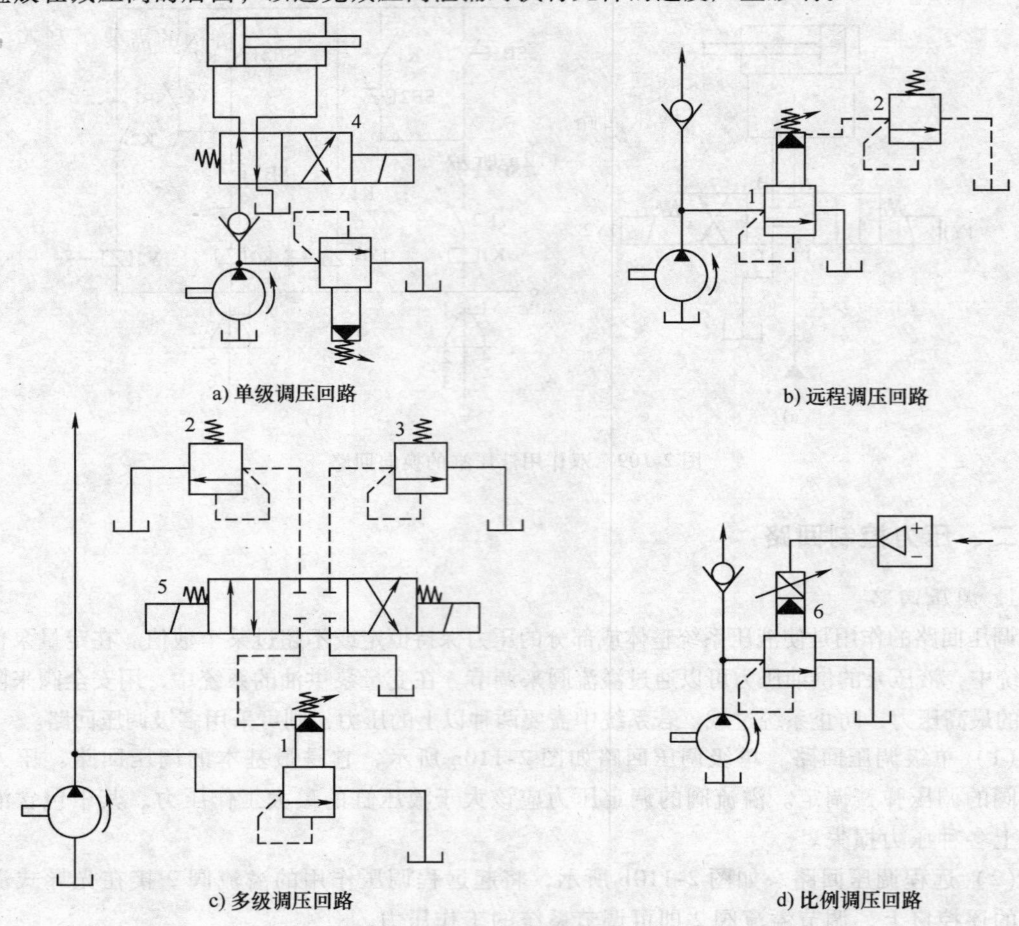

a) 单级调压回路　　b) 远程调压回路　　c) 多级调压回路　　d) 比例调压回路

图 2-110　调压回路

1—先导式溢流阀　2、3—溢流阀　4—二位四通电磁换向阀　5—三位四通电磁换向阀　6—电液比例溢流阀

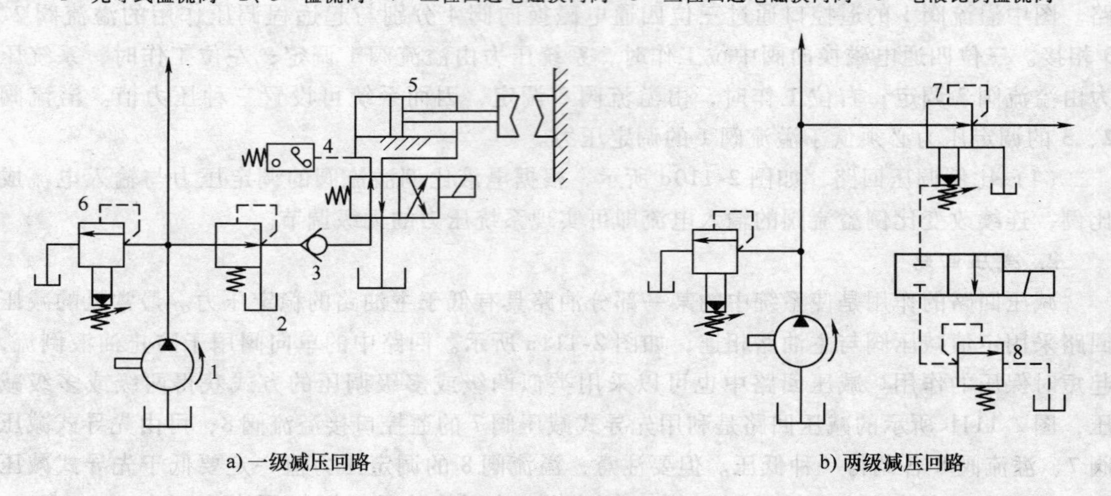

a) 一级减压回路　　b) 两级减压回路

图 2-111　减压回路

1—液压泵　2—减压阀　3—单向阀　4—压力继电器　5—液压缸　6—先导式溢流阀　7—先导式减压阀　8—溢流阀

3. 增压回路

增压回路可以提高系统中某一支路的工作压力，以满足局部工作机构的需要。利用增压回路，液压系统可以采用压力较低的液压泵来获得较高压力的压力油。采用增压回路可节省能源，而且工作可靠、噪声小。增压回路中实现油液压力增大的主要元件是增压器。

（1）单作用增压器的增压回路 图2-112a所示为单作用增压器的增压回路，该回路适用于液压缸需要较大单向作用力，但行程小、作业时间短的液压系统。在图示位置工作时，系统的供油压力先进入增压器的大活塞左腔，此时在小活塞右腔即可得到所需的较高压力油。当二位四通电磁换向阀右位接入系统时，增压器返回，辅助油箱中的油液经单向阀补入小活塞右腔。

（2）双作用增压器的增压回路 图2-112b所示为双作用增压器的增压回路，该回路能连续输出高压油，适用于增压行程要求较长的场合。在图示位置时，液压泵输出的压力油经二位四通电磁换向阀5和单向阀1进入增压器左端大、小活塞的左腔，大活塞右腔的回油通油箱，右端小活塞右腔增压后的高压油经单向阀4输出，此时单向阀2、3被关闭。当增压器活塞移到右端时，二位四通电磁换向阀5通电换向，增压器活塞向左移动，大活塞左腔的回油通油箱，左端小活塞左腔输出的高压油经单向阀3输出。这样，增压器的活塞不断往复运动，两端便交替输出高压油，从而实现了连续增压。

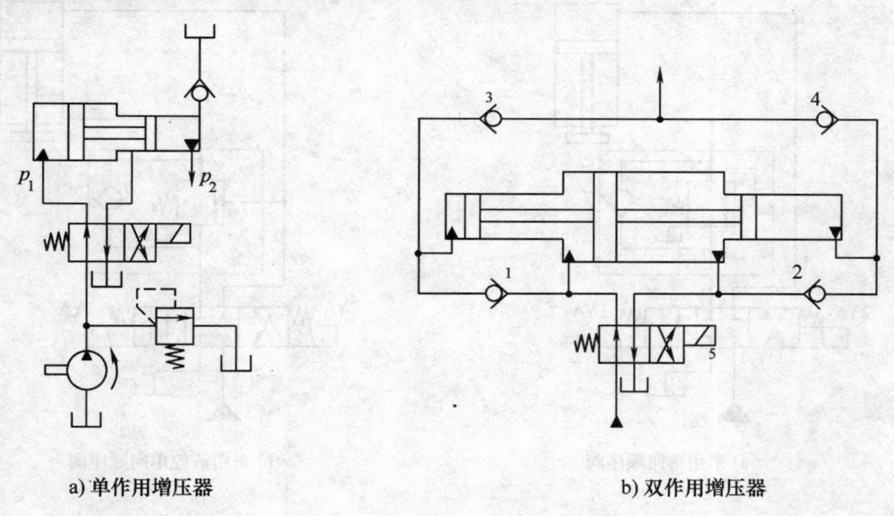

a) 单作用增压器　　b) 双作用增压器

图2-112 增压回路

1～4—单向阀 5—二位四通电磁换向阀

4. 平衡回路

平衡回路的作用是在执行机构不工作时，防止负载因重力作用而使执行机构自行下落。图2-113所示为采用顺序阀的平衡回路。

（1）采用单向顺序阀的平衡回路 图2-113a所示为采用单向顺序阀（也称平衡阀）的平衡回路。单向顺序阀的调定压力应稍大于工作部件自重在液压缸下腔形成的压力。液压缸不工作时，单向顺序阀关闭，而工作部件不会自行下行。当电磁铁1YA通电后，液压缸上腔通压力油，当下腔背压力大于顺序阀的调定压力时，单向顺序阀开启。由于自重得到平衡，活塞可以平稳地下落，不会产生超速现象。当电磁铁2YA通电后，活塞上行。

当活塞下行时，这种回路的功率损失大；活塞停止时，由于单向顺序阀的泄漏而使运动部件缓慢下降。所以该回路适用于工作部件质量不大，活塞锁住时定位要求不高的场合。

（2）采用液控单向顺序阀的平衡回路　图2-113b所示为采用液控单向顺序阀的平衡回路。当换向阀处于中位时，液控单向顺序阀关闭，使工作部件停止运动并能防止其因自重而下落。当电磁铁2YA通电后，活塞向上运动；当电磁铁1YA通电后，液压单向油进入液压缸上腔，并进入液控单向顺序阀的控制口，打开顺序阀，液压缸下腔回油，背压消失，活塞下行。因此，这种回路效率高，安全可靠。但在活塞下行时，由于自重作用导致运动部件下降过快，必然使液压缸上腔的油压降低，液控单向顺序阀的开口关小，阻力增大，从而阻止活塞迅速下降。当液控单向顺序阀关小时，液压缸下腔的背压上升，上腔油压也随之上升，又使液控单向顺序阀的开口变大。因此，液控单向顺序阀的开口处于不稳定状态，系统平稳性较差（严重时会出现断续运动的现象）。由上述可知，这种回路适用于运动部件的质量有变化，但质量不太大、停留时间较短的液压系统中。起重机中采用的就是这种回路。为了提高系统的平稳性，可在控制油路上装一节流阀，使液控单向顺序阀的启闭动作减慢，也可在液压缸和液控单向顺序阀之间加一个单向节流阀。

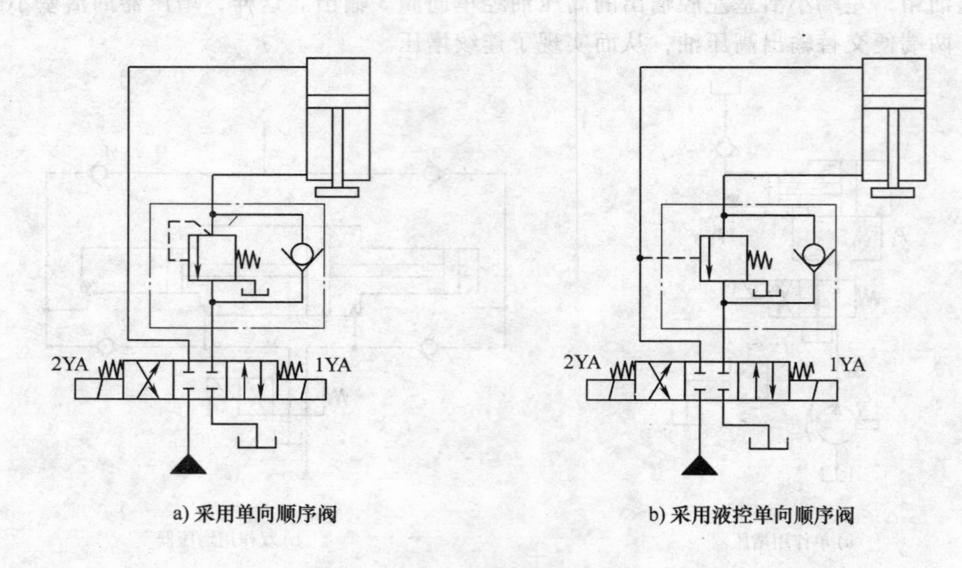

a) 采用单向顺序阀　　b) 采用液控单向顺序阀

图2-113　采用顺序阀的平衡回路

三、速度控制回路

液压传动系统中的速度控制回路包括调节液压执行元件速度的调速回路、使液压执行元件获得快速运动的快速运动回路、使液压执行元件在快速运动和工作进给速度之间进行转换的速度换接回路。

1. 调速回路

要改变执行部件的运动速度，可以通过两种方法实现，一是改变进入执行元件的液压油的流量；二是改变液压缸的有效作用面积。液压缸的有效作用面积只能按照标准尺寸选择，任意改变是不现实的。所以在液压传动系统中，主要采用变量泵供油或采用定量泵和流量控制阀来进行执行元件的速度控制。采用变量泵调速称为容积调速，采用定量泵和流量控制阀调速称为节流调速，采用变量泵和流量控制阀调速称为容积节流调速。

（1）节流调速回路　节流调速回路的工作原理是：通过改变回路中流量控制元件（节流阀和调速阀）的通流截面面积的大小来控制流入执行元件或自执行元件流出的流量，以调节其运动速度。如图 2-114 所示，在液压传动系统中，根据流量控制阀在回路中的位置不同，节流调速回路可分为进油节流调速、回油节流调速和旁路节流调速三种。前两种调速回路在工作中回路的供油压力不随负载变化而变化，故又称为定压式节流调速回路；而旁路节流调速回路中，回路的供油压力随负载的变化而变化，故又称为变压式节流调速回路。

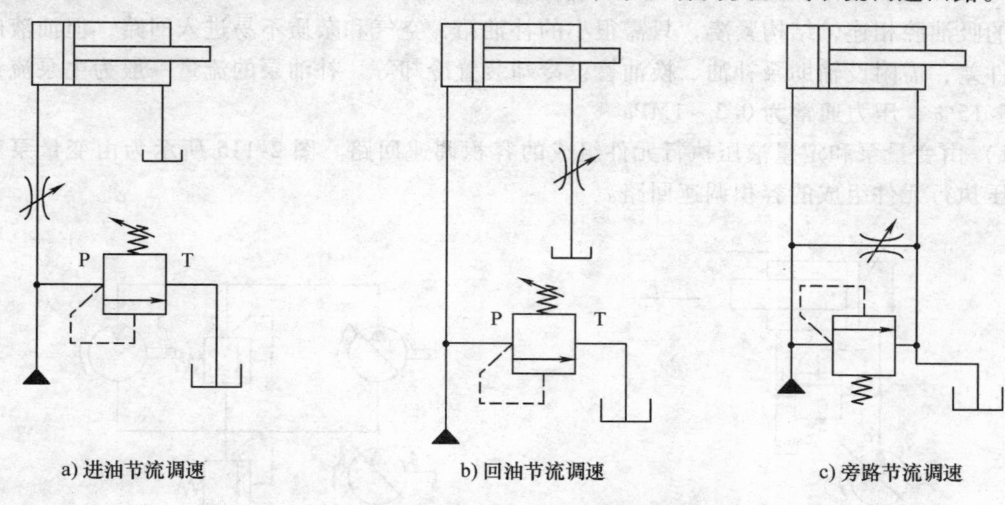

图 2-114　节流调速回路示意图

1）进油节流调速回路。如图 2-114a 所示，在进油节流调速回路中，液压泵输出油液的一部分经节流阀进入液压缸工作腔，推动活塞运动，其余的油液由溢流阀流回油箱。节流阀直接调节进入液压缸的油液流量，达到控制液压缸运动速度的目的。

2）回油节流调速回路。如图 2-114b 所示，回油节流则是借助节流阀控制液压缸排油腔的油液排出流量。由于液压缸进油流量受到回油路上的排出流量的限制，因此，用节流阀调节了排油流量也就间接地调节了液压缸的进油流量，多余的油液仍经溢流阀流回油箱。

3）旁路节流调速回路。如图 2-114c 所示，在旁路节流调速回路中，节流阀并联在液压泵供油路和液压缸回油路上，液压泵输出的流量一部分经节流阀流回油箱，另一部分进入液压缸推动活塞杆动作。在定量泵供油的液压系统中，节流阀开口越大，通过节流阀的流量越大，则进入液压缸的流量就越小，其运动速度就越慢；反之，通过节流阀的流量越小，进入液压缸的流量就越大，其运动速度就越快。因此，旁路节流通过调节液压泵流回油箱的流量，实现了调速作用。由于溢流已由节流阀承担，故溢流阀实际上是安全阀，常态时关闭，过载时打开，其调定压力为最大工作压力的 1.1~1.2 倍。

旁路节流调速方式由于不存在功率的溢流损失，效率高于进油节流和回油节流，但负载特性很软，低速承载能力弱，运动速度稳定性差。所以旁路节流调速只适用于高速、重载及对速度平稳性要求不高的场合，有时也可用于要求进给速度随负载增大而自动减小的场合。

采用调速阀调速同样可以构成进油节流、回油节流和旁路节流三种节流调速回路，适用于执行元件负载变化大，而运动速度稳定性要求又较高的场合。但由于采用调速阀增加了在定差减压阀上的能量损失，所以其功率损失要大于采用节流阀的节流调速回路。

（2）容积调速回路　容积调速回路是通过改变泵或马达的排量来实现调速的。容积调速回路具有的主要优点是没有节流损失和溢流损失，因而效率高，油液温升小，适用于高速、大功率调速系统。其缺点是变量泵和变量马达的结构较复杂，成本较高。

根据油路的循环方式，容积调速回路可以分为开式回路和闭式回路。在开式回路中，液压泵从油箱吸油，执行元件的回油直接接回油箱。这种回路结构简单，油液在油箱中能得到充分冷却，但油箱体积较大，空气和杂物易进入回路。在闭式回路中，执行元件的回油直接与泵的吸油腔相连，结构紧凑，只需很小的补油箱，空气和杂质不易进入回路，但油液的冷却条件差，需附设辅助泵补油、换油，设冷却装置冷却等。补油泵的流量一般为主泵流量的10% ~15%，压力通常为0.3 ~1MPa。

1）由变量泵和定量液压执行元件组成的容积调速回路。图2-115所示为由变量泵和定量液压执行元件组成的容积调速回路。

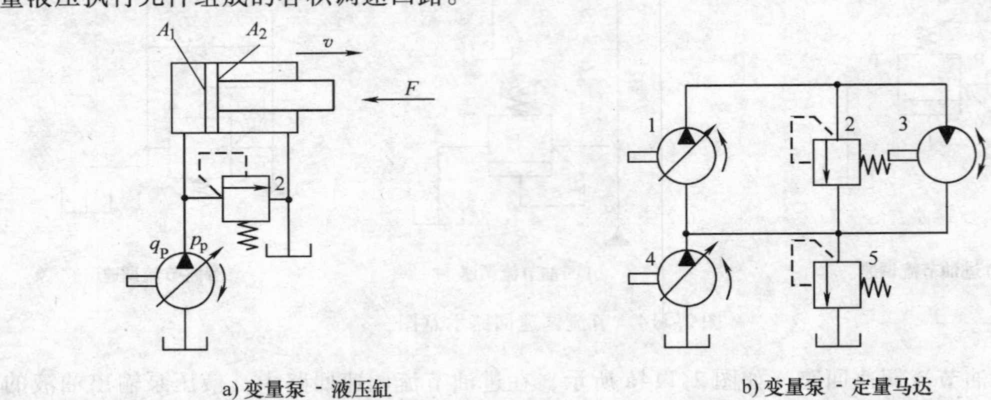

图2-115　由变量泵和定量液压执行元件组成的容积调速回路

1—变量泵　2—安全阀　3—定量马达　4—补油泵　5—溢流阀

图2-115a所示回路为开式回路，执行元件为液压缸。改变变量泵的排量即可调节活塞的运动速度 v。由于变量泵有泄漏，活塞运动速度会随负载 F 的增大而减小。F 增大至某值时，在低速下会出现活塞停止运动的现象，这时变量泵的理论流量等于其泄漏量。这种回路在低速下的承载能力较差。

图2-115b所示回路为闭式回路，执行元件为液压马达。图中的安全阀2起安全保护作用，用以防止系统过载。为了补充泵和马达的泄漏，增加了补油泵4，同时置换部分已发热的油液，降低系统的温升。溢流阀5用来调节补油泵的压力。若不计流量损失，马达的转速 $n_M = q_P / V_M$。因液压马达排量为定值，故调节变量泵的流量 q_P 即可对马达的转速 n_M 进行调节，速比可达40。当负载转矩恒定时，马达的输出转矩和回路工作压力都恒定不变，马达的输出功率与转速成正比，故此调速方式又称为恒转矩调速。

2）由定量泵和变量马达组成的容积调速回路。图2-116a所示为由定量泵和变量马达组成的容积调速回路。定量泵1输出流量不变，改变变量马达3的排量 V_M 就可以改变液压马达的转速。在这种调速回路中，由于液压泵的转速和排量均为定值，当负载功率恒定时，马达输出功率 P_M 和回路工作压力 p 都恒定不变，而马达的输出转矩 T 与 V_M 成正比，输出转

速 n_M 与 V_M 成反比。所以这种回路称为恒功率调速回路，其调速特性曲线如图 2-116b 所示。

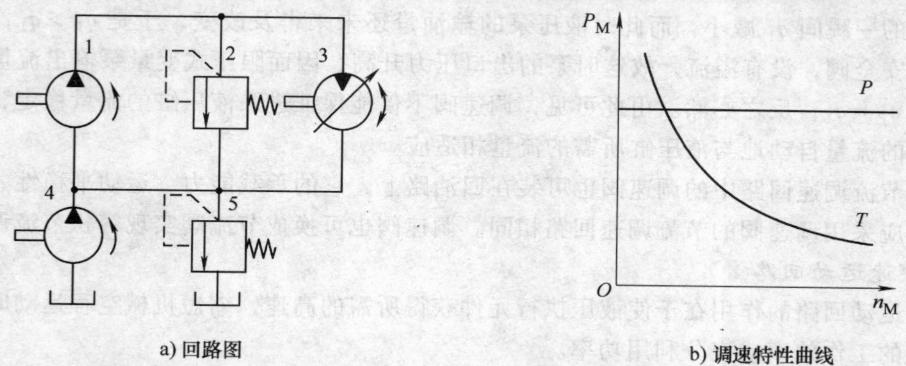

图 2-116　由定量泵和变量马达组成的容积调速回路和其调速特性曲线

1、4—定量泵　2、5—溢流阀　3—变量马达

3）由变量泵和变量马达组成的容积调速回路。图 2-117a 所示为由双向变量泵和双向变量马达组成的容积调速回路。单向阀 6 和 8 用于使补油泵 4 能双向补油，单向阀 7 和 9 使安全阀 3 在两个方向都能起过载保护作用。

这种调速回路是前两种调速回路的组合。由于泵和马达的排量均可改变，故增大了调速范围，并扩大了液压马达输出转矩和功率的选择余地，其调速特性曲线如图 2-117b 所示。

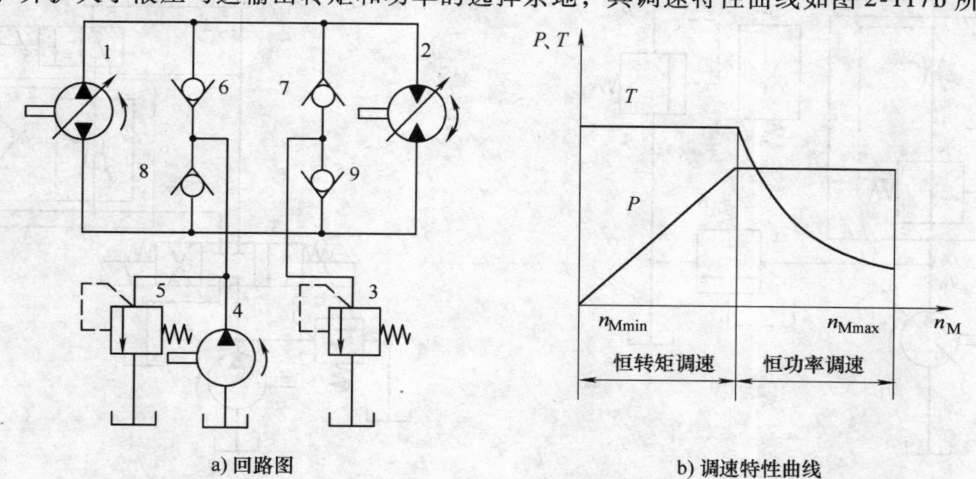

图 2-117　由双向变量泵和变量马达组成的容积调速回路和调速特性曲线

1—变量泵　2—变量马达　3—安全阀　4—补油泵　5—溢流阀　6、7、8、9—单向阀

4）容积节流调速回路。容积调速回路虽然具有效率高、发热量小的优点，但随着负载增加，容积效率将下降，低速稳定性差，为减少发热并满足速度稳定性要求，常采用容积节流调速回路。容积节流调速回路采用压力补偿型变量泵供油，用流量控制阀调节进入或流出液压缸的流量来调节其运动速度，并使变量泵的输油量自动地与液压缸所需流量相适应。这种调速回路没有溢流损失，效率较高，速度稳定性也比容积调速回路好，所以常用在中小功率、速度范围大的场合。

图 2-118 所示为由限压式变量泵和调速阀组成的容积节流调速回路。该回路由限压式变量泵 1 供油，压力油经调速阀 2 进入液压缸 3 的工作腔，回油经背压阀 4 返回油箱。液压缸

运动速度由调速阀中的节流阀来控制。设泵的流量为 q_P，则稳态工作时 $q_P = q_1$。可是在关小调速阀的一瞬间 q_1 减小，而此时液压泵的输油量还未来得及改变，于是 $q_P > q_1$，因回路中阀 6 为安全阀，没有溢流，故这时泵的出口压力升高，因而限压式变量泵输出流量自动减小，直至 $q_P = q_1$；反之亦然。由此可见，调速阀不仅能保证进入液压缸的流量稳定，而且还可以使泵的流量自动地与液压缸所需的流量相适应。

容积节流调速回路中的调速阀也可装在回油路上，它的承载能力、运动平稳性、速度刚性等与相应采用调速阀的节流调速回路相同。调速阀也可换成节流阀实现容积节流调速。

2. 快速运动回路

快速运动回路的作用在于使液压执行元件获得所需的高速，缩短机械空程运动时间，以提高系统的工作效率或充分利用功率。

（1）液压缸差动连接回路　图 2-119 所示回路是利用二位三通电磁换向阀实现液压缸差动连接的回路。当换向阀 3 和换向阀 5 左位接入时，液压缸差动连接做快进运动。当换向阀 5 电磁铁通电时，差动连接即被切断，液压缸回油经过单向调速阀 6，实现工进。换向阀 3 右位接入后，液压缸快退。

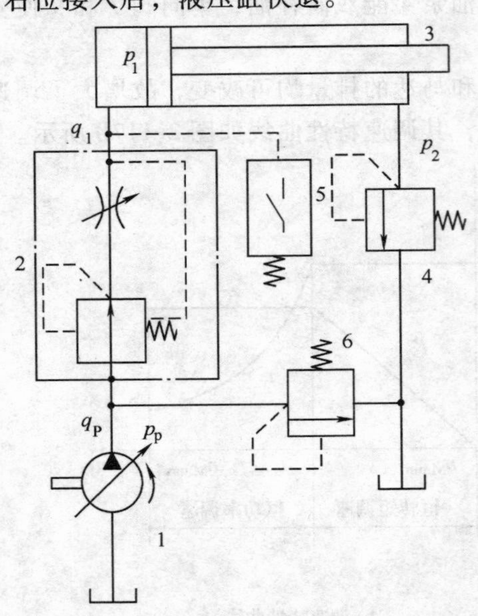

图 2-118　由限压式变量泵和调速阀组成的容积节流调速回路

1—限压式变量泵　2—调速阀　3—液压缸　4—背压阀　5—压力继电器　6—安全阀

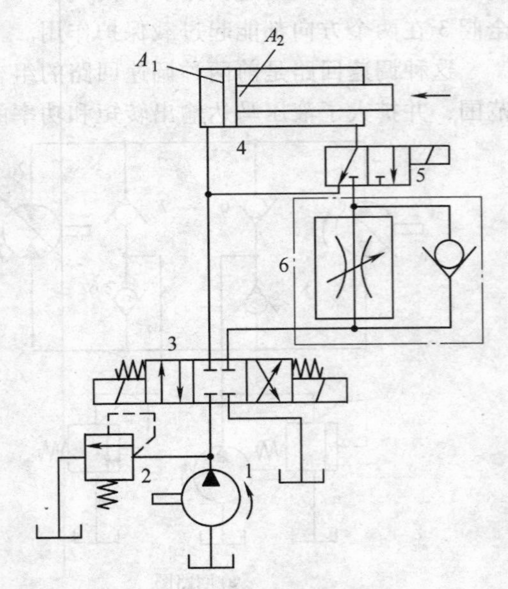

图 2-119　液压缸差动连接回路

1—液压泵　2—溢流阀　3、5—换向阀　4—液压缸　6—单向调速阀

这种连接方式，可在不增加泵流量的情况下提高执行元件的运动速度。必须注意，泵的流量和有杆腔排出的流量合在一起流过的阀和管路应按合成流量来选择，否则会使压力损失增大，泵的供油压力过高，致使泵的部分压力油从溢流阀流回油箱而达不到差动快进的目的。液压缸的差动连接也可用 P 型中位机能的三位换向阀来实现。

（2）采用蓄能器的快速运动回路　图 2-120 所示为采用蓄能器的快速运动回路。当系统中短期需要大流量时，液压泵 1 和蓄能器 4 共同向液压缸 6 供油；当系统停止工作时，换向阀 5 处在中位，液压泵便经单向阀 3 向蓄能器供油，蓄能器压力升高后，控制卸荷阀 2，使液压泵卸荷。

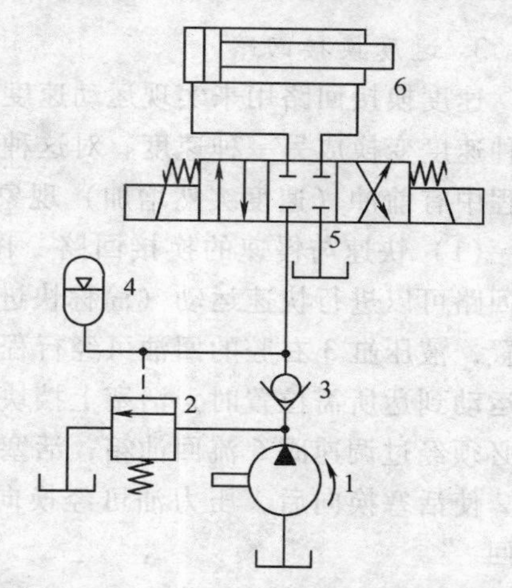

图 2-120　采用蓄能器的快速运动回路

1—液压泵　2—卸荷阀　3—单向阀

4—蓄能器　5—换向阀　6—液压缸

（3）双泵供油快速运动回路　图 2-121 所示的双泵供油快速运动回路中，高压小流量泵 1 和低压大流量泵 2 组成的双联泵作动力源。外控顺序阀 3（卸荷阀）和溢流阀 7 分别调定双泵供油和高压小流量泵 1 供油时系统的最高工作压力。当主换向阀 4 在左位或右位工作时，换向阀 6 电磁铁通电，这时系统压力低于卸荷阀 3 的调定压力，两个泵同时向液压缸供油，液压缸快速向左（或向右）运动。当快进完成后，换向阀 6 断电，液压缸的回油经过节流阀 5，因流动阻力增大而引起系统压力升高。当卸荷阀 3 的外控油路压力达到或超过卸荷阀的调定压力时，低压大流量泵通过卸荷阀 3 卸荷，单向阀 8 反向截止，只有高压小流量泵 1 向系统供油，液压缸慢速运动。卸荷阀的调定压力至少应比溢流阀的调定压力低 10% ~20%。

双泵供油快速运动回路的优点是双泵回路简单合理，功率损耗小，回路效率较高，常用在执行元件快进和工进速度相差较大的场合。

（4）采用增速缸的快速运动回路　图 2-122 所示为采用增速缸的快速运动回路。当三位四通换向阀 2 左位接入系统时，压力油经增速缸中的柱塞上的通孔进入 B 腔，使活塞快速伸出，速度为 $v=4qp/\pi d^2$（d 为柱塞外径），A 腔中所需油液经液控单向阀 3 从辅助油箱吸入。活塞杆伸出到工作位置时，由于负载加大，压力升高，打开顺序阀 4，高压油进入 A 腔，同时关闭单向阀 3。此时活塞杆在压力油作用下继续外伸，因有效作用面积加大，速度变慢而推力加大，这种回路功率利用较合理，但增速缸结构复杂，常用于液压机液压系统中。

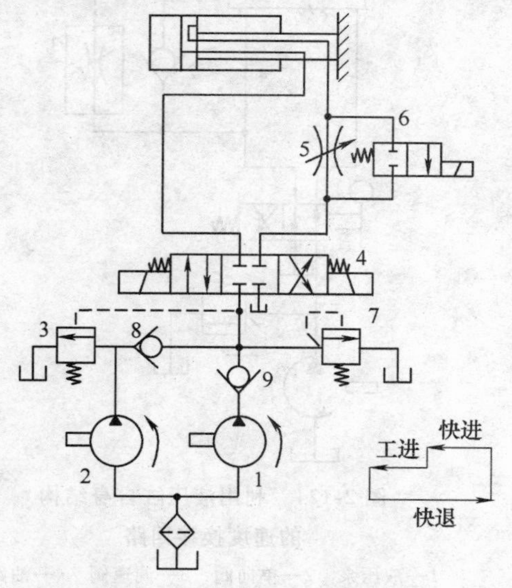

图 2-121　双泵供油快速运动回路

1—高压小流量泵　2—低压大流量泵　3—卸荷阀　4—主换向阀　5—节流阀　6—换向阀　7—溢流阀　8、9—单向阀

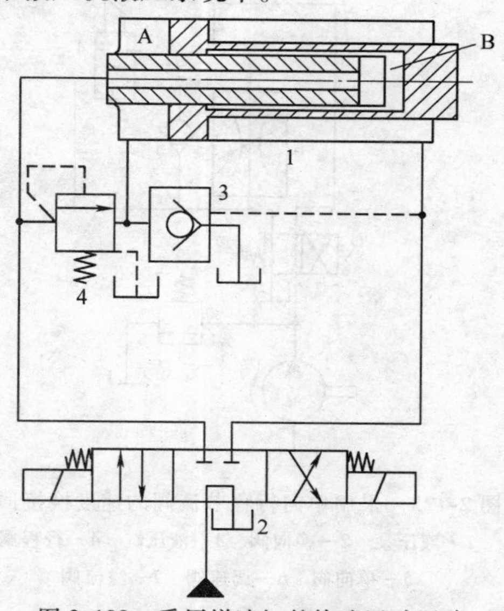

图 2-122　采用增速缸的快速运动回路

1—增速缸　2—三位四通换向阀

3—液控单向阀　4—顺序阀

3. 速度换接回路

速度换接回路用来实现运动速度的变换，即在原来设计或调节好的几种运动速度中，从一种速度变换成另一种速度。对这种回路的要求是速度换接要平稳，即不允许在速度变换的过程中有前冲（速度突然增加）现象。

（1）快速与慢速的换接回路　图 2-123 所示为采用单向行程调速阀的速度换接回路，该回路可以进行快速运动（简称快进）和工作进给运动（简称工进）的速度换接。在图示位置，液压缸 3 右腔的回油可经行程阀 4 和换向阀 2 流回油箱，使活塞快速向右运动。当快速运动到达所需位置时，活塞上挡块压下行程阀 4，将其通路关闭，这时液压缸 3 右腔的回油必须经过调速阀 6 流回油箱，活塞的运动转换为工作进给运动（简称工进）。当操纵换向阀 2 使活塞换向后，压力油可经换向阀 2 和单向阀 5 进入液压缸 3 右腔，使活塞快速向左退回。

在这种速度换接回路中，因为行程阀的通油路是由液压缸活塞的行程控制阀芯移动而逐渐关闭的，所以换接时的位置精度高，冲出量小，运动速度的变换也比较平稳。这种回路在机床液压系统中应用较多，它的缺点是行程阀的安装位置受一定限制（要由挡铁压下），所以有时管路连接复杂。行程阀也可以用电磁换向阀来代替，这时电磁换向阀的安装位置不受限制（挡铁只需要压下行程开关），但其换接精度及速度变换的平稳性较差。

图 2-124 所示为利用液压缸自身结构的速度换接回路。在图示位置时，活塞快速向右移动，液压缸右腔的回油经油路 4 和换向阀流回油箱。当活塞运动到将油路 4 封闭后，液压缸右腔的回油须经调速阀 3 流回油箱，活塞则由快速运动变换为工作进给运动。这种速度换接回路简单、可靠，但速度换接的位置不能调整，工作行程不能过长，以免活塞过宽，所以仅适用于工作情况固定的场合。这种回路也常用作活塞运动到达端部时的缓冲制动回路。

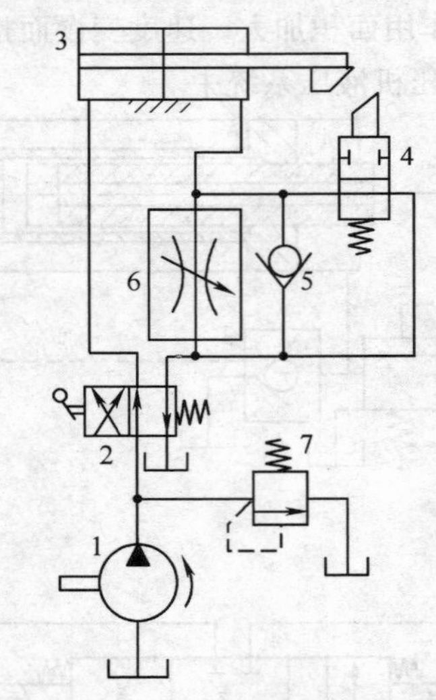

图 2-123　采用单向行程节流阀的速度换接回路
1—液压泵　2—换向阀　3—液压缸　4—行程阀
5—单向阀　6—调速阀　7—溢流阀

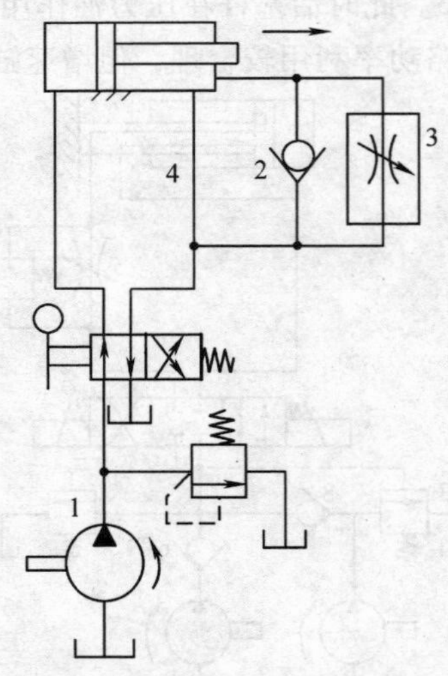

图 2-124　利用液压缸自身结构的速度换接回路
1—液压泵　2—单向阀　3—调速阀　4—油路

（2）两种工作进给速度的换接回路　对于某些自动机床、注塑机等，需要在自动工作循环中变换两种以上的工作进给速度，这时需要采用两种（或多种）工作进给速度的换接回路。

图 2-125 所示为两个调速阀串联的速度换接回路。图中液压泵输出的压力油经调速阀 3 和电磁换向阀 5 进入液压缸，这时的流量由调速阀 3 控制。当需要第二种工作进给速度时，电磁换向阀 5 通电，其右位接入回路，则液压泵输出的压力油先经调速阀 3，再经调速阀 4 的进入液压缸，这时的流量应由调速阀 4 的控制，所以这种由两个调速阀串联的速度换接回路中调速阀 4 的节流口应调得比调速阀 3 小，否则调速阀 4 的速度换接回路将不起作用。这种回路在工作时调速阀 3 一直工作，它限制着进入液压缸或调速阀 4 的流量，因此在速度换接时不会使液压缸产生前冲现象，换接平稳性较好。在调速阀 4 工作时，油液需经两个调速阀，故能量损失较大。

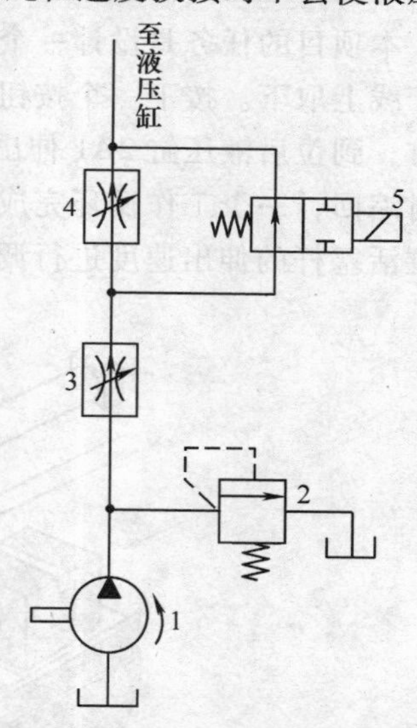

图 2-125　两个调速阀串联的速度换接回路
1—液压泵　2—溢流阀　3、4—调速阀　5—电磁换向阀

图 2-126 所示为两个调速阀并联的速度换接回路。在图 2-126a 中，液压泵输出的压力油经调速阀 3 和电磁换向阀 5 进入液压缸。当需要第二种工作进给速度时，电磁阀换向 5 通电，其右位接入回路，液压泵输出的压力油经调速阀 4 和电磁换向阀 5 进入液压缸。这种回路中两个调速阀的节流口可以单独调节，互不影响。但一个调速阀工作时，另一个调速阀中没有油液通过，它的减压阀则处于完全打开的位置，在速度换接开始的瞬间不能起减压作用，容易出现部件突然前冲的现象。

图 2-126b 所示为另一种调速阀并联的速度换接回路。在这个回路中，两个调速阀始终处于工作状态，在由一种工作进给速度转换为另一种工作进给速度时，不会出现工作部件突然前冲的现象，因而工作可靠。但是液压系统在工作中总有一定量的油液通过不起调速作用的那个调速阀流回油箱，因而造成能量损失，使系统发热。

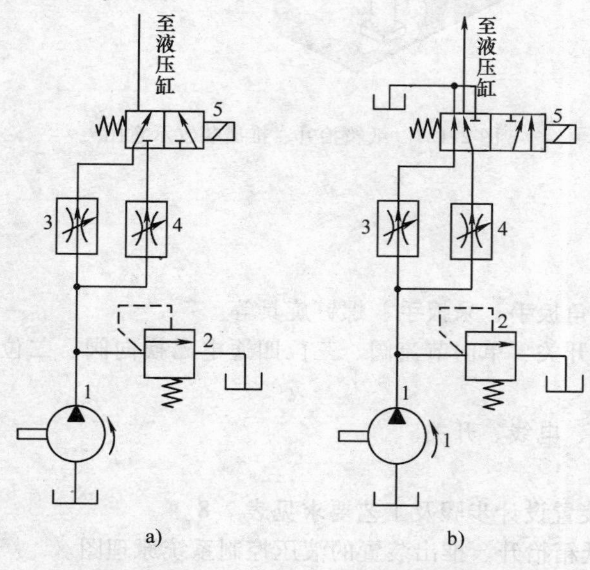

图 2-126　两个调速阀并联的速度换接回路
1—液压泵　2—溢流阀　3、4—调速阀　5—电磁换向阀

【项目任务】

任务一　纸箱抬升、推出装置的设计

一、任务描述

本项目的任务是设计一个液压系统，利用两个液压缸把已经装箱打包完成的纸箱从自动生产线上取下。按下一个按钮控制液压缸 1A1 活塞杆伸出，将送来的纸箱抬升到液压缸 2A1 前方；到位后液压缸 2A1 伸出，将纸箱推入滑槽；完成后，液压缸 1A1 和液压缸 2A1 活塞同时缩回，一个工作循环完成。为防止活塞运动速度过快而使纸箱破损，该系统应能够对液压缸活塞杆的伸出速度进行调节，如图 2-127 所示。

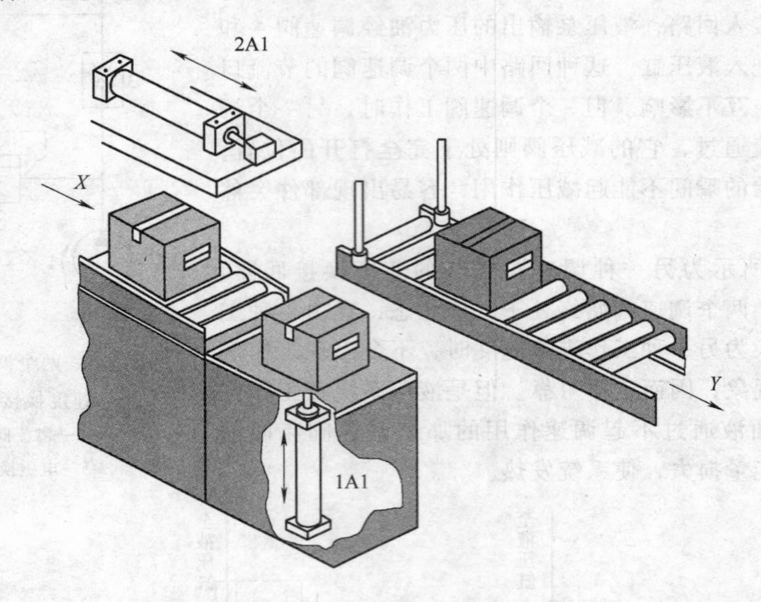

图 2-127　纸箱抬升、推出装置示意图

二、实训内容

1. 实训器材

1）活扳手、内六角扳手、呆扳手、螺钉旋具等。

2）液压缸、行程开关、单向节流阀、三位四通电磁换向阀、二位四通电磁换向阀、继电器、液压泵。

3）接头、回油管、电线、开关。

2. 实训过程

纸箱抬升、推出装置设计步骤及工艺要求见表 2-8。

图 2-128 所示为纸箱抬升、推出装置的液压控制系统原理图。

在这个行程程序控制回路中有两个执行元件：液压缸 1A1、液压缸 2A1；四个动作步骤：液压缸 1A1 伸出、液压缸 2A1 伸出、液压缸 1A1 缩回、液压缸 2A1 缩回。

表 2-8　纸箱抬升、推出装置设计步骤及工艺要求

设计步骤	工艺要求
第一步:换向回路分析	确定换向回路图,根据换向回路确定换向阀型号
第二步:确定位移步骤图	说明行程程序各步的动作状态
第三步:液压和电气回路分析	根据液压回路设计电气控制回路
第四步:自检	

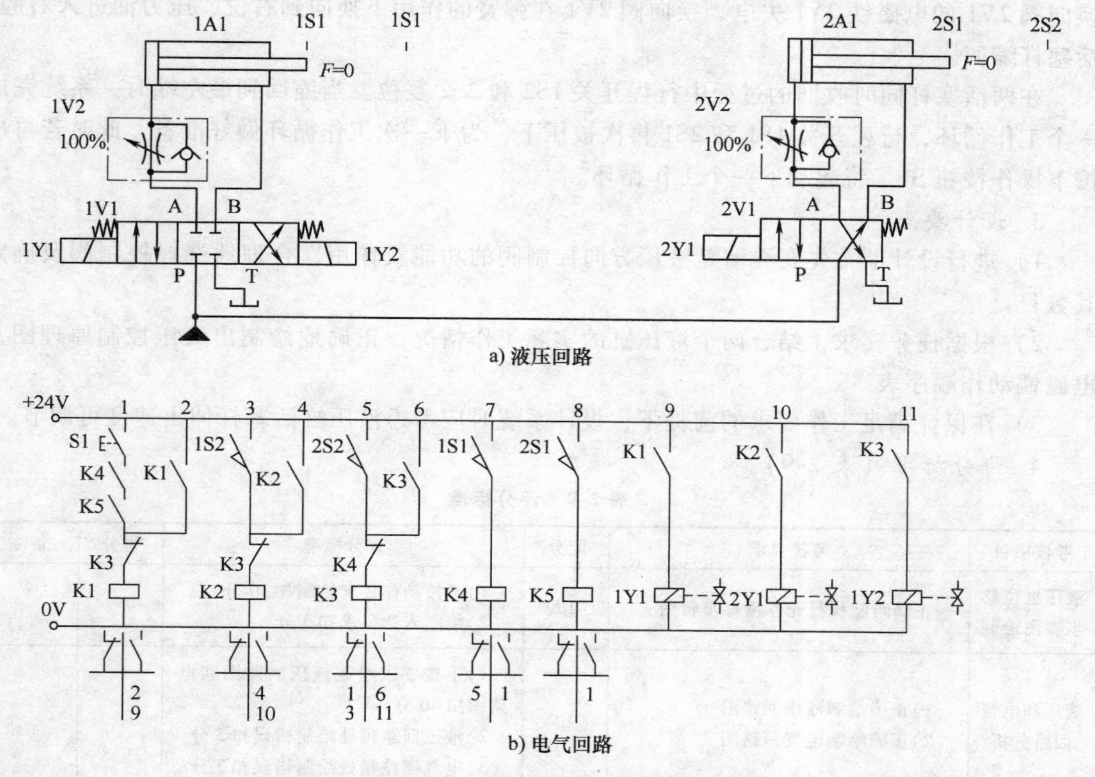

图 2-128　纸箱抬升、推出装置的液压控制系统原理图

在回路中应设置四个位置检测元件（行程开关），分别检测液压缸 1A1 活塞伸出到位、缩回到位；液压缸 2A1 活塞伸出到位、缩回到位。

单向节流阀 1V2、2V2 用于控制液压缸 1A1、2A1 活塞杆伸出的速度。

当系统未起动时，液压缸 1A1 和 2A1 停留在最左端，此时行程开关 1S1 和 2S1 被压下，电气回路中电路 7 和 8 中的常开触点闭合，继电器 K4 和 K5 的线圈得电，相应触点动作。此时电路 1 中的继电器 K4 和 K5 处触点闭合，为起动做好了准备。

按下操作按钮 S1，电路 1 的继电器 K1 得电并自锁，电路 9 的 K1 触点闭合，三位四通电磁换向阀 1V1 的电磁铁 1Y1 得电，1V1 换向阀换到左位，压力油经过单向节流阀 1V2 进入垂直液压缸 1A1 的下腔（即图 2-128a 中的左腔），液压缸活塞杆伸出，举升工件。同时行程开关 1S1 复位，电气回路中电路 7 的常开触点复位，继电器 K4 的线圈失电。

当液压缸 1A1 活塞伸出到位后，压下行程开关 1S2，电路 3 中继电器 K2 得电并自锁，从而电路 10 中二位四通电磁换向阀 2V1 电磁铁 2Y1 得电，换向阀换向到左位。压力油经过

单向节流阀 2V2 进入水平液压缸 2A1 的左腔，液压缸活塞杆伸出，平推工件。同时行程开关 2S1 复位，电气回路中电路 8 中的常开触点复位，继电器 K5 的线圈失电。

当液压缸 2A1 活塞杆伸出到位后，压下行程开关 2S2，电路 5 中继电器 K3 得电并自锁，从而电路 11 中三位四通电磁换向阀 1V1 的电磁铁 1Y2 得电，换向阀换向到右位，压力油进入液压缸 1A1 的上腔（即图 2-128a 中的右腔），液压缸活塞杆缩回。同时由于 K3 线圈得电，导致电路 3 中的 K3 常闭触点断开，因此继电器 K2 线圈失电，电路 10 中二位四通电磁换向阀 2V1 的电磁铁 2Y1 失电，换向阀 2V1 在弹簧的作用下换向到右位，压力油进入右腔，活塞杆缩回。

在两活塞杆同时收回的过程中行程开关 1S2 和 2S2 复位。当缩回到最左端时，系统完成一个工作循环，行程开关 1S1 和 2S1 再次被压下，为下一次工作循环做好准备，此时若再次按下操作按钮 S1，将起动下一个工作循环。

3. 设计要点

1）进行设计前首先要弄清楚液压方向控制阀的功能及作用，合理地选择控制阀及确定其数目。

2）根据任务要求，结合两个液压缸的实际工作情况，正确地绘制出液压控制原理图及电磁铁动作顺序表。

3）在保证满足工作要求的前提下，设计系统时应考虑液压缸活塞杆伸出速度可调节。

4. 评分标准（表 2-9）

表 2-9 评分标准

考核项目	考核要求	配分	评分标准	得分	备注
液压缸位移步骤图绘制	正确绘制执行元件位移步骤图	10	1）不按动作要求绘制扣 10 分 2）绘制未达要求扣 3 分		
液压和电气回路分析	1）正确绘制液压回路图 2）正确绘制电气回路图	40	1）不按要求绘制液压回路图和电路图扣 40 分 2）液压回路每处绘制错误扣 3 分 3）电气回路每处绘制错误扣 3 分		
仿真	按照要求和步骤正确仿真	50	1）一次仿真不成功扣 10 分 2）两次仿真不成功扣 30 分 3）三次仿真不成功扣 50 分		
安全生产	自觉遵守安全文明生产规程		有违反安全文明生产规程的行为由指导教师适当扣分		
时间	4h		超过定额时间，每 5mm 扣 2 分		
开始时间：		结束时间：	实际时间：	总分	

任务二 零件装配设备的设计

一、任务描述

图 2-129 所示为一专用零件装配设备示意图，其中双作用液压缸 1A1 用于工件的夹紧。

当其夹紧力达到3MPa（油液压力）时，双作用液压缸2A1活塞杆伸出，将一圆形工件装入零件的内孔。装配完毕后，双作用液压缸2A1的活塞杆和双作用液压缸1A1的活塞杆同时缩回。

为避免损坏工件，两个液压缸活塞杆伸出速度应可以进行调节。该设备由一个按钮控制起动，并由另一个按钮控制两个液压缸活塞杆的缩回。

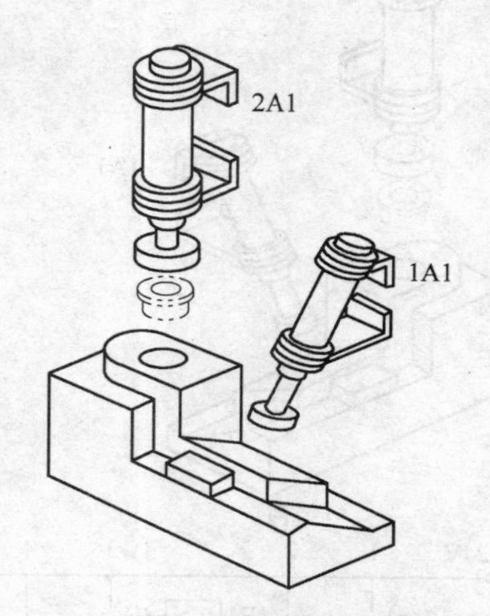

图2-129　专用零件装配设备示意图

二、实训内容

1. 实训器材

1）活扳手、内六角扳手、呆扳手、螺钉旋具等。

2）双作用液压缸、行程开关、单向节流阀、三位四通电磁换向阀、二位四通电磁换向阀、压力继电器、液压泵。

3）接头、回油管、电线、开关。

2. 实训过程

零件装配设备设计步骤及工艺要求见表2-10。

表2-10　零件装配设备设计步骤及工艺要求

设计步骤	工艺要求
第一步:压力回路分析	确定压力回路图,根据压力回路确定压力阀型号
第二步:确定位移步骤图	说明行程程序各步的动作状态
第三步:液压和电气回路分析	根据液压回路设计电气控制回路
第四步:自检	

双作用液压缸1A1用于工件的夹紧。当其夹紧力达到3MPa（油液压力）时，双作用液压缸2A1活塞杆伸出，将圆形工件装入零件的内孔。装配完毕后，双作用液压缸2A1的活塞杆和双作用液压缸1A1的活塞杆同时缩回。要求两个双作用液压缸活塞杆的伸出速度应可以进行调节，通过一个按钮起动，另一个双作用按钮控制两个双作用液压缸活塞杆的缩回。该专用零件装配设备的液压控制系统如图2-130所示。

该系统采用压力继电器进行运动状态的转换。设置有两个压力继电器1B1和2B1，其中压力继电器1B1用于实现双作用液压缸1A1和2A1活塞杆伸出运动的转换，压力继电器2B1用于系统完成一个工作循环后的复位。单向节流阀1V2和2V2用于速度控制。该系统工作过程如下。

1）按下起动按钮S1，继电器K1得电并自锁，电路8中的电磁铁1Y1得电，二位四通电磁换向阀1V1的电磁铁1Y1得电工作在左位，压力油进入双作用液压缸1A1的左腔，活塞杆伸出，实现工件的夹紧。

2）当双作用液压缸1A1的夹紧力达到3MPa时，压力继电器1B1触点动作，电路3上的继电器K2得电并自锁，电路9上的电磁铁2Y1得电，三位四通电磁换向阀2V1的电磁铁2Y1得电而工作在左位，压力油进入双作用液压缸2A1的左腔，活塞杆伸出，将圆形工件装入零件的内孔。

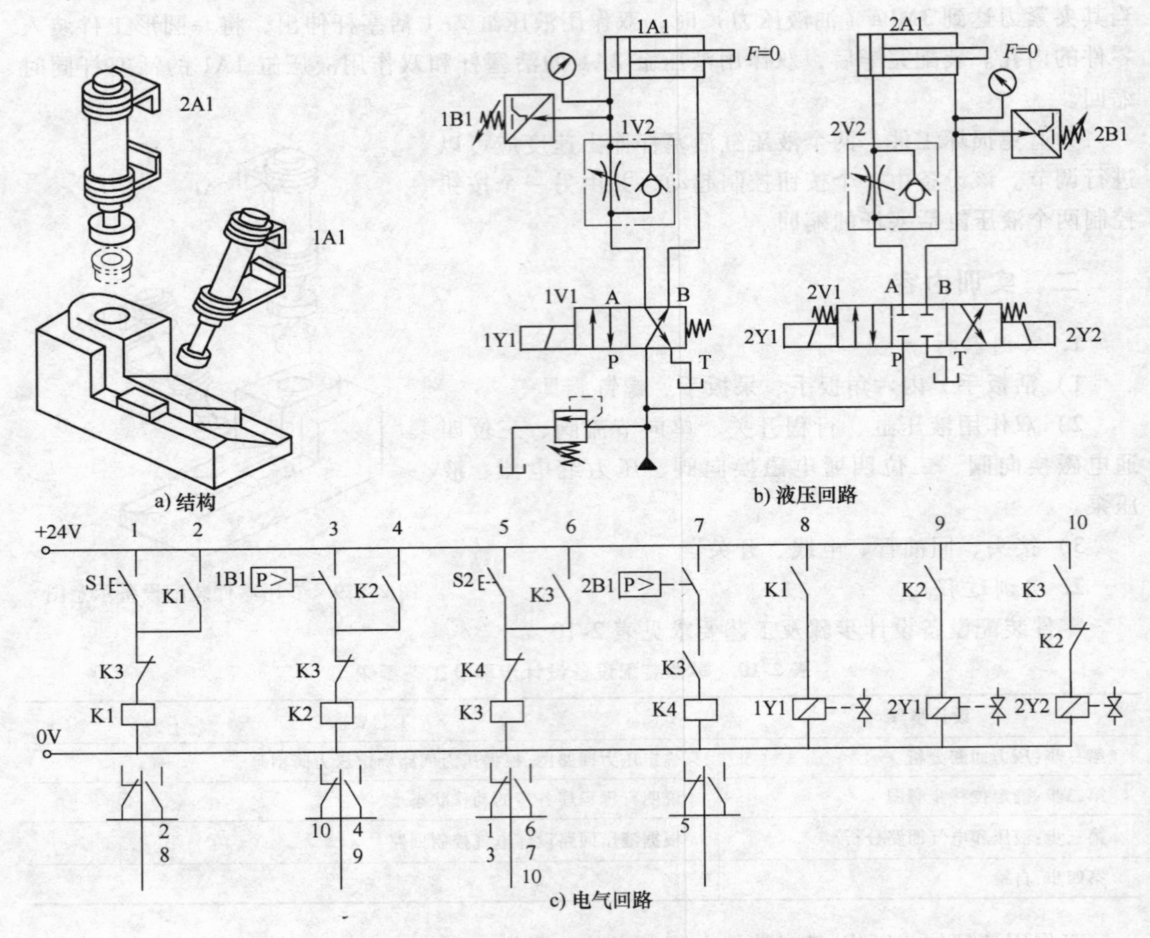

图 2-130 专用零件装配设备的液压控制系统

3）按下按钮 S2，电路 5 上的继电器 K3 得电并自锁。电路 1 上的常闭触点 K3 断开，继电器 K1 失电，电路 8 上的电磁铁 1Y1 失电，二位四通电磁换向阀 1V1 在复位弹簧的作用下工作于右位，压力油进入双作用液压缸 1A1 的右腔，活塞杆缩回；同时，电路 10 的电磁铁 2Y2 得电，电路 3 上的继电器 K2 断电，电路 9 上的电磁铁 2Y1 失电，三位四通电磁换向阀 2V1 的电磁铁 2Y2 得电而工作在右位，压力油进入双作用液压缸 2A1 的右腔，活塞杆缩回。当双作用液压缸 2A1 的活塞杆缩回到液压缸的最左端，系统压力达到压力继电器 2B1 的设定压力时，其触点动作，电路 7 上的继电器 K4 得电，从而电路 5 上的常闭触点 K4 断开使继电器 K3 失电，继电器 K3 失电导致继电器 K4 也失电，系统复位到按下起动按钮 S1 前的状态，为下一次起动做准备。

3. 设计要点

1）进行设计前首先要弄清楚液压压力控制阀的功能及作用，合理地选择控制阀及确定其数目。

2）根据任务要求，结合两个液压缸的实际工作情况，正确地绘制出液压控制原理图及电磁铁动作顺序表。

3）结合前面绘制的电磁铁动作顺序表，利用软件绘制液压控制系统的梯形图，并在其基础上完成程序的编写。

4）在保证工作质量的前提下，设计系统时应考虑液压缸压力可调节。

4. 评分标准（表 2-11）

表 2-11　评分标准

考核项目	考核要求	配分	评分标准	得分	备注
液压缸位移步骤图绘制	正确绘制执行元件位移步骤图	10	1)不按动作要求绘制扣 10 分 2)绘制未达要求扣 3 分		
液压和电气回路分析	3)正确绘制液压回路图 4)正确绘制电气回路图	40	1)不按要求绘制液压回路图和电路图扣 40 分 2)液压回路每处绘制错误扣 3 分 3)电气回路每处绘制错误扣 3 分		
设计	按照要求和步骤正确设计仿真	50	1)一次仿真不成功扣 10 分 2)两次仿真不成功扣 30 分 3)三次仿真不成功扣 50 分		
安全生产	自觉遵守安全文明生产规程		有违反安全文明生产规程的行为由指导教师适当扣分		
时间	4h		超过定额时间，每 5min 扣 2 分		
开始时间：		结束时间：	实际时间：	总分	

任务三　小型液压钻床液压控制系统的设计

一、任务描述

图 2-131 所示为小型液压钻床示意图，其钻头的升降是由一个双作用液压缸控制的。按下起动按钮后液压缸活塞杆伸出，钻头快速下降，到达加工位置后（由行程开关控制），减

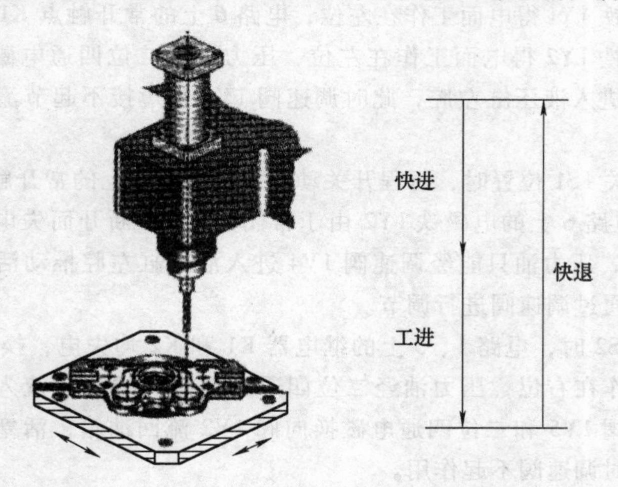

图 2-131　小型液压钻床示意图

速缓慢下降，对工件进行钻孔加工。加工完毕后，通过按下另一个按钮控制液压缸活塞杆回缩。要求钻孔时钻头下降速度稳定且可以根据要求调节。

本任务的目的是通过学习小型液压钻床的液压原理图，掌握速度控制回路的分析与仿真。

二、实训内容

1. 实训器材

1）活扳手、内六角扳手、呆扳手、螺钉旋具等。

2）单向调速阀、单向节流阀、先导式溢流阀、直动式溢流阀、三位四通电磁换向阀、二位四通电磁换向阀、减压阀。

3）接头、回油管、电线、开关。

2. 实训过程

零件装配设备设计步骤及工艺要求见表 2-12。

表 2-12 零件装配设备设计步骤及工艺要求

设计步骤	工 艺 要 求
第一步:压力回路分析	确定压力回路图,根据压力回路确定压力阀型号
第二步:确定位移步骤图	说明行程程序各步的动作状态
第三步:液压和电气回路分析	根据液压回路设计电气控制回路
第四步:自检	

小型液压钻床的升降由一个双作用液压缸控制，其结构和工作循环如图 1-159 a 所示。

这是一个典型的机械加工中常用的快进—工进—快退回路，即设备在加工前快速进给；开始加工时慢速稳定进给（工进），加工完毕快速退回。这种工作过程的目的是使设备在不加工时有较高的运动速度，以提高效率；在加工时有稳定的速度，以保证加工质量。

下面设计小型液压钻床的液压控制系统。小型液压钻床的电气回路和液压回路分别如图 2-132b、c 所示。

按下起动按钮 S1，继电器 K1 得电并自锁，电路 5 上的常开触点 K1 闭合，二位四通电磁换向阀 1V2 的电磁铁 1YI 得电而工作在左位，电路 6 上的常开触点 K1 闭合，二位二通电磁换向阀 1V3 的电磁铁 1Y2 得电而工作在左位，压力油经二位四通电磁换向阀 1V2、二位二通电磁阀 1V3 直接进入液压缸左腔，此时调速阀 1V4 被短接不起节流作用，活塞杆以快进方式向右伸出。

当快进至行程开关 1S1 位置时，行程开关动作，其电路 3 上的常开触点 1S1 闭合，继电器 K2 得电并自锁，电路 6 上的电磁铁 1Y2 由于常闭触点 K2 断开而失电，二位二通电磁换向阀 1V3 工作在右位，压力油只能经调速阀 1V4 进入液压缸左腔推动活塞杆继续伸出实现工进，工进速度可以通过调速阀进行调节。

当按下后退按钮 S2 时，电路 1、3 上的继电器 K1 和 K2 均失电，换向阀 1V2 和 1V3 在复位弹簧的作用下工作在右位，压力油经二位四通电磁换向阀 1V2 流入液压缸有杆腔，无杆腔的油液经过单向阀 1V5 和二位四通电磁换向阀 1V2 流回油箱，活塞杆快速退回，实现了一个工作循环。此时调速阀不起作用。

电路 3 中串接的常开触点 K1 的作用是防止在快退过程中压下行程开关而导致继电器 K2

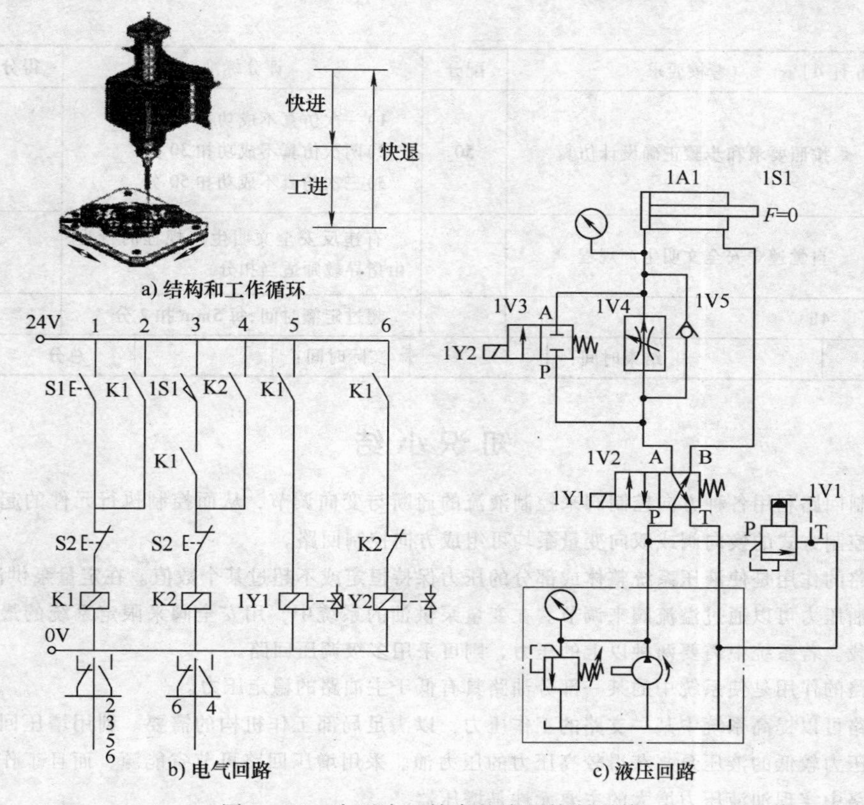

图 2-132　小型液压钻床的液压控制系统

被接通。

3. 设计要点

1）进行设计前首先要弄清楚液压流量控制阀的功能及作用，合理地选择控制阀及确定其数目。

2）根据任务要求，结合液压缸的实际工作情况，正确地绘制出液压控制原理图及电磁铁动作顺序表。

3）结合前面绘制的电磁铁动作顺序表，利用软件绘制液压控制系统的梯形图，并在其基础上完成程序的编写。

4）在保证工作质量的前提下，设计系统时应考虑液压缸速度稳定且可调节。

4. 评分标准（表 2 -13）

表 2-13　评分标准

考核项目	考核要求	配分	评分标准	得分	备注
液压缸位移步骤图绘制	正确绘制执行元件位移步骤图	10	1）不按动作要求绘制扣 10 分 2）绘制未达要求扣 3 分		
液压和电气回路分析	1）正确绘制液压回路图 2）正确绘制电气回路图	40	1）不按要求绘制液压回路图和电路图扣 40 分 2）液压回路每处绘制错误扣 3 分 3）电气回路每处绘制错误扣 3 分		

（续）

考核项目	考核要求	配分	评分标准	得分	备注
设计	按照要求和步骤正确设计仿真	50	1）一次仿真不成功扣10分 2）两次仿真不成功扣30分 3）三次仿真不成功扣50分		
安全生产	自觉遵守安全文明生产规程		有违反安全文明生产规程的行为由指导教师适当扣分		
时间	4h		超过定额时间，每5min扣2分		
开始时间：		结束时间：	实际时间：	总分	

知识小结

方向控制回路利用各种方向控制阀来控制液流的通断与变向调节，从而控制执行元件的起动、停止和换向。各种控制方式的换向阀或双向变量泵均可组成方向控制回路。

调压回路的作用是使液压系统整体或部分的压力保持恒定或不超过某个数值。在定量泵供油的系统中，液压泵的供油压力可以通过溢流阀来调节。在变量泵供油的系统中，用安全阀来限定系统的最高压力，以防止系统过载。若系统中需要两种以上的压力，则可采用多级调压回路。

减压回路的作用是使系统中的某一部分油路具有低于主油路的稳定压力。

增压回路可以提高系统中某一支路的工作压力，以满足局部工作机构的需要。利用增压回路，液压系统可以采用压力较低的液压泵来获得较高压力的压力油。采用增压回路可节省能源，而且工作可靠、噪声小。增压回路中实现油液压力增大的主要元件是增压器。

平衡回路的作用是在执行机构不工作时，防止负载因重力作用而使执行机构自行下落。

液压传动系统中的速度控制回路包括调节液压执行元件速度的调速回路、使液压执行元件获得快速运动的快速运动回路、使液压执行元件在快速运动和工作进给速度之间进行转换的速度换接回路。

快速运动回路的作用在于使液压执行元件获得所需的高速、缩短机械空程运动时间，以提高系统的工作效率或充分利用功率。

速度换接回路用来实现运动速度的变换，即在原来设计或调节好的几种运动速度中，从一种速度变换成另一种速度。对这种回路的要求是速度换接要平稳，即不允许在速度变换的过程中有前冲（速度突然增大）现象。

习　题

1. 液压系统通常由哪些部分组成？各部分的主要作用是什么？
2. 压力的定义是什么？压力有哪几种表示方法？相互之间的关系如何？
3. 液压油有哪些主要品种？如何选择液压油？

项目三　液压系统的安装和调试

【学习目标】

知识目标

- 掌握液压元件的清洗与安装方法。
- 掌握液压系统的调试方法。

技能目标

- 能调试简单的液压系统。
- 能对液压系统进行维护保养。

【知识准备】

一、液压元件的清洗与安装

1. 液压元件与液压系统的清洗

（1）油管的清洗　清洗油管时，先除去油管上的毛刺，然后用氢氧化钠、碳酸钠等进行脱脂，脱脂后用温水清洗，然后放在温度为40~60℃的质量分数为20%~30%的稀盐酸或质量分数为10%~20%的稀硫酸溶液中浸渍30~40min后清洗。取出后放在质量分数为10%的苛性钠（氢氧化钠）溶液中浸渍15min进行中和，溶液温度为30~40℃。最后用温水洗净，在清洁的空气中干燥后涂上防锈油。

（2）系统的第一次清洗

1）应先清洗油箱并用绸布或乙烯树脂海绵等擦净，然后给油箱注入其容量的60%~70%的工作油或试车油（不能用煤油、汽油、酒精等）。

2）先将系统中执行元件的进、出油管断开，再将两个油管对接起来。

3）将溢流阀及其他阀的排油回路在阀体前的进油口临时切断，在主回油管处装上80μm的过滤网。

4）开始清洗后，一边使泵运转，一边将油加热到50~80℃，当到达预定清洗时间的60%以后，换用150~180μm的过滤网。

5）为提高清洗效果，应使泵做间歇运转，停歇时间一般为10~60min。为便于将附着物清洗掉，在清洗过程中可用锤子轻轻敲击油管。

清洗时间随液压系统的大小、污染程度和要求的过滤精度的不同而有所不同，通常为十几个小时。第一次清洗结束后，应将系统中的油液全部排出，并将油箱清洗干净。

（3）系统的第二次清洗　第二次清洗是对整个系统进行清洗。先将系统恢复到正常状态，并注入实际运转时所使用的液压油，系统进行空载运转，使油液在系统中循环。第二次清洗时间为1~6h。

2. 液压元件的安装

为了保证液压系统能可靠工作，首先必须正确安装。

（1）油管的安装

1）根据系统最大工作压力及使用场合选择油管。油管要有足够的强度，内壁光滑清洁，无锈蚀等缺陷。

2）安装钢管时，钢管弯曲半径应大于3倍的管子外径；安装橡胶软管时，其弯曲半径应大于9~10倍的软管外径。

3）整个管路应尽可能短，转弯数要少，管路的最高部分应设有排气装置。

4）安装吸油管时，注意不得漏气；安装回油管时，要将油管伸到油箱的油面以下。

5）全部管路应分两次安装，第一次为试安装，将管接头及法兰点焊在适当的位置上，当整个管路确定后，拆下来进行酸洗或清洗，再进行第二次安装。

（2）液压元件的安装

1）液压元件如在运输中或库存时内部受污染，或库存时间过长，密封件自然老化，安装前应根据情况进行拆洗。不符合使用要求的零件和密封件必须更换。对拆洗过的元件，应尽可能进行试验。

2）液压泵与其传动装置之间，一般情况下必须保证两轴同轴度误差在0.1mm以内，倾斜角不得大于1°；油液的入口、出口和旋转方向不得接反。

3）液压缸的安装应牢固可靠，为了减小热膨胀的影响，在行程大和温度高时，缸的一端必须保持浮动。

二、液压系统的压力试验与调试

1. 压力试验

系统的压力试验在管道冲洗合格、安装完毕组成系统，并经过空载运转后进行。

（1）空载运转

1）空载运转时应使用系统规定的工作介质。将工作介质加入油箱时，应经过过滤，过滤精度应不低于系统规定的过滤精度。

2）空载运转前，将液压泵出油口及泄油口（如有）的油管拆下，按照旋转方向向泵进油口灌油，用手转动联轴器，直至泵的出油口出油不带气泡为止。

3）空载运转时，系统中的伺服阀、比例阀、液压缸和液压马达应用短路过渡板从循环回路中隔离出去。蓄能器、压力传感器和压力继电器均应拆开接头而代以螺堵，使这些元件脱离循环回路；必须拧松溢流阀的调节螺杆，使其控制压力处于能维持油液循环时克服管壁阻力的最低值，系统中如有节流阀、减压阀，则应将其调整到最大开度。

4）接通电源，点动液压泵电动机，检查电源是否接错，然后连续点动电动机，延长起动过程，如在起动过程中压力急剧上升，需检查溢流阀失灵原因，排除后继续点动电动机直至正常运转。

5）空载运转时密切注意过滤器前后压差变化，若压差增大则应立即更换或冲洗滤芯。

6）空载运转的油温应在正常工作油温范围之内。

7）空载运转的油液污染度检验标准与管道冲洗检验标准相同。

（2）压力试验　系统在空运转合格后应进行压力试验。

1）系统的试验压力：对于工作压力低于16MPa的系统，试验压力为工作压力的1.5倍；对于工作压力高于16MPa的系统，试验压力为工作压力的1.25倍。

2）试验压力应逐级升高，每升高一级宜稳压2~3min，达到试验压力后，持压10 min，然后降至工作压力进行全面检查，以系统所有焊缝和连接口无漏油、管道无永久变形为合格。

3）压力试验时，如有故障需要处理，必须先卸压；如有焊缝需要重焊，必须将该管卸下，并在除净油液后方可焊接。

4）压力试验期间，不得锤击管道，且在试验区5m范围内不得同时进行明火作业。

5）压力试验应有实验规程，实验完毕后应填写系统压力试验记录。

2. 系统调试

对于新研制的或经过大修、三级保养或刚从外单位调来对其工作状况还不了解的机械设备，均应对其液压系统进行调试，以确保其工作安全可靠。

液压系统的调试和试车一般不能截然分开，往往是穿插交替进行的。调试的内容有单项调整、空载调试和负载调试等。

（1）单项调试

1）压力调试。系统的压力调试应从压力调定值最高的主溢流阀开始，逐次调整每个分支回路的各种压力阀。压力调定后，需将调整螺杆锁紧。

压力调定值及以压力联锁的动作和信号应与设计相符。

2）流量调试即执行机构调速，分为液压马达的转速调试和液压缸的速度调试。

① 液压马达的转速调试。液压马达在投入运转前，应和工作机构脱开。

在空载状态下先点动，再从低速到高速逐步调试并注意空载排气，然后反向运转。同时应检查壳体温升和噪声是否正常。

待空载运转正常后，停机将液压马达与工作机构连接，再次起动液压马达并从低速至高速负载运转。如出现低速爬行现象，检查各工作机构的润滑是否充分，系统排气是否彻底，或有无其他机械干扰。

② 液压缸的速度调试。对带缓冲调节装置的液压缸，在调速过程中应同时调整缓冲装置，直至满足该缸所带机构的平稳性要求。如液压缸系内缓冲，为不可调型，则需将该液压缸拆下，在实验台上调试处理合格后再装机调试。

双缸同步回路在调速时，应先将两缸调整到相同的起步位置，再进行速度调整。

伺服和比例控制系统在泵站调试和系统压力调整完毕后，宜先用模拟信号操纵伺服阀或比例阀试动执行机构，并应先点动运行后自锁运行。

系统的速度调试应逐个回路进行，在调试一个回路时，其余回路应处于关闭（不通油）状态；单个回路开始调试时，电磁换向阀宜用手动操纵。

在系统调试过程中，所有元件和管道应不漏油和没有异常振动；所有联锁装置应准确、灵敏、可靠。

速度调试完毕，再检查液压缸和液压马达的工作情况，要求在起动、换向及停止时平稳，在规定低速下运行时，不得爬行，运行速度应符合设计要求。

速度调试应在正常工作压力和油温下进行。

（2）空载调试　空载调试是指在不带负载运转的条件下，全面检查液压系统的各液压元件、各辅助装置和系统内各回路工作是否正常，工作循环或各种动作是否符合要求。其调整步骤如下：

1）间歇起动液压泵，使整个系统运动部分得到充分的润滑，液压泵在卸荷状态运转（各换向阀处于中间位置），检查泵的卸荷压力是否在允许范围内，有无刺耳的噪声，油箱内是否有过多泡沫，油面高度是否在规定范围内。

2）调整溢流阀。先将执行元件所驱动的工作机构固定，操作换向阀使阀杆处于某作业位置，将溢流阀慢慢调节到规定的压力值，检查溢流阀在调节过程中有无异常现象。

3）排除系统内的气体。有排气阀的系统应先打开排气阀，使执行元件以最大行程多次往复运动，将空气排除；无排气阀的系统应延长往复运动时间，从油箱内将系统中积存的气体排除。

4）检查各元件与管路的连接情况，油箱油面是否在规定范围内，以及油温是否正常（一般空载试车0.5h后，油温为35～60℃）。

(3) 负载调试　负载调试是使液压系统按要求在预定的负载下工作一定时间以验证系统性能的过程。通过负载试车检查系统能否实现预定的工作要求，如工作机构的力、力矩或运动特性等；检查噪声和振动是否在正常范围内；检查活塞杆有无爬行和系统有无压力冲击现象；检查系统的外泄漏及连续工作一段时间后的温升情况等。

负载调试时，一般应先在低于最大负载和速度的情况下试车，如果轻载试车情况正常，再逐渐将压力阀和流量阀调节到规定的设计值，进行最大负载试验。

系统调试应有调试规程和详尽的调试记录。

三、液压系统的使用与维护

液压系统工作性能的保持在很大程度上取决于能否正确使用与及时维护，因此必须建立有关使用和维护方面的制度，以保证系统正常工作。

1. 液压系统使用注意事项

1）操作者应掌握液压系统的工作原理，熟悉各种操作要点、调节手柄的位置及旋向等。

2）工作前应检查系统上各手轮、手柄、电气开关和行程开关的位置是否正常。

3）工作前应检查油温，若油温低于10℃，则可将泵开停数次进行升温，一般应空载运转20 min以上才能加载运转；若油温在0℃以下，则应采取加热措施后再起动。如有条件，可根据季节更换不同黏度的液压油。

4）工作中应随时注意油位高度和温升，一般油液的工作温度在35~60℃较合适。

5）液压油要定期检查和更换，保持油液清洁。对于新投入使用的设备，使用三个月左右应清洗油箱，更换新油，以后按设备说明书的要求每隔半年或一年进行一次清洗和换油。

6）使用中应注意过滤器的工作情况，滤芯应定期清洗或更换，平时要防止杂质进入油箱。

7）若设备长期不用，则应将各调节旋钮全部旋松，以防止弹簧产生永久变形而影响元件的性能，甚至导致故障的发生。

2. 液压设备的维护保养

维护保养应分为日常维护、定期检查和综合检查三个阶段。

知识小结

液压元件的清洗主要是对油管进行清洗，需要进行脱脂、温水清洗、酸洗、中和等工序。同时液压系统还需完成两次清洗工作。

液压系统的压力试验需要在空运转合格后进行。调试工作内容有单项调整、空载调试和负载调试等。使用液压系统时要注意主要相关事项。维护保养分日常维护、定期检查和综合检查三个阶段。

习　题

1. 液压系统安装步骤是什么？
2. 液压系统调试的内容是什么？
3. 使用液压系统时应注意哪些事项？

模块三　气压传动与控制技术

项目一　认识气动元件

【学习目标】

知识目标

- 了解气压传动的历史及发展趋势，掌握气压传动的优缺点。
- 掌握气压传动的基本工作原理和气压传动的基本组成。

技能目标

- 掌握气压传动与液压传动的不同之处。
- 掌握各个气动元件的使用方法。

【知识准备】

一、概述

气压传动与液压传动一样，都是利用流体作为工作介质而产生的传动，在工作原理、系统组成、元件结构及图形符号等方面，两者之间存在着不少相似的地方。

1. 气压传动的特点

气压传动与其他传动方式的比较见表3-1。

表3-1　气压传动与其他传动方式的比较

比较项目 \ 传动项目	气压传动	液压传动	电传动		机械传动
			电气	电子	
操作力大小	中等	最大	中等	最小	较大
动作快慢	较快	较慢	快	快	一般
工作环境	适应性强	要求较高	要求高	要求高	一般
负载变化影响	较大	较小	基本没有	没有	没有
操纵距离	中距离	短距离	远距离	远距离	短距离
无级调速	较好	良好	良好	良好	困难
使用寿命	较长	一般	较短	短	一般
维护	简单	要求高	要求高	要求更高	简单
构造	简单	复杂	稍复杂	最复杂	简单
价格	便宜	稍贵	稍贵	最贵	便宜

（1）气压传动的优点

1）空气来源方便，用后直接排出，无污染。

2）空气黏度小，气体在传输中摩擦力较小，故可以集中供气和远距离输送。

3）气动系统对工作环境适应性好。特别是在易燃、易爆、多灰尘、强磁、辐射、振动等恶劣工作环境中工作时，安全可靠性优于液压、电子和电气系统。

4）气动系统动作迅速、反应快、调节方便，可利用气压信号实现自动控制。

5）气动元件结构简单、成本低且寿命长，易于标准化、系列化和通用化。

（2）气压传动的缺点

1）运动平稳性较差。因空气的可压缩性较大，其工作速度受外负载变化影响大。

2）工作压力较低（0.3～1MPa），输出力或转矩较小。

3）空气净化处理较复杂。气源中的杂质及水蒸气必须净化处理。

4）因空气黏度小，润滑性差，需设置单独的润滑装置。

5）有较大的排气噪声。

2. 气压传动系统的组成

图 3-1 所示为气动剪切机的气压传动系统。气压传动与液压传动都是利用流体作为工作介质，具有许多共同点，气压传动系统由以下五个部分组成。

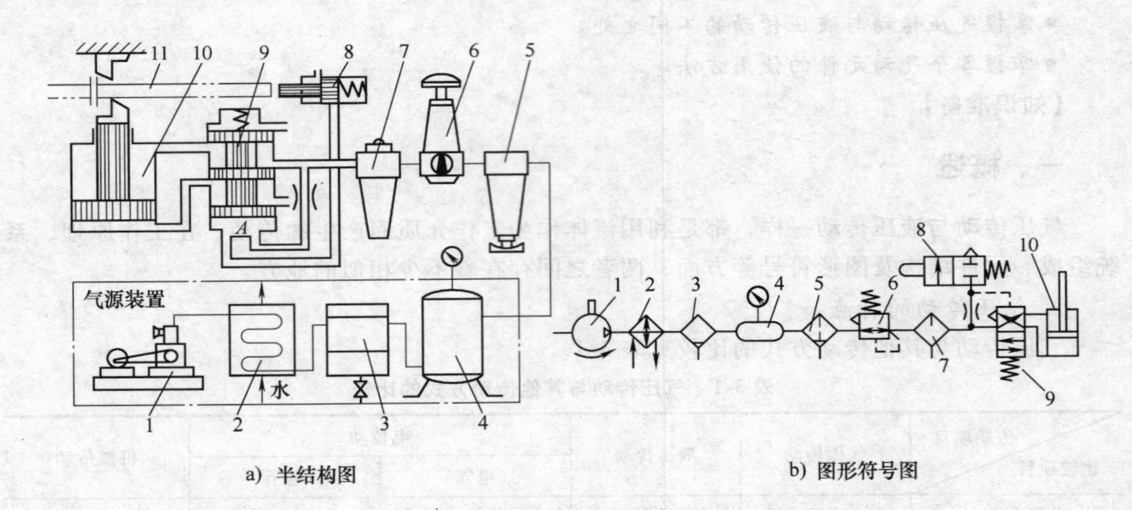

图 3-1　气动剪切机的气压传动系统

1—空气压缩机　2—冷却器　3—分水排水器　4—气罐　5—空气过滤器　6—减压阀　7—油雾器　8—行程阀　9—气控换向阀　10—气缸　11—工料

（1）动力元件　其主体部分是空气压缩机，将原动机供给的机械能转变为气体的压力能，为各类气动设备提供动力。为了方便管理并便于向各用气点输送压缩空气，用气量较大的厂矿企业都专门建有压缩空气站。

（2）执行元件　执行元件包括各种气缸和气动马达，其作用是将气体的压力能转变为机械能，带动工作部件做功。

（3）控制元件　控制元件包括各种阀体，如各种压力阀、方向阀、流量阀、逻辑元件等，用以控制压缩空气的压力、流量和流动方向以及执行元件的工作程序，以便使执行元件完成预定的运动规律。实际工作中，可以使用 PLC 控制各个阀，从而实现自动控制。

（4）辅助元件　辅助元件是使压缩空气净化、润滑、消声以及用于元件间连接等所需的装置。如各种冷却器、分水排水器、气罐、干燥器、油雾器及消声器等，对保持气动系统可靠、稳定和持久工作起着十分重要的作用。

(5) 工作介质　工作介质即为具有一定压力的气体。气动系统是通过压缩空气实现运动和动力的传递的。

3. 气压传动系统的工作原理

图 3 -1a 所示为气动剪切机的气压传动系统的半结构图（图示位置为工料被剪前的情况），工料 11 由上料装置（图中未画出）送入剪切机并到达规定位置时，行程阀 8 的顶杆受压而使其内的通路打开，气控换向阀 9 的控制腔便与大气相通，阀芯受弹簧力作用而下移。由空气压缩机 1 产生并经过初次净化处理后储存在气罐 4 中的压缩空气，经空气过滤器 5、减压阀 6 和油雾器 7 及气控换向阀 9，进入气缸 10 的下腔；同时，压缩空气也进入行程阀 8 的右腔，阀芯左移，压紧工料 11。此时，气缸活塞向上运动，带动剪刃将工料切断。工料剪下后，即与行程阀 8 脱开，行程阀 8 在弹簧的作用下复位，所在的排气通道被封死，气控换向阀 9 的控制腔气压升高，迫使阀芯上移，气路换向，气缸活塞带动剪刃复位，准备下一次工作循环。由此可以看出，剪切机构克服阻力切断工料的机械能是由压缩空气的压力能转换后得到的；同时，由于换向阀的控制作用使压缩空气的通路不断改变，气缸活塞带动剪切机构实现剪切与复位的交替动作。

图 3 -1b 所示为该系统的图形符号图。可以看出，某些气动元件的图形符号和液压元件的图形符号有一定的相似性，但也存在很多不同之处。例如：气动元件向大气排气，就不同于液压元件回油接入油箱的表示方法。

二、气源装置和辅助元件

(一) 气源装置

向气动系统提供压缩空气的装置称为气源装置，气动系统各部分气动元件使用的压缩空气都是从气源装置获得的。气源装置的主体部分是空气压缩机，由于空气压缩机产生的压缩空气不可避免地含有较多的杂质（灰尘、水分等），故不能直接输入气动系统使用，还必须进行降温、除尘、除油、过滤等一系列处理后才能用于气动系统。这就需要在空气压缩机出口管路上安装一系列辅助元件，如冷却器、油水分离器、过滤器、干燥器等。此外，为了提高气动系统的工作性能，还需要用到其他辅助元件，如油雾器、转换器、消声器等。

一般来说，气源装置是由空气压缩机、储存压缩空气的装置和传输压缩空气的管路系统三个部分组成的。

1. 空气压缩机

(1) 空气压缩机的分类　气压动力元件是气动系统的动力源，即空气压缩机。空气压缩机的种类很多，按工作原理可分为容积式和速度式两类。

容积式空气压缩机是通过机件的运动使密封容积大小发生周期性的变化，从而完成对空气吸入和压缩过程的。这种空气压缩机又有几种不同的结构形式，如螺杆式和活塞式等。其中最常用的是活塞式低压空气压缩机，由它产生的空气压力通常小于 lMPa。

速度式空气压缩机，其气体压力的提高是由于气体分子在高速流动时突然受阻而停滞下来，由动能转化为压力能而实现的。

(2) 空气压缩机的工作原理　图 3-2 所示为活塞式空气压缩机的工作原理图。曲柄由原动机（电动机）带动旋转，通过曲柄 7、活塞杆 4，带动气缸活塞 3 在缸体内做直线往复运动。当活塞向右运动时，缸内密封容积增大，形成部分真空，在大气压力作用下打开吸气阀8进入气缸中，此过程称为吸气过程；当活塞向左运动时，吸气阀先关闭，缸内密封容积减小，空气受到压缩而使压力升高，此过程为压缩过程；当压力增大到排气管路中的压力时，排气阀1打开，气体被排出，并经排气管输送到气罐中，此过程为排气过程。曲柄每旋转一周，活塞就往复运动一次，完成一个工作循环。图3-2所示空气压缩机为单缸的，大多数空气压缩机为多缸的组合。

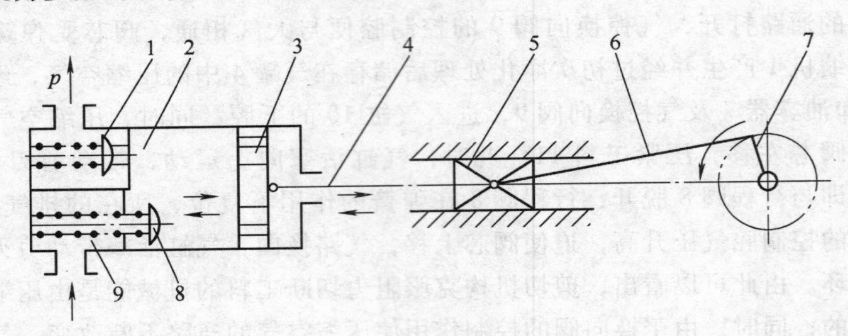

图3-2 活塞式空气压缩机工作原理图

1—排气阀 2—气缸 3—活塞 4—活塞杆 5—滑块 6—连杆 7—曲柄 8—吸气阀 9—阀门弹簧

(3) 空气压缩机的选用 空气压缩机的选用应以气动系统所需要的工作压力和流量两个参数为依据。一般气动系统需要的工作压力为0.5～0.8MPa，因此选用额定排气压力为0.7～1MPa的低压空气压缩机。此外还有中压空气压缩机，额定排气压力为1MPa；高压空气压缩机，额定排气压力为10MPa；超高压空气压缩机，额定排气压力为100MPa。确定空气压缩机的输出流量时，要根据整个气动系统对压缩空气的需要，再加一定的备用余量。一般空气压缩机按流量可分为微型（流量小于1m^3/min）、小型（流量为1～10m^3/min）、中型（流量为10～100m^3/min）和大型（流量大于100 m^3/min）。

2. 压缩空气净化装置

由空气压缩机输出的压缩空气虽然能够满足一定的压力和流量的要求，但不能直接被气动装置使用，因为一般气动设备所使用的空气压缩机都是属于工作压力较低（小于1 MPa）、用油润滑的活塞式空气压缩机。它从大气中吸入含有水分和灰尘的空气，经压缩后空气温度升高到140～170℃，这时空气压缩机气缸里的部分润滑油也成为气态。油分、水分以及灰尘便形成混合的胶体微雾及杂质混合在压缩空气中，会带来如下问题。

1）油气聚集在气罐内，形成易燃物，同时油分被高温汽化后，形成有机酸，对金属设备有腐蚀作用。

2）水、油、灰尘的混合物沉积在管道内，使管道截面面积减小，增大气流阻力，造成管道堵塞。

3）在冰冻季节，水汽凝结使附件因冻结而损坏。

4）灰尘等杂质对运动部件产生研磨作用，泄漏增加，影响其使用寿命。

因此，必须设置一些除油、除水、除尘并使压缩空气干燥的气源净化处理辅助设备，提高压缩空气质量。净化设备一般包括后冷却器、油水分离器、干燥器、空气过滤器和气罐。

(1) 后冷却器 后冷却器一般安装在空气压缩机的出口管路上，其作用是把空气压缩机排出的压缩空气的温度由 140～170℃降至 40～50℃，使得其中大部分气态的水、油转化成液态，以便排出。

后冷却器一般采用水冷却法，为了能增大管道的散热面积，采取的结构形式有：蛇管式、列管式、散热片式、套管式等。图 3-3 所示为蛇管式后冷却器。热的压缩空气由管内流过，冷却水从管外水套中流动以进行冷却，在安装时应注意压缩空气进、出口的方向和水的流动方向。

（2）油水分离器 油水分离器的作用是将从后冷却器降温析出的水滴、油滴等杂质从压缩空气中分离出来。其结构形式有：环行回转式、撞击挡板式、离心旋转式、水浴式等。

图 3-4 所示为撞击挡板式油水分离器，压缩空气自入口进入分离器壳体，气流受隔板的阻挡被撞击折向下方，然后产生环形回转而上升，水滴、油滴受到碰撞而沉降于壳体的底部，由排污阀定期排出。为达到良好的效果，气流回转后上升速度缓慢。

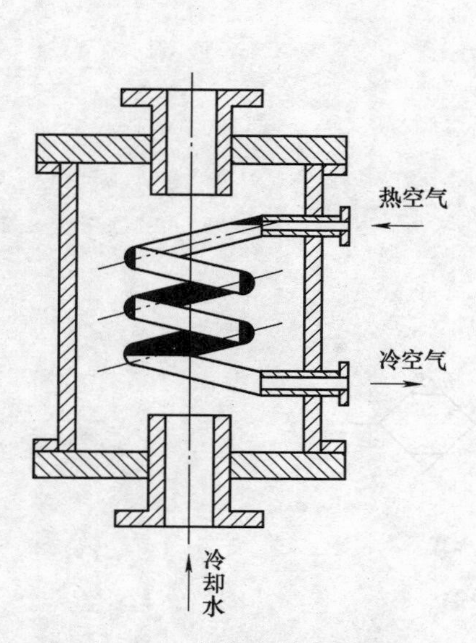

图 3-3 蛇管式后冷却器

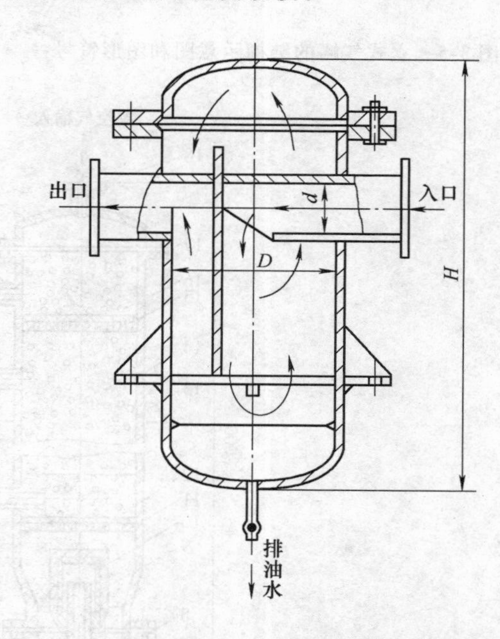

图 3-4 撞击挡板式油水分离器

（3）气罐 气罐的作用是消除压力波动，保证供气的连续性、稳定性；储存一定数量的压缩空气以备应急时使用。同时，进一步分离空气中的油分、水分。气罐的最下面为排放油水和杂质的装置。图 3-5 所示为立式气罐的结构示意图和图形符号，图 3-6 所示为其实物图。

经过以上净化处理的压缩空气已基本满足一般气动系统的需求，但对于精密的气动装置和气动仪表用气，还需要经过进一步的净化处理后才能使用。

（4）干燥器 干燥器的作用是进一步除去压缩空气中的水、油和灰尘。其方法主要有吸附法和冷冻法。吸附法是利用具有吸附性能的吸附剂（如硅胶、铝胶或分子筛等）吸附压缩空气中的水分而使其达到干燥的目的。吸附式干燥器如图 3-7 所示。冷冻法是利用制冷设备使压缩空气冷却到一定的露点温度，析出所含的多余水分，从而达到所需要的

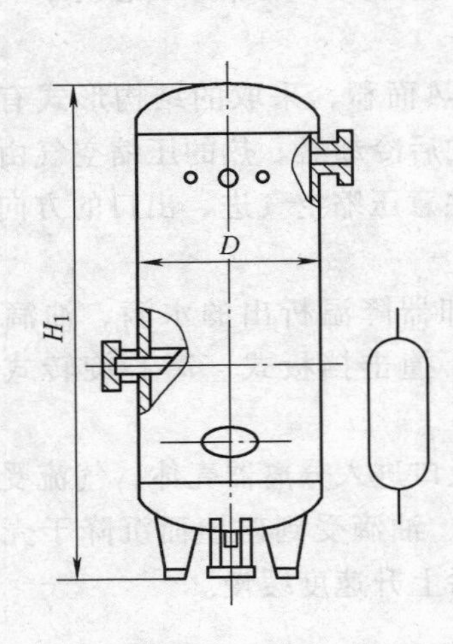

图 3-5　立式气罐的结构示意图和图形符号

图 3-6　立式气罐的实物图

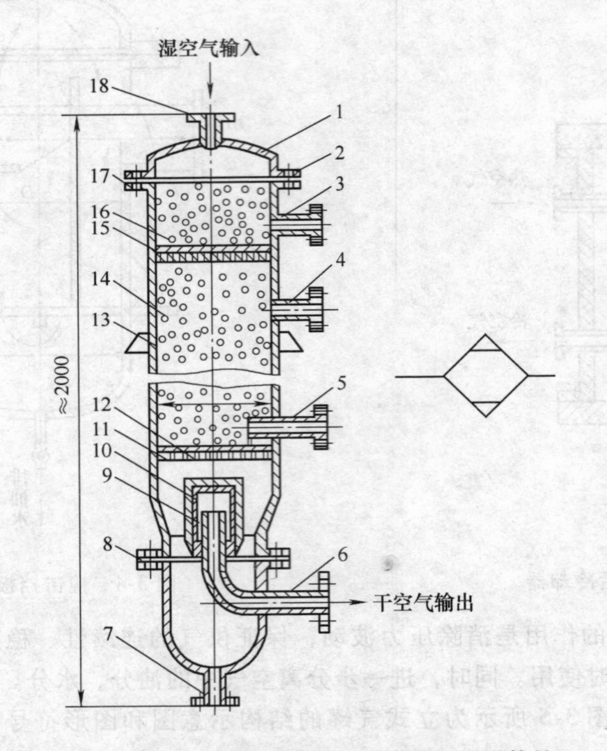

图 3-7　吸附式干燥器的结构示意图和图形符号

1—顶盖　2、8—法兰　3、4—再生空气出气管　5—再生空气进气管　6—压缩空气出气管　7—排水管　9、12、15—铜丝过滤网　10—毛毡　11—下栅板　13—支承板　14、16—吸附剂　17—密封垫　18—压缩空气进气管

的干燥度。

使用一段时间后，吸附剂中的水分会达到饱和状态，从而失去继续吸湿的能力。因此需要设法将吸附剂中的水分排除，使吸附剂恢复到干燥状态，即重新恢复吸附剂吸附水分的能

力，这就是吸附剂的再生。图3-7中的管3、4、5即是供吸附剂再生时使用的。工作时，先将压缩空气的进气管18和出气管6关闭，然后从再生空气进气管5向干燥器内输入干燥的热空气（温度一般高于180℃），热空气通过吸附层，使吸附剂中的水分蒸发成水蒸气，随热空气一起经再生空气排气管3、4排入大气中。经过一段时间的再生以后，吸附剂即可恢复吸湿性能，在气动系统中，为保证供气的连续性，一般设置两套干燥器，一套使用，另一套对吸附剂进行再生处理，交替工作。

（二）气动辅助元件

1. 气源处理装置

空气过滤器、减压阀和油雾器的组合件称为气源处理装置。

(1) 空气过滤器　空气过滤器的作用是滤除压缩空气中的水分、油滴及杂质，以达到气动系统所要求的净化程度。它属于二次过滤器，大多与减压阀、油雾器一起构成气源处理装置，安装在气动系统的入口处。

1）工作原理。如图3-8所示，空气过滤器的工作原理是：压缩空气从输入口进入后，被引入旋风叶子1，旋风叶子上有许多成一定角度的缺口，迫使压缩空气沿切线方向产生强烈的旋转。这样夹杂在空气中的较大水滴、油滴和灰尘便依靠自身的惯性与存水杯3的内壁碰撞，并从空气中分离出来沉到杯底。而微粒灰尘和雾状水汽则由滤芯2滤除。为防止气体旋转将存水杯中积存的污水卷起，在滤芯下部设挡水板4。为保证其正常工作，必须及时将存水杯3中的污水通过手动排水阀5放掉。

空气过滤器要根据气动设备要求的过滤精度和自由空气流量来选用。空气过滤器一般装在减压阀之前，也可单独使用；要按壳体上的箭头方向正确连接其进、出口，不可将进、出口接反，也不可将存水杯朝上倒装。

2）空气过滤器的主要性能指标有下列几项：

①过滤度。指允许通过的杂质颗粒的最大直径，可根据需要选择相应的过滤度。

②水分离率 η。指分离水分的能力，定义为

$$\eta = \frac{\varphi_1 - \varphi_2}{\varphi_1} \tag{3-1}$$

式中　φ_1、φ_2——分水滤气器前、后空气的相对湿度，标准规定分水滤气器的水分离率不小于65%。

③ 流量特性。表示一定压力的压缩空气进入空气过滤器后，其输出压力与输入流量之间的关系。在额定流量下，输入压力与输出压力之差不超过输入压力的5%。

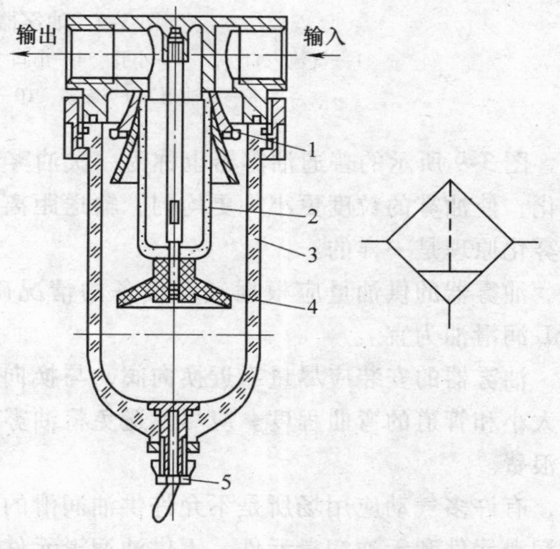

图3-8　空气过滤器的结构示意图和图形符号

1—旋风叶子　2—滤芯　3—存水杯

4—挡水板　5—手动排水阀

(2) 油雾器　油雾器是一种特殊的注油装置。其作用是使润滑油雾化后，随压缩空气一起进入需要润滑的部件，达到润滑的

目的。

如图 3-9 所示，压缩空气从入口 1 进入，大部分气体从出口 4 流出。小部分气体由小孔 2 通过特殊单向阀 10 进入储油杯 5 的出口 4，使杯中油面受压，迫使储油杯中的油液经吸油管 11、单向阀 6 和节流阀 7 滴入透明的视油器 8 内，然后再滴入喷嘴小孔 3 内，被主管道通过的气流引射出来。雾化后油液随气流出口 4 输出，送入气动系统。此外，透明的视油器 8 可供观察滴油情况，上部的节流阀 7 可用来调节滴油量。

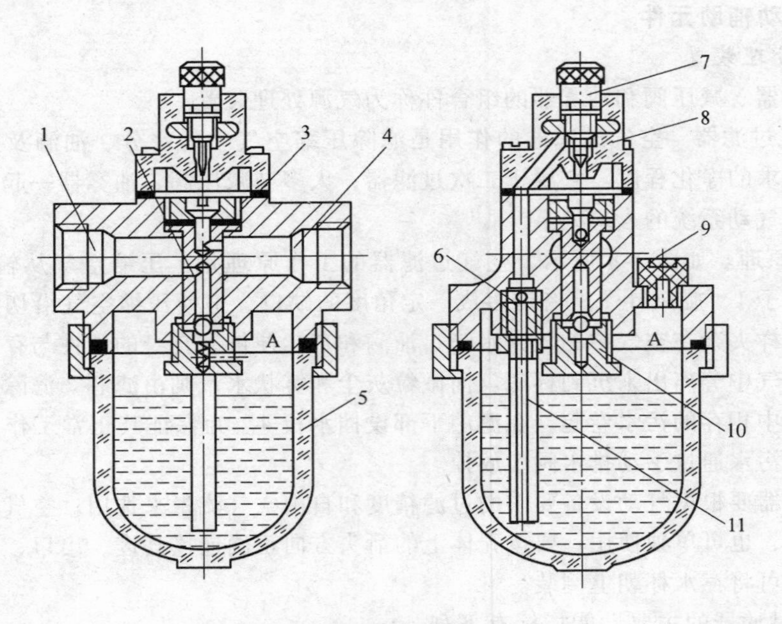

图 3-9 油雾器的结构示意图

1—气流入口 2、3—小孔 4—出口 5—储油杯 6—单向阀 7—节流阀 8—视油器 9—旋塞 10—特殊单向阀 11—吸油管

图 3-9 所示的普通油雾器也称为一次油雾器。二次油雾器能使油滴在油雾器内进行两次雾化，使油雾的粒度更小、更均匀，输送距离更远。不论是一次油雾器，还是二次油雾器，其雾化原理是一样的。

油雾器的供油量应根据气动设备的情况确定。一般情况下，以 $10m^3$ 的压缩空气供给 1mL 润滑油为宜。

油雾器的安装应尽量靠近换向阀，与换向阀的距离一般不应超过 5m。但必须注意管径的大小和管道的弯曲程度。应尽量避免将油雾器安装在换向阀与气缸之间，以免造成润滑油的浪费。

有许多气动应用场所是不允许供油润滑的，如食品和药品的包装，这时就应该使用不供油润滑元件和无油润滑元件。不供油润滑元件内的滑动部位的密封件由橡胶制成，采用特殊形状，设有滞留槽，内部存有润滑剂，以保证密封件的润滑。其他部位也要用不易生锈的金属材料。无油润滑元件使用自润滑材料，不需润滑即可长期工作。

（3）减压阀　气源处理装置中所用的减压阀起减压和稳压作用，工作原理与液压系统中的减压阀相同。

（4）气源处理装置的安装次序及使用说明　气动系统中气源处理装置的安装次序与图形符号如图 3-10 所示。气动系统中，有些品牌的电磁阀和气缸能够实现无油润滑（靠润滑脂实现润滑功能），便不需要使用油雾器。气源处理装置是多数气动系统中不可缺少的，安装在用气设备近处，是压缩空气质量的最后保证。气源处理装置的安装顺序依进气方向分别为空气过滤器、减压阀和油雾器。还可以将空气过滤器和减压阀集装在一起，便成为过滤减压阀（功能与空气过滤器和减压阀结合起来使用一样）。有些场合不允许压缩空气中存在油雾，则需要使用油雾分离器将压缩空气中的油雾过滤掉。总之，这几个元件可以根据需要进行选择，并可以将他们组合起来使用。

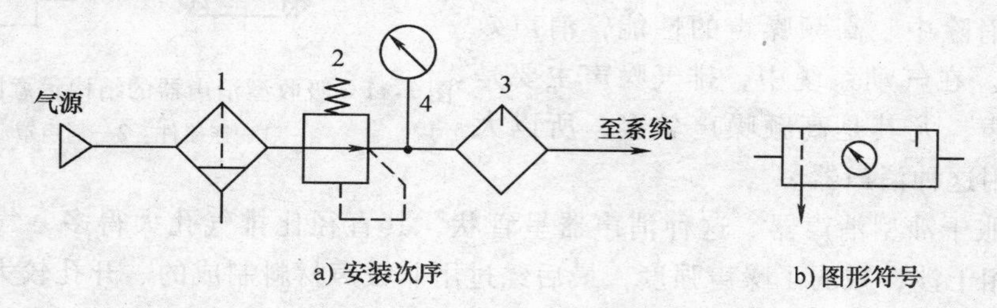

图 3-10　气源处理装置的安装次序与图形符号

1—空气过滤器　2—减压阀　3—油雾器　4—压力表

目前新结构的气源处理装置各元件插装在同一支架上，形成无管化连接。其结构紧凑，装拆及更换元件方便，应用普遍。

气源处理装置的使用说明：

1）空气过滤器排水有压差排水与手动排水两种方式。采用手动排水时，在水位达到滤芯位置之前，必须将水排出。

2）调节压力时，在转动旋钮前请先拉起再旋转。压下旋钮为定位，向右旋转为调高出口压力，向左旋转为调低出口压力。调节压力时应逐步均匀地调至所需压力值，不应一步调节到位。

3）油雾器的使用方法：油雾器使用 JISK2213 输机油（ISOVg32 或同级用油）。加油量不要超过杯子的 4/5。数字 0 为油量最小，9 为油量最大。自 9 ~ 0 位置不能旋转，须顺时针方向旋转。

4）部分零件使用 PC（聚碳酸酯）材质，禁止接近或在有机溶剂环境中使用。清洗 PC 杯时必须用中性清洗剂。

5）使用压力请勿超过其使用范围。

6）当出口风量明显减少时，应及时更换滤芯。

2. 消声器

在大多情况下，气动系统用后的压缩空气直接排入大气。这样因气体排出执行元件后，压缩空气的体积急剧膨胀，会产生刺耳的噪声。排气的速度越快、功率越大，噪声也越大，一般可达 100 ~ 120dB。这种噪声使工作环境恶化，危害人体健康。一般来说，噪声高于 85dB 的时候就要设法降低，为此可在换向阀的排气口安装消声器来降低排气噪声。

常用的消声器有以下几种。

（1）吸收型消声器　这种消声器主要依靠吸声材料消声，其结构示意图与图形符号如

图 3-11 所示。消声罩 2 为多孔的吸声材料，一般用聚苯乙烯颗粒或铜珠烧结而成。当消声器的通径小于 20mm 时，多用聚苯乙烯作消声材料制成消声罩；当消声器的通径大于 20mm 时，消声罩多采用铜珠烧结而成，以增加强度。其消声原理是：当压力气体通过消声罩时，气流受到阻力，声能量被部分吸收而转化为热能，从而降低了噪声强度。吸收型消声器结构简单，具有良好的消除中、高频噪声的性能，消声效果大于 20dB。在气动系统中，排气噪声主要是中、高频噪声，尤其是高频噪声较多，所以大多情况下采用这种消声器。

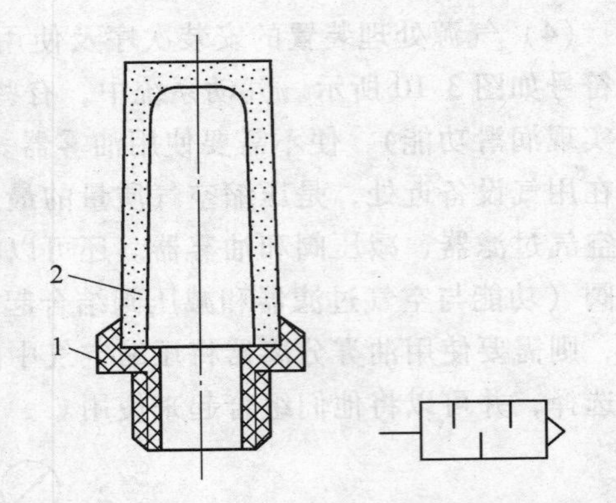

图 3-11　吸收型消声器的结构示意图与图形符号

1—连接件　2—消声罩

（2）膨胀干涉型消声器　这种消声器呈管状，其直径比排气孔大得多，气流在里面扩散发射，互相干涉，减弱了噪声强度，最后经过用非吸声材料制成的、开孔较大的多孔外壳排入大气。其特点是排气阻力小，可消除中、低频噪声。缺点是结构较大、不够紧凑。

（3）膨胀干涉吸收型消声器　膨胀干涉吸收型消声器是结合前两种消声器的特点综合应用的情况，其结构示意图如图 3-12 所示。进气气流由斜孔引入，在 A 室扩散、减速、碰壁撞击后反射到 B 室，气流束相互撞击、干涉而进一步减速，从而使噪声减弱；然后气流经过吸声材料的多孔侧壁排入大气，噪声被再次削弱。所以这种消声器降低噪声的效果更好，低频可消声 20dB，高频可消声 45dB。

对于消声器型号的选择，主要依据是气动元件排气口直径的大小、噪声的频率范围。

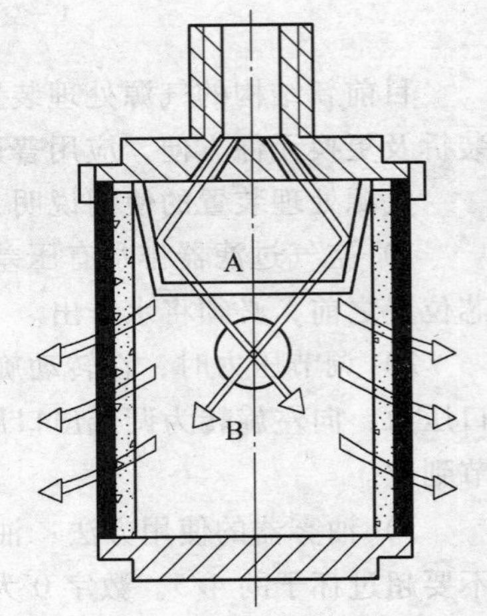

图 3-12　膨胀干涉吸收型消声器的结构示意图

三、气动执行元件

1. 气缸

（1）气缸的分类　气缸是用于实现直线运动并做功的元件，其结构、形状有多种形式，分类方法也很多，常用的有以下几种。

1）按压缩空气作用在活塞端面上的方向，可分为单作用气缸和双作用气缸。

2）按结构特点可分为活塞式气缸、叶片式气缸、薄膜式气缸、气液阻尼缸等。

3）按安装方式可分为耳座式、法兰式、轴销式和凸缘式。

4）按气缸的功能可分为：普通气缸，主要指活塞式单作用气缸和双作用气缸；特殊气缸，包括气液阻尼缸、薄膜式气缸、冲击式气缸、增压气缸、步进气缸、回转气缸等。

（2）气缸的工作原理及用途　普通气缸的工作原理及用途类似于液压缸，此处不再详述，下面仅介绍特殊气缸。

1）气液阻尼缸。气液阻尼缸是由气缸和液压缸组合而成的，它以压缩空气为能源利用油液的不可压缩性和控制流量来获得活塞的平稳运动和调节活塞的运动速度。与气缸相比，它传动平稳，定位精确，噪声小；与液压缸相比，它不需要液压源，经济性好，同时具有气压和液压的优点，因此得到了越来越广泛的应用。图 3-13 所示为气液阻尼缸的工作原理图，气缸活塞的左行速度可由节流阀 1 来调节，油箱 2 起补油作用。一般将双活塞杆腔作为液压缸，这样可使液压缸两腔的排油量相等，以减小油箱 2 的容积。

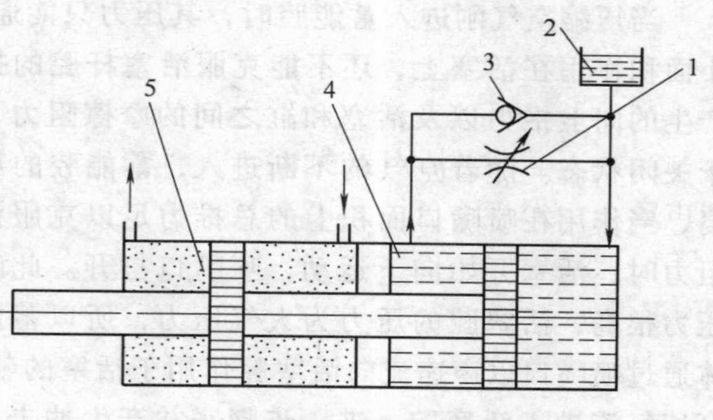

图 3-13 气液阻尼缸的工作原理图

1—节流阀 2—油箱 3—单向阀 4—液压缸 5—气动缸

2）薄膜式气缸。薄膜式气缸是以薄膜取代活塞带动活塞杆运动的气缸。图 3-14a所示为单作用薄膜式气缸，此气缸只有一个气口。当气口输入压缩空气时，推动膜片 2、膜盘 3、活塞杆 4 向下运动，而活塞杆的上行需依靠弹簧力的作用。图 3-14b 所示为双作用薄膜式气缸，其有两个气口，活塞杆的上下运动都依靠压缩空气来推动。

薄膜式气缸与活塞式气缸相比较具有结构紧凑、简单，制造容易，成本低，维修方便，寿命长，泄漏少，效率高等优点。但是因膜片的变形量有限故其行程短（一般不超过 40 ~ 50mm）。

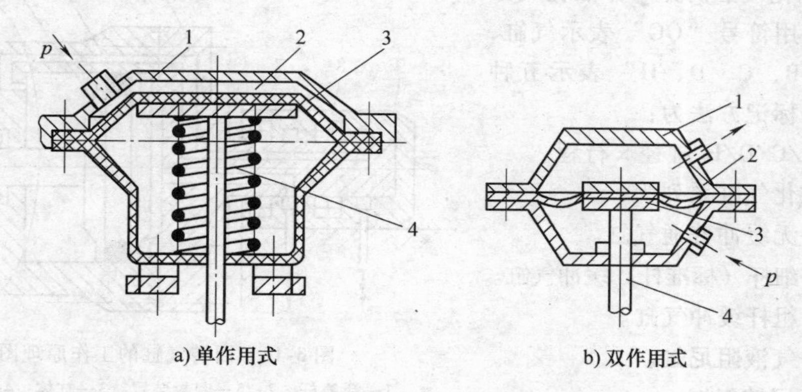

图 3-14 薄膜式气缸

1—缸体 2—膜片 3—膜盘 4—活塞杆

3）冲击气缸。冲击气缸是将压缩空气的能量转化为活塞高速运动能量的一种气缸，活塞的最大速度可达每秒十几米，能完成下料、冲孔、镦粗、打印、弯曲成形、铆接、破碎、模锻等多种作业，具有结构简单、体积小、加工容易、成本低、使用可靠、冲裁质量好等优点。

冲击气缸有普通型、快排型、压紧活塞式 3 种。

图 3-15 所示为普通型冲击气缸的结构示意图。冲击气缸由缸体、中盖、活塞、活塞杆等零件组成，中盖与缸体固接在一起，其上开有喷嘴口和泄气口，喷嘴口直径为缸径的 1/3。中盖和活塞把缸体分成三个腔室：蓄能腔、活塞腔和活塞杆腔，活塞上安装有橡胶密封垫，当活塞退回到达顶点时，密封垫便封住喷嘴口，使蓄能腔和活塞腔之间不通气。

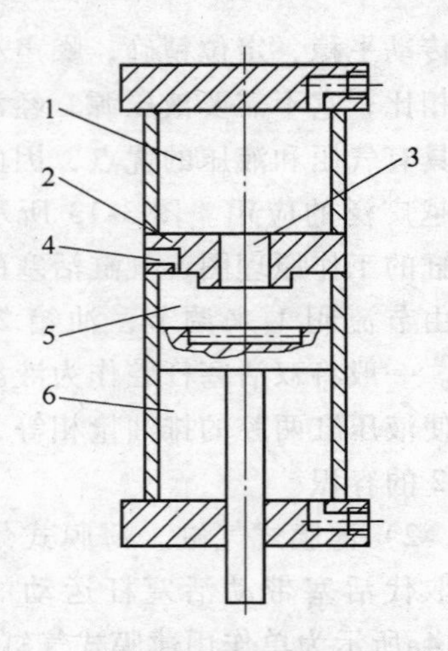

图 3-15 冲击气缸的结构示意图

1—蓄能腔 2—中盖 3—排气小孔 4—喷嘴口 5—活塞腔 6—活塞杆腔

当压缩空气刚进入蓄能腔时，其压力只能通过喷嘴口，小面积作用在活塞上，还不能克服活塞杆腔的排气压力所产生的向上推力以及活塞和缸之间的摩擦阻力，喷嘴口处于关闭状态。随着空气的不断进入，蓄能腔的压力逐渐升高，当作用在喷嘴口面积上的总推力足以克服活塞受到的阻力时，活塞开始向下运动，喷嘴口打开。此时蓄能腔的压力很高，活塞腔的压力为大气压力，所以蓄能腔内的气体通过喷嘴口以声速流向活塞腔作用于活塞的整个面积上。高速气流进入活塞腔，进一步膨胀并产生冲击波，其压力可达到气源压力的几倍到几十倍，而此时活塞杆腔的压力很低，所以活塞在很大压差的作用下迅速加速，活塞在很短的时间（0.25~1.25s）内，以极高的速度（平均速度可达 8m/s）冲下，从而获得巨大的动能。

4）回转气缸。图 3-16 所示为回转气缸的工作原理图，该气缸的缸体连同缸盖及导气头芯 6 可被携带着一起回转，活塞 4 及活塞杆 1 只能做往复直线运动，导气头体 9 外接管路而固定不动。

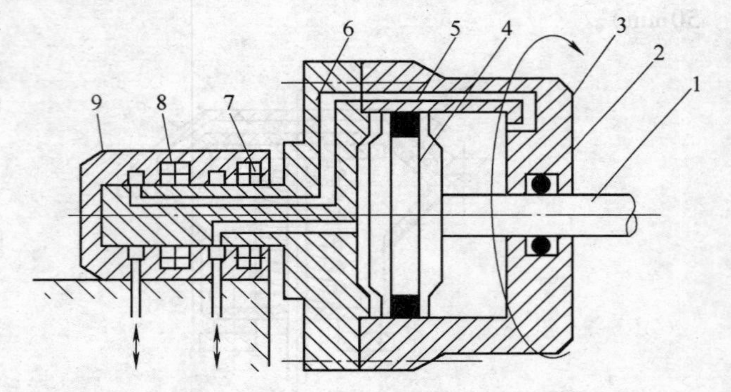

图 3-16 回转气缸的工作原理图

1—活塞杆 2、5—密封装置 3—缸体 4—活塞 6—缸盖及导气头芯 7、8—轴承 9—导气头体

（3）标准化气缸简介 标准化气缸使用的标记是用符号“QG”表示气缸，用符号“A、B、C、D、H”表示五种系列，具体的标记方法为：

QG A/B/C/D/H 缸径×行程

五种标准化气缸系列为：

QGA——无缓冲普通气缸。

QGB——细杆（标准杆）缓冲气缸。

QGC——粗杆缓冲气缸。

QGD——气液阻尼缸。

QGH——回转气缸。

例如：QGA 100×125 表示缸径为 100mm、行程为 125mm 的无缓冲普通气缸。

标准化气缸的主要参数是缸径 D 和行程 L。因为在一定的气源压力下，缸径表明气缸活塞杆输出力的大小，行程说明气缸的作用范围。

标准化气缸系列有 11 种缸径（D）规格：40mm、50mm、63mm、80mm、100mm、125mm、160mm、200mm、250mm、320mm、400mm。

行程（L）：对无缓冲气缸，$L=(0.5\sim2)D$；对有缓冲气缸，$L=(1\sim10)D$。

2. 气动马达

气动马达是把压缩空气的压力能转换成回转机械能的能量转换装置，其作用相当于电动机或者液压马达。气动马达输出转矩，带动被动机构做旋转运动。

（1）气动马达的分类和工作原理 最常用的气动马达有叶片式、活塞式和薄膜式三种。

图 3-17a 所示为叶片式气动马达，其由定子 1、转子 2、叶片 3 等零件构成。当马达开始工作时，叶片底部将通过压缩空气把叶片推出，两叶片间就形成密封工作腔。当由 A 孔向密封工作腔输入压缩空气时，由于相应密封工作腔的两叶片伸出长度不同，压缩空气的作用面积也就不同，因而产生转矩差带动转子按逆时针方向旋转，做功后的气体由 C 孔排出。剩余气体经 B 孔排出；若由 B 孔输入压缩空气，转子则按顺时针方向旋转。

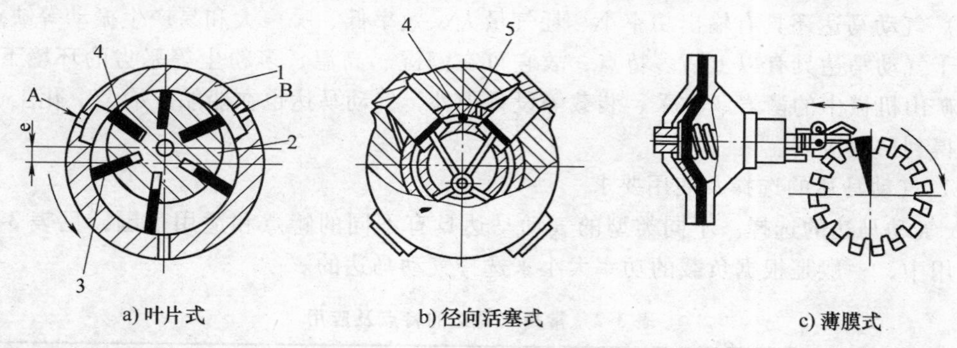

图 3-17　气动马达工作原理

1—定子　2—转子　3—叶片

图 3-17b 所示为径向活塞式气动马达，压缩空气经进气口进入配气阀后再进入气缸，推动活塞及连杆组件运动，迫使曲轴旋转，同时，带动固定在曲轴上的配气阀同步转动使压缩空气随着配气阀角度位置的改变而进入不同的缸内，依次推动各个活塞运动。各活塞及连杆带动曲轴连续运转，与此同时，与进气缸相对应的气缸则处于排气状态。

图 3-17c 所示为薄膜式气动马达，它实际上是一个薄膜式气缸，当它做往复运动时，通过推杆端部的棘爪使棘轮做间歇性转动。

（2）气动马达的特点

1）工作安全，可以在易燃、易爆、高温、振动、潮湿、灰尘等恶劣环境和气候下工作，同时不受高温、振动、地理条件的影响。

2）具有过载保护作用，可长时间满载工作，而温升较小，过载时马达只是降低转速或停车，当过载解除后，可立即重新正常运转。

3）气动马达具有结构简单、体积小、质量小、操纵容易、维修方便等特点，其用过的空气也不需要处理，不会造成污染。

4）气动马达有很宽的功率和速度调节范围。气动马达功率小到几百瓦，大到几万瓦，转速可达 25000r/min 或更高，通过对流量的控制即可非常方便地达到调节功率和速度的目的。

5）正、反转实现方便。大多数气动马达只需要通过简单的操纵来改变进、排气方向，即能实现输出轴的正、反转，并且可以瞬时换向。在正、反向转换时，冲击很小。气动马达换向工作的一个主要优点是，它具有几乎在瞬时可升到全速的能力。叶片式气动马达可在一转半的时间内升至全速。只要改变进气和排气方向就能实现正、反转换向，而且回转部分质量小，且空气本身的质量也小，所以能快速地起动和停止。

6）可以实现无级调速，通过调节、控制节流阀的开度来控制进入气动马达的压缩空气的流量，就能实现无级调速。

7）具有较高的起动转矩，起动、停止迅速。

8）气动马达的主要缺点是速度稳定性较差，相比液压传动来讲输出功率小、耗气量大、效率低、噪声大。

9）气动马达，特别是叶片式气动马达转速高，零部件磨损快，需及时检修、清洗或更换。

10）气动马达还具有输出功率小、耗气量大、效率低、噪声大和易产生振动等缺点。

由于气动马达具有以上诸多特点，故它可在潮湿、高温、多粉尘等恶劣的环境下工作。除用于矿山机械中的凿岩、钻采、装载等设备中外，气动马达也在船舶、冶金、化工、造纸等行业得到广泛应用。

(3) 气动马达的选择及使用要求

1）气动马达的选择。不同类型的气动马达具有不同的特点和适用范围，见表3-2。在实际应用中，一般是根据负载的功率大小来选择气动马达的。

表3-2 常用气马达的特点及应用

形式	转矩	速度	功率	每千瓦时耗气量 Q/(m^3/min)	特点及应用范围
活塞式	中、高转矩	低速和中速	0.1～17kW	小型:1.9～2.3 大型:1～1.4	在低速时,有较大的输出功率和较好的转矩特性,起动准确,适用于负载较大和要求低速、转矩较高的机械,如起重机、拉管机等
叶片式	低转矩	高转速,可达300～50000r/min	0.1～13kW	小型:1.8～2.3 大型:1～1.4	制造简单,结构紧凑,低速性能不好。适用于要求低或中功率的机械,如手提工具、升降机、泵、复合工具和传送带等
薄膜式	高转矩	低速	小于1kW	1.2～1.4	适用于控制要求很精确、起动转矩极高和速度低的机械

2）气动马达的润滑。润滑是气动马达正常工作不可缺少的一个环节，一般在气动马达的换向阀前安装油雾器，使其得到及时的、不间断的润滑。在良好润滑的情况下，气动马达可在两次检修之间至少运转2500～3000h。

四、气动控制元件

1. 方向控制阀

在气动系统中，控制执行元件起动、停止、改变运动方向的元件称为方向控制阀，其作用是改变压缩空气的流动方向和气流的通断。

(1) 气压控制方向阀　用压缩空气推动气压控制方向阀的阀芯移动，使换向阀换向，从而实现气路换向或通断。气压控制方向阀适用于易燃、易爆、潮湿、灰尘多等工作环境恶劣的场合，操作安全可靠。

气压控制方向阀的类别如下。

1）单向阀。单向阀是指气流只能朝一个方向流动而不能反向流动的阀，且压降较小。单向阀的外观、结构和图形符号与液压传动中的单向阀基本相同，如图3-18所示。其单向阻流作用可由锥密封、球密封、圆盘密封或膜片来实现。单向阀的阀芯被弹簧顶在阀座上，故压缩空气要通过单向阀时必须先克服弹簧力。

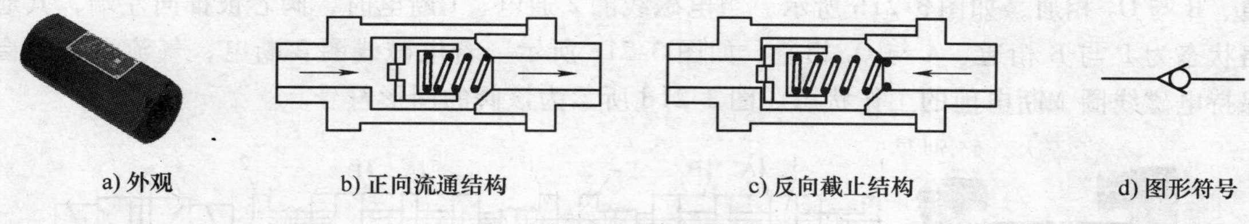

a) 外观　b) 正向流通结构　c) 反向截止结构　d) 图形符号

图 3-18　单向阀

2）双压阀。在气动逻辑回路中，双压阀的作用相当于“与”门作用。如图 3-19a 所示，该阀有两个输入口 P_1、P_2 和一个输出口 A。若只有一个输入口有气信号，则输出口 A 没有气信号输出。只有当双压阀的两个输入口均有气信号时，输出口 A 才有气信号输出。双压阀相当于两个输入元件串联。图 3-19b 所示为该阀的图形符号。

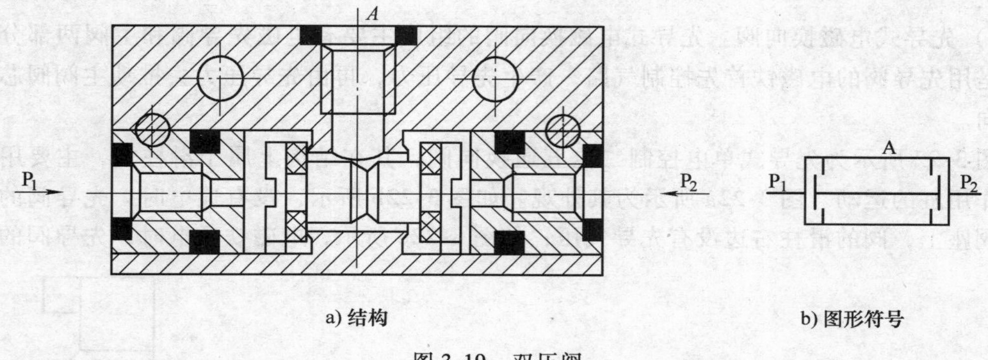

a) 结构　b) 图形符号

图 3-19　双压阀

（2）电磁控制换向阀

1）直动式单电控制电磁换向阀。该阀利用电磁力的作用使阀芯移动，实现阀的切换，从而控制气流流动方向。

图 3-20a 所示为直动式单电控制电磁换向阀的外观，图 3-20b 所示为直动式单电控制电磁换向阀在电磁线圈不通电时的状态，此时阀在复位弹簧的作用下处于上端位置，其通路状态为 A 与 P 相通。当电磁线圈通电时，电磁铁吸动阀芯向下移，气路换向，其通路状态为 A 与 B 相通，如图 3-20c 所示。图 3-20d 所示为该阀的图形符号。

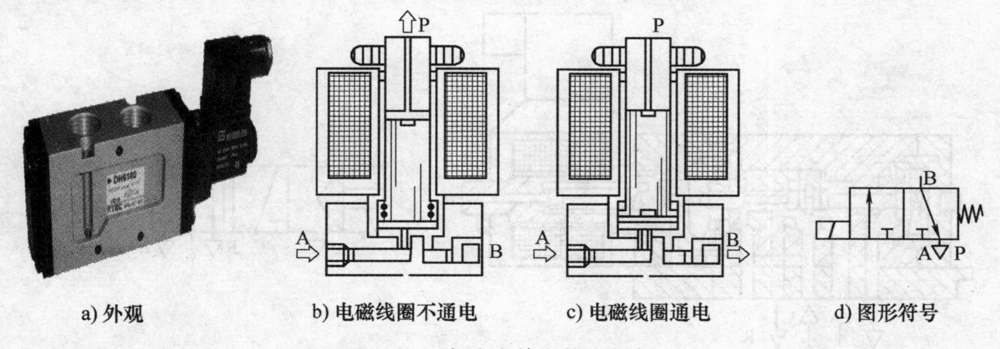

a) 外观　b) 电磁线圈不通电　c) 电磁线圈通电　d) 图形符号

图 3-20　直动式单电控电磁阀

2）直动式双电控制电磁换向阀。直动式双电控制电磁换向阀有两个电磁铁。图 3-21a 所示为其外观。当电磁线圈 1 通电、2 断电时，阀芯 3 被推向右端，其通路状态是 P 与 A 相通、B 与 O_2 相通，如图 3-21b 所示。当电磁线圈 2 通电、1 断电时，阀芯被推向左端，其通路状态为 P 与 B 相通、A 与 O_1 相通，如图 3-21c 所示。若电磁线圈 2 断电，气流通路仍会保持电磁线圈 2 断电前的工作状态。图 3-21d 所示为该阀的图形符号。

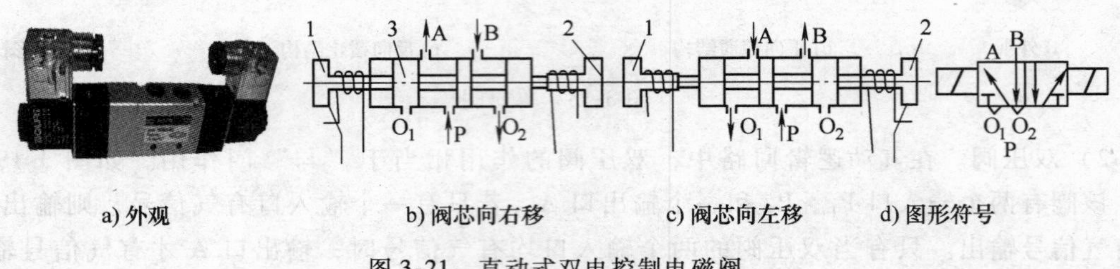

a) 外观　b) 阀芯向右移　c) 阀芯向左移　d) 图形符号

图 3-21　直动式双电控制电磁阀

1、2—电磁线圈　3—阀芯

3）先导式电磁换向阀。先导式电磁换向阀的组成主要有电磁先导阀和主阀两部分。其原理是用先导阀的电磁铁首先控制气路，产生先导压力，再由先导压力去推动主阀阀芯，使其换向。

图 3-22 所示为先导式单电控制二位五通换向阀，其在结构上属于滑柱式，主要用于控制双作用缸的运动。图 3-22a 所示为其外观。如图 3-22b 所示，没有通电时，先导阀的柱塞顶在阀座上，阀的滑柱右边没有先导气压；如图 3-22c 所示，电磁铁通电时，先导阀的柱塞

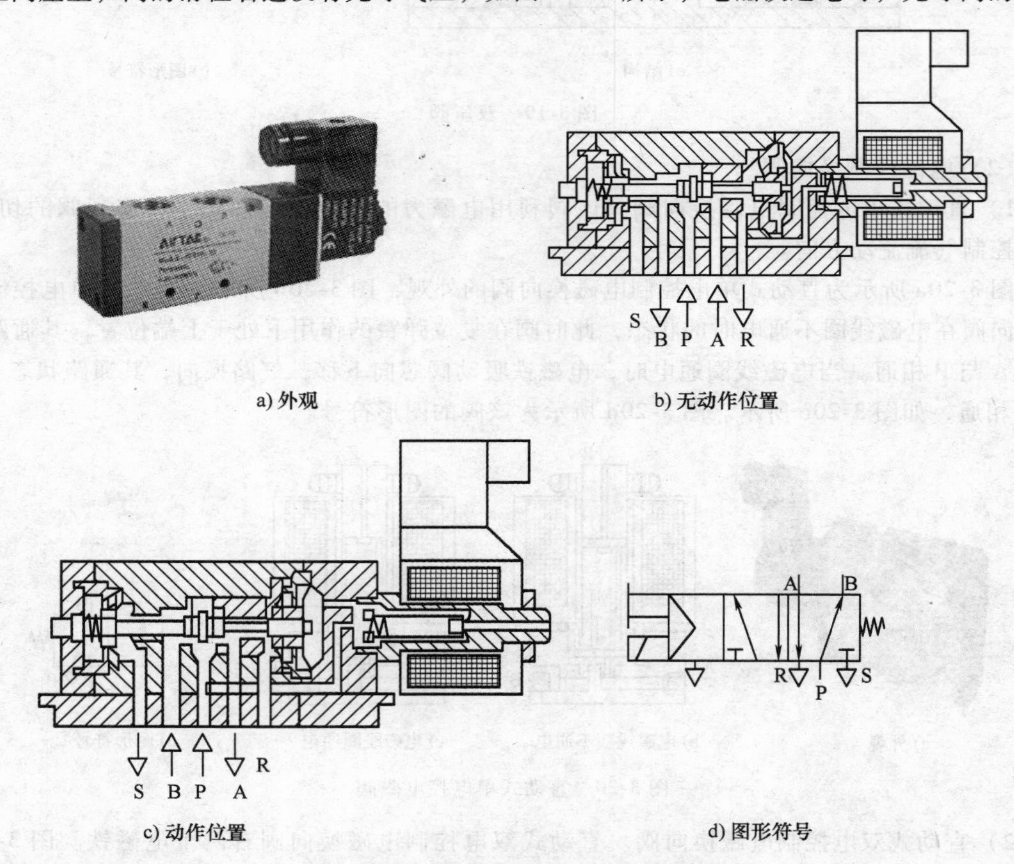

a) 外观　b) 无动作位置

c) 动作位置　d) 图形符号

图 3-22　先导式单电控制二位五通换向阀

被吸而右移，压缩空气经 P 口的小孔通到滑柱右边，使滑柱左移，所以空气从 P 口流向 A 口，从 B 口流向 S 口，R 口被隔断；断电时，滑柱左侧弹簧将滑柱向右推，换向阀复位。

先导式电磁换向阀便于实现电、气联合控制，所以应用广泛。图 3-22d 所示为该阀的图形符号。

4）梭阀。梭阀相当于由两个单向阀组合而成，其作用相当于“或门”的逻辑功能。如图 3-23a 所示，梭阀有两个进气口 P_1 和 P_2，一个工作口 A，阀芯 2 在两个方向上起单向阀的作用。其中 P_1 和 P_2 口都可以与 A 口相通，但 P_1 与 P_2 不相通。当 P_1 进气时，阀芯 2 右移，封住 P_2 口，使 P_1 与 A 相通；当 P_2 进气时，阀芯 2 左移，封住 P_1 口，使 P_2 与 A 相通；当 P_1 与 P_2 都进气时，阀芯就可停在任意一边，若 P_1 与 P_2 进气压力不等，则高压气流的通道打开，低压口则被封闭，高压气流从 A 输出。图 3-23b 所示为其图形符号。

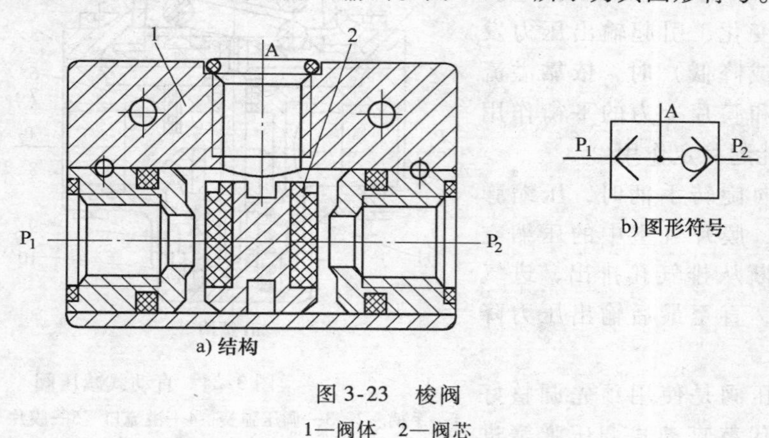

图 3-23 梭阀

1—阀体 2—阀芯

此外，还有机械控制换向阀和手动换向阀，其功能与液压相关阀类较为相似，在本书中不再详述。

2. 压力控制阀

在气动系统中，压力控制阀是调节和控制气体压力大小的控制阀，一般常用的有减压阀、溢流阀、顺序阀。

（1）减压阀 减压阀又称为调压阀，利用减压阀可以把压力比较高的压缩空气调节到符合使用要求的较低压力。减压阀与节流阀不同，不但能降压，而且能使调节后的输出气压保持稳定。节流阀能降低压力，但不能使降低后的输出压力保持稳定。

减压阀按照压力调节方式，分为直动式和先导式两大类。

如图 3-24 所示为直动式减压阀。此阀可利用手柄直接调节调压弹簧来改变阀的输出压力。

如图 3-24a 所示，顺时针旋转手柄 1，则压缩调压弹簧 2，推动膜片 5 下移，膜片同时推动阀芯 9 下移，阀口 8 被打开。当有气流通过阀口时，压力降低；与此同时，部分输出气流经反馈阀管 7 进入膜片气室，在膜片上产生一个向上的推力，当此推力与弹簧力相平衡时，输出压力在一定的值上稳定下来。

若输入压力发生波动，如压力 p_1 瞬时升高，则输出压力 p_2 也随之升高，作用在膜片的推力增大，膜片上移，向上压缩弹簧，溢流口 4 有瞬时溢流，并靠复位弹簧 10 及气体压力的作用使阀杆上移，阀开度减小，节流作用增大，使输出压力 p_2 回降，直到新平衡为止。重新平衡后的输出压力又基本恢复原值。

反之，要是输入压力瞬时降低，则输出压力也跟着相应下降，膜片下移，阀开度增大，阻力减小，对气流的节流作用也减小，输出压力也基本恢复原值。

当执行元件所需的输出压力不变，输出流量有所变化，引起输出压力发生波动（增高或降低）时，依靠溢流口的溢流作用和膜片上力的平衡作用推动阀杆，仍能起稳定作用。

逆时针方向旋转手柄时，压缩弹簧力不断减小，膜片气室中的压缩空气经溢流口不断从排气孔排出，进气阀口逐渐关闭，直至最后输出压力降为零。

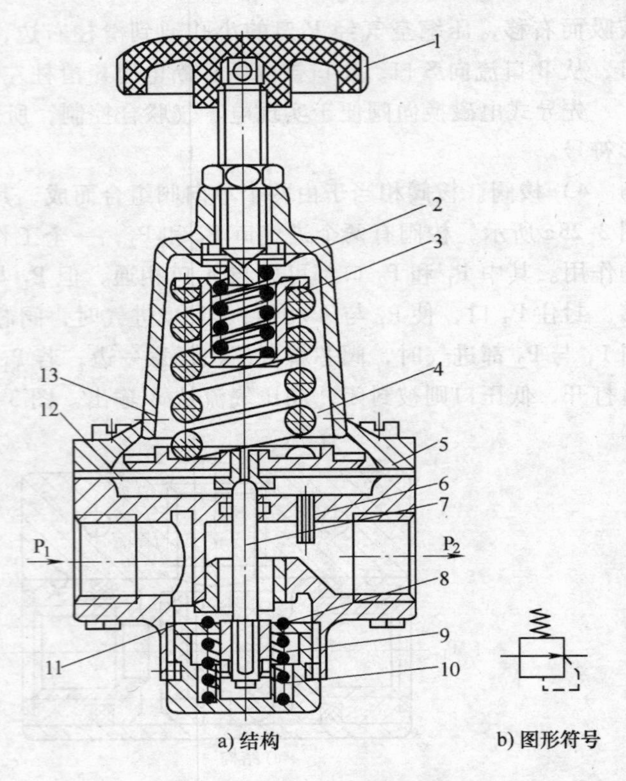

图 3-24　直动式减压阀

1—手柄　2、3—调压弹簧　4—溢流口　5—膜片　6—阻尼管卡孔　7—反馈阀管　8—阀口　9—阀芯　10—复位弹簧　11—进气阀口　12—膜片室　13—排气口

先导式减压阀是使用预先调整好压力的空气来代替直动式调压弹簧进行调压的。其调节原理和主阀部分的结构与直动式减压阀相同。先导式减压阀的调压空气一般是由小型的直动式减压阀供给的。若将这种直动式减压阀装在主阀内部，则称为内部先导式减压阀；若将它装在主阀外部，则称为外部先导式或远程控制式减压阀。

为了方便操作，安装减压阀时，手柄在上部。

（2）溢流阀　气动系统中的溢流阀和安全阀在结构与功能方面基本类似，甚至有时可以不加以区别。溢流阀的作用就是当气动回路及容器内的气体压力上升到超过规定值的时候，能自动向外排气，从而保证系统的安全和正常运行。

当回路中气压上升到调定压力以上时，气体需经溢流阀排出，以保持输入压力不超过设定值。溢流阀按控制形式分为直动式和先导式两种。

直动式溢流阀的结构如图 3-25a 所示，当气体作用在阀芯上的力小于弹簧力时，阀处于关闭状态。当系统压力升高，作用在阀芯上的作用力大于弹簧力时，阀芯向上移动，阀开启并溢流，使气压不再继续升高，而维持在一个调定的值。当系统压力降至低于调定值时，阀又重新关闭。图 3-25b 所示为该阀的图形符号。

图 3-26 所示为先导式溢流阀，用一个小型直动式减压阀或气动定值器作为它的先导阀。工作时，由减压阀减压后的空气从上部 K 口进入阀内，从而代替了直动式溢流阀的弹簧控制，故不会因调压弹簧在阀不同开度时的不同弹簧力而使调定压力产生变化。先导式溢流阀

的流量特性好，适用于大流量和远距离控制的场合。

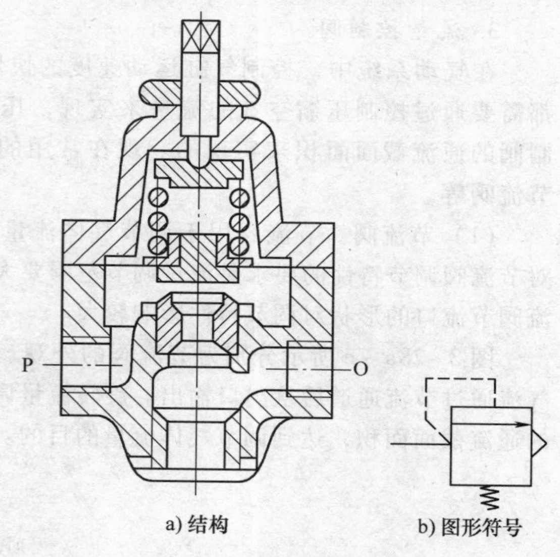

图 3-25　直动式溢流阀

(3) 顺序阀　利用气路中压力的变化来控制各执行元件按顺序动作的压力阀称为顺序阀。与液动顺序阀类似，气动顺序阀也是根据调节弹簧的压缩量来控制其开启压力的。当输入压力达到顺序阀的调定压力时，阀口打开，有气流输出；反之，阀口关闭，无气流输出。

顺序阀一般很少单独使用，往往与单向阀组合在一起，构成单向顺序阀。图 3-27a 所示为单向顺序阀正向流动的情况。压缩空气由 P 口进入顺序阀阀体后，单向阀 6 在压差及弹簧的作用下处于关闭状态。作用在活塞 3 上的气压超过压缩弹簧 2 的调定压力时，活塞被顶起，顺序阀打开，压缩空气由 A 口输出。如图 3-27b 所示，反向流动时，输入侧变成排气口，输出侧压力将顶开单向阀 6 由 P 口排气，调节螺钉 1 就可改变单向顺序阀的开启压力，以便在不同的空气压力下，控制执行元件的顺序动作。图 3-27c 所示为该阀的图形符号。

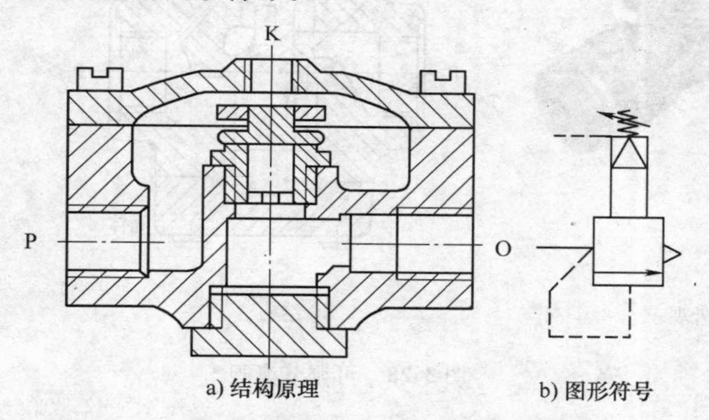

图 3-26　先导式溢流阀

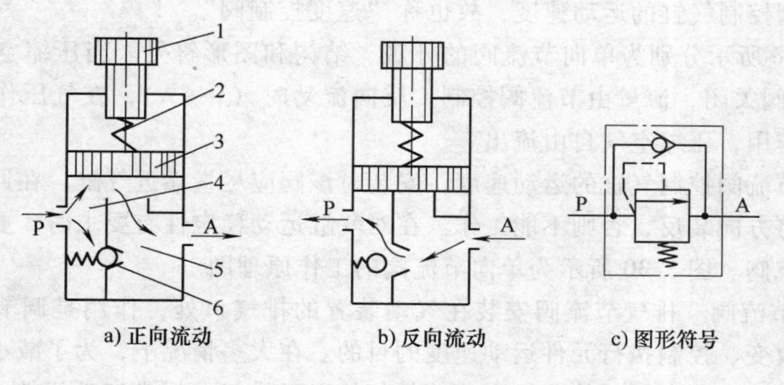

图 3-27　可调式顺序阀

1—螺钉　2—压缩弹簧　3—活塞　4—左腔　5—右腔　6—单向阀

3. 流量控制阀

在气动系统中，控制气缸运动速度的快慢、油雾器的滴油量、缓冲气缸的缓冲能力等都需要通过控制压缩空气的流量来实现，压缩空气流量的调节和控制是通过改变流量控制阀的通流截面面积来实现的。现在常用的流量控制阀包括节流阀、单向节流阀、排气节流阀等。

（1）节流阀　节流阀用于调节气体流量的大小，以满足执行元件对气体流量的要求。对节流阀调节特性的要求是流量调节范围要大、阀芯的位移量与通过的流量成线性关系。节流阀节流口的形状对调节特性影响较大。

图 3 -28a ~ c 所示分别为节流阀的外观、结构及图形符号。当压缩空气从入口输入时，气流通过节流通道后从出口输出。旋转流量调节手轮，就可改变节流口的开度，从而改变阀的通流截面面积，达到调节气体流量的目的。

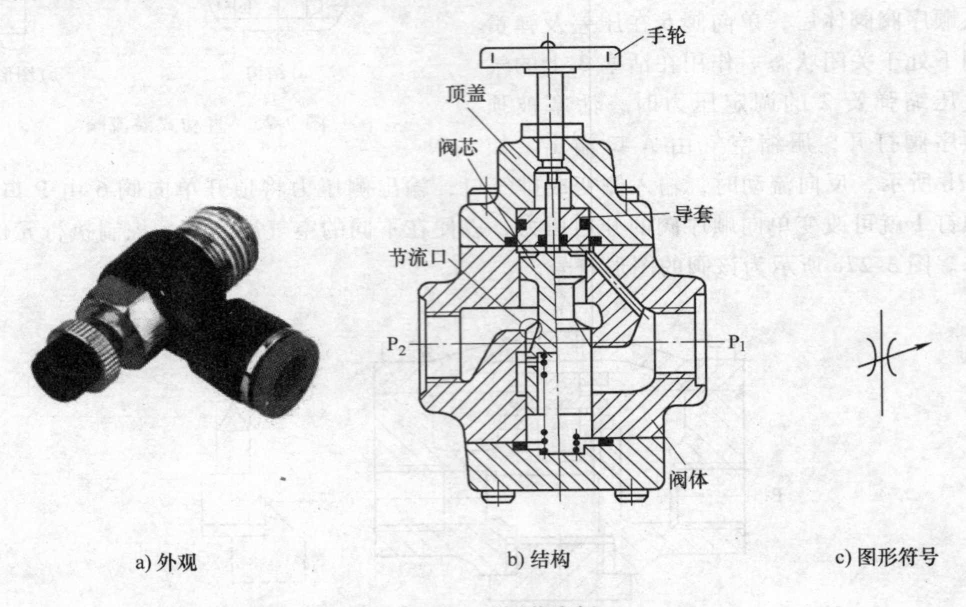

图 3-28　可调节流阀

（2）单向节流阀　单向节流阀是由单向阀和节流阀并联而成的组合式流量控制阀。一般情况下用该阀控制气缸的运动速度，故也称“速度控制阀”。

图 3-29a ~ c 所示分别为单向节流阀的外观、结构和图形符号。当压缩空气正向流动时（A→B），单向阀关闭，流量由节流阀控制；反向流动时（B→A），在气压作用下单向阀被打开，无节流作用，压缩空气自由流出。

若用单向节流阀控制气缸的运动速度，安装时该阀应尽量靠近气缸。在回路中安装单向节流阀时不要将方向装反，否则不能工作。在对气缸运动稳定性有要求时，要按出口节流方式安装单向节流阀。图 3-30 所示为单向节流阀的工作原理图。

（3）排气节流阀　排气节流阀安装在气动装置的排气口处，作用是调节排入大气的流量，以此达到改变、控制执行元件运动速度的目的。在大多情况下，为了减小排气噪声，排气节流阀上装有消声器，同时能防止不清洁的气体通过排气孔污染气动元件。

图 3-31a、b 所示分别为排气节流阀的结构原理图和图形符号。

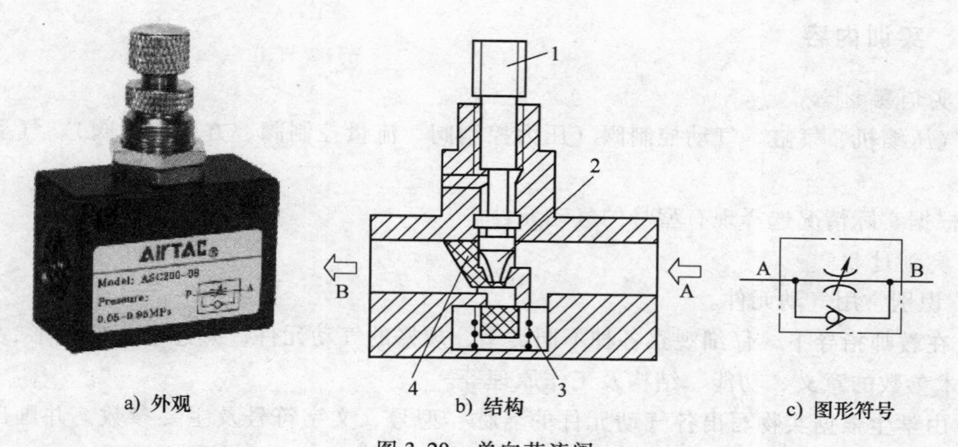

a) 外观　b) 结构　c) 图形符号

图 3-29　单向节流阀

1—调节螺钉　2—单向阀阀芯　3—弹簧　4—节流口

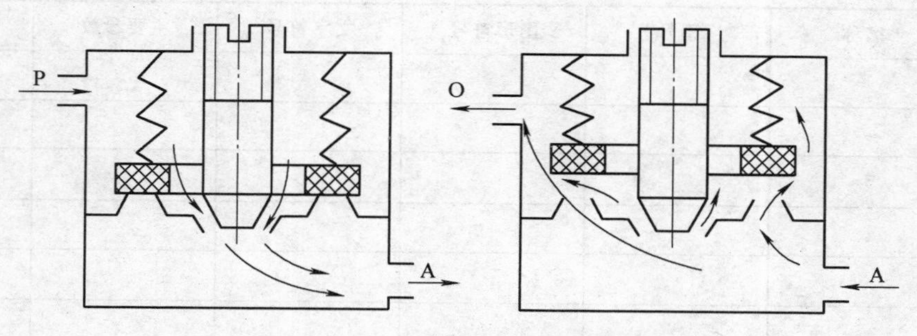

图 3-30　单向节流阀的工作原理图

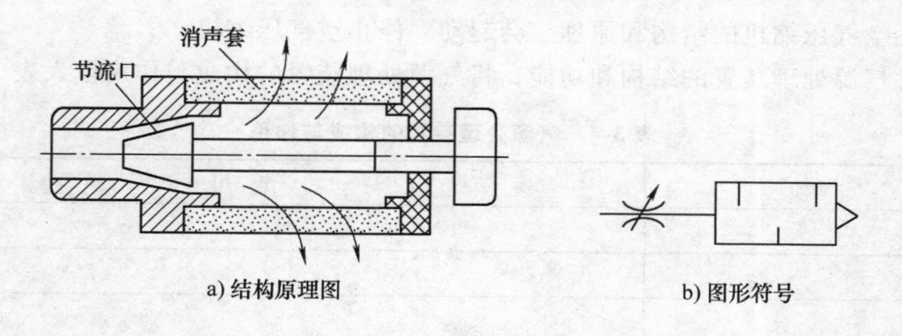

a) 结构原理图　b) 图形符号

图 3-31　排气节流阀

【项目任务】

任务　识别常用气动元件

一、任务描述

1）识别空气压缩机、气缸、常用气动控制阀等。

2）识别常用气动元件的型号、连接方法及质量。

二、实训内容

1. 实训器材

空气压缩机、气缸、气动控制阀（压力控制阀、流量控制阀、方向控制阀）、气动辅助元件。

可根据实际情况选择现有型号的气动元件。

2. 实训过程

1）识别常用气动元件。

① 在教师指导下，仔细观察各种不同类型、规格的气动元件，熟悉它们的外形、型号、主要技术参数的意义、功能、结构及工作原理等。

② 由学生根据实物写出各气动元件的名称、型号、文字符号及主要参数，并画出图形符号，填入表3-3中。

表3-3 气动元件的识别

序号	名称	型号	图形符号	文字符号	主要参数	备注
1						
2						
3						
4						
5						
6						

2）熟悉空气压缩机的结构和原理，会起动、停止空气压缩机。

3）熟悉气源处理装置的结构和功能，将气源处理装置的构成与作用填入表3-4中。

表3-4 气源处理装置的构成与作用

序号	构成	作 用
1		
2		
3		

3. 评分标准（表3-5）

表3-5 气动元件识别与检测评分标准

项 目	配分	评分标准		得 分
识别气动元件	60	1）写错或漏写名称	每只扣5分	
		2）写错或漏写型号	每只扣5分	
		3）写错符号	每只扣5分	
识别气源处理装置	30	1）写错或漏写名称	扣5分	
		2）写错作用	扣5分	

续表

项　目	配分	评分标准			得　分
识别空气压缩机	10	1)主要部件的作用写错		每项扣5分	
		2)参数漏写或写错		每项扣5分	
安全文明生产	违反安全文明生产规程			由指导教师根据情况扣分	
定额时间	50min			每超时5min(不足5min以5min计)扣5分	
开始时间		结束时间		实际时间	总分

知识小结

气动系统由动力元件、执行元件、控制元件、辅助元件及工作介质五个部分组成。

向气动系统提供压缩空气的装置称为气源装置，气动系统各部分气动元件使用的压缩空气的都是从气源装置获得的。气源装置的主体部分是空气压缩机，由空气压缩机产生的压缩空气，因为不可避免地含有过高的杂质（灰尘、水分等），不能直接输入气动系统使用，还必须进行降温、除尘、除油、过滤等一系列处理后才能用在气动系统中。这就需要在空气压缩机出口管路上安装一系列辅助元件，如冷却器、油水分离器、过滤器、干燥器等。此外，为了提高气动系统的工作性能，还需要用到其他辅助元件，如油雾器、转换器、消声器等。

一般来说，气源装置是由空气压缩机、储存压缩空气的装置和传输压缩空气的管路系统三个部分组成的。

在气动系统中，控制执行元件起动、停止、运动方向的元件称为方向控制阀，方向控制阀的作用是改变压缩空气的流动方向和气流的通断。

在气动系统中，压力控制阀是调节和控制气体压力大小的控制阀，常用的有减压阀、溢流阀、顺序阀。

在气动系统中，控制气缸运动速度的快慢、油雾器的滴油量、缓冲气缸的缓冲能力等都需要通过控制压缩空气的流量来实现，压缩空气流量的调节和控制是通过改变流量控制阀的通流截面面积来实现的。现在常用的流量控制阀包括节流阀、单向节流阀、排气节流阀等。

习　题

1. 空气压缩机分类方法有哪些？
2. 什么是气源处理装置？各起什么作用？
3. 在压缩空气站中，为什么既有除油器，又有油雾器？
4. 气源处理装置的连接顺序是什么？为什么这样连接？
5. 为什么空气压缩机排出的压缩空气不能直接输送给气动设备使用？
6. 空气压缩机在气动系统中起什么作用？如何选用？
7. 简述空气过滤器的结构原理。
8. 气动系统由哪些装置及元件组成？
9. 气动马达有哪些突出特点？
10. 为什么气动系统需要用消声器？消声器一般安装在什么地方？

项目二 气动基本控制回路

【学习目标】

知识目标

- 掌握各种气动控制回路的结构及工作原理。
- 掌握各种气动控制回路的选用方法。
- 掌握气动控制回路与液压回路之间的区别。

技能目标

- 能合理选择各种气动元件并根据其功能组成气动回路。
- 能实现预定的方向控制、压力控制和位置控制等功能。

【知识准备】

一、换向控制回路

气动执行元件的换向主要是利用方向控制阀来实现的。如同液压系统一样，方向控制阀按照通路数也分为二通阀、三通阀、四通阀、五通阀等，利用这些方向控制阀可以构成单作用执行元件和双作用执行元件的各种换向控制回路。

1. 单作用气缸换向回路

图 3-32a 所示为二位三通电磁阀控制的单作用气缸换向回路。电磁铁通电时，气缸活塞杆向上运动；反之，向下运动。

图 3-32b 所示为三位四通电磁阀控制的单作用气缸换向回路，该回路可以控制气缸的上下运动及停止。该阀在两电磁铁都断电时自动对中，能使气缸停止在任意位置，但定位精度不高，并且定位时间不长。

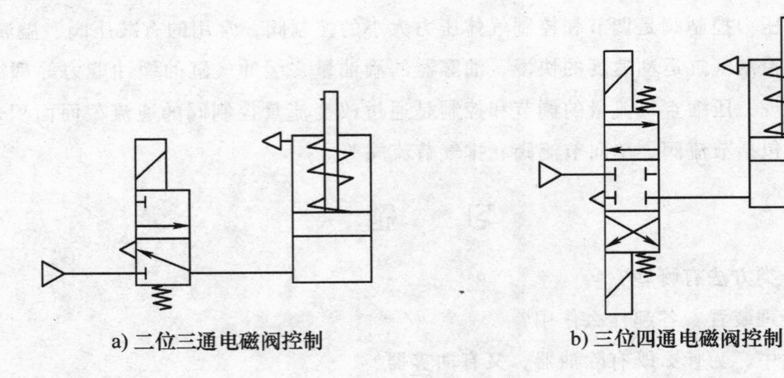

a) 二位三通电磁阀控制　　b) 三位四通电磁阀控制

图 3-32　单作用气缸换向回路

2. 双作用气缸换向回路

图 3-33 所示为各种双作用气缸的换向回路，在实际中，可以根据执行元件的动作与操作方式等，对这些回路进行灵活选用和组合。图 3-33a ~ c 所示为简单换向回路。图 3-33d ~ f 所示为双稳回路，双稳回路的作用在于其“记忆”机能。当有置位（或复位）信号作用后，输出对应某一工作状态。在该信号取消后、其他复位（或置位）信号作用

前，原输出状态一直保持不变。例如：图 3-33d 所示为采用二位四通换向阀的双稳回路，二位四通换向阀左边有置位信号后，气缸右行，即使置位信号消失，在复位信号到来之前，由于二位四通换向阀切换在右位，气缸仍处于右行状态；当复位信号作用后，气缸处于左行状态。

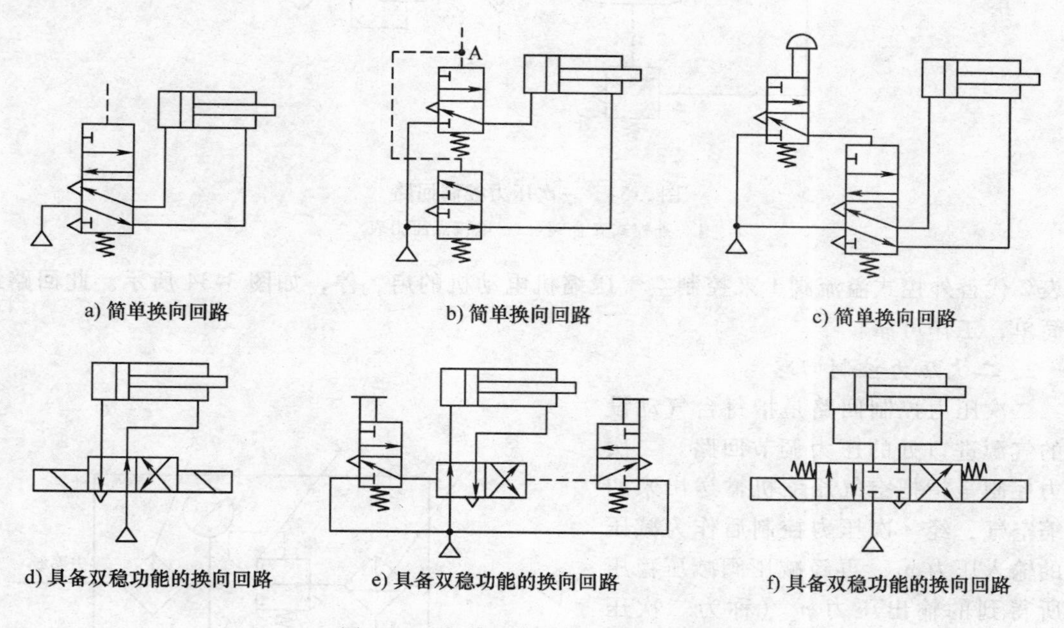

图 3-33　各种双作用气缸的换向回路

二、压力控制回路

对系统压力进行调节和控制的回路称为压力控制回路。压力控制回路是使气动系统中有关回路的压力保持在一定的范围内，或者根据需要使回路得到高、低不同的空气压力的基本回路。

1. 一次压力控制回路

一次压力控制是指把空气压缩机的输出压力控制在一定值以下。一般情况下，空气压缩机的出口压力为 0.8MPa 左右。回路中设有气罐，气罐上装有压力表、安全阀等。气源的选取可根据使用单位的具体条件，采用压缩空气站集中供气或小型空气压缩机单独供气，只要它们的储量能够与用气系统压缩空气的消耗量相匹配即可。当空气压缩机的容量选定以后，在正常向系统供气时，气罐中压缩空气的压力由压力表显示出来，其值一般低于溢流阀的调定值，因此溢流阀通常处于关闭状态。当系统用气量明显减少，气罐中的压缩空气过量而使压力升高到超过溢流阀的调定值时，溢流阀自动开启溢流，使罐中压力迅速下降，当罐中压力降至溢流阀的调定值以下时，溢流阀自动关闭，使罐中压力保持在规定范围内。可见，溢流阀的调定值要适当。若调得过高，则系统不够安全，压力损失和泄漏也会增加；若调得过低，则会使溢流阀频繁开启溢流而消耗能量。溢流阀压力的调定值，一般可根据气动系统工作压力范围，调整在 0.7MPa 左右。一次压力控制回路用于控制压缩空气站气罐使其压力不超过规定压力，常采用外控式溢流阀 1 来控制，也可用电接点压

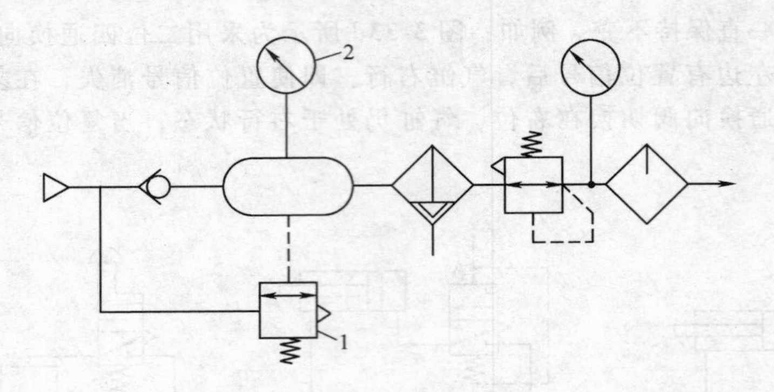

图 3-34　一次压力控制回路
1—外控式安全阀　2—电接点压力表

力表 2 代替外控式溢流阀 1 来控制空气压缩机电动机的启、停，如图 3-34 所示。此回路结构简单，工作可靠。

2. 二次压力控制回路

二次压力控制回路是指每台气动设备的气源进口处的压力调节回路。二次压力控制是指把空气压缩机输送出来的压缩空气，经一次压力控制后作为减压阀的输入压力 p_1，再经减压阀减压稳压后所得到的输出压力 p_2（称为二次压力）作为气动控制系统的工作气压使用。可见，气源的供气压力 p_1 应高于二次压力 p_2 的调定值。在选用图 3-35 所示回路时，可以用三个分离元件（即空气过滤器、减压阀和油雾器）组合而成，也可以采用气源处理装置组合件。在组合时三个元件的相对位置不能改变。由于空气过滤器的过滤精度较高，因此，在它的前面还要加一级粗过滤装置。若控制系统不需要加油雾器，则可省去油雾器或在油雾器之前用三通接头引出支路。

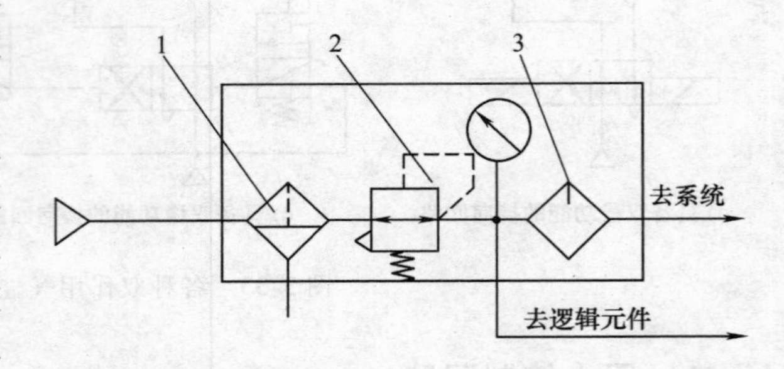

图 3-35　二次压力控制回路
1—空气过滤器　2—减压阀　3—油雾器

3. 高、低压转换回路

图 3-36 所示为高、低压转换回路。在实际应用中，某些气动控制系统需要有高、低压力的选择。例如：加工塑料门窗的三点焊机的气动控制系统中，用于控制工作台移动的回路的工作压力为 0.25 ~ 0.3MPa，而用于控制其他执行元件的回路的工作压力为 0.5 ~ 0.6MPa。对于这种情况，若采用

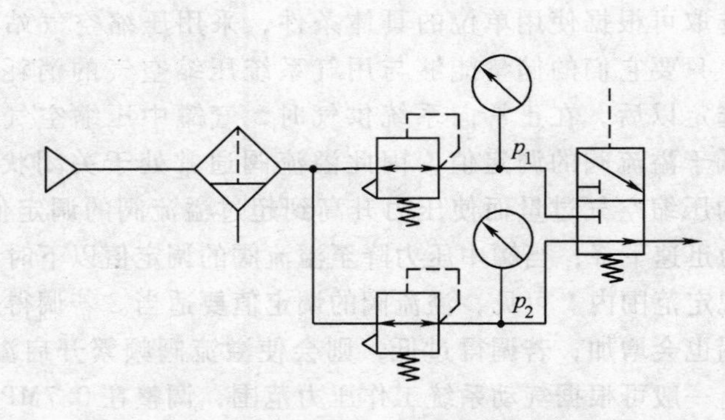

图 3-36　高、低压转换回路

调节减压阀的办法来解决，会十分麻烦。因此可采用图 3-36 所示的高、低压转换回路，只要分别调节两个减压阀，就能得到所需的高压和低压的输出，该回路适用于负载差别较大的场合。

三、速度控制回路

控制气动执行元件运动速度的一般方法是控制进入或排出执行元件的空气流量。因此，利用流量控制阀来改变进、排气管的有效截面面积，就可以实现速度控制。

1. 单作用气缸速度控制回路

（1）节流阀调速　如图 3-37a 所示，两只单向节流阀反向安装，通过调节各单向节流阀的开度，调节气体流量，可以分别控制活塞杆伸出和退回的运动速度。该回路的运动平稳性和速度刚度都较差，易受外负载变化的影响，用于对速度稳定性要求不高的场合。

（2）快速排气阀节流调速　如图 3-37b 所示，气缸的活塞杆上升时可以通过节流阀调速，活塞杆下降时可以通过快速排气阀排气，实现快速退回。

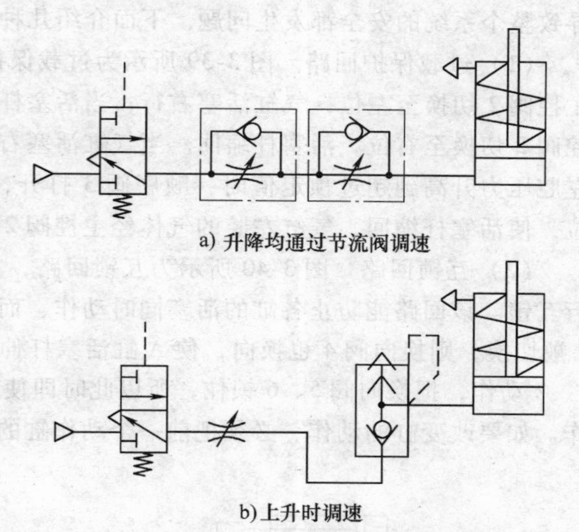

图 3-37　单作用气缸的速度控制回路

2. 双作用气缸的速度控制回路

图 3-38 所示为双向排气节流调速回路。

在气压传动系统中，采用排气节流调速的方法控制气缸运动的速度，活塞的运动速度比较平稳，振动小，比进气节流调速效果要好。

图 3-38a、b 所示回路在原理上没有什么区别，只是图 3-38a 所示为在换向阀前节流调速，采用的是单向节流阀；图 3-38b 所示为在换向阀后节流调速，采用排气节流阀。这两种调速回路的调速效果基本相同，都属于排气节流调速。从成本上考虑，图 3-38b 所示回路要经济一些。

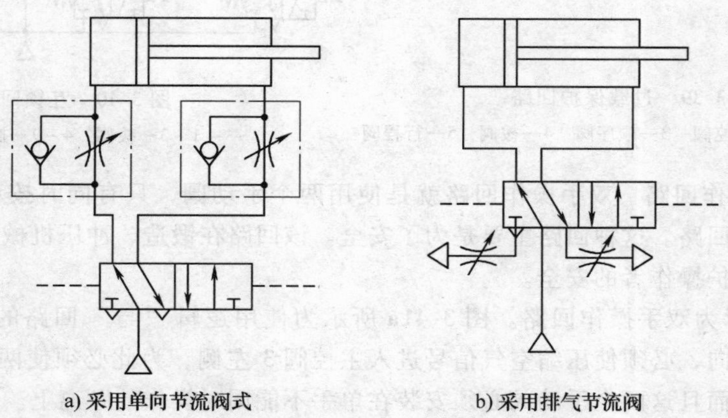

图 3-38　双向排气节流调速回路

四、其他常用基本回路

1. 安全保护回路

由于气动机构的过载、气压的突然降低以及气动执行机构的快速动作等原因都可能危及操作人员或设备的安全，因此在气动回路中，常要加入安全回路。需要指出的是，在设计任何气动回路时，特别是安全回路，都不能缺少过滤装置和油雾器。因为脏污空气中的杂物可能堵塞阀中的小孔与通路，使气路发生故障。缺乏润滑油时，很可能使阀发生卡死或磨损，导致整个系统的安全都发生问题。下面介绍几种常用的安全保护回路。

（1）过载保护回路　图 3-39 所示为过载保护回路。在正常工作情况下，按下手动阀 1，主控阀 2 切换至左位，气缸活塞右行；当活塞杆上的挡块碰到行程阀 5 时，控制气体又使主控阀 2 切换至右位，活塞杆缩回。当气缸活塞右行时，若遇到故障而造成负载过大，使气缸左腔压力升高到超过预定值时，顺序阀 3 打开，控制气体可经梭阀 4 将主控阀 2 切换至右位，使活塞杆缩回，气缸左腔的气体经主控阀 2 排掉，这样就防止了系统过载。

（2）互锁回路　图 3-40 所示为互锁回路，主要利用梭阀 1、2、3 及换向阀 4、5、6 进行互锁。该回路能防止各缸的活塞同时动作，而保证只有一个活塞动作。例如：若当换向阀 7 被切换，则换向阀 4 也换向，使 A 缸活塞杆伸出；与此同时，A 缸进气管路的气体使梭阀 1、2 动作，把换向阀 5、6 锁住，所以此时即使换向阀 8、9 有气控信号，B、C 缸也不会动作。如要改变缸的动作，必须把前一个动作缸的气控阀复位才行。

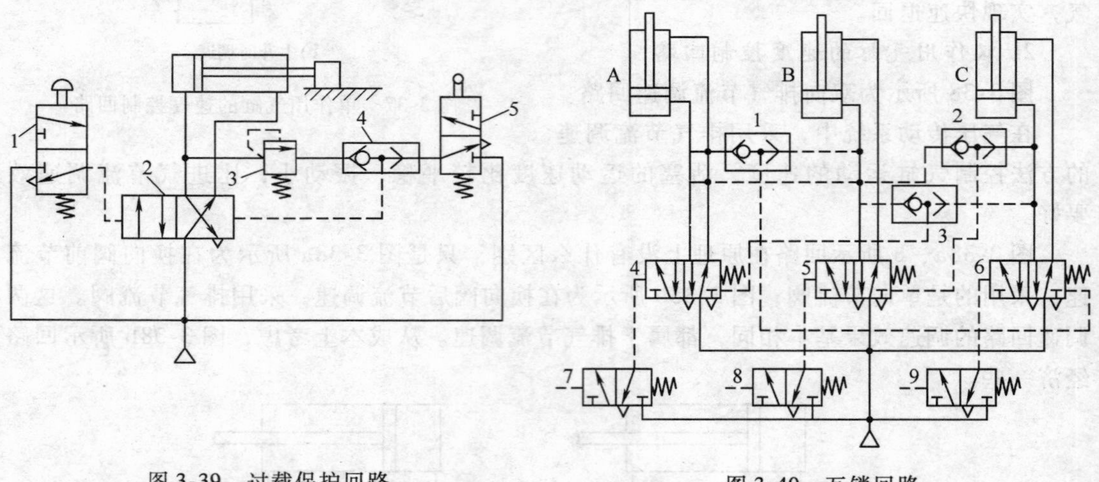

图 3-39　过载保护回路

1—手动阀　2—主控阀　3—顺序阀　4—梭阀　5—行程阀

图 3-40　互锁回路

1～3—梭阀　4～9—换向阀

（3）双手操作回路　双手操作回路就是使用两个手动阀，只有同时按动两个手动阀执行元件才动作的回路。这种回路主要是为了安全。该回路在锻造、冲压机械上常用来避免产生误动作，以保护操作者的安全。

图 3-41 所示为双手操作回路。图 3-41a 所示为使用逻辑“与”回路的双手操作回路，为使主控阀 3 换向，必须使压缩空气信号进入主控阀 3 左侧，为此必须使两只三通手动阀 1 和 2 同时换向，而且这两个手动阀必须安装在单手不能同时操作的距离上。在操作时，如任何一只手离开则控制信号消失，主控阀复位，活塞杆后退。

图 3-41b 所示为使用三位主控阀的双手操作回路，只有手动阀 2 和 3 同时动作时，主控阀 1 才能换向到上位，活塞杆前进；当手动阀 2 和 3 同时松开时（图示位置），主控制阀 1 才能换向到下位，活塞杆返回，若手动阀 2 或 3 中任何一个动作，将使主控阀复位到中位，活塞杆处于停止状态。

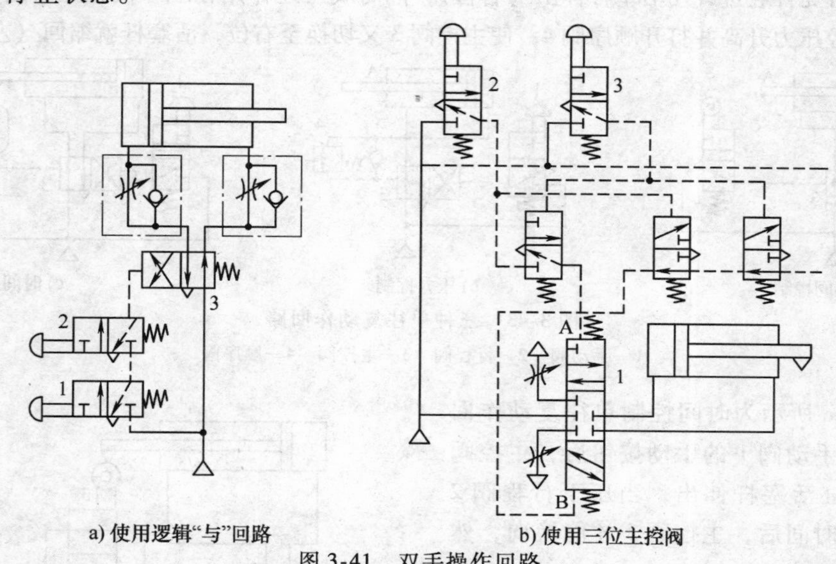

图 3-41　双手操作回路

2. 延时回路

图 3-42 所示为延时回路。图 3-42a 所示为延时输出回路，当控制信号切换换向阀 4 后，压缩空气经单向节流阀 3 向气罐 2 充气。当充气压力经过延时升高至使换向阀 1 换位时，换向阀 1 就有输出。

图 3-42b 所示为延时接通回路，按下手动阀 8，则气缸活塞杆向外伸出，当气缸在伸出行程中压下行程阀 5 后，压缩空气经节流阀到气罐 6，延时后才将主控阀 7 切换，气缸退回。

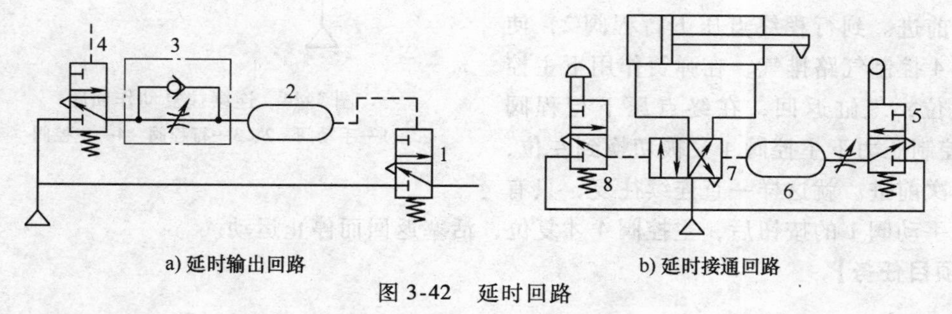

图 3-42　延时回路

3. 顺序动作回路

顺序动作是指在气动回路中，各个气缸按一定程序完成各自的动作。例如：单缸有单往复动作、二次往复动作和连续往复动作等；多缸按一定顺序进行单往复或多往复顺序动作等。

(1) 单往复动作回路　图 3-43 所示为三种单往复动作回路。

图 3-43a 所示为行程阀控制的单往复动作回路，当按下手动阀 1 的手动按钮后压缩空气

使主控阀3换向，活塞杆向前伸出，当活塞杆上的挡铁碰到行程阀2时，主控阀3复位，活塞杆返回。

图3-43b所示为压力控制的单往复动作回路，当按下手动阀1的手动按钮后，主控阀3的阀芯右移，气缸无杆腔进气使活塞杆伸出（右行），同时气压还作用在顺序阀4上。当活塞到达终点后，无杆腔压力升高并打开顺序阀4，使主控阀3又切换至右位，活塞杆就缩回（左行）。

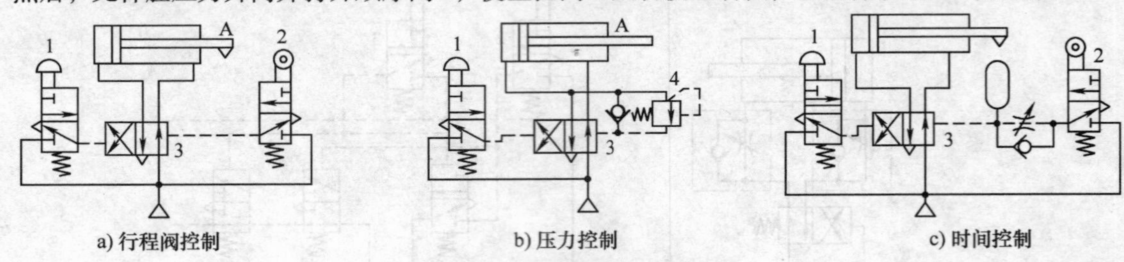

图3-43 三种单往复动作回路

1—手动阀 2—行程阀 3—主控阀 4—顺序阀

图3-43c所示为时间控制单往复动作回路，当按下手动阀1的手动按钮后，主控阀3换向，气缸活塞杆伸出，当压下行程阀2并延时一段时间后，主控阀3才能换向，然后活塞杆再缩回。

由以上可知，在单往复动作回路中，每按下一次按钮，气缸就完成一次往复动作。

（2）连续往复动作回路 图3-44所示为连续往复动作回路，它能完成连续的动作循环。当按下手动阀1的按钮后，主控阀4换向，活塞向前运动，这时由于行程阀3复位而将气路封闭，使主控阀4不能复位，活塞继续前进。到行程终点压下行程阀2，使主控阀4控制气路排气，在弹簧作用下主控阀4复位，气缸返回，在终点压下行程阀3，在控制压力下主控阀4又被切换到左位，活塞再次前进。就这样一直连续往复，只有当提起手动阀1的按钮后，主控阀4才复位，活塞返回而停止运动。

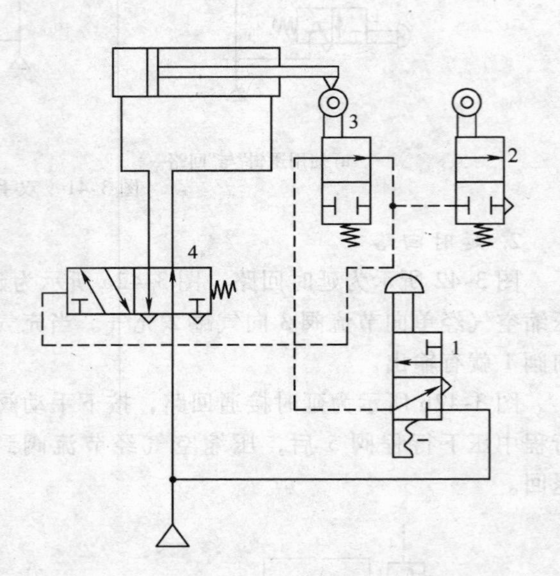

图3-44 连续往复动作回路

1—手动阀 2、3—行程阀 4—主控阀

【项目任务】

任务一 行程阀控制气缸连续往返气控回路

一、任务描述

认识气缸、气动阀、气泵及气源处理装置实物，了解其工作原理及各元件在系统中所起的作用。

二、实训内容

1. 实训装置与气动元件

1）实训装置：THPQD-1 型气动与 PLC 实训台。

2）实训气动元件（表 3-6）。

表 3-6　实训气动元件

序号	名称	规格	数量	备注
1	手动阀		1	
2	行程阀		2	
3	气控二位五通换向阀		1	
4	双作用气缸		1	

2. 实训气动回路（图 3-45）

3. 实训步骤

1）根据图 3-45，把所需的气动元件有布局地安装在实训台上，再用气管把它们连接在一起组成回路。

2）仔细检查后，打开气泵的放气阀，压缩空气进入气源处理装置。调节气源处理装置中间的减压阀，使压力为 0.4MPa。由原理图可知，气缸活塞杆首先应退回气缸最底部，同时压下行程阀 3，使其处在动作状态位；然后按下手动阀 1，使之换位，气缸活塞杆前进，到头后，压下行程阀 4，使其也工作在动作状态位，这样气缸便可周而复始地动作。

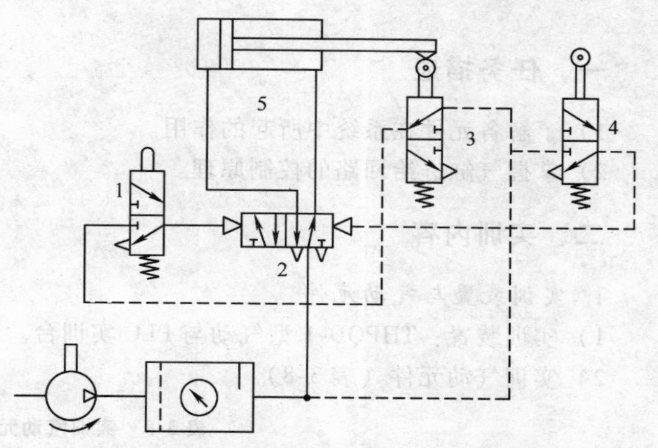

图 3-45　行程控制气缸连续往返气控回路

1—手动阀　2—气控二位五通换向阀

3、4—行程阀　5—双作用气缸

3）使手动阀 1 复位，气缸活塞杆退回到最底部后，便停止工作。按下手动阀 1 一次，气缸便往返一次。

4. 评分标准（表 3-7）

表 3-7　评分标准

项目内容	配分	评分标准		得分
装前检查	15	元器件漏检或错检	每漏一处扣 5 分	
安装布线	45	整体布置不合理	扣 5 分	
		元件安装不牢固	每只扣 4 分	
		损伤气管或接头	每根扣 5 分	
		损坏元器件	扣 15 分	
		不按气动图接线	扣 25 分	
		布线不符合要求	每根扣 3 分	

（续）

项目内容	配分	评分标准		得分
通气试车	40	第一次试车不成功	扣10分	
		第二次试车不成功	扣20分	
		第三次试车不成功	扣40分	
安全文明生产	违反安全文明生产规程		由指导教师根据实际情况扣分	
定额时间	2h，每超时5min（不足5min以5min计）		扣5分	
开始时间		结束时间	实际时间	总分

任务二　气缸进给（快进→慢进→快退）控制回路

一、任务描述

1）了解各元件在系统中所起的作用。

2）掌握气缸进给回路的控制原理。

二、实训内容

1. 实训装置与气动元件

1）实训装置：THPQD-1 型气动与 PLC 实训台。

2）实训气动元件（表 3-8）。

表 3-8　实训气动元件

序号	名称	规格	数量	备注
1	单向节流阀		1	
2	二位二通换向阀		2	
3	气控二位五通换向阀		1	
4	双作用气缸		1	

2. 实训气动回路（图 3-46）

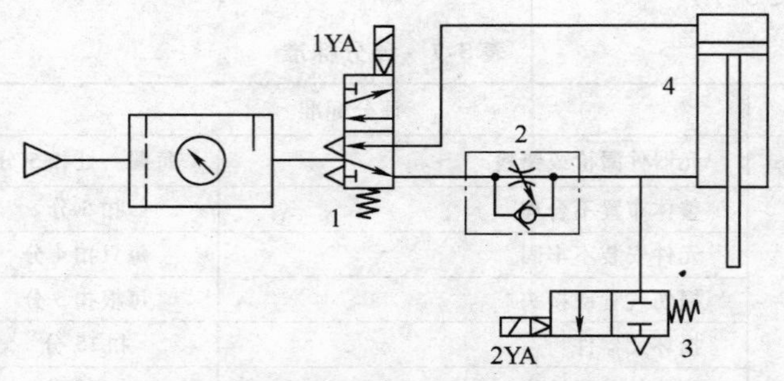

图 3-46　气缸进给（快进→慢进→快退）控制回路

1—气控二位五通换向阀　2—单向节流阀　3—二位二通换向阀　4—双作用气缸

电磁铁动作顺序如下：

1YA、2YA 均得电，气缸快速前进；

1YA 得电、2YA 失电，气缸慢速前进；

1YA、2YA 均失电，气缸快退。

3. 实训步骤

1）根据图 3-46 选择所需的气动元件，将其安装在铝型材上，再用气管将它们连接在一起组成回路。

2）按图 3-47 连接电气控制回路。

3）仔细检查后，按下主面板上的起动按钮，打开气泵的放气阀，压缩空气进入气源处理装置，调节减压阀，使压力为 0.4MPa。当按下 SB2 后，1YA、2YA、KZ1 得电，同时相应的触点也动作，气缸 4 活塞杆快速前进，当碰到磁性开关 A 后，A 触发，2YA 失电，气缸有杆腔中的气体经单向节流阀 2 回气，阻力加大，气缸慢进。当按下 SB1 后，1YA、2YA、KZ1 均失电，相应的阀均复位，气缸经单向节流阀快退。

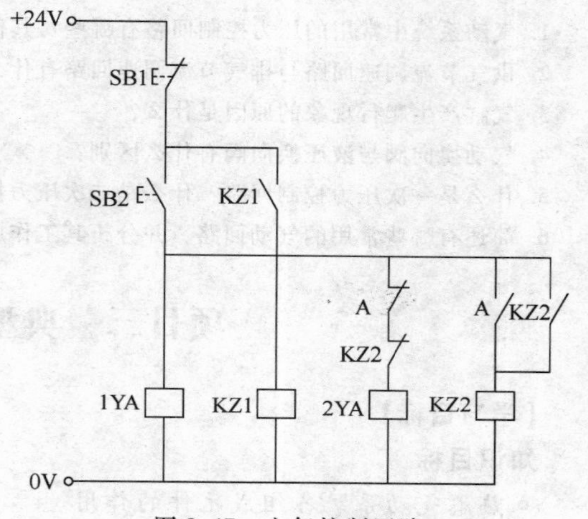

图 3-47 电气控制回路

4. 评分标准（表 3-9）

表 3-9 评分标准

项目内容	配分	评分标准		得分
装前检查	15	元器件漏检或错检	每漏一处扣 5 分	
安装布线	45	整体布置不合理	扣 5 分	
		元件安装不牢固	每只扣 4 分	
		损伤气管或接头	每根扣 5 分	
		损坏元器件	扣 15 分	
		不按气动图接线	扣 25 分	
		布线不符合要求	每根扣 3 分	
通气试车	40	第一次试车不成功	扣 10 分	
		第二次试车不成功	扣 20 分	
		第三次试车不成功	扣 40 分	
安全文明生产	违反安全文明生产规程		由指导教师根据实际情况扣分	
定额时间	2h，每超时 5min（不足 5min 以 5min 计）		扣 5 分	
开始时间		结束时间	实际时间	总分

知识小结

气动执行元件的换向主要是利用方向控制阀来实现的。如同液压系统一样，方向控制阀按照通路数也分为二通阀、三通阀、四通阀、五通阀等，利用这些方向控制阀可以构成单作用执行元件和双作用执行元件的各种换向控制回路。

对系统压力进行调节和控制的回路称为压力控制回路。压力控制回路是使气动系统中有关回路的压力保持在一定的范围内，或者根据需要使回路得到高、低不同的气体压力的基本回路。

控制气动执行元件运动速度的一般方法是控制进入或排出执行元件的空气流量。利用流量控制阀来改变进、排气管的有效截面面积，就可以实现速度控制。

习　题

1. 气动系统中常用的压力控制回路有哪些？其作用如何？
2. 供气节流调速回路与排气节流调速回路有什么区别？
3. 气缸产生爬行现象的原因是什么？
4. 气动换向阀与液压换向阀有什么区别？
5. 什么是一次压力控制回路？什么是二次压力控制回路？
6. 简述有哪些常用的气动回路，并分析其工作原理及特点。

项目三　典型气压传动系统

【学习目标】

知识目标

- 熟悉气动系统各组成元件的作用。
- 掌握气动系统工作原理图的识读方法。

技能目标

- 会识读气动系统的工作原理图。
- 会处理气动系统的常见故障。

【知识准备】

一、气动机械手气压传动系统

气动机械手具有结构简单、动作迅速、制造成本低、不污染工作环境等优点，并可以根据各种自动化设备的工作需要，按照设定的控制程序动作，如实现自动取料、上料、卸料和自动换刀具等。因此，它在自动生产设备和生产线应用广泛。

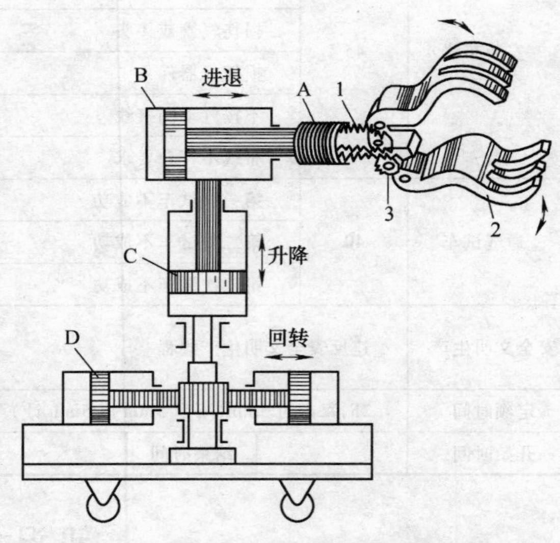

图 3-48　气动机械手的结构示意图
1—齿条　2—手指　3—齿轮

图 3-48 所示为气动机械手的结构示意图。它由四个气缸组成，可在三个坐标内运动。图中，A 缸为夹紧缸，其活塞杆退回时夹紧工件，活塞杆伸出时松开工件；B 缸为长臂伸缩缸，可实现伸出和缩回动作；C 缸为立柱升降缸；D 缸为立柱回转缸，该气缸有两个活塞，分别装在带齿条的活塞杆两

头，齿条的往复运动带动立柱上的齿轮旋转，从而实现立柱的旋转。

图 3-49 所示为气动机械手的气动系统工作原理图（手指部分为真空吸头，即如图 3-48 中的 A 缸部分）。要求其工作循环为：立柱上升—伸臂—立柱顺时针方向旋转—真空吸头取工件—立柱逆时针方向旋转—缩臂—立柱下降。

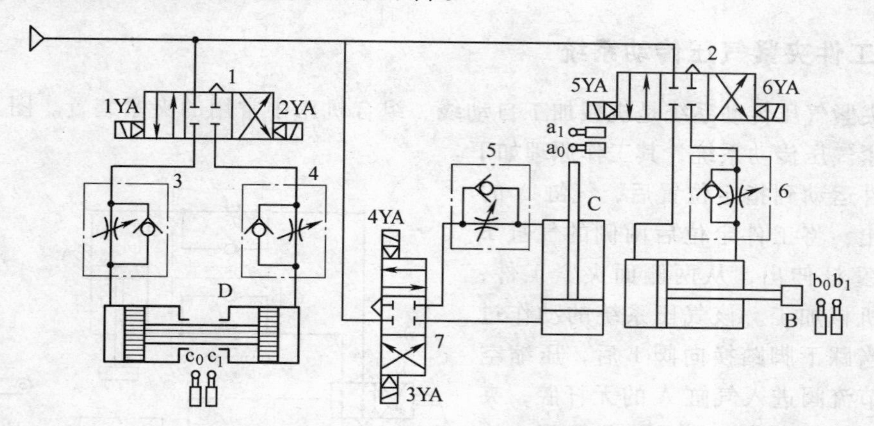

图 3-49　气动机械手的气动系统工作原理图
1、2、7—三位四通双电控换向阀　3～6—单向节流阀

三个气缸均与三位四通双电控换向阀、单向节流阀组成换向、调速回路。各气缸的行程位置均由电气行程开关进行控制。该机械手在工作循环中各电磁铁的动作顺序见表 3-10。

表 3-10　电磁铁动作顺序表

电磁铁	垂直缸 C 上升	水平缸 B 伸出	回转缸 D 回转	回转缸 D 复位	水平缸 B 退回	垂直缸 C 下降
1YA			+			
2YA				+		
3YA						+
4YA	+					
5YA		+				
6YA					+	

按下起动按钮，4YA 通电，三位四通双电控换向阀 7 处于上位，压缩空气进入垂直缸 C 下腔，活塞杆上升。

当垂直缸 C 活塞上的挡块碰到电气行程开关 a_1 时，4YA 断电，5YA 通电，三位四通双电控换向阀 2 处于左位，水平缸 B 活塞杆伸出，带动真空吸头进入工作点并吸取工件。

当垂直缸 B 活塞上的挡块碰到电气行程开关 b_1 时，5YA 断电，1YA 通电，三位四通双电控换向阀 1 处于左位，回转缸 D 顺时针方向回转，使真空吸头进入下料点下料。

当回转缸 D 活塞杆上的挡块压下电气行程开关 c_1 时，1YA 通电，2YA 通电，三位四通双电控换向阀 1 处于右位，回转缸 D 复位。

当回转缸 D 复位，其上挡块碰到电气行程开关 c_0 时，6YA 通电，2YA 断电，三位四通双电控换向阀 2 处于右位，水平缸 B 活塞杆退回。

水平缸 B 退回时，挡块碰电气行程开关 b_0，6YA 断电，3YA 通电，三位四通双电控换向阀7处于下位，垂直缸C活塞杆下降，到原位时，碰上电气行程开关a_0，3YA断电，至此完成一个工作循环。如再给起动信号，可进行同样的工作循环。根据需要，只要改变电气行程开关的位置，调节单向节流阀的开度，即可改变各气缸的运动速度和行程。

二、工件夹紧气压传动系统

工件夹紧气压传动系统是机械加工自动线、组合机床中常用的夹紧装置。图3-50所示为工件夹紧气压传动系统，其工作原理如下。

当工件运动到指定位置后，气缸A的活塞杆伸出，将工件定位后两侧的气缸B和C的活塞杆伸出，从两侧面夹紧工件，然后进行机械加工。该气压系统的动作过程如下：当踩下脚踏换向阀1后，压缩空气经单向节流阀进入气缸A的无杆腔，夹紧头下降至工件定位位置后使行程阀2换向，压缩空气经单向节流阀5进入中继阀6的右侧，使中继阀6换向；压缩空气经中继阀6通过主控阀4的左位进入气缸B和C的无杆腔，使两气缸活塞杆同时伸出，夹紧工件，与此同时，压缩空气的一部分经单向节流阀3调定延时用于加工后使主控阀4换向到右位，则两气缸B和C的活塞杆返回。

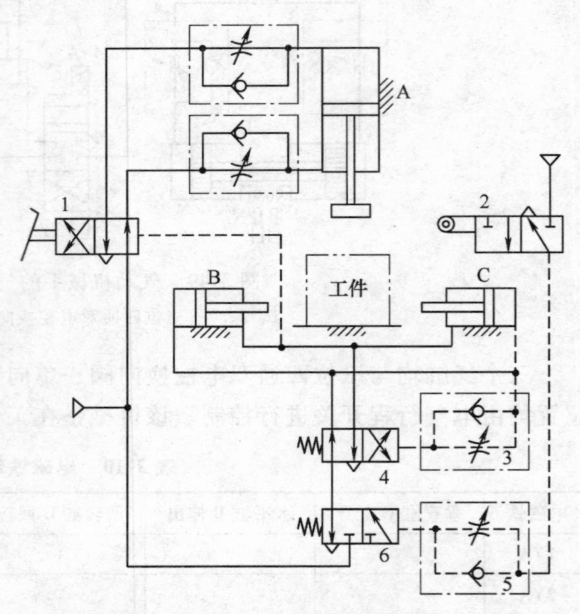

图3-50 工件夹紧气压传动系统

1—脚踏换向阀 2—行程阀 3、5—单向节流阀 4—主控阀 6—中继阀

在两气缸的活塞杆返回过程中，有杆腔中的压缩空气使换向阀1复位，则气缸A的活塞杆返回。此时由于行程阀2复位（右位），所以中继阀6也复位，则气缸B和C无杆腔通大气，主控阀4自动复位。由此完成一个动作循环，即气缸A的活塞杆伸出压下（定位）→气缸B、C的活塞杆伸出夹紧（加工）→气缸B、C的活塞杆返回→气缸A的活塞杆返回。

三、气液动力滑台气压传动系统

气液动力滑台是采用气液阻尼缸作为执行元件，在机床设备中用来实现进给运动的部件。

图3-51所示为气液动力滑台的气压传动系统。图中，手动阀1、行程阀2、手动阀3和手动阀4、节流阀5、行程阀6实际上分别被组合在一起，成为两个组合阀。

该气液动力滑台能完成下面的两种工作循环。

（1）快进→慢进（工进）→快退→停止 当图3-51中手动阀4处于图示状态时，就可实现该循环的进给程序。其动作原理为：当手动阀3切换到右位时，实际上就是给予进给信号，在气压作用下，气缸中的活塞开始向下运动，液压缸中的活塞下腔油液经行程阀6的左

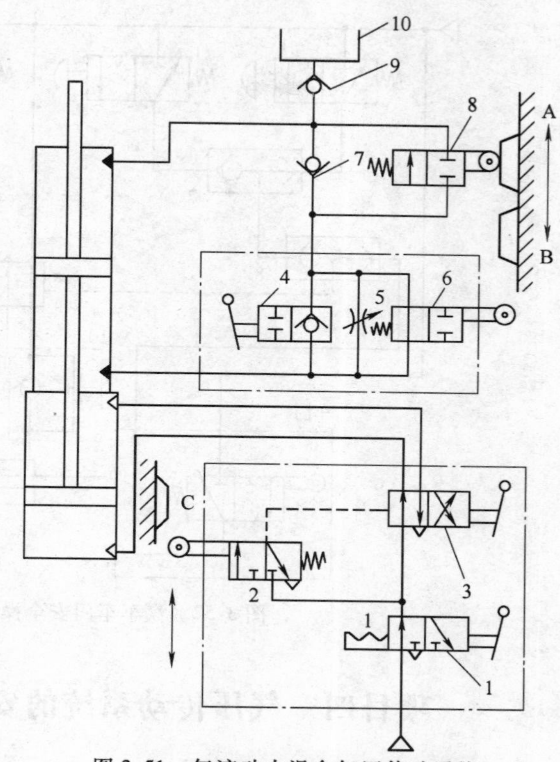

图 3-51　气液动力滑台气压传动系统

1、3、4—手动阀　2、6、8—行程阀　5—节流阀

7、9—单向阀　10—补油箱

位和单向阀 7 进入液压缸活塞的上腔，实现快进；当快进到活塞杆的挡铁 B 切换行程阀 6（使它处于右位）后，油液只能经节流阀 5 进入活塞上腔，调节节流阀的开度即可调节气液阻尼缸的运动速度，所以，这时开始慢进（工进）；当慢进到挡铁 C 使行程阀 2 切换至左位时，输出信号使手动阀 3 切换至左位，这时气缸活塞开始向上运动；液压缸活塞上腔的油液经行程阀 8 至图示位置而使油液通道被切断，活塞就停止运动。所以改变挡铁 A 的位置，就能改变“停”的位置。

（2）快进→慢进→慢退→快退→停止　将手动阀 4 关闭（处于左位）就可实现该双向进给程序，其动作循环中的快进—慢进的动作原理与上述相同。当慢进至挡铁 C 切换行程阀 2 至左位时，输出气信号使手动阀 3 切换至左位，气缸活塞开始向上运动，这时液压缸上腔的油液经行程阀 8 的左位和节流阀 5 进入液压缸活塞下腔，亦即实现了慢退（反向进给）；当慢退到挡铁 B 离开行程阀 6 的顶杆而使其复位（处于左位）后，液压缸活塞上腔的油液经行程阀 8 的左位、再经行程阀 6 的左位进入液压缸活塞下腔，开始快退；快退到挡铁 A 切换行程阀 8 至图示位置时，油液通路被切断，活塞就停止运动。

图中，补油箱 10 和单向阀 9 仅是为了补偿系统中的漏油而设置的，因而一般可用油杯来代替。

习　题

1. 试通过观察思考，设计一个较为简单的气压传动回路，使用四个气缸，保证其同时上升和下降。

2. 图 3-52 所示为汽车车门安全操纵系统原理图，图中 1、2、3、4 为按钮换向阀，5 为机动换向阀，6、7、8 为梭阀，9 为气控换向阀，10、11 为单向节流阀，12 为气缸。该系统能控制汽车车门开、关，且当车门在关闭过程中遇到障碍时，能使车门再自动开启，起安全保护作用。分析该气压传动系统的工作原理。

3. 试利用两个双作用气缸、一个顺序阀和一个二位四通单电控换向阀组成顺序动作回路。

4. 试设计一个双作用气缸动作之后单作用气缸才能动作的联锁回路。

5. 试利用双作用气缸，设计一个既可使气缸在任意位置停止，又能使气缸处于浮动状态的气动回路，并说明工作原理。

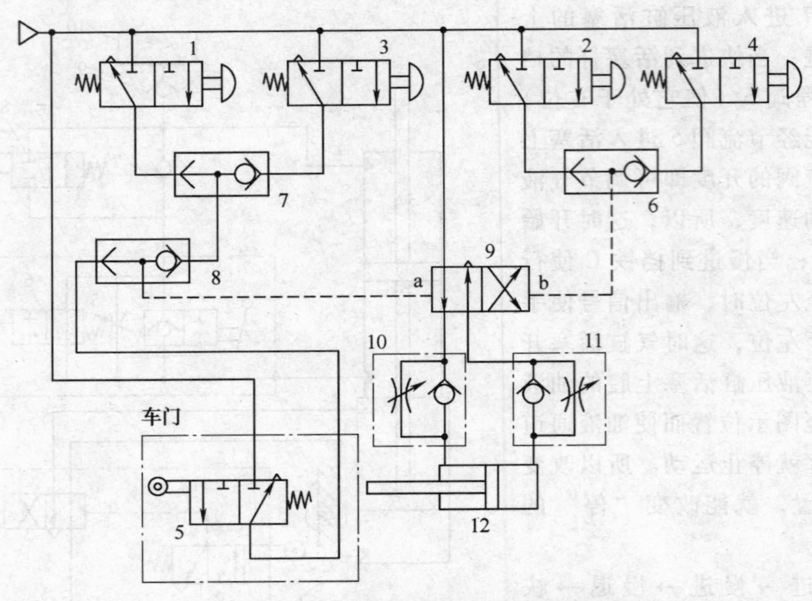

图 3-52 汽车车门安全操纵系统原理图

项目四 气压传动系统的安装调试和故障分析

【学习目标】

知识目标

- 掌握气压传动系统的调试方法。
- 掌握气压传动系统的使用方法。

技能目标

- 能调试简单的气压传动系统。
- 能对气压传动系统进行维护保养。

【知识准备】

一、气压传动系统的安装

1. 管道的安装

1）安装前要检查管道内壁是否光滑，并进行除锈和清洗。

2）管路支架要牢固，工作时不得产生振动。

3）装紧各处接头，管路不允许漏气。

4）管路焊接应符合相关标准的要求。

5）管路系统中任何一段管路均可自由拆装。

6）管路安装的倾斜度、弯曲半径、间距和坡向均要符合有关规定。

2. 元件的安装

1）安装前应对元件进行清洗，必要时要进行密封试验。

2）各类阀体上的箭头方向或标记要符合气流流动方向。

3）动密封圈不要装得太紧，尤其是U形密封圈，否则阻力过大。

4）移动缸的轴线与负载力的作用线要重合，否则会引起侧向力，使密封件加速磨损，活塞杆弯曲。

5）各种自动控制仪表、自动控制器、压力继电器等，在安装前应进行校验。

二、气动系统的调试、使用维护

1. 调试前的准备工作

1）要熟悉说明书等有关技术资料，力求全面了解系统的原理、结构、性能及操纵方法。

2）了解需要调整的元件在设备上的实际位置、操纵方法及调节旋钮的旋向等。

3）准备好调试工具及仪表。

2. 空载试运行

空载试运行时间不得少于2h，注意观察压力、流量、温度的变化。

3. 负载试运行

负载试运行应分段加载，运行时间不得少于3h，分别测出有关数据，记入试车记录。

4. 气动系统的使用维护

气动系统的使用维护分为日常维护、定期检查及系统大修，还应考虑安全与环保，具体应注意以下几个方面：

1）日常维护时需对冷凝水和系统润滑进行管理。

2）开车前后要放掉系统中的冷凝水。

3）定期给油雾器加油。

4）随时注意压缩空气的清洁度，对过滤器的滤芯要定期清洗。

5）开车前检查各调节旋钮是否在正确位置，行程阀、行程开关、挡块的位置是否正确、牢固。对活塞杆、导轨等外露部分的配合表面进行擦拭后方能开车。

6）长期不使用时，应将各旋钮放松，以免弹簧失效而影响元件的性能。

7）间隔三个月需定期检修，间隔一年应进行大修。

8）对受压容器应定期检验，漏气、漏油、噪声等要进行防治。

三、气动系统的故障诊断

1. 故障种类

由于故障发生的时期不同，故障的现象和原因也不同。因此，可将故障分为初期故障、突发故障和老化故障。

（1）初期故障　在调试阶段和开始运转的两三个月内发生的故障称为初期故障。

（2）突发故障　系统在稳定运行时期内突然发生的故障称为突发故障。

（3）老化故障　个别或少数元件达到使用寿命后发生的故障称为老化故障。

2. 故障的诊断方法

（1）经验法　主要依靠实际经验并借助简单的仪表，诊断故障发生部位、找出故障原因的方法，称为经验法。

（2）推理分析法　利用逻辑推理，步步逼近，寻找出故障的真实原因的方法称为推理分析法。

3. 常见故障及其排除

气动系统常见故障及其原因和排除方法见表3-11～表3-16。

表3-11 减压阀常见故障及其原因和排除方法

故障	原因	排除方法
二次压力升高	1)阀弹簧损坏 2)阀座有伤痕,阀座橡胶剥离 3)阀体中进入灰尘,阀芯导向部分黏附异物 4)阀芯导向部分和阀体的O形密封圈收缩、膨胀	1)更换阀弹簧 2)更换阀座 3)清洗、检查过滤器 4)更换O形密封圈
压差很大(流量不足)	1)阀口径小 2)阀下部积存冷凝水,阀内混入异物	1)使用口径大的减压阀 2)清洗、检查过滤器
向外漏气(阀的溢流孔处泄漏)	1)溢流阀阀座有伤痕(溢流式) 2)膜片破裂 3)二次压力升高 4)二次侧背压增加	1)更换溢流阀阀座 2)更换膜片 3)参看二次压力升高故障的排除方法 4)检查二次侧的装置回路
阀体泄漏	1)密封件损伤 2)弹簧松弛	1)更换密封件 2)张紧弹簧
异常振动	1)弹簧的弹力减弱,弹簧错位 2)阀体的轴线、阀杆的轴线错位 3)因空气消耗量周期变化使阀不断开启、关闭,与减压阀引起共振	1)把弹簧调整到正常位置,更换弹力减弱的弹簧 2)检查并调整位置偏差 3)和制造厂协商
虽已松开手柄,二次侧空气也不溢流	1)溢流阀阀座孔堵塞 2)使用非溢流式调压阀	1)清洗并检查过滤器 2)非溢流式调压阀松开手柄也不溢流,因此需要在二次侧安装溢流阀

表3-12 溢流阀常见故障及其原因和排除方法

故障	原因	排除方法
压力虽已上升,但不溢流	1)阀内部孔堵塞 2)阀芯导向部分进入异物	清洗
压力虽没有超过设定值,但在二次侧却溢出空气	1)阀内进入异物 2)阀座损伤 3)调压弹簧损坏	1)清洗 2)更换阀座 3)更换调压弹簧
溢流时发生振动(主要发生在膜片式阀上,其启闭压差较小)	1)压力上升速度很慢,溢流阀放出流量多,引起阀振动 2)因压力上升源到溢流阀之间被节流,阀前部压力上升慢而引起振动	1)在二次侧安装针阀微调溢流量,使其与压力上升量匹配 2)增大压力上升源到溢流阀的管道口径
从阀体和阀盖向外漏气	1)膜片破裂(膜片式) 2)密封件损伤	1)更换膜片 2)更换密封件

表 3-13 换向阀常见故障及其原因和排除方法

故障	原因	排除方法
不能换向	1)阀芯的滑动阻力大,润滑不良 2)O 形密封圈变形 3)粉尘卡住滑动部分 4)弹簧损坏 5)阀操纵力小 6)活塞密封圈磨损	1)进行润滑 2)更换密封圈 3)清除粉尘 4)更换弹簧 5)检查阀操作部分 6)更换密封圈,更换膜片
阀产生振动	1)空气压力低(先导式) 2)电源电压低(电磁阀)	1)提高操纵压力,采用直动式 2)提高电源电压,使用低电压线圈
交流电磁铁有蜂鸣声	1)块状活动铁心密封不良 2)粉尘进入块状、层叠铁心的滑动部分,使活动铁心不能密切接触 3)层叠活动铁心的铆钉脱落,铁心叠层分开不能吸合 4)短路环损坏 5)电源电压低 6)外部导线拉得太紧	1)检查铁心接触情况和密封性,必要时更换铁心组件 2)清除粉尘 3)更换活动铁心 4)更换固定铁心 5)提高电源电压 6)引线应宽裕
电磁铁动作时间偏差大,或有时不能动作	1)活动铁心锈蚀,不能移动;在湿度高的环境中使用气动元件时,由于密封不完善而向磁铁部分泄漏空气 2)电源电压低 3)粉尘等进入活动铁心的滑动部分,使运动情况恶化	1)铁心除锈,修理好对外部的密封,更换铁心组件 2)提高电源电压或使用符合电压的线圈 3)清除粉尘
线圈烧毁	1)环境温度高 2)快速循环使用 3)因为吸引时电流大,单位时间耗电量大,温度升高,使绝缘损坏而短路 4)粉尘夹在阀和铁心之间,不能吸引活动铁心 5)线圈上有残余电压	1)按产品规定温度范围使用 2)使用高级电磁阀 3)使用气动逻辑回路 4)清除粉尘 5)使用正常电源电压,使用符合电压的线圈
切断电源后活动铁心不能退回	粉尘进入活动铁心滑动部分	清除粉尘

表 3-14 气缸常见故障及其原因和排除方法

故障		原因	排除方法
外泄漏	活塞杆与密封衬套间漏气	1)衬套密封圈磨损,润滑油不足 2)活塞杆偏心 3)活塞杆有伤痕	1)更换衬套密封圈 2)重新安装,使活塞杆不受偏心负载 3)更换活塞杆
	气缸缸体与端盖间漏气	1)活塞杆与密封衬套的配合面内有杂质 2)密封圈损坏	1)除去杂质、安装防尘盖 2)更换密封圈
	从缓冲装置的调节螺钉处漏气	活塞密封圈损坏	更换密封圈

（续）

故障		原因	排除方法
内泄漏	活塞两端窜气	1)活塞密封圈损坏 2)润滑不良 3)活塞被卡住 4)活塞配合面有缺陷,杂质进入密封圈	1)更换活塞密封圈 2)润滑 3)重新安装,使活塞杆不受偏心负载 4)缺陷严重者更换零件,除去杂质
	输出力不足,动作不平稳	1)润滑不良 2)活塞或活塞杆卡住 3)气缸缸体内表面有锈蚀或缺陷 4)进入了冷凝水、杂质	1)调节或更换油雾器 2)检查安装情况,清除偏心 3)视缺陷大小再决定排除故障的办法 4)加强对过滤器和油水分离器的管理,定期排放污水
	缓冲效果不好	1)缓冲部分的密封圈密封性能差 2)调节螺钉损坏 3)气缸运动速度太快	1)更换密封圈 2)更换调节螺钉 3)研究缓冲机构的结构是否合适
损伤	活塞杆折断	1)有偏心负载 2)摆动气缸安装销的摆动面与负载摆动面不一致;摆动轴销的摆角过大,负载很大,摆动速度又快,有冲击装置的冲击加到活塞杆上;活塞杆承受负载的冲击;气缸的速度太快	1)调整安装位置,清除偏心,使摆动轴销摆角一致 2)确定合理的摆动速度,冲击不得加在活塞杆上,设置缓冲装置
	端盖损坏	缓冲机构不起作用	在外部或回路中设置缓冲机构

表 3-15 过滤器常见故障及其原因和排除方法

故障	原因	排除方法
压差过大	1)使用过细的滤芯 2)过滤器的流量范围太小 3)流量超过过滤器的容量 4)过滤器滤芯网眼堵塞	1)更换适当的滤芯 2)换流量范围大的过滤器 3)换大容量的过滤器 4)用净化液清洗,必要时更换滤芯
从输出端逸出冷凝水	1)未及时排出冷凝水 2)自动排水器发生故障	1)养成定期排水习惯或安装自动排水器 2)修理,必要时更换
输出端出现异物	1)过滤器滤芯破损 2)滤芯密封不严 3)用有机溶剂清洗塑料件	1)更换滤芯 2)更换滤芯的密封件,紧固滤芯 3)用清洁的热水或煤油清洗
塑料水杯破损	1)在有机溶剂的环境中使用 2)空气压缩机输出的某种焦油 3)压缩机从空气中吸入对塑料有害的物质	1)使用不受有机溶剂侵蚀的水杯(如金属水杯) 2)更换空气压缩机的润滑油,或使用无油空气压缩机 3)使用金属杯
漏气	1)密封不良 2)因物理(冲击)、化学原因造成塑料水杯产生裂痕 3)泄水阀、自动排水器失灵	1)更换密封件 2)参看塑料水杯破损项 3)修理,必要时更换

表 3-16　油雾器常见故障及其原因和排除方法

故　障	原　因	排除方法
油不能滴下	1)没有产生油滴下落所需的压差 2)油雾器反向安装 3)油路堵塞 4)油杯未加压	1)加上文丘里管或换成小的油雾器 2)改变安装方向 3)拆卸,进行修理 4)因通往油杯的空气通道堵塞,需拆卸修理
油杯未加压	1)通往油杯的空气通道堵塞 2)油杯大、油雾器使用频繁	1)拆卸修理 2)加大通往油杯的空气通孔,使用快速循环式油雾器
油滴数不能减少	油量调整螺钉失效	检修油量调整螺钉
空气向外泄漏	1)油杯破损 2)密封不良 3)观察玻璃破损	1)更换油杯 2)检修密封件 3)更换观察玻璃
油杯破损	1)用有机溶剂清洗 2)周围存在有机溶剂	1)更换油杯,使用金属杯或耐有机溶剂的油杯 2)与有机溶剂隔离

知识小结

气动系统调试前的准备工作：

1）熟悉说明书等有关技术资料，力求全面了解系统的原理、结构、性能及操纵方法。

2）了解需要调整的元件在设备上的实际位置、操纵方法及调节旋钮的旋向等。

3）准备好调试工具及仪表。

气动系统故障种类：初期故障、突发故障和老化故障。

气动系统故障的诊断方法：

（1）经验法　主要依靠实际经验并借助简单的仪表，诊断故障发生部位、找出故障原因的方法，称为经验法。

（2）推理分析法　利用逻辑推理，步步逼近，寻找出故障的真实原因的方法称为推理分析法。

习　题

1. 气动系统有哪些主要故障？
2. 气动系统日常维护的重点在哪里？
3. 气动系统故障诊断方法有哪些？
4. 气动系统压降过大的原因有哪些？

模块四 低压电气控制系统

项目一 认识机床常用低压电器

【学习目标】

知识目标

- 了解低压电器的分类形式。
- 熟悉常用低压配电电器、低压控制电器的外形及主要用途。

技能目标

- 能正确选用低压电器。
- 掌握低压控制电器的选用与检修方法。

【知识准备】

一、常用低压电器的作用与分类

1. 低压电器的定义与作用

低压电器是指工作在交流1200V、直流1500V额定电压以下的电路中，能根据外界信号(机械力、电动力和其他物理量)，自动或手动接通和断开电路的电器。其作用是实现对电路或非电对象的切换、控制、保护、检测和调节。低压电器可分为手动低压电器和自动低压电器。随着电子技术、自动控制技术和计算机技术的飞速发展，自动电器越来越多，不少传统低压电器被电子电路所取代。然而，即使是在以计算机为主的工业控制系统中，继电器-接触器控制技术仍占有相当重要的地位，因此，低压电器是不可能完全被替代的。

2. 低压电器的分类

常用的低压电器有刀开关、转换开关、低压断路器、熔断器、接触器、继电器和主令电器等。图4-1所示是几种常见的低压电器。低压电器的种类繁多，分类方法也很多，低压

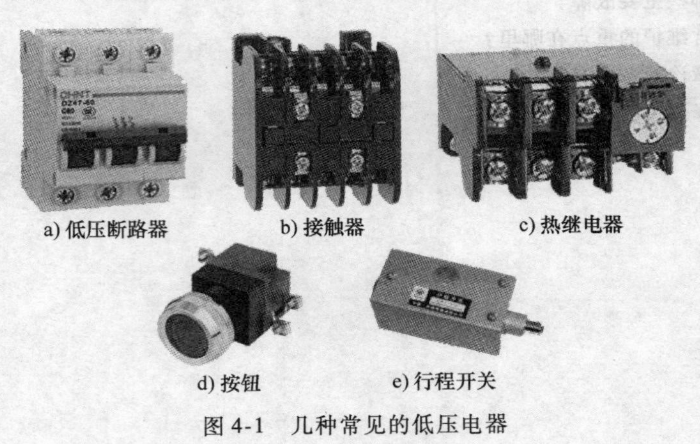

a) 低压断路器 b) 接触器 c) 热继电器

d) 按钮 e) 行程开关

图4-1 几种常见的低压电器

电器常见的分类方法见表4-1。

表4-1　低压电器常见的分类方法

分类方法	类别	说明及用途
按低压电器的用途和所控制的对象	低压配电电器	在供电系统中进行电能的输送、分配保护的电器，如低压断路器、隔离开关、刀开关等
	低压控制电器	用于生产设备自动控制系统中进行控制、检测和保护，如接触器、继电器、电磁铁等
按低压电器的动作方式	自动切换电器	依靠电器本身参数的变化或外来信号的作用，自动完成接通或分断等动作的电器，如接触器、继电器等
	非自动切换电器	主要依靠外力（如手控）直接操作来进行切换的电器，如按钮、低压开关等
按低压电器的执行机构	有触点电器	具有可分离的动触点和静触点，主要利用触点的接触和分离来实现电路的接通和断开控制，如接触器、继电器等
	无触点电器	没有可分离的触点，主要利用半导体元器件的开关效应来实现电路的通断控制，如接近开关、固态继电器等

二、刀开关

低压开关又称低压隔离器，是低压电器中结构比较简单、应用广泛的一类手动电器。主要有刀开关、组合开关以及用刀与熔断器组合成的开启式开关，还有转换开关等。

刀开关是一种手动配电电器，主要用来手动接通与断开交、直流电路，通常只作电源隔离开关使用，也可用于不频繁地接通与分断额定电流以下的负载，如小型电动机、电阻炉等。

刀开关按极数划分有单极、双极与三极几种；其结构是由操作手柄、刀片（动触点）、触点座（静触点）和底板等组成的。

1. 刀开关的型号

刀开关的型号及意义如图4-2所示。

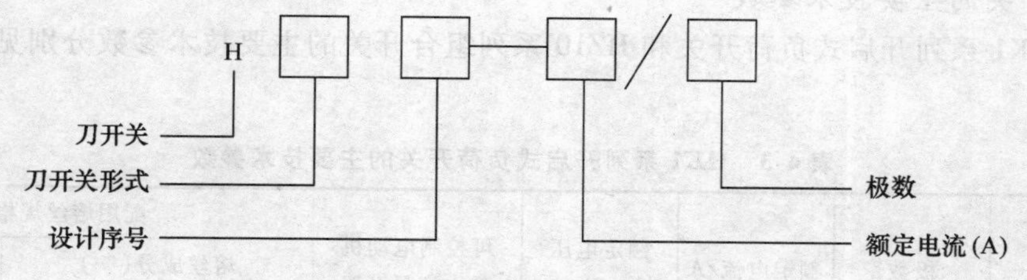

图4-2　刀开关的型号及意义

注：刀开关的常见形式有D—单投刀开关；S—双投刀开关；K—开启式负荷开关；R—熔断器式刀开关；H—封闭式负荷开关；Z—组合开关。

2. 常用的刀开关

刀开关常用的产品有HD11～HD14和HS11～HS13系列刀开关；HK1、HK2系列开启式负荷开关；HH10、HH11系列封闭式负荷开关；HR3系列熔断器式刀开关等，见表4-2。

表 4-2 常用刀开关

分类	开启式负荷开关(瓷底胶盖开关)	组合开关(转换开关)
外形符号	QS	QS
结构	瓷柄、静触点、动触点、瓷底、胶垫、熔丝接头	手柄、凸轮、绝缘方轴、动触点、静触点、接线端
型号	HK 系列(HK1、HK2)	HZ 系列(HZ1 ~ HZ5、HZ10)
用途	主要用于照明、电热设备电路和功率小于 5.5kW 的异步电动机直接起动的控制电路中,供手动不频繁地接通或断开电路	多用于机床电气控制电路中作为电源引入开关,也可用作不频繁地断开电路,切换电源和负载,控制 5.5kW 及以下小容量异步电动机的正反转或丫-△起动

3. 刀开关的主要技术参数

常用 HK1 系列开启式负荷开关和 HZ10 系列组合开关的主要技术参数分别见表 4-3、表 4-4。

表 4-3 HK1 系列开启式负荷开关的主要技术参数

型号	极数	额定电流/A	额定电压/V	可控制电动机最大容量/kW	配用熔丝规格			
					熔丝成分(%)			熔丝线径/mm
					铅	锡	锑	
HK1-15	2	15	220	1.5	98	1	1	1.45 ~ 1.95
HK1-30	2	30	220	3.0				2.30 ~ 2.52
HK1-60	2	60	220	4.5				3.36 ~ 4.00
HK11-15	3	15	380	2.2				1.45 ~ 1.95
HK1-30	3	30	380	4.0				2.30 ~ 2.52
HK1-602	3	60	380	5.5				3.36 ~ 4.00

表 4-4　HZ10 系列组合开关的主要技术参数

型号	额定电压/V	额定电流/A	极数	极限分断能力/A		可控制电动机最大容量和额定电流		电寿命/次 交流 cosφ	
				接通	分断	容量/kW	额定电流/A	≥0.8	≥0.3
HZ10-10	AC 380	6	单极	94	62	3	7	20000	10000
		10							
HZ10-25		25	2、3	155	108	5.5	12		
HZ10-60		60							
HZ10-100		100						10000	5000

4. *刀开关的选用*

选用刀开关时，一般考虑其额定电压、额定电流两项参数，其他参数只有在特殊要求时才考虑。常用刀开关的选用见表 4-5。

表 4-5　常用刀开关的选用

分　类	用　途	选用原则
开启式负荷开关	用于控制照明和电热负载	选用额定电压 220V 或 250V，额定电流不小于电路所有负载额定电流之和的两极开启式负荷开关
	用于控制电动机的直接起动和停止	选用额定电压 380V 或 500V，额定电流不小于电动机额定电流 3 倍的三极开启式负荷开关
组合开关	用于直接控制异步电动机的起动和正反转	根据电源种类、电压等级、所需触点数、接线方式和负载容量进行选用，组合开关的额定电流一般取电动机额定电流的 1.5 ~2.5 倍

5. *刀开关的安装*

1）将开启式刀开关垂直安装在配电板上，并保证手柄向上推为合闸。不允许平装或倒装，以防止产生误合闸。

2）电源进线应接在开启式刀开关上面的进线端子上，负载出线接在刀开关下面的出线端子上，保证刀开关分断后，闸刀和熔体不带电。

3）开启式负荷开关必须安装熔体。安装熔体时熔体要放长一些，形成弯曲形状。

4）开启式负荷开关安装在干燥、防雨、无导电粉尘的场所，其下方不得堆放易燃易爆物品。

5）组合开关安装在控制箱（或壳体）内，其操作手柄在水平旋转位置时为断开状态。组合开关的外壳必须可靠接地。

6. *刀开关的常见故障处理*

刀开关的常见故障处理方法见表 4-6。

表 4-6　刀开关的常见故障处理方法

种　类	故障现象	故障原因	处理方法
开启式负荷开关	合闸后，开关一相或两相开路	静触点弹性消失，开口过大，造成动、静触点接触不良	修整或更换静触点
		熔丝熔断或虚连	更换熔丝或紧固

（续）

种类	故障现象	故障原因	处理方法
开启式负荷开关	合闸后，开关一相或两相开路	动、静触点氧化或有尘污	清洗触点
		开关进线或出线线头接触不良	重新连接
	合闸后，熔丝熔断	外接负载短路	排除负载短路故障
		熔体规格偏小	按要求更换熔体
	触点烧坏	开关容量太小	更换开关
		拉、合闸动作过慢，造成电弧过大，烧毁触点	修整或更换触点，并改善操作方法
组合开关	手柄转动后，内部触点未动	手柄上的轴孔磨损变形	调换手柄
		绝缘杆变形	更换绝缘杆
		手柄与方轴，或轴与绝缘杆配合松动	紧固松动部件
		操作机构损坏	修理更换
	手柄转动后，动、静触点不能按要求动作	组合开关型号选用不正确	更换开关
		触点角度装配不正确	重新装配
		触点失去弹性或接触不良	更换触点或清除氧化层或尘污
	接线柱间短路	因铁屑或油污附着在接线柱间，形成导电层，将胶木烧焦，绝缘损坏而形成短路	更换开关

三、熔断器、低压断路器

1. 熔断器

低压熔断器是低压配电系统和电力拖动系统中常用的安全保护电器，主要用于短路保护，有时也可用于过载保护。熔断器主体是用低熔点的金属丝或金属薄片制成的熔体，串联在被保护电路中。在正常情况下，熔体相当于一根导线；当电路短路或过载时，电流很大，熔体因过热而熔化，从而切断电路起到保护作用。低压电器具有结构简单、价格便宜、动作可靠和使用维护方便等优点。

（1）熔断器的分类

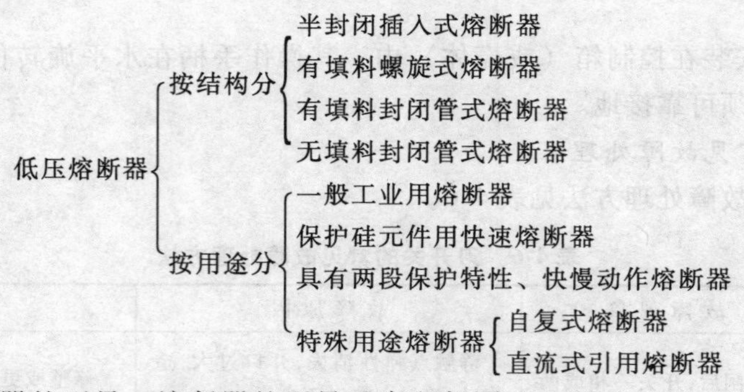

（2）低压熔断器的型号　熔断器的型号及意义如图 4-3 所示。

（3）常用的低压熔断器　低压熔断器的种类不同，其特性和使用场合也有所不同，常

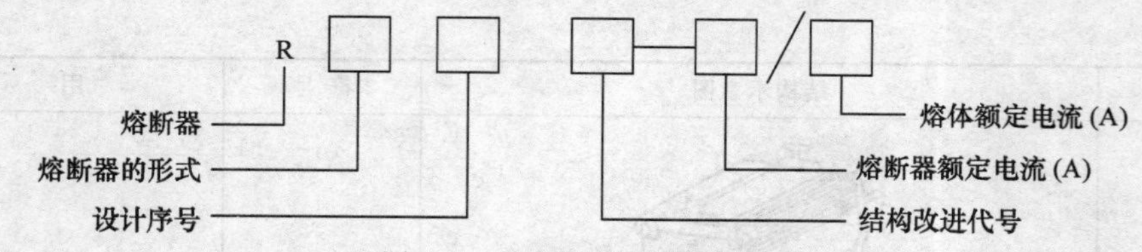

图 4-3 熔断器的型号及意义

注：熔断器的形式有 C—瓷插式熔断器；L—螺旋式熔断器；M—无填料封闭管式熔断器；T—有填料封闭管式熔断器；S—快速熔断器；Z—自复式熔断器。

用的熔断器有瓷插式、螺旋式、无填料封闭管式、有填料封闭管式（快速熔断器）等，常用熔断器的结构、符号和用途见表 4-7。

表 4-7 常用熔断器的结构、符号和用途

种类	结构示意图	符号	用途
瓷插式熔断器	动触点、熔丝、静触点、瓷底、瓷盖	FU	一般在交流额定电压380V、额定电流200A及以下的低压电路或分支电路中，作电气设备的短路保护及过载保护
螺旋式熔断器	瓷帽、熔芯、瓷套、上接线柱、下接线柱、瓷底		广泛应用于交流额定电压380V、额定电流200A及以下的电路，用于控制箱、配电箱、机床设备及振动较大的场所，作短路保护
无填料封闭管式熔断器	a) 熔断器、夹座、底座、夹座 b) 硬质绝缘管、黄铜套管、黄铜帽、插刀、熔体、夹座		用于交流额定电压500V或直流额定电压440V及以下电压等级的动力网络及成套电气设备中，作导线、电缆及较大容量电气设备的短路与过载保护

（续）

种　类	结构示意图	符号	用　途
有填料封闭管式（快速）熔断器	熔断指示器 硅砂（石英砂填料） 熔丝 插刀 熔管 熔体 底座	FU	用于交流额定电压380V、额定电流1000A以下的电力网络和配电装置中，作电路、电动机、变压器及其他电气设备的短路和过载保护

（4）低压熔断器的技术数据

1）额定电压：熔断器长期工作能够承受的最大电压。

2）额定电流：熔断器（绝缘底座）允许长期通过的电流。

3）熔体的额定电流：熔体长期正常工作而不熔断的电流。

4）极限分断能力：熔断器所能分断的最大短路电流值。

常用低压熔断器的基本技术参数见表4-8。

表4-8　常用低压熔断器的基本技术参数

类　别	型　号	额定电压/V	额定电流/A	熔体额定电流等级/A
插入式熔断器	RCA-5	AC 380、220	5	2、4、5
	RCA-10		10	2、4、6、10
	RCA-15		15	6、10、15
	RCA-30		30	15、20、25、30
	RCA-60		60	30、40、50、60
	RCA-100		100	60、80、100
螺旋式熔断器	RL1-15	AC 500、380、220	15	2、4、6、10、15
	RL1-60		60	20、25、30、35、40、50、60
	RL1-100		100	60、80、100
	RL1-200		200	100、125、150、200
	RL2-25		25	2、4、6、10、15、20、25
	RL2-60		60	25、35、50、60
	RL2-100		100	80、100

（5）低压熔断器的选用　应根据使用场合选择熔断器的类型。电网配电一般用刀形触点熔断器（如HDL—RTORT36系列）；电动机保护一般用螺旋式熔断器；照明电路一般用圆筒帽形熔断器；保护晶闸管器件则应选择半导体保护用快速式熔断器。

选用低压熔断器时，一般只考虑熔断器的额定电压、额定电流和熔体的额定电流三项参数，其他参数只有在特殊要求时才考虑。

1）低压熔断器的额定电压。低压熔断器的额定电压应不小于电路的工作电压。

2）低压熔断器的额定电流。低压熔断器的额定电流应不小于所装熔体的额定电流。

3）熔体的额定电流。根据低压熔断器保护对象的不同，熔体额定电流选择方法也有所不同。

① 保护对象是电炉和照明等电阻性负载时，熔体额定电流 I_{RN} 不小于电路的工作电流 I_N，即

$$I_{RN} \geqslant I_N$$

② 电动机起动时的保护，因电动机的起动电流很大，熔体的额定电流应保证熔断器不会因电动机起动而熔断，一般只用作短路保护而不能作过载保护。

对于单台电动机，熔体的额定电流应不小于电动机额定电流 I_N 的1.5~2.5倍，即

$$I_{RN} \geqslant (1.5 \sim 2.5) I_N$$

对于多台电动机，熔体的额定电流应不小于最大一台电动机额定电流 I_{Nmax} 的1.5~2.5倍与同时使用的其他电动机额定电流之和 $\sum I_N$，即

$$I_{RN} \geqslant (1.5 \sim 2.5) I_{Nmax} + \sum I_N$$

轻载起动或起动时间较短时，系数可取小些，若重载起动或起动时间较长，系数可取大些。

③ 保护对象是配电电路时，为防止熔断器越级动作而扩大停电范围，后一级熔体的额定电流比前一级熔体的额定电流至少要大一个等级。同时，必须校核熔断器的极限分断能力。

④ 电容补偿柜主回路的保护，如选用gG型熔断器，熔体的额定电流 I_{RN} 等于电路计算电流的1.8~2.5倍；如选用aM型熔断器，熔体的额定电流 I_{RN} 等于电路电流的1~2.5倍。

⑤ 电路上下级间的选择性保护，上级熔断器与下级熔断器熔体的额定电流 I_{RN} 的比值不低于1.6，就能满足防止发生越级动作而扩大故障停电范围的需要。

选用熔体时应考虑到环境及工作条件，如封闭程度、空气流动、连接电缆尺寸（长度及截面积）、瞬时峰值等方面的变化；熔体的电流承载能力试验是在20℃环境温度下进行的，实际使用时受环境温度变化的影响。环境温度越高，熔体的工作温度就越高，其寿命也就越短。相反，在较低的温度下运行将延长熔体的寿命。在20℃环境温度下，我们推荐熔体的实际工作电流不应超过额定电流值。

（6）低压熔断器的安装要点（见表4-9）

表4-9 低压熔断器的安装要点

序号	示意图	说明
1		拔下熔断器瓷插盖，将瓷插式熔断器垂直固定在配电板上

（续）

序号	示意图	说明
2	在针孔式接线端子上接线	用单股导线与熔断器底座上的接线端子（静触点）相连
3	熔丝	安装熔体时，必须保证接触良好，不允许有机械损伤，若熔体为熔丝，应预留安装长度，固定熔丝的螺钉应加平垫圈，将熔丝两端沿压紧螺钉顺时针方向绕一圈
4	电源进线 负载出线	螺旋式熔断器的电源进线应接在下接线端子（瓷座）上，负载出线应接在上接线端子（瓷帽）上
5	严禁在三相四线制电路的中性线上安装熔断器，而在单相二线制的中性线上要安装熔断器	
6	安装熔断器除保证适当的电气距离外，还应保证安装位置间有足够的间距，以便于拆卸、更换熔体	
7	更换熔体时，必须先断开负载。因熔体烧断后，外壳温度很高，容易烫伤，因此，不要直接用手拔管状熔体	

2. 低压断路器

低压断路器是能自动切断故障电流并兼有控制和保护功能的低压电器。它主要用在交直流低压电网中，既可手动又可电动分合电路，且可对电路或用电设备实现过载、短路和欠电压等保护，也可用于不频繁起动电动机。

（1）低压断路器的分类

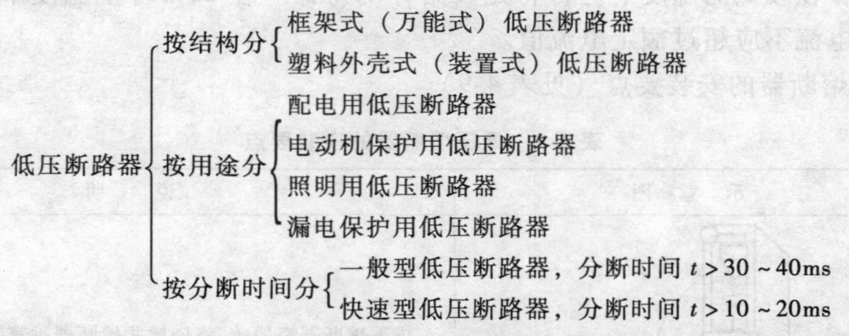

（2）低压断路器的结构、符号及工作原理　在自动控制中，塑料外壳式和漏电保护用低压断路器因其结构紧凑、体积小、重量轻、价格低、安装方便和使用安全等优点，应用极为广泛。低压断路器的结构如图 4-4 所示。

低压断路器的工作原理：如图 4-4 所示，手动合闸后，主触点 2 闭合，脱扣连杆 4 被合闸连杆 3 的锁钩钩住，将触点保持在闭合状态。发热元件 13 与主电路串联，有电流流过时发出热量，使双金属片 12 向上弯曲。发生过载时，双金属片 12 弯曲推动杠杆 7 推离脱扣连杆 4，从而松开合闸连杆，主触点受脱扣弹簧 1 的作用而迅速分开。电磁脱扣器 6 有一个匝数很少的线圈与主电路串联。

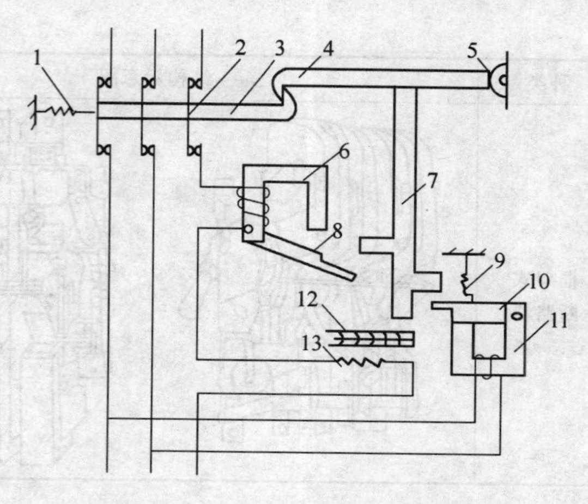

图 4-4　低压断路器的结构

1—脱扣弹簧　2—主触点　3—合闸连杆　4—脱扣连杆　5—连接轴　6—电磁脱扣器　7—杠杆　8—电磁脱扣器衔铁　9—弹簧　10—欠电压脱扣器衔铁　11—欠电压脱扣器　12—双金属片　13—发热元件

发生短路时，电磁脱扣器 6 吸合电磁脱扣器衔铁 8，电磁脱扣器衔铁 8 推动杠杆 7 推离脱扣连杆 4，最后也使主触点断开。同时，当电路电压低于欠电压脱扣器 11 吸合电压时，欠电压脱扣器衔铁 10 在弹簧作用下向上移动，推动杠杆 7 推离脱扣连杆 4，从而断开主触点。

（3）低压断路器的型号　低压断路器的型号及意义如图 4-5 所示。

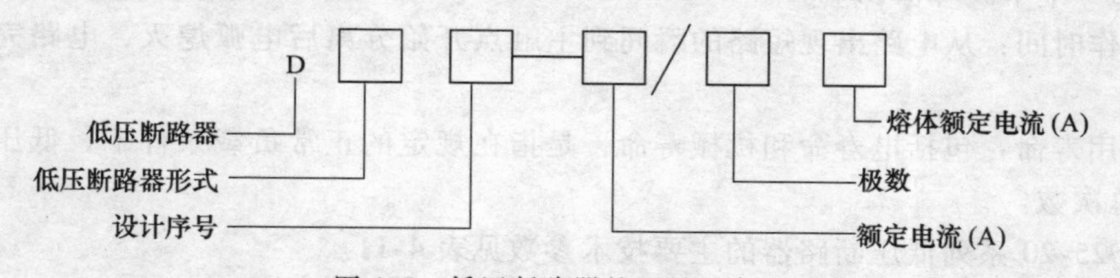

图 4-5　低压断路器的型号及意义

（4）常用的低压断路器　几种常用低压断路器的结构、符号和用途见表 4-10。

表 4-10　低压断路器的结构、符号和用途

种类	结构示意图	符　号	用　途
塑料外壳式低压断路器	电磁脱扣器 按钮 自动脱扣器 动触点 静触点 接线柱 热脱扣器	QF	通常用作电源开关，有时用来作为电动机不频繁起动、停止控制和保护

（续）

种类	结构示意图	符　号	用　途
框架式断路器		QF	用于需要不频繁地接通和断开容量较大的低压网络或控制较大容量电动机的场合

（5）低压断路器的主要技术数据

1）额定电压：低压断路器长期正常工作所能承受的最大电压。

2）壳架等级额定电流：每一塑壳或框架中所能装的最大额定电流。

3）断路器额定电路：脱扣器允许长期通过的最大电流。

4）分断能力：在规定条件下能够接通和分断的短路电流值。

5）限流能力：对限流式低压断路器和快速断路器要求有较高的限流能力，能将短路电流限制在第一个半波峰值以下。

6）动作时间：从电路出现短路的瞬间到主触点开始分离后电弧熄灭，电路完全分断所需的时间。

7）使用寿命：包括电寿命和机械寿命，是指在规定的正常负载条件下，低压断路器可靠操作的总次数。

常用 D25-20 系列低压断路器的主要技术参数见表 4-11。

表 4-11　D25-20 系列低压断路器的主要技术参数

型号	额定电压/V	额定电流/A	极数	脱扣器类别	热脱扣器额定电流（括号内为整定电流调节范围）/A	电磁脱扣器瞬时动作整定电流/A
D25-20/200	AC 380	20	2	无脱扣器	—	—
D25-20/300			3			
D25-20/210			2	热脱扣器	0.15(0.10 ~0.15)	为热脱扣器额定电路的 8 ~ 12 倍(出厂时整定在 10 倍)
D25-20/310			3		0.20(0.15 ~0.20)	
D25-20/220	DC 220	20	2	电磁脱扣	0.30 (0.20 ~0.30) 0.45 (0.30 ~0.45) 0.65(0.45 ~0.65) 1.00(1.00 ~1.50) 2.00(1.50 ~2.00) 3.00(2.00 ~3.00) 4.50(3.00 ~4.50) 6.50(4.50 ~6.50) 10.00(6.50 ~10.00) 15.00(10.00 ~15.00) 20.00(15.00 ~20.00)	为热脱扣器额定电路的 8 ~ 12 倍(出厂时整定在 10 倍)

（6）低压断路器的选择及使用

1）选择低压断路器注意事项。

① 低压断路器的额定电流和额定电压应大于或等于电路、设备的正常工作电压和电流。

② 低压断路器的极限分断能力应大于或等于电路最大短路电流。

③ 过电流脱扣器的额定电流大于或等于电路的最大负载电流。

④ 欠电压脱扣器的额定电压等于电路的额定电压。

2）使用低压断路器注意事项。

① 在安装低压断路器时，应注意把来自电源的母线接到开关灭弧罩一侧的端子上，来自电气设备的母线接到另外一侧的端子上。

② 低压断路器投入使用时，应先进行整定，按照要求整定热脱扣器的动作电流，以后就不应随意旋动有关的螺钉和弹簧。

③ 当发生断路、短路事故而导致低压断路器动作后，应立即对其触点进行清理，检查有无熔坏，清除金属熔粒、粉尘等，特别要把散落在绝缘体上的金属粉尘清除干净。

④ 在正常情况下，每六个月应对开关进行一次检修，清除灰尘。

使用低压断路器来实现短路保护比熔断器要好，因为当三相电路短路时，很可能只有一相的熔断器熔断，造成单相运行。对于低压断路器来说，只要造成短路都会使开关跳闸，将三相同时切断。低压断路器还有其他自动保护作用，所以性能优越。但它结构复杂，操作频率低，价格高，因此适用于要求较高的场合（如电源总配电盘）。

（7）低压断路器的安装要点

1）低压断路器应垂直安装。断路器底板应垂直于水平位置，固定后，断路器应安装平整。

2）板前接线的低压断路器允许安装在金属支架上或金属底板上，但板后接线的低压断路器必须安装在绝缘底板上。

3）电源进线应接在断路器的上母线上，而负载出线则应接在下母线上。

4）当低压断路器用作电源总开关或电动机的控制开关时，断路器的电源进线则必须加装隔离开关、刀开关或熔断器，作为明显的断开点。

5）为防止发生飞弧，安装时应考虑断路器的飞弧距离，并注意灭弧室上方接近飞弧距离处不跨接母线。

（8）低压断路器的常见故障处理方法（见表4-12）

表4-12 低压断路器的常见故障处理方法

序号	故障现象	故障原因	处理方法
1	不能合闸	欠电压脱扣器无电压和线圈损坏	检查施加电压和更换线圈
		储能弹簧变形	更换储能弹簧
		反作用弹簧力过大	重新调整
		机构不能复位再扣	调整再扣接触面至规定值
2	电流达到整定值，断路器不动作	热脱扣器双金属片损坏	更换双金属片
		电磁脱扣器的衔铁与铁心距离太大或电磁线圈损坏	调整衔铁与铁心的距离或更换断路器
		主触点熔焊	检查原因并更换主触点

（续）

序号	故障现象	故障原因	处理方法
3	起动电动机时断路器立即分断	电磁脱扣器瞬动整定值过小	调高整定值到规定值
		电磁脱扣器某些零件损坏	更换脱扣器
4	断路器闭合后经一定时间自行分断	热脱扣器整定值过小	调高整定值到规定值
5	断路器温升过高	触点压力过小	调整触点压力或更换弹簧
		触点表面过分磨损或接触不良	更换触点或整修接触面
		两个导电零件连接螺钉松动	重新拧紧

四、接触器

接触器是一种用来频繁地接通和断开（交、直流）负荷电流的电磁式自动切换电器，主要用于控制电动机、电焊机、电容器组等设备，具有低压释放的保护功能，适用于频繁操作和远距离控制，是电力拖动自动控制系统中使用最广泛的元器件之一。

1. 接触器的分类

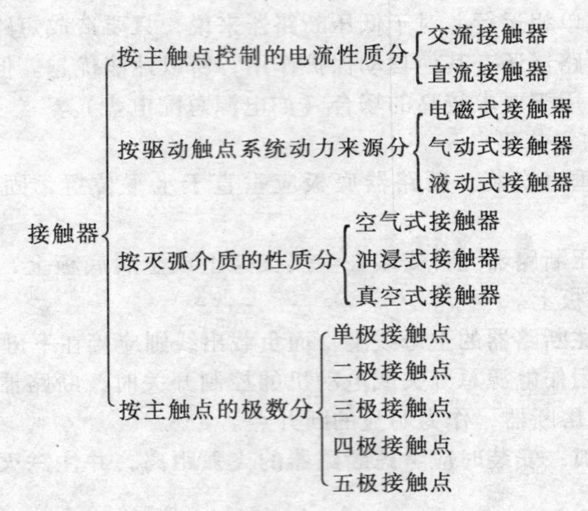

2. 接触器的结构

交流接触器主要由电磁机构、触点系统、灭弧装置和其他辅助部件四大部分组成。交流接触器的结构示意图如图 4-6 所示。

1）电磁机构。电磁机构由线圈、铁心和衔铁组成，其作用是产生电磁吸力，带动触点动作。

2）触点系统。触点分为主触点及辅助触点。主触点用于接通或断开主电路或大电流电路，一般为三极。辅助触点用于控制电路，起控制其他元件接通或断开及电气联锁的作用，常用的有常开、常闭各两对；主触点容量较大，辅助触点容量较小。辅助触点结构上通常常开和常闭是成对的。当线圈得电后，衔铁在电磁吸力的作用下吸向铁心，同时带动动触点移动，使其与常闭触点的静触点分开，与常开触点的静触点接触，实现常闭触点断开，常开触点闭合。辅助触点不能用来断开主电路。主、辅触点一般采用桥式双断点结构。

3）灭弧装置。容量较大的接触器都有灭弧装置。对于大容量的接触器，常采用窄缝灭

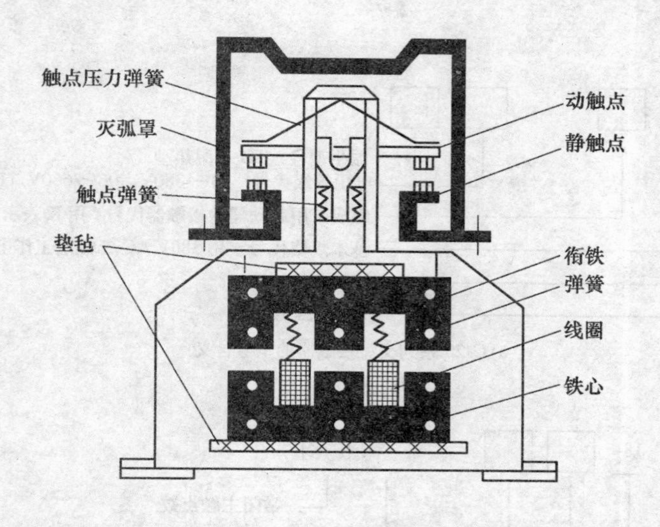

图 4-6 交流接触器的结构示意图

弧及栅片灭弧，对于小容量的接触器，采用电动力吹弧、灭弧罩等。

4）其他辅助部件。包括反力弹簧、缓冲弹簧、触点压力弹簧、传动机构、支架及底座等。

3. 交流接触器的工作原理

接触器的工作原理：当吸引线圈得电后，线圈电流在铁心中产生磁通，该磁通对衔铁产生克服复位弹簧反力的电磁吸力，使衔铁带动触点动作。触点动作时，常闭触点先断开，常开触点后闭合。当线圈中的电压值降低到某一数值时（无论是正常控制还是欠电压、失电压故障，一般降至线圈额定电压的 85%），铁心中的磁通下降，电磁吸力减小，当减小到不足以克服复位弹簧的反力时，衔铁在复位弹簧的反力作用下复位，使主、辅触点的常开触点断开，常闭触点恢复闭合。这也是接触器的失电压保护功能。直流接触器的结构和工作原理与交流接触器基本相同。

4. 接触器的图形符号和文字符号（见图 4-7）

图 4-7 接触器的图形符号和文字符号

5. 接触器的型号及含义（见图 4-8）

6. 常用交流接触器

目前，我国常用的交流接触器主要有 CJ20、CJX1、CJX2 和 CJ24 等系列；引进产品应用较多的有德国 BBC 公司的 B 系列、西门子公司的 3TB 和 3TF 系列，法国 TE 公司的 LC1 和 LC2 系列等；常用的直流接触器有 CZ18、CZ21、CZ22、CZ10 和 CZ2 等系列。

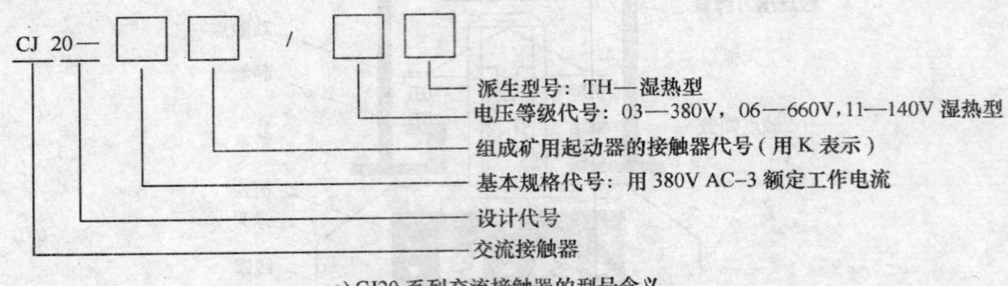

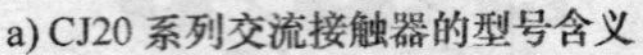

a) CJ20系列交流接触器的型号含义

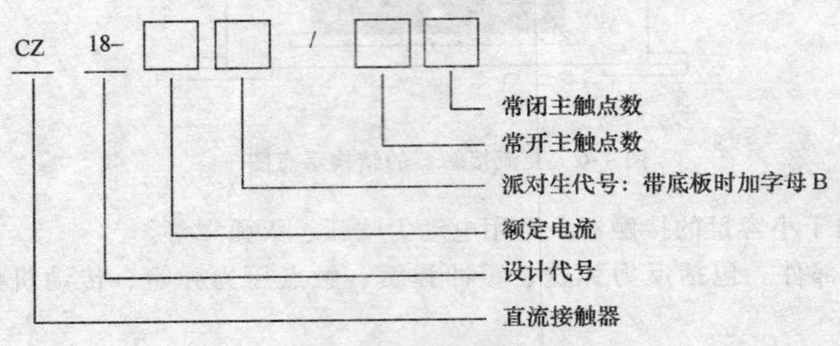

b) CZ18系列直流接触器的型号含义

图4-8 接触器的型号及含义

7. 接触器的主要技术参数（见表4-13）

表4-13 常用交流接触器的主要技术参数

型号	频率 /Hz	主触点额定电流 /A	辅助触点额定电流 /A	吸引线圈电压 /V	可控制电动机最大容量/kW	
					220V	380V
CJ20-10	50	10	5	可为36、127、220、380	2.2	4
CJ20-16		16			4.5	7.5
CJ20-25		25			5.5	11
CJ20-40		40			11	22
CJ20-63		63	5		18	30
CJ20-100		100			28	50
CJ20-160		160			48	85
CJ20-250		250			80	132

另外，接触器还有一个使用类别的问题。这是由于接触器用于不同负载时，对主触点的接通和分断能力的要求不一样，而不同类别接触器是根据其不同控制对象（负载）的控制方式规定的。根据低压电器基本标准的规定，接触器的使用类别比较多，其中在电力拖动控制系统中，接触器的使用类别及典型用途见表4-14。

表 4-14　接触器的使用类别及典型用途

电流种类	使用类别代码	典型用途
AC	AC-1	无感或微感负载、电阻炉
	AC-2	绕线转子电动机的起动和中断
	AC-3	笼型电动机的起动和中断
	AC-4	笼型电动机的起动、反接制动、反向和点动
DC	DC-1	无感或微感负载、电阻炉
	DC-3	并励电动机的起动、反接制动、反向和点动
	DC-5	串励电动机的起动、反接制动、反向和点动

接触器的使用类别代号通常标注在产品的铭牌或工作手册中。表 4-14 中要求接触器主触点达到的接通和分断能力为：AC-1 和 DC-1 类允许接通和分断额定电流；AC-2、DC-3 和 DC-5 类允许接通和分断 4 倍的额定电流；AC-3 类允许接通 6 倍的额定电流和分断额定电流；AC-4 类允许接通和分断 6 倍的额定电流。

8. 接触器的选用

（1）接触器的类型选择　根据接触器所控制负载的轻重和负载电流的类型，来选择交流接触器或直流接触器。

（2）额定电压的选择　接触器的额定电压应大于或等于负载回路的电压。

（3）额定电流的选择　接触器的额定电流应大于或等于被控回路的额定电流。对于电动机负载可按下式计算：

$$I_C = \frac{P_N \times 10^3}{KU_N}$$

式中　I_C——流过接触器主触点的电流（A）；

P_N——电动机的额定功率（kW）；

U_N——电动机的额定电压（V）；

K——经验系数，一般取 1～1.4。

（4）吸引线圈的额定电压选择　吸引线圈的额定电压应与所接控制电路的额定电压相一致。对于简单控制电路，可直接选用交流 380V、220V 电压，对于复杂、使用电器较多者，应选用 110V 或更低的控制电压。

（5）接触器的触点数量、种类选择　接触器的触点数量和种类应根据主电路和控制电路的要求选择。如辅助触点的数量不能满足要求时，可通过增加中间继电器的方法解决。

9. 交流接触器的安装

1）安装前检查接触器铭牌与线圈的技术参数是否符合实际使用要求；检查接触器外观，应无机械损伤；用手推动接触器可动部分时，接触器应动作灵活；灭弧罩应完整无损，固定牢固；测量接触器的线圈电阻和绝缘电阻等。

2）接触器一般应安装在垂直面上；安装和接线时，注意不要将零件失落或掉入接触器内部，安装孔的螺钉应装有弹簧垫圈和平垫圈，并拧紧螺钉以防振动松脱。

3）检查接线正确无误后，在主触点不带电的情况下操作几次，然后测量产品的动作值和释放值，所测得数值应符合产品的规定要求。

4）对有灭弧室的接触器，应先将灭弧罩拆下，待安装固定好后再将灭弧罩装上。拆装时注意不要损坏灭弧罩，带灭弧罩的交流接触器绝不允许不带灭弧罩或带破损灭弧罩运行。

5）接触器触点表面应经常保持清洁，不允许涂油。当触点表面因电弧作用形成金属小珠时，应及时铲除，但银合金表面产生的氧化膜，由于接触电阻很小，不必铲修，否则会缩短触点寿命。

10. 交流接触器的常见故障分析及处理方法（见表 4-15）

表 4-15 交流接触器的常见故障分析及处理方法

序号	故障现象	故障原因	处理方法
1	触点过热	通过动、静触点间的电流过大	重新选择大容量触点
		动、静触点间接触电阻过大	用刮刀或细锉修整或更换触点
2	触点磨损	触点间电弧或电火花造成电磨损	更换触点
		触点闭合撞击造成机械磨损	更换触点
3	触点熔焊	触点压力弹簧损坏使触点压力过小	更换弹簧和触点
		电路过载使触点通过的电流过大	选用较大容量的接触器
4	铁心噪声大	衔铁与铁心的接触面接触不良或衔铁歪斜	拆下清洗、修整端面
		短路环损坏	焊接短路环或更换
		触点压力过大或活动部分受到卡阻	调整弹簧、消除卡阻因素
5	衔铁吸不上	线圈引出线的连接处脱落，线圈断线或烧毁	检查电路及时更换线圈
		电源电压过低或活动部分卡阻	检查电源、消除卡阻因素
6	衔铁不释放	触点熔焊	更换触点
		机械部分卡阻	消除卡阻因素
		反作用弹簧损坏	更换弹簧

五、继电器

继电器是一种根据某种输入信号的变化来接通或断开控制电路，实现自动控制和保护的电器。其输入量可以是电压、电流等电气量，也可以是温度、时间、速度、压力等非电气量。

1. 电磁式继电器

电磁式继电器是应用得最早、最多的一种继电器，其结构和工作原理与接触器大体相同，也由铁心、衔铁、线圈、复位弹簧和触点等部分组成。电磁式继电器的典型结构如图 4-9 所示。

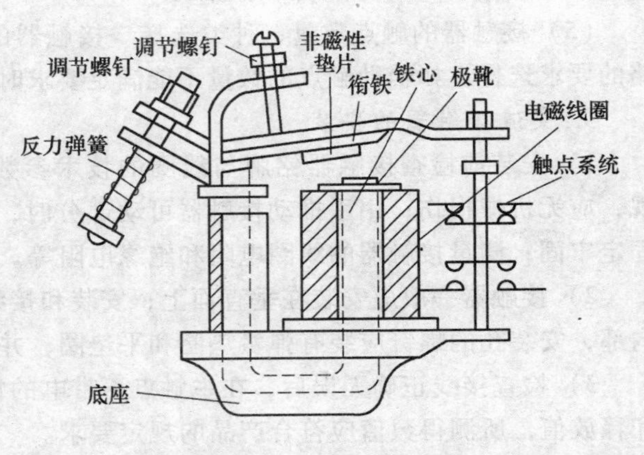

图 4-9 电磁式继电器的典型结构

电磁式继电器的一般图形符号和文字符号如图 4-10 所示。

电磁式继电器按输入信号的性质可分为电磁式电流继电器、电磁式电压继电器和电磁式中间继电器。

（1）电磁式电流继电器 电磁式电

a) 线圈　　b) 常开触点　　c) 常闭触点

图 4-10　电磁式继电器的一般图形符号和文字符号

流继电器又分为过电流继电器和欠电流继电器。

1）过电流继电器。过电流继电器用作电路的过电流保护。正常工作时，线圈电流为额定电流，此时衔铁为释放状态；当电路中电流大于负载正常工作电流时，衔铁才产生吸合动作，从而带动触点动作，断开负载电路。所以电路中常用过电流继电器的常闭触点。

2）欠电流继电器。欠电流继电器在电路中用作欠电流保护。正常工作时，线圈电流为负载额定电流，衔铁处于吸合状态；当电路的电流小于负载额定电流，达到衔铁的释放电流时，衔铁则释放，同时带动触点动作，断开电路。所以电路中常用欠电流继电器的常开触点。

电磁式电流继电器的图形符号和文字符号如图 4-11 所示。

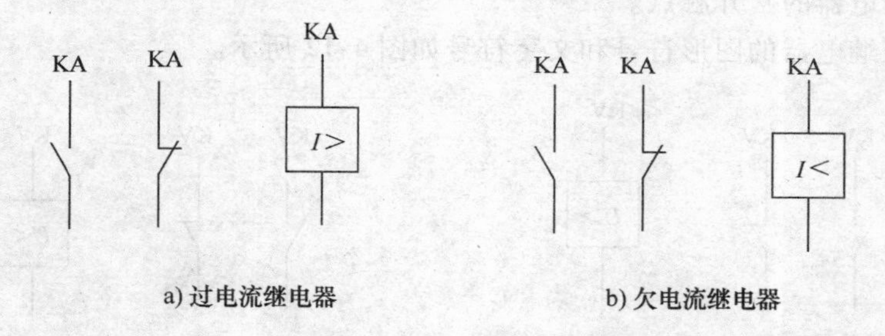

a) 过电流继电器　　b) 欠电流继电器

图 4-11　电磁式电流继电器的图形符号和文字符号

3）过电流继电器的技术参数。JL14 系列过电流继电器的基本技术参数见表 4-16。

表 4-16　JL14 系列过电流继电器的基本技术参数

<table>
<tr><th rowspan="2">电流种类</th><th rowspan="2">型号</th><th rowspan="2">线圈额定电流/A</th><th colspan="2">吸合电流调整范围</th><th colspan="3">触点参数</th><th rowspan="2">复位方式</th></tr>
<tr><th>吸引</th><th>释放</th><th>电压/V</th><th>电流/A</th><th>触点数</th></tr>
<tr><td rowspan="3">直流</td><td>JL14-33Z</td><td rowspan="6">1、1.5、2.5、5、10、15、25、40、60、100、150、300、600、1200、1500</td><td>(70%～300%)I_N</td><td rowspan="6">(10%～20%)I_N</td><td rowspan="3">440</td><td rowspan="6">5</td><td rowspan="3">3 常开，3 常闭，2 常开，1 常闭，1 常开，2 常闭，1 常开，1 常闭</td><td>自动</td></tr>
<tr><td>JL14-21ZS</td><td rowspan="2">(30%～65%)I_N</td><td>手动</td></tr>
<tr><td>JL14-11ZQ</td><td>自动</td></tr>
<tr><td rowspan="3">交流</td><td>JL14-22J</td><td rowspan="3">(110%～400%)I_N</td><td rowspan="3">380</td><td rowspan="2">2 常开，2 常闭，2 常开，1 常闭</td><td>自动</td></tr>
<tr><td>JL14-21JS</td><td>手动</td></tr>
<tr><td>JL14-21JG</td><td>2 常开，1 常闭</td><td>自动</td></tr>
</table>

4）过电流继电器的选用。

① 保护中、小容量直流电动机和绕线转子异步电动机时，线圈的额定电流一般可按电

动机长期工作的额定电流来选择；对于频繁起动的电动机，线圈的额定电流可选大一级。

② 过电流继电器的整定值，应考虑到动作误差，可按电动机最大工作电流的1.7～2倍来选用。

5）过电流继电器的安装要点。过电流继电器在安装时，需将线圈串联于主电路中，常闭触点串联于控制电路中与接触器线圈连接，起到保护作用。

（2）电磁式电压继电器　触点的动作与线圈的电压大小有关的继电器称为电压继电器。按线圈电流的种类可分为交流型和直流型；按吸合电压相对额定电压的大小又分为过电压继电器和欠电压继电器。

1）过电压继电器。在电路中用于过电压保护。过电压继电器线圈在额定电压时，衔铁不产生吸合动作，只有当线圈的电压高于其额定电压的某一值时衔铁才产生吸合动作，所以称为过电压继电器。

过电压继电器衔铁吸合而动作时，常利用其常闭触点断开需保护的电路的负荷开关，起到保护的作用。交流过电压继电器吸合电压的调节范围为 $U_X=(1.05\sim1.2)U_N$。因为直流电路不会产生波动较大的过电压现象，所以产品中没有直流过电压继电器。

2）欠电压继电器。在电路中用作欠电压保护。当电路中的电气设备在额定电压下正常工作时，欠电压继电器的衔铁处于吸合状态；如果电路出现电压降低至线圈的释放电压时，衔铁由吸合状态转为释放状态，同时断开与它相连的电路，实现欠电压保护。所以控制电路中常用欠电压继电器的常开触点。

电磁式电压继电器的图形符号和文字符号如图4-12所示。

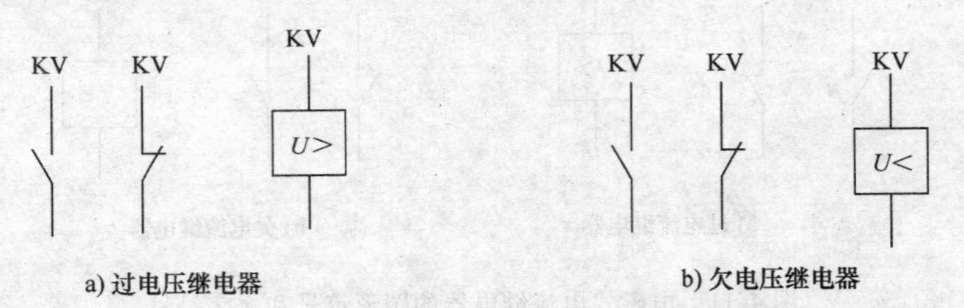

图4-12　电磁式电压继电器的图形符号和文字符号

（3）电磁式中间继电器　中间继电器的吸引线圈属于电压线圈，但它的触点数量较多（一般有4对常开、4对常闭），触点容量较大（额定电流为5～10A），且动作灵敏。其主要用途是当其他继电器的触点数量或触点容量不够时，可借助中间继电器来扩大触点容量（触点并联）或触点数量起到中间转换的作用。

常用的中间继电器有JZ7系列。以JZ7-62为例，JZ为中间继电器的代号，7为设计序号，有6对常开触点、2对常闭触点。JZ7系列中间继电器的主要技术参数见表4-17。

表4-17　JZ7系列中间继电器的主要技术参数

型号	触点数量及参数						操作频率/(次/h)	线圈消耗功率/W	线圈电压/V
	常开	常闭	电压/V	电流/A	断开电流/A	闭合电流/A			
JZ-44	4	4	380	5	4	13	1200	12	12、24、36、48、110、127、220、380、420、440、500
JZ-62	6	2	220			13			
JZ-80	8	0	127			20			

2. 时间继电器

时间继电器的图形符号和文字符号如图 4-13 所示。

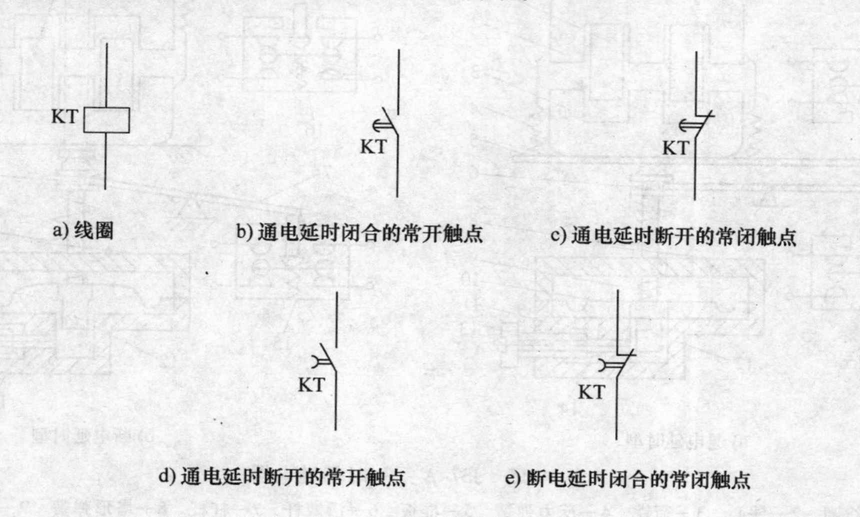

图 4-13 时间继电器的图形符号和文字符号

时间继电器的型号及意义如图 4-14 所示。

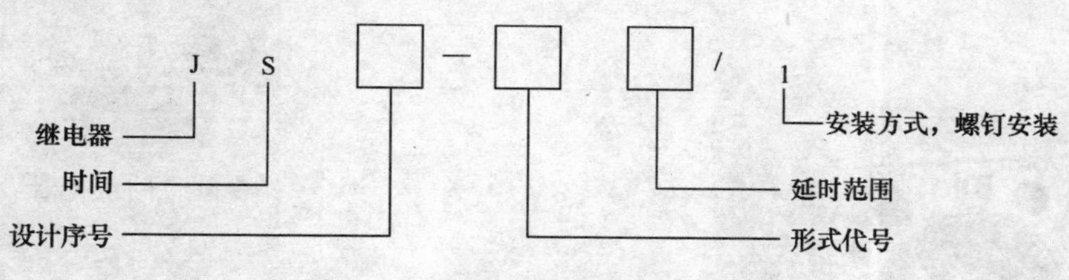

图 4-14 时间继电器的型号及意义

（1）常用的时间继电器

1）空气阻尼式时间继电器。目前，在电力拖动电路中应用较多的空气阻尼式时间继电器是 JS7-A 系列，其结构如图 4-15 所示。

2）电子式时间继电器。电子式时间继电器体积小、重量轻、延时精度高、延时范围广、抗干扰性能强、可靠性好、寿命长，适用于各种要求高精度、高可靠性的自动化控制场合，起延时控制作用，常用型号有 JS14、ST3P、ST6P，外形如图 4-16 所示。

3）数字显示时间继电器。数字显示时间继电器采用集成电路，LED 数字显示，数字按键开关预置，具有工作稳定、精度高、延时范围宽、功耗低、外形美观、安装方便等优点，作为延时元件广泛应用于自动控制中，常用型号有 JS11S、JS14S，外形如图 4-17 所示。

（2）时间继电器的技术参数 JS7-A 系列空气阻尼式时间继电器的主要技术参数见表 4-18。

（3）时间继电器的选用

1）根据系统的延时范围和精度选择时间继电器的类型和系列。在延时精度要求不高的场合，一般可选用价格较低的空气阻尼式时间继电器（JS7-A 系列）；反之，对精度要求较高的场合，可选用电子式时间继电器。

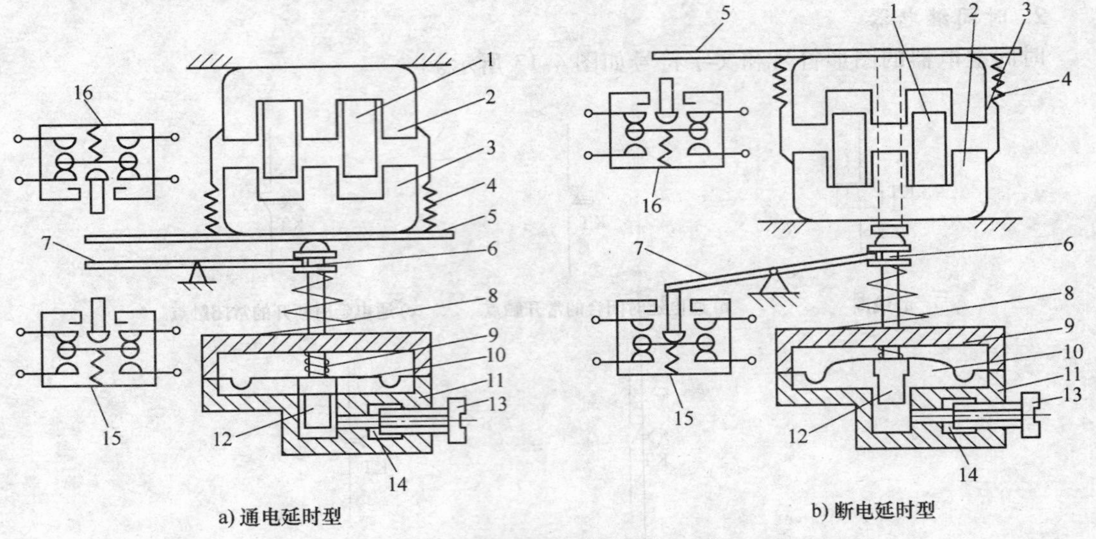

图 4-15 JS7-A 系列时间继电器

1—线圈 2—铁心 3—衔铁 4—反力弹簧 5—推板 6—活塞杆 7—杠杆 8—塔形弹簧 9—弱弹簧 10—橡皮膜 11—空气室壁 12—活塞 13—调节螺钉 14—进气孔 15、16—微动开关

图 4-16 电子式时间继电器

图 4-17 数字显示时间继电器

表 4-18 JS7-A 系列空气阻尼式时间继电器的主要技术参数

型 号	瞬时动作触点数量		有延时的触点数量				触点额定电压/V	触点额定电流/A	线圈电压/V	延时范围/s	额定操作频率/(次/h)
			通电延时		断电延时						
	常开	常闭	常开	常闭	常开	常闭					
JS7-1A	—	—	1	1	—	—	380	5	24、36、110、127	0.4～60	600
JS7-2A	1	1	1	1	—	—				0.4～180	
JS7-3A	—	—	—	—	1	1	380	5	220、380、420	0.4～60	600
JS7-4A	1	1	—	—	1	1				0.4～180	

2）根据控制电路的要求选择时间继电器的延时方式（通电延时和断电延时）；同时还必须考虑电路对瞬间动作触点的要求。

3）根据控制电路电压选择时间继电器吸引线圈的电压。

（4）时间继电器的安装

1）时间继电器应按说明书规定的方向安装。

2）时间继电器的整定值，应预先在不通电时整定好，并在试车时校正。

3）时间继电器金属地板上的接地螺钉必须与接地线可靠连接。

4）通电延时型和断电延时型可在速写时间内自行调换。

（5）时间继电器的故障处理方法（见表 4-19）

表 4-19　时间继电器的故障处理方法

序号	故障现象	故障原因	处理方法
1	延时触点不动作	电磁线圈断线	更换线圈
		电源电压过低	调高电源电压
		传动机构卡住或损坏	排除卡住故障或更换部件
2	延时时间缩短	气室装配不严、漏气	修理或更换气室
		橡皮膜损坏	更换橡皮膜
3	延时时间变长	气室内有灰尘，使气路阻塞	清除气室内灰尘，使气路畅通

3. 热继电器

（1）热继电器的作用及分类　利用热继电器对连续运行的电动机实施过载及断相保护，可防止因过热而损坏电动机的绝缘材料。由于热继电器中发热元件有热惯性，在电路中不能作瞬时过载保护，更不能作短路保护，因此，它不同于过电流继电器和熔断器。

热继电器的分类如下：

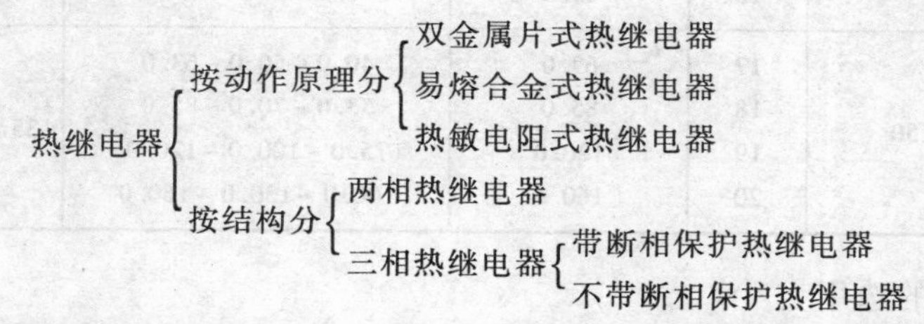

（2）热继电器的结构、外形及符号　热继电器的结构、外形及符号如图 4-18 所示。

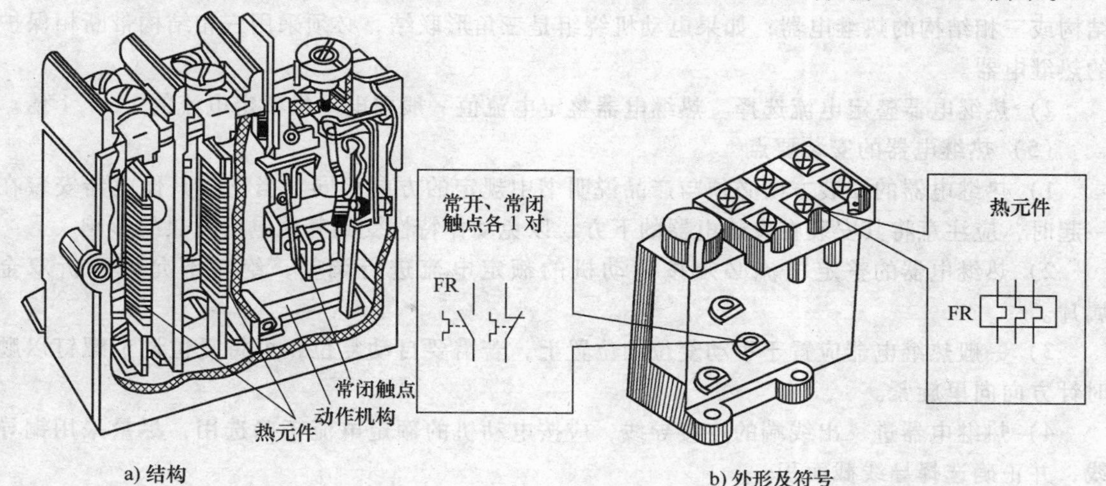

a) 结构　　b) 外形及符号

图 4-18　热继电器的结构、外形及符号

（3）热继电器的型号及主要技术参数　在三相交流电动机的过载保护中，应用较多的有JR16和JR20系列三相式热继电器。这两种系列的热继电器都有带断相保护和不带断相保护两种形式，JR16系列热继电器的主要技术参数见表4-20。

表4-20　JR16系列热继电器的主要技术参数

型号	额定电流/A	发热元件规格			连接导线规格
		编号	额定电流/A	刻度电流调整范围/A	
JR16-20/3 JR16-20/3D	20	1	0.35	0.25~0.3~0.35	4mm² 单股塑料铜线
		2	0.5	0.32~0.4~0.5	
		3	0.72	0.45~0.6~0.72	
		4	1.1	0.68~0.9~1.1	
JR16-20/3 JR16-20/3D	20	5	1.6	1.0~1.3~1.6	4mm² 单股塑料铜线
		6	2.4	1.5~2.0~2.4	
		7	3.5	2.2~2.8~3.5	
		8	5.0	3.2~4.0~5.0	
		9	7.2	4.5~6.0~7.2	
		10	11.0	6.8~9.0~11.0	
		11	16.0	10.0~13.0~16.0	
		12	22.0	14.0~18.0~22.0	
JR16-60/3 JR16-60/3D	60	13	22.0	14.0~18.0~22.0	16mm² 多股铜线橡皮软线
		14	32.0	20.0~26.0~32.0	
		15	45.0	28.0~36.0~45.0	
		16	63.0	40.0~50.0~63.0	
JR16-150/3 JR16-150/3D	150	17	63.0	40.0~50.0~63.0	35mm² 多股铜线橡皮软线
		18	85.0	53.0~70.0~85.0	
		19	120.0	75.0~100.0~120.0	
		20	160.0	100.0~130.0~160.0	

（4）热继电器的选用

1）热继电器类型的选择。当热继电器所保护的电动机绕组是星形联结时，可选用两相结构或三相结构的热继电器；如果电动机绕组是三角形联结，必须采用三相结构带断相保护的热继电器。

2）热继电器整定电流选择。热继电器整定电流值一般取电动机额定电流的1~1.1倍。

（5）热继电器的安装要点

1）热继电器的安装方向必须与产品说明书中规定的方向相同。当它与其他电器安装在一起时，应注意将其安装在发热电器的下方，以免动作特性受到其他电器发热的影响。

2）热继电器的整定电流必须按电动机的额定电流进行调整，绝对不允许弯折双金属片。

3）一般热继电器应置于手动复位的位置上，若需要自动复位，可将复位调节螺钉以顺时针方向向里旋紧。

4）热继电器进、出线端的连接导线，应按电动机的额定电流正确选用，尽量采用铜导线，并正确选择导线截面积。

5）热继电器由于电动机过载后动作，若要再次起动电动机，必须待热元件冷却后，才能使热继电器复位。一般自动复位需要 5 min，手动复位需要 2min。

（6）热继电器的常见故障处理方法（见表 4-21）

表 4-21　热继电器的常见故障处理方法

序号	故障现象	故障原因	处理方法
1	热元件烧断	负载侧短路,电流过大	排除故障、更换热继电器
		操作频率过高	更换合适参数的热继电器
2	热继电器不动作	热继电器的额定电流值选用不合适	按保护容量合理选用
		整定值偏大	合理调整整定值
		动作触点接触不良	消除触点接触不良因素
		热元件烧断或脱掉	更换热继电器
		动作机构卡阻	消除卡阻因素
		导板脱出	重新放入并调试
3	热继电器动作不稳定,时快时慢	热继电器内部机构某些部件松动	将这些部件加以紧固
		在检查中弯折了双金属片	用 2 倍电流预试几次或将双金属片拆下来热处理以去除内应力
		通过电流波动太大,或接线螺钉松动	检查电流电压或拧紧接线螺钉
4	热继电器动作太快	整定值偏小	合理调整整定值
		电动机起动时间过长	按起动时间要求,选择具有合适的可返回时间的热继电器
		连接导线太细	选用标准导线
		操作频率过高	更换合适的型号
		使用场合有强烈的冲击和振动	采取防振动措施
		可逆转换频繁	改用其他保护方式
		安装热继电器与电动机环境温差太大	按两地温差情况配置适当的热继电器
5	主电路不通	热元件烧断	更换热元件或热继电器
		接线螺钉松动或脱落	紧固接线螺钉
6	控制电路不通	触点烧坏或动触点弹簧片弹性消失	更换触点或弹簧
		可调整式旋钮在不合适的位置	调整旋钮或螺钉
		热继电器动作后未复位	按动复位按钮

4. 速度继电器

速度继电器是利用速度原则对电动机进行控制的自动电器，常用作笼型异步电动机的反接制动，所以有时也称为反接制动继电器。

感应式速度继电器是依靠电磁感应原理实现触点动作的，因此，它的电磁系统与一般电磁式电器不同，而与交流电动机的电磁系统相似。感应式速度继电器的结构如图 4-19 所示，主要由定子、转子和触点三部分组成。使用时继电器轴与电动机轴相耦合，但其触点接在控制电路中。速度继电器的图形及文字符号如图 4-20 所示。

一般速度继电器的动作速度为 120r/min，触点的复位速度在 100r/min 以下，转速在

3000～3600r/min 能可靠地工作，允许操作频率不超过 30 次/h。

速度继电器主要根据电动机的额定转速来选择。使用时，速度继电器的转轴应与电动机同轴连接，安装接线时，正反向的触点不能接错，否则不能起到反接制动时接通和断开反向电源的作用。

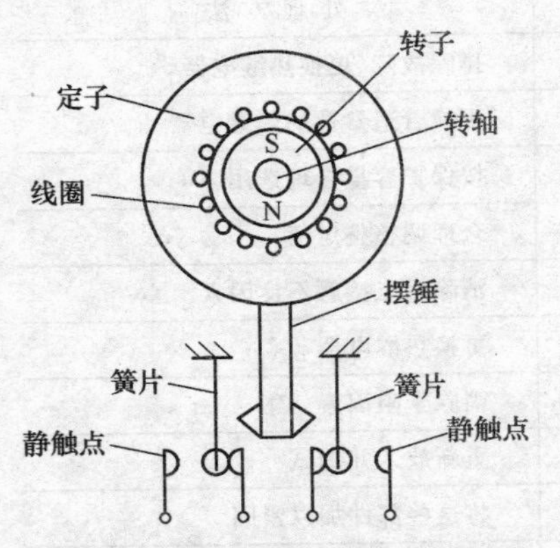

图 4-19 感应式速度继电器的结构

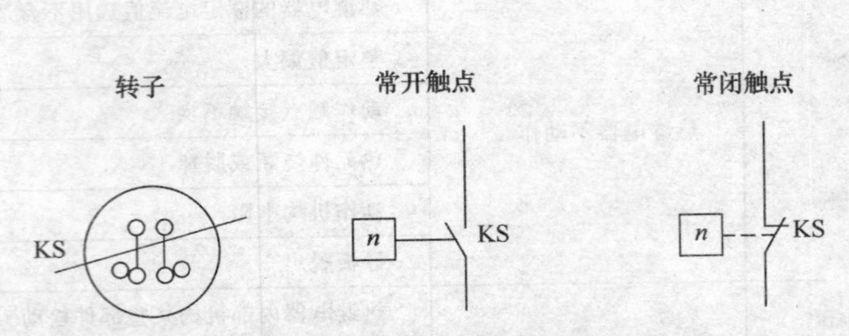

图 4-20 速度继电器的图形及文字符号

六、按钮与行程开关的选用与检修

主令电器是在自动控制系统中发出指令或信号的电器，用来控制接触器、继电器或其他电器线圈，使电路接通或断开，以达到控制生产机械的目的。

主令电器应用十分广泛，种类繁多。常用的主令电器按其作用可分为控制按钮、行程开关、万能转换开关、主令控制器及其他主令电器（脚踏开关、钮子开关、紧急开关）等。

1. 按钮

按钮是一种结构简单、使用广泛的手动主令电器，在低压控制电路中，用来发出手动指令远距离控制其他电器，再由其他电器去控制主电路或转移各种信号，也可以直接用来转换信号电路和电器联锁电路等。

（1）按钮的型号　按钮的型号及意义如图 4-21 所示。

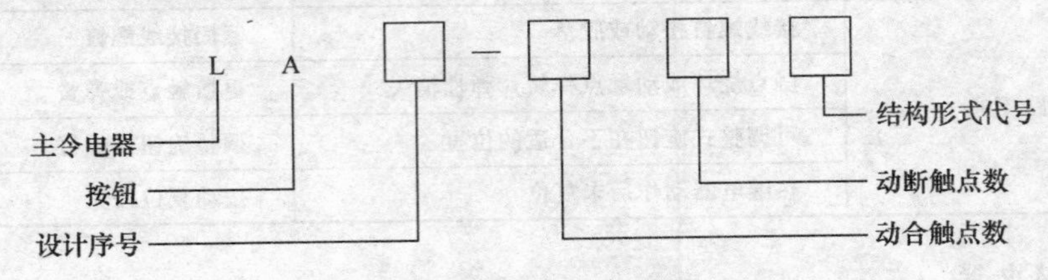

图 4-21 按钮的型号及意义

（2）常用按钮　按钮一般由按钮帽、复位弹簧、触点和外壳等部分组成，其结构如图 4-22 所示，每个按钮中触点的形式和数量可根据需要装配成 1 常开、1 常闭到 6 常开、6 常闭形式。控制按钮可做成单式（一个按钮）、复式（两个按钮）和三联式（3 个按钮）的形式。为便于识别各个按钮的作用，避免误操作，通常在按钮帽上做出不同标志或涂以不同颜色，表示不同作用。一般用红色作为停止按钮，绿色作为起动按钮。按钮的图形及文字符号如图 4-23 所示。

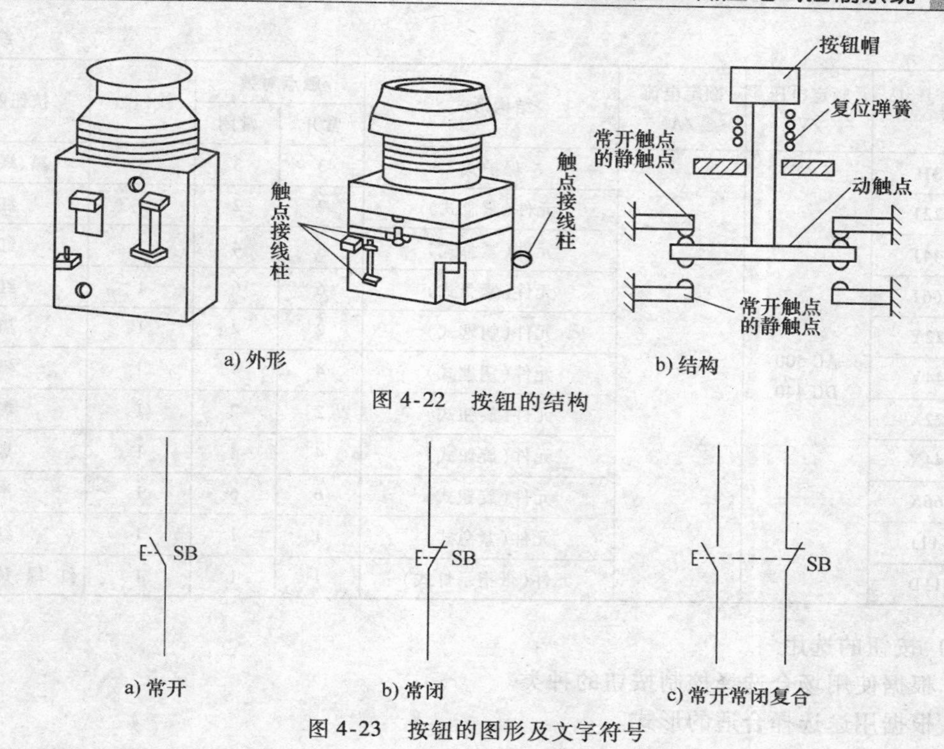

图 4-22　按钮的结构

图 4-23　按钮的图形及文字符号

常用按钮的型号有 LA4、LA10、LA18、LA19、LA25 等系列，常用按钮的外形如图4-24所示。

图 4-24　常用按钮的外形

（3）常用按钮的主要技术参数（见表 4-22）

表 4-22　常用按钮的主要技术参数

<table>
<tr><th rowspan="2">型号</th><th rowspan="2">额定电压
/V</th><th rowspan="2">额定电流
/A</th><th rowspan="2">结构形式</th><th colspan="2">触点对数</th><th rowspan="2">按钮数</th><th rowspan="2">按钮颜色</th></tr>
<tr><th>常开</th><th>常闭</th></tr>
<tr><td>LA2</td><td rowspan="4">AC 500
DC 440</td><td rowspan="4">5</td><td>元件</td><td>1</td><td>1</td><td>1</td><td>黑、绿、红</td></tr>
<tr><td>LA10-2K</td><td>开启式</td><td>2</td><td>2</td><td>2</td><td>黑红或绿红</td></tr>
<tr><td>LA10-3K</td><td>开启式</td><td>3</td><td>3</td><td>3</td><td>黑、绿、红</td></tr>
<tr><td>LA10-2H</td><td>保护式</td><td>2</td><td>2</td><td>2</td><td>黑红或绿红</td></tr>
</table>

（续）

型号	额定电压/V	额定电流/A	结构形式	触点对数		按钮数	按钮颜色
				常开	常闭		
LA10-3H	AC 500 DC 440	5	保护式	3	3	3	黑、绿、红
LA18-22J			元件(紧急式)	2	2	1	红
LA18-44J			元件(紧急式)	4	4	1	红
LA18-66J			元件(紧急式)	6	6	1	红
LA18-22Y			元件(钥匙式)	2	2	1	黑
LA18-44Y			元件(钥匙式)	4	4	1	黑
LA18-22X			元件(旋钮式)	2	2	1	黑
LA18-44X			元件(旋钮式)	4	4	1	黑
LA18-66X			元件(旋钮式)	6	6	1	黑
LA19-11J			元件(紧急式)	1	1	1	红
LA19-11D			元件(带指示灯式)	1	1	1	红、绿、黄、蓝、白

（4）按钮的选用

1）根据使用场合选择控制按钮的种类。

2）根据用途选择合适的形式。

3）根据控制回路的需要确定按钮数。

4）按工作状态指示和工作情况要求选择按钮和指示灯的颜色。

（5）按钮的安装

1）按钮安装在面板上时，应布置整齐，排列合理，如根据电动机起动的先后顺序，从上到下或从左到右排列。

2）同一机床运动部件有几种不同的工作状态时（如上、下、前、后、松、紧等），应使每一对相反状态的按钮安装在一组。

3）按钮的安装应牢固，安装按钮的金属板或金属按钮盒必须可靠接地。

4）由于按钮的触点间距较小，如有油污等极易发生短路故障，因此应注意保持触点间的清洁。

（6）按钮的故障处理方法（见表4-23）

表4-23 按钮的故障处理方法

序号	故障现象	故障原因	处理方法
1	触点接触不良	触点烧损	修整触点和更换产品
		触点表面有尘垢	清洁触点表面
		触点弹簧失效	重绕弹簧和更换产品
2	触点间短路	塑料受热变形，导线接线螺钉相碰短路	更换产品，并查明发热原因，如灯泡发热所致，可降低电压
		杂物和油污在触点间形成通路	清洁按钮内部

2. 行程开关

行程开关也称为限位开关或位置开关，用于检测工作机械的位置，是一种利用生产机械某些运动部件的撞击来发出控制信号的主令电器，所以称为行程开关。将行程开关安装于生产机械行程终点处，可限制其行程。它主要用于改变生产机械的运动方向、行程大小及位置保护等。

（1）行程开关的型号　行程开关的型号及意义如图4-25所示。

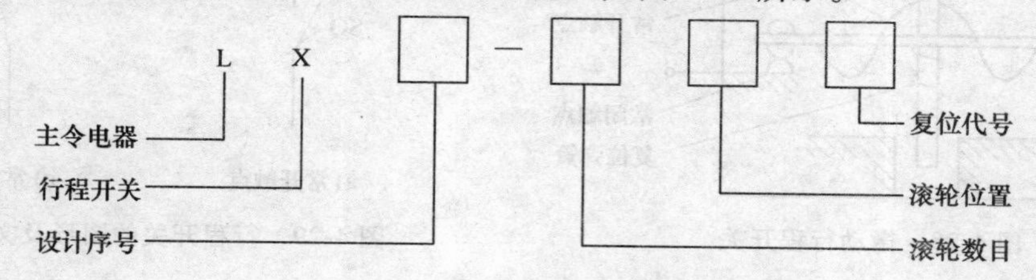

图4-25　行程开关的型号及意义

注：复位代号为1—能自动复位，2—不能自动复位。

（2）常用行程开关　行程开关的种类很多，按动作方式分为瞬动型和蠕动型；按其头部结构可分为直动式（如LX1、JLXK1系列）、滚轮式（如LX2、JLXK2系列）和微动式（如LXW-11、LX31系列）三种。

直动式行程开关的结构如图4-26所示，其动作原理与按钮相同。但它的触点分合速度取决于生产机械的移动速度。当移动速度低于0.4m/min时，触点断开太慢，易受电弧烧损。为此，应采用有盘形弹簧机构瞬时动作的滚轮式行程开关，如图4-27所示。当生产机械的行程比较小且作用力也很小时，可采用具有瞬时动作和微小动作的微动行程开关，如图4-28所示。

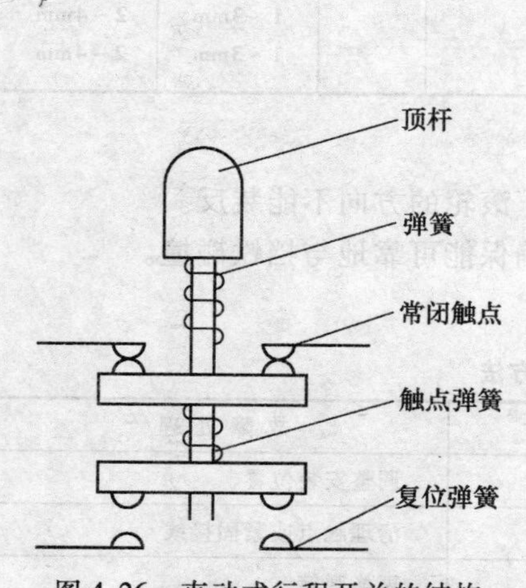

图4-26　直动式行程开关的结构

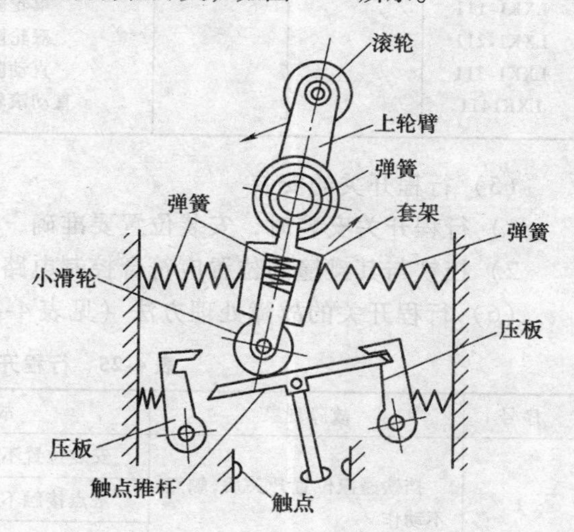

图4-27　滚轮式行程开关

行程开关的图形及文字符号如图4-29所示。

（3）行程开关的主要技术参数（见表4-24）

（4）行程开关的选用

1）根据使用场合及控制对象选择种类。

2）根据安装环境选择防护形式。

3）根据控制回路的额定电压和额定电流选择系列。

4）根据行程开关的传力与位移关系选择合理的操作头形式。

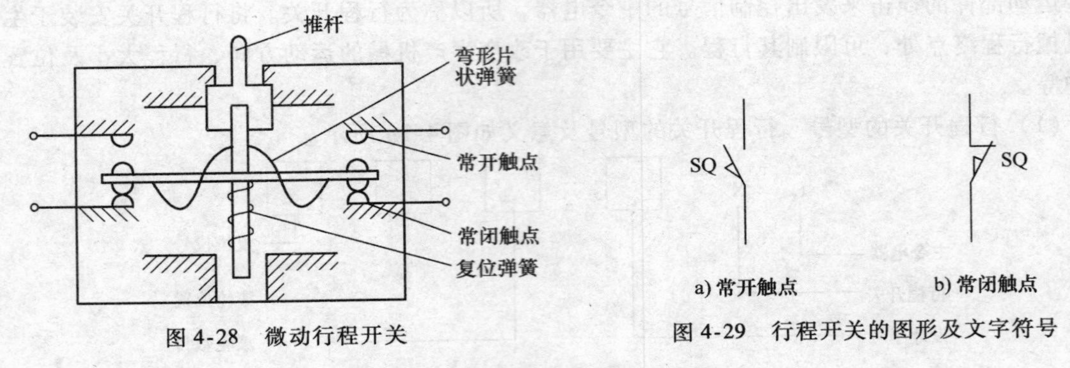

图 4-28　微动行程开关

a) 常开触点　　b) 常闭触点

图 4-29　行程开关的图形及文字符号

表 4-24　行程开关的主要技术参数

型号	额定电压/V	额定电流/A	结构形式	触点对数		工作行程	超行程
				常开	常闭		
LX19K			元件			3mm	1mm
LX19-111			内侧单轮，自动复位			~30°	~20°
LX19-121			外侧单轮，自动复位			~30°	~20°
LX19-131			内外侧单轮，自动复位			~30°	~20°
LX19-212			内侧双轮，不能自动复位			~30°	~15°
LX19-222	AC 380 DC 220	5	外侧双轮，不能自动复位	1	1	~30°	~15°
LX19-232			内外侧双轮，不能自动复位			~30°	~15°
LXK1-111			单轮防护式			12°~15°	≤30°
LXK1-211			双轮防护式			~45°	≤45°
LXK1-311			直动防护式			1~3mm	2~4mm
LXK1411			直动滚轮防护式			1~3mm	2~4mm

（5）行程开关的安装

1）行程开关安装时，安装位置要准确，安装要牢固，滚轮的方向不能装反。

2）挡铁与其碰撞的位置应符合控制电路的要求，并确保能可靠地与挡铁碰撞。

（6）行程开关的故障处理方法（见表 4-25）

表 4-25　行程开关的故障处理方法

序号	故障现象	故障原因	故障处理
1	挡铁碰撞位置开关后，触点不动作	安装位置不准确	调整安装位置
		触点接触不良或接线松脱	清理触点或紧固接线
		触点弹簧失效	更换弹簧
2	杠杆已经偏转，或无外界机械力作用，但触点不复位	复位弹簧失效	更换弹簧
		内部撞块卡阻	清扫内部杂物
		调节螺钉太长，顶住开关按钮	检查调节螺钉

3. 接近开关

接近开关又称为无触点行程开关，当运动的物体与之接近到一定距离时，它就发出动作信号，从而进行相应的操作，不像机械行程开关那样需要施加机械力。接近开关如图 4-30 所示。

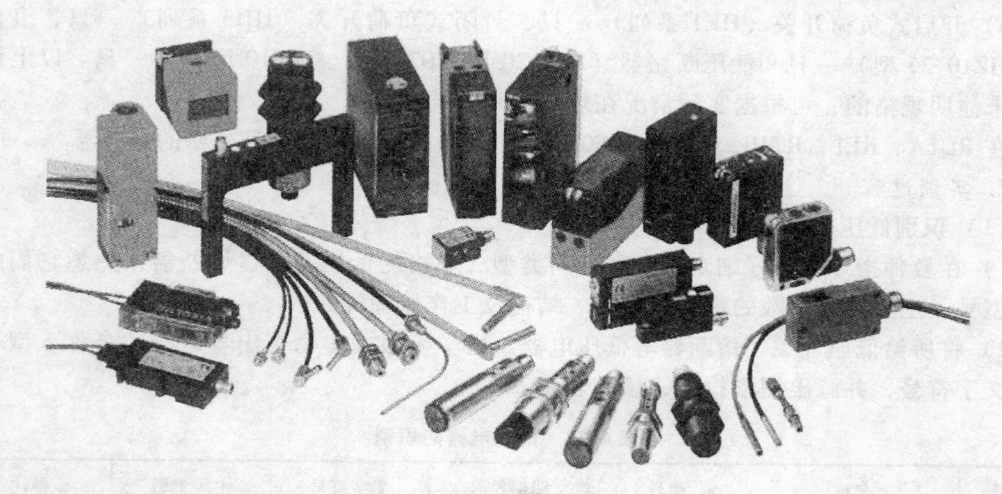

图 4-30　接近开关

接近开关是通过其感应头与被测物体间介质能量的变化来取得信号的。接近开关的应用已远超出一般行程控制和限位保护的范畴，可用于高速计数、测速、液面检测、检测金属物体是否存在及其尺寸大小、加工程序的自动衔接和作为无触点按钮等。即使用作一般行程控制，其定位精度、操作频率、使用寿命及对恶劣环境的适应能力也比普通机械行程开关高。

接近开关按其工作原理可分为高频振荡型、感应电桥型、霍尔效应型、光电型、永磁及磁敏元件型、电容型及超声波型等多种形式，其中以高频振荡型最为常用。高频振荡型的结构包括感应头、振荡器、开关器、输出器和稳压器等几部分。当装在生产机械上的金属检测体（通常为铁磁件）接近感应头时，由于感应作用，使处于高频振荡器线圈磁场中的物体内部产生涡流（及磁滞）损耗，以致振荡回路因电阻增大、损耗增加而使振荡减弱，直至停止振荡。这时，晶体管开关就导通，并通过输出器输出信号，从而起到控制作用。高频振荡型用于检测各种金属，现在应用最为普遍；电磁感应型用于检测导磁和非导磁金属；电容型用于检测各种导电和不导电的液体及金属；超声波型用于检测不能透过超声波的物质。

【项目任务】

任务一　识别并检测低压开关、熔断器

一、任务描述

1）识别低压开关的型号、接线柱、检测刀开关的质量。

2）识别熔断器的型号、接线柱、检测刀开关的质量。

二、实训内容

1. 实训器材

1）电工常用工具。

2）MF47 型万用表。

3）开启式负荷开关（HK1 系列）一只、封闭式负荷开关（HH3 系列）一只、组合开关（HZ10-25 型）一只和低压断路器（D25-20 型、D247 型、DW10 型）各一只。以上低压开关未注明规格的，可根据实际情况在规定系列内选择。

在 RC1A、RL1、RT10、RT18、RS0 系列中，各选取不少于两种规格的熔断器。

2. 实训过程

（1）识别低压开关

1）在教师指导下，仔细观察各种不同类型、规格的低压开关、熔断器，熟悉它们的外形、型号、主要技术参数的意义、功能、结构及工作原理等。

2）将所给低压开关、熔断器等低压电器，由学生根据实物写出各电器的名称、型号规格及文字符号，并画出图形符号，填入表 4-26 中。

表 4-26　低压电器的识别

序号	名称	型号	图形符号	文字符号	主要参数	备注
1						
2						
3						
4						
5						
6						

（2）检测低压开关、更换 RC1A 系列和 RL1 系列熔断器的熔体

1）将低压开关的手柄扳到合闸位置，用万用表的电阻档测量各对触点之间的接触情况。

2）检查所给熔断器的熔体是否完好。对 RC1A 系列可拔下瓷盖进行检查；对 RL1 系列应首先查看其熔断指示器；若熔体已熔断，应按原规格选配熔体；更换熔体。对 RC1A 系列熔断器，安装熔丝时，熔丝缠绕方向一定要正确，安装过程中不得损伤熔丝，对 RL1 系列熔断器，熔断管不能倒装；用万用表检查更换熔体后的熔断器各部分接触是否良好。

（3）熟悉低压断路器的结构和原理　将一只 D25-20 型塑壳式低压断路器的外壳拆开，认真观察其结构，理解其控制和保护原理，并将主要部件的作用和有关参数填入表 4-27 中。

表 4-27　低压断路器的结构

主要部件名称	作　用	参数
电磁脱扣器		
热脱扣器		
触点		
按钮		

3. 评分标准（见表 4-28、表 4-29）

表 4-28　低压开关识别与检测评分标准

项　　目	配分	评 分 标 准		得分
识别低压开关	40 分	写错或漏写名称	每只扣 5 分	
		写错或漏写型号	每只扣 5 分	
		写错符号	每只扣 5 分	
检测低压开关	40 分	仪表使用方法错误	扣 10 分	
		参检测方法或结果有误	扣 10 分	
		损坏仪表仪器	扣 20 分	
		不会检测	扣 40 分	
低压断路器结构	20 分	主要部件的作用写错	每项扣 5 分	
		参数漏写或写错	每项扣 5 分	
安全文明生产	违反安全文明生产规程		由指导教师根据实际情况扣分	
定额时间	50min，每超时 5min（不足 5min，以 5min 计）		扣 5 分	
开始时间		结束时间	实际时间	总分

表 4-29　低压熔断器的识别与检修评分标准

项　　目	配分	评 分 标 准		得分
熔断器识别	50 分	写错或漏写名称	每只扣 5 分	
		写错或漏写型号	每只扣 5 分	
		漏写主要部件	每只扣 4 分	
更换熔体	50 分	检查方法不正确	扣 10 分	
		不能正确选配熔体	扣 10 分	
		更换熔体方法不正确	扣 10 分	
		损伤熔体	扣 20 分	
		更换熔体后熔断器断路	扣 25 分	
安全文明生产	违反安全文明生产规程		由指导教师根据实际情况扣分	
定额时间	50min，每超时 5min（不足 5min 以 5min 计）		扣 5 分	
开始时间		结束时间	实际时间	总分

任务二　识别并检测主令电器

一、任务描述

识别主令电器的型号、接线柱、检测主令电器的质量。

二、实训内容

1. 实训器材

1）电工常用工具。

2）ZC25-3 型兆欧表、MF47 型万用表。

3）按钮 LA18-22、LA18-22J、LA18-22X、LA18-22Y、LA19-11D、LA19-11DJ、LA20-22D 各一只；行程开关 JLXK1-311、JLXK1-211、JLXK1-111 各一只；万能转换开关 LW5-15/5.5N 一只；主令控制器 LK1-12/90 一只；凸轮控制器 KTJ1-50/1 一只。

相关低压电器元件可根据实际情况在规定系列内选择。

2. 实训过程

（1）识别主令电器

1）在教师指导下，仔细观察各种不同类型、不同结构形式的主令电器，熟悉它们的外形、型号、主要技术参数的意义、功能、结构及工作原理等。

2）由指导教师从所给的主令电器中任选六种，由学生根据实物写出各电器的名称、型号规格及文字符号，并画出图形符号，填入表 4-30 中。

表 4-30 主令电器的识别

序号	名称	型号	图形符号	文字符号	主要参数	备注
1						
2						
3						
4						
5						
6						

（2）检测按钮和行程开关　拆开外壳观察其内部结构，比较按钮和行程开关的相似和不同之处，理解常开触点、常闭触点的动作情况，用电阻档测量各对触点之间的接触情况，分辨常开触点和常闭触点。

（3）万能转换开关、主令控制器和凸轮控制器的检测

1）认真观察、比较三种主令电器，熟悉它们的外形、型号和功能，用兆欧表测量各触点的对地电阻，其值应小于 0.5MΩ。

2）用万用表依次测量手柄置于不同位置时各对触点的通断情况，根据测量结果分别写出三种主令电器的触点分合表，并与给出的分合表对比，初步判断触点的工作情况是否良好。

3）打开外壳，仔细观察、比较它们的结构和动作过程，指出主要零部件的名称，理解其工作原理。

4）检查各对触点的接触情况和各凸轮片的磨损情况，若触点接触不良应予以修整，若凸轮片磨损严重应予以更换。

5）合上外壳，转动手柄检查转动是否灵活、可靠，并再次用万用表依次测量手柄置于不同位置时各触点的通断情况，看是否与给定的触点分合表相符。

3. 评分标准（见表 4-31）

表 4-31　评分标准

项　目	配分	评分标准		得分
识别主令电器	40 分	写错或漏写名称	每只扣 5 分	
		写错或漏写型号	每只扣 5 分	
		写错符号	每只扣 5 分	
检测主令电器	60 分	仪表使用方法错误	扣 10 分	
		测量结果有误	每次扣 5 分	
		触点分合表有误	每错一处扣 5 分	
		检查修整触点错误	扣 10 分	
		检查更换凸轮片错误	扣 10 分	
		损坏仪表电器	扣 20 分	
		不会检测	扣 40 分	
安全文明生产	违反安全文明生产规程		由指导教师根据实际情况扣分	
定额时间	2h，每超时 5min（不足 5min，以 5min 计）		扣 5 分	
开始时间		结束时间	实际时间	总分

任务三　识别、拆装与检修交流接触器

一、任务描述

1）能说出常用交流接触器的型号、基本技术参数和生产厂家。

2）能拆卸、组装和简单检测交流接触器。

二、实训内容

1. 实训器材

电工常用工具，镊子，MF47 型万用表，CJ20、CJ40、CJX1（3TB 和 3TF）、CJX2 和 CJX8（B）系列等常用交流接触器，其型号规格自定。

2. 实训过程

（1）交流接触器的识别

1）在教师指导下，仔细观察各种不同系列、规格的交流接触器，熟悉它们的外形、型号及主要技术参数的意义、结构、工作原理及主触点、辅助常开触点、辅助常闭触点、线圈的接线柱等。

2）由学生根据实物写出各接触器的系列名称、型号、文字符号，画出图形符号，填入表 4-32 中，并简述接触器的主要结构和工作原理。

表 4-32 接触器的识别

序号	1	2	3	4	5	6
系列名称						
型号						
文字符号						
图形符号						
主要结构						
工作原理						

（2）CJ20-25 交流接触器的拆卸与检修（见图 4-31、图 4-32）

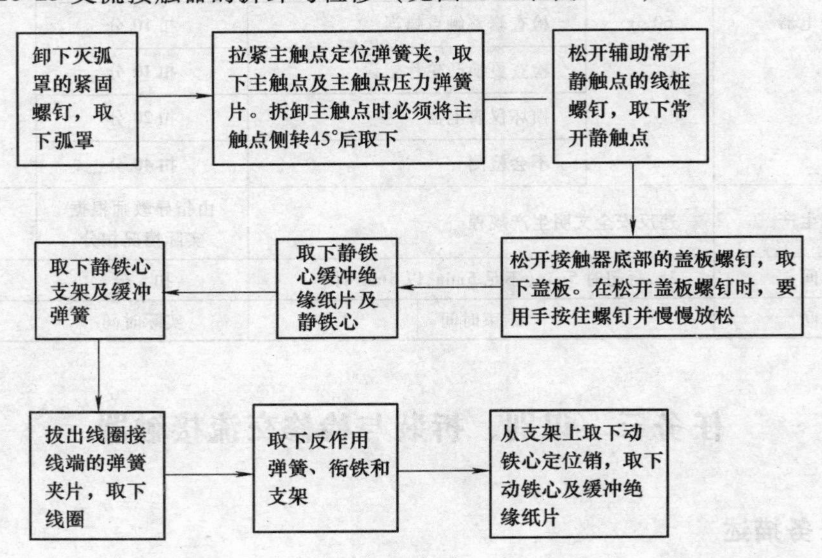

图 4-31 CJ20-25 交流接触器的拆卸

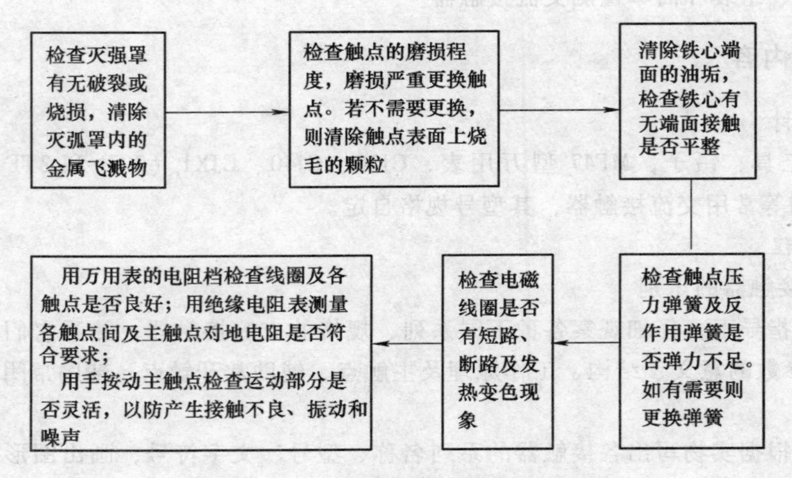

图 4-32 CJ20-25 交流接触器的检修

交流接触器的拆装和检测情况记录见表4-33。

表4-33　交流接触器的拆装和检测情况记录

型号		容量/A		拆装步骤	主要零部件	
					名称	作用
触点对数						
主触点	辅助触点	常开触点	常闭触点			
触点电阻						
常开		常闭				
动作前/Ω	动作后/Ω	动作前/Ω	动作后/Ω			
电磁线圈						
线径/mm	匝数	工作电压/V	直流电阻			

3. 评分标准（见表4-34）

表4-34　交流接触器的识别与检测评分标准

项　目	考核要求	配分	评分标准	扣分
电器拆装	按要求正确拆卸、组装交流接触器	40	①拆卸、组装步骤不正确，每步扣10分 ②损坏和丢失零件，每处扣10分	
电器识别	正确识别交流接触器型号、接线柱	30	识别错误，每处扣10分	
电器检测	正确检测交流接触器	30	①检测不正确，每处扣10分 ②工具仪表使用不正确，每次扣5分	
安全文明操作	违反安全文明操作规程（视实际情况进行扣分）			
定额时间	2h，每超过5min扣5分			
开始时间		结束时间	实际时间	总分

任务四　识别并检测常用继电器

一、任务描述

1）能说出常用继电器（热继电器、时间继电器）型号、基本技术参数和生产厂家。
2）能拆卸、组装和简单检测常用继电器（热继电器、时间继电器）。

二、实训内容

1. 实训器材

尖嘴钳、螺钉旋具、活扳手、万用表、热继电器、时间继电器。

2. 实训过程

1）说一说：结构参数。

2）比一比：性能价格。由学生写出热继电器和时间继电器的型号、主要参数等信息，填入表4-35、表4-36中。

表 4-35 热继电器的识别

序号	热继电器型号	额定电流/A	热元件等级		生产厂家
			额定电流/A	整定电流调节范围/A	
1					
2					
3					

表 4-36 时间继电器的识别

序号	时间继电器型号	瞬时动作触点数量	延时动作触点数量	触点额定电压/V	触点额定电流/A	延时范围	生产厂家
1							
2							
3							

3）做一做：拆装检测。拆卸、组装和简单检测某一型号的热继电器、时间继电器，记录拆装和检测情况，填入表4-37、表4-38中。

表 4-37 热继电器的拆装和检测情况记录

<table>
<tr><td colspan="2">型号</td><td>类型</td><td colspan="2">主要零部件</td></tr>
<tr><td colspan="2"></td><td></td><td>名称</td><td>作用</td></tr>
<tr><td colspan="3">热元件电阻值/Ω</td><td></td><td></td></tr>
<tr><td>U相</td><td>V相</td><td>W相</td><td></td><td></td></tr>
<tr><td></td><td></td><td></td><td></td><td></td></tr>
<tr><td colspan="3">整定电流调整值</td><td></td><td></td></tr>
<tr><td colspan="3"></td><td></td><td></td></tr>
</table>

表 4-38 时间继电器的拆装和检测情况记录

型号	线圈电阻/Ω	主要零部件	
		名称	作用
常开触点对数	常闭触点对数		
延时触点对数	瞬时触点对数		
瞬时分断触点对数	瞬时闭合触点对数		

3. 评分标准（见表4-39、表4-40）

表4-39 热继电器的识别与检测评分标准

项目	考核要求	配分	评分标准	得分
电器拆装	按要求正确拆卸、组装热继电器	40	①拆卸、组装步骤不正确，每步扣10分 ②损坏或丢失零件，每处扣10分	
电器识别	正确识别热继电器型号、接线柱	30	识别错误，每处扣10分	
电器检测	正确检测热继电器	30	①检测不正确，每处扣10分 ②工具仪表使用不正确，每次扣5分	
安全文明操作	违反安全文明操作规程由指导教师视实际情况进行扣分			
定额时间	2h，每超过5 min扣5分			
开始时间		结束时间	实际时间	总分

表4-40 时间继电器的识别与检测实训评分标准

项目	考核要求	配分	评分标准	得分
电器拆装	按要求正确拆卸、组装时间继电器	40	①拆卸、组装步骤不正确，每步扣10分 ②损坏和丢失零件，每处扣10分	
电器识别	正确识别时间继电器型号、接线柱	30	识别错误，每处扣10分	
电器检测	正确检测时间继电器	30	①检测不正确，每处扣10分 ②工具仪表使用不正确，每次扣5分	
安全文明操作	违反安全文明操作规程由指导教师视实际情况进行扣分			
定额时间	2h，每超过5min扣5分			
开始时间		结束时间	实际时间	总分

知识小结

电器是指对电能的测试、运输、分配与应用起开关、控制、保护和调节作用的电工器件，而低压电器是指工作在交流1200V及以下，直流1500V以下的电器。电器按工作电压等级分为高压电器和低压电器；按用途分为配电电器和控制电器；按执行机构分为有触点电器和无触点电器；按工作环境分为一般用途电器和特殊用途电器。

低压熔断器是低压配电系统和电力拖动系统中常用的安全保护电器，主要用于短路保护，有时也可用于过载保护，主体是用低熔点的金属丝或金属薄片制成的熔体，串联在被保护电路中。

刀开关是低压供配电系统和控制系统中常用的配电电器，常用于电源隔离，也可用于不频繁地接通和断开小电流配电电路或直接控制小容量电动机的起动和停止，是一种拖动操作电器。

低压断路器是一种重要的控制和保护电器，能自动切断故障电路并兼有控制和保护功能。

交流接触器通断电流能力强，动作迅速，操作安全，但不能切断短路电流，因此它通常与熔断器配合使用。

按钮是一种分断小电流控制电路的主令电器。由于按钮的触点允许通过的电流较小，一般不超过5A，一般情况下，它不直接控制大电流主电路的通断，而是在控制电路中发出"指令"去控制接触器、继电器等电器，再由它们来控制主电路。

行程开关，又称为位置开关或限位开关，它主要是按运动部件的行程或位置要求而动作的电器，是一种利用生产机械运动部件的碰撞使触点动作来实现分断控制电路，从而达到一定控制目的的控制电器。

热继电器是一种利用流过继电器的电流所产生的热效应而动作的电器，主要用于电动机的过载保护、断相保护、电流不平衡运行的保护及其他电器设备发热状态的控制。

时间继电器是一种按时间原则进行控制的继电器。时间继电器是指从得到输入信号（线圈的通电或断电）起，需经过一段时间的延时后才输出信号（触点的闭合或分断）的继电器。

中间继电器实质上是电压继电器，是将一个输入信号变换成一个或多个输出信号的继电器。

电流继电器是根据通过线圈电流的大小断开电路的继电器。它串联在电路中，作过电流或欠电流保护。

速度继电器又称为反接制动继电器。它以旋转速度的快慢为指令信号，通过触点的分合传递给接触器，从而实现对电动机反接制动控制。

习　题

1. 试述电磁式低压电器的一般工作原理。
2. 低压电器中熄灭电弧所依据的原理有哪些？常见的灭弧方法有哪些？
3. 接触器的作用是什么？根据结构特征如何区分交流、直流接触器？
4. 常开与常闭触点如何区分？时间继电器的常开与常闭触点与普通常开与常闭触点有什么不同？
5. 交流接触器在衔铁吸合前的瞬间，为什么在线圈中会产生很大的电流冲击？直流接触器会不会出现这种现象？为什么？
6. 交流接触器能否串联使用？为什么？
7. 选用接触器时应注意哪些问题？接触器和中间继电器有何差异？
8. 交流接触器在运行中有时线圈断电后，衔铁仍掉不下来，电动机不能停止，这时应如何处理？故障原因在哪里？应如何排除？
9. 线圈电压为220V的交流接触器，误接入380V交流电源时会发生什么问题？为什么？

项目二　电气基本控制电路

【学习目标】

知识目标

- 熟悉常用电气基本控制电路的工作原理及操作过程。
- 能正确选用低压电器。
- 会连接常用电气基本控制电路。

技能目标

- 能识读电气控制电路图。
- 能处理常用电气基本控制电路的简单故障。

【知识准备】

一、电气控制电路图的识读与绘制原则

1. 电气控制系统图基本知识

电气控制系统图是由许多电器元件按一定要求连接而成的。为了表达生产机械电气控制系统的结构、原理等设计的示意图，同时，也为了便于电气系统的安装、调整、使用和维

修，需要将电气控制系统中各电器元件的连接用一定的图形表达出来，这种图就是电气控制系统图。

电气控制系统图一般有三种：电路图（又称电气原理图）、电气元件布置图、电气安装接线图。我们将在图上用不同的图形符号表示各种电器元件，用不同的文字符号表示设备及电路功能、状况和特征，各种图有其不同的用途和规定的画法。我国相关部门参照国际电工委员会（IEC）颁布的有关文件，制定了我国电气设备的国家标准，如：

GB/T 4728—2005～2008《电气简图用图形符号》

GB/T 5226.1—2008《机械电气安全　机械电气设备　第1部分：通用技术条件》

GB/T 6988.1—2008《电气技术用文件的编制　第1部分：规则》

电气图示符号有图形符号、文字符号及接线端子标记等。

（1）图形符号　图形符号通常用于图样或其他文件，以表示一个设备或概念的图形、标记或字符。电气控制系统图中的图形符号必须按国家标准绘制。图形符号含有符号要素、一般符号和限定符号。

1）符号要素：一种具有确定意义的简单图形，必须同其他图形组合才构成一个设备或概念的完整符号。如接触器常开主触点的符号就由接触器触点功能符号和常开触点符号组合而成。

2）一般符号：用以表示一类产品和此类产品特征的一种简单的符号。如电动机可用一个圆圈表示。

3）限定符号：用于提供附加信息的一种加在其他符号上的符号。

运用图形符号绘制电气系统图时应注意以下几个方面：

1）符号尺寸大小、线条粗细依国家标准可放大与缩小，但在同一张图样中，同一符号的尺寸应保持一致，各符号间及符号本身比例应保持不变。

2）标准中示出的符号方位，在不改变符号含义的前提下，可根据图面布置的需要旋转或成镜像放置，但文字和指示方向不得倒置。

3）大多数符号都可以加上补充说明标记。

4）有些具体器件的符号，在国家标准中未作规定，可由设计者根据国家标准已规定的符号进行适当组合、派生。

5）当采用其他来源的符号或代号时必须在图解和文件上说明其含义。

（2）文字符号　文字符号分为基本文字符号和辅助文字符号。常用文字符号见附录C。

1）基本文字符号。基本文字符号有单字母符号与双字母符号两种。单字母符号按拉丁字母顺序将各种电气设备、装置和元器件划分为23大类，每一类用一个专用单字母符号表示，如“C”表示电容，“R”表示电阻器等。双字母符号由一个表示种类的单字母符号与另一个字母组成，且以单字母符号在前，另一个字母在后的次序列出，如“F”表示保护器件类，“FU”则表示熔断器，“FR”表示热继电器。

2）辅助文字符号。辅助文字符号是用来表示电气设备、装置和元器件以及电路的功能、状态和特征的。如“RD”表示红色，“SP”表示压力传感器，“YB”表示电磁制动器等。辅助文字符号还可以单独使用，如“ON”表示接通，“N”表示中间线等。

3）补充文字符号的原则。如规定的基本文字符号和辅助文字符号不够使用，可按国家标准中文字符号组成规律和下述原则予以补充。

① 在不违背国家标准文字符号编制原则的条件下，可采用国家标准中规定的电气技术文字符号。

② 在优先采用基本和辅助文字符号的前提下，可补充国家标准中未列出的双字母文字符号和辅助文字符号。

③ 使用文字符号时，应按电气名词术语国家标准或专业技术标准中规定的英文术语缩写。

④ 基本文字符号不得超过两位字母，辅助文字符号一般不超过三位字母。文字符号采用拉丁字母大写正体字，且拉丁字母中“I”和“O”不允许单独作为文字符号使用。

(3) 接线端子标记

1) 主电路各接线端子标记。三相交流电源引入线采用 L1、L2、L3 标记。主电路在电源开关的出线端按相序依次编号为 U11、V11、W11。然后按从上至下、从左至右的顺序，每经过一个元器件后，编号要递增，如 U12、V12、W12；U13、V13、W13 等。单台三相交流电动机（或设备）的 3 根引出线，按相序依次编号为 U、V、W。对于多台电动机引出线的编号，为了不致引起误解和混淆，可在字母前用不同的数字加以区别，如 1U、1V、1W；2U、2V、2W 等。

2) 控制电路各电路连接点标记。控制电路采用阿拉伯数字编号，一般由三位或三位以下的数字组成。标注方法按“等电位”原则进行，在垂直绘制的电路图中，标号顺序一般由上而下编号，凡是被线圈、绕组、触点或电阻、电容等元件所间隔的线段，都应标以不同的电路标号。

2. 电路图的绘制、识读原则

(1) 电气原理图　电气原理图也称为电路图，用于表达电路设备电气控制系统的组成部分和连接关系，如图 4-33 所示。通过电路图，可详细地了解电路设备电气控制系统的组成和工作原理，并可在测试和寻找故障时提供足够的信息，同时，电路图也是编制接线图的重要依据。电气原理图是根据电路工作原理绘制的，在绘制、识读原理图时，一般应遵循下列规则。

1) 电气原理图按国家标准规定的图形符号、文字符号和回路标号进行绘制。

2) 电源电路一般画成水平线，三相交流电源相序 L1、L2、L3 自上而下依次画出，如中性线 N 和保护地线 PE，则应依次画在相线之下。直流电源的“+”端在上，“-”端在下画出。电源开关要水平画出。

主电路通过的是电动机的工作电流，电流比较大，因此，一般在图样上用粗实线垂直于电源电路绘于电路图左侧。

辅助电路一般包括控制主电路工作状态的控制电路、显示主电路工作状态的指示电路、提供机床设备局部照明的照明电路等。一般由主令电器的触点、接触器的线圈和辅助触点、继电器的线圈和触点、仪表、指示灯及照明灯等组成。通常辅助电路通过的电流较小，一般不超过 5A。

辅助电路要跨接在两相电源之间，一般按照控制电路、指示电路和照明电路的顺序，用细实线依次垂直画在主电路的右侧，并且耗能元件（如接触器和继电器的线圈、指示灯、照明灯等）要画在电路图的下方，与下边电源线相连，而元器件的触点要画在耗能元件与上边电源线之间。为读图方便，一般应按照自左至右、自上而下的排列来表示操作顺序。

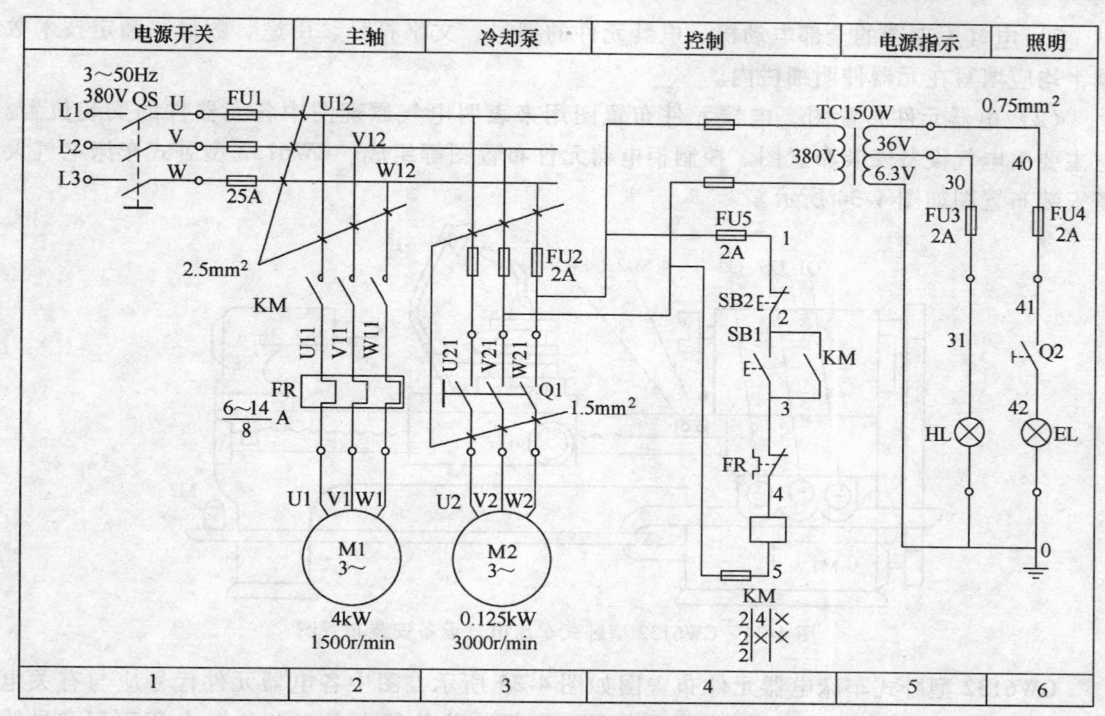

图 4-33　CW6132 型卧式车床电气原理图

3）电路图中，元器件不画实际的外形图，而应采用国家统一规定的电气图形符号表示。同一元器件的各部分不按它们的实际位置画在一起，而是按其在电路中所起的作用分别画在不同的电路中，但它们的动作是相互关联的，必须用同一文字符号标记。若一电路图中，相同的元器件较多，需要在元器件文字符号后面加注不同的数字以示区别。各元器件的触点位置均按元器件未接通电源和没有受外力作用时的常态位置画出，分析原理时应从触点的常态出发。

促使触点动作的外力方向必须是：当图形垂直放置时为从左向右，即在垂线左侧的触点为常开触点，在垂线右侧的触点为常闭触点；当图形水平放置时为从上向下，即水平线下方的触点为常开触点，在水平线上方的触点为常闭触点。

4）电气原理图的布局。按动作顺序从上到下，或从左到右绘制。

5）标注。电源电压值、极性、频率、相数；电容、电阻值；人工操作电器的操作方式。

6）在原理图上方将图分成若干图区，并标明该区电路的用途与作用；在继电器、接触器线圈下方列有触点表，以说明线圈和触点的从属关系。触点的位置索引及含义见表 4-41。

表 4-41　触点的位置索引及含义

<table>
<tr><td colspan="3">KM
2 | 4 | ×
2 | × | ×
2 | |</td><td colspan="2">KA
9 | 8
13 | 12
× | ×
× | ×</td></tr>
<tr><td>左栏</td><td>中栏</td><td>右栏</td><td>左栏</td><td>右栏</td></tr>
<tr><td>主触点图区号</td><td>辅助常开触点图区号</td><td>辅助常闭触点图区号</td><td>常开触点图区号</td><td>常闭触点图区号</td></tr>
</table>

7）电气原理图的全部电动机、电器元件的型号、文字符号、用途、数量、额定技术数据，均应填写在元器件明细栏内。

（2）电器元件布置图　电器元件布置图用来表明电气原理图中各元器件的安装位置。它主要由电气设备安装布置图、控制柜电器元件布置图等组成。CW6132 型卧式车床电气设备安装布置图如图 4-34 所示。

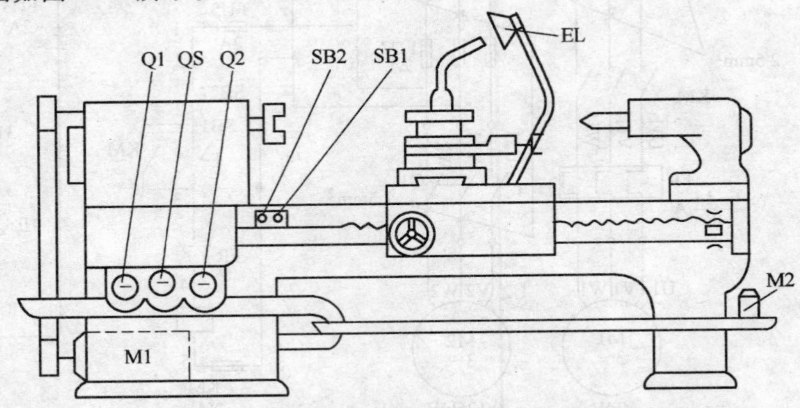

图 4-34　CW6132 型卧式车床电气设备安装布置图

CW6132 型卧式车床电器元件布置图如图 4-35 所示，图中各电器元件代号应与有关电路图和电器元件清单上所有元器件代号相同，在图中往往留有 10% 以上的备用面积及导线管（槽）的位置，以供改进设计时用。图 4-35 中 FU1 ~ FU4 为熔断器、KM 为接触器、FR 为热继电器、T 为控制变压器、XT 为接线端子板。

（3）绘制、识读接线图的原则　接线图是根据电气设备和元器件的实际位置和安装情况绘制的，它只用来表示电气设备和元器件的位置、配线方式和接线方式，而不明显表示电气动作原理和元器件之间的控制关系。它是电气施工的主要图样，主要用于安装接线、电路的检查和故障处理。因此，安装接线图要求准确、清晰，以便于施工和维护。CW6132 型卧式车床电气安装接线图如图 4-36 所示。

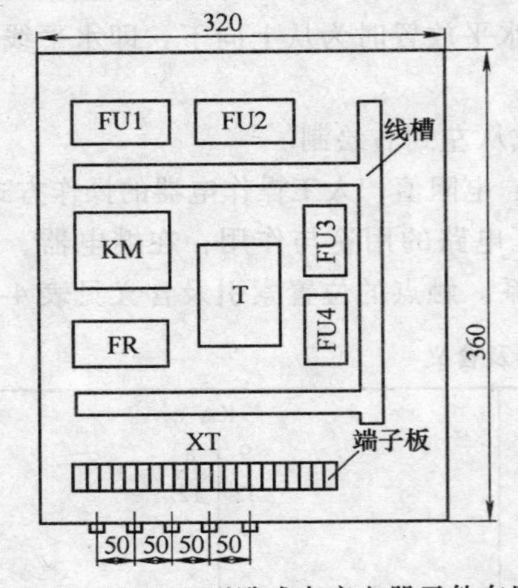

图 4-35　CW6132 型卧式车床电器元件布置图

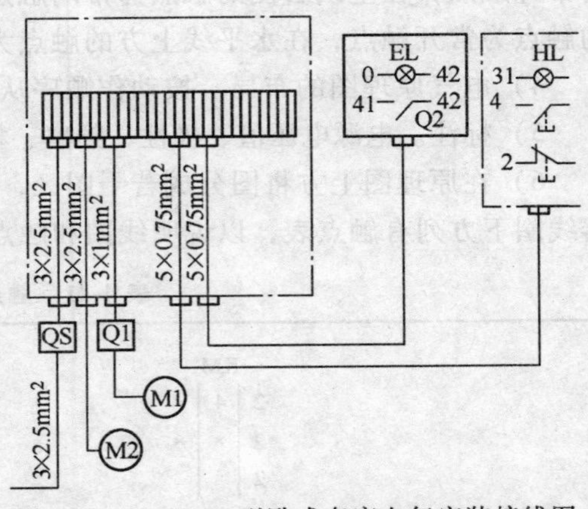

图 4-36　CW6132 型卧式车床电气安装接线图

绘制、识读接线图应遵循以下原则。

1）接线图中一般应示出如下内容：电气设备和电器元件的相对位置、文字符号、端子号、导线号、导线类型、导线截面积、屏蔽和导线绞合等。

2）安装接线图是实际接线安装的依据和准则。它清楚地表示了各电器元件的相对位置和它们之间的电气连接，所以安装接线图不仅要把同一个元器件的各个部件画在一起，并用点画线框上，且各个部件的布置要尽可能符合这个元器件的实际情况，但对尺寸和比例没有严格要求。各电器元件的图形符号、文字符号和回路标记均应以原理图为准，并保持一致，以便查对。

3）接线图中的导线有单根导线、导线组（或线扎）、电缆等之分，可用连续线或中断线表示。凡导线走向相同的可以合并，用线束来表示，到达接线端子板或电器元件的连接点时再分别画出。用线束表示导线组、电缆时，可用加粗的线条表示，在不引起误解的情况下，也可采用部分加粗。另外，导线及管子的型号、根数和规格应标注清楚。

4）不是在同一控制箱内和不是同一块配电屏上的各电器元件之间的导线连接，必须通过接线端子进行；同一控制箱内各电器元件之间的接线可以直接相连。

5）在安装接线图中，分支导线应在各电器元件接线端上引出，而不允许在导线两端以外的地方连接，且接线端上只允许引出两根导线。安装接线图上所表示的电气连接，一般并不表示实际走线路径，施工时由操作者根据经验选择最佳走线方式。

二、常用电气控制电路图的识读方法

看懂电路图，不仅要认识图形符号和文字符号，而且要能与电气设备的工作原理结合起来。

1. 阅读电气图的一般规律

（1）读图的要求　电路可分为主电路和辅助电路。主电路又称为一次回路，是电源向负载输送电能的电路，包括发电机、变压器、开关、熔断器、接触器主触点、电容器、电力电子器件和负载（如电动机、电灯）等。辅助电路又称为二次回路，是对主电路进行控制、保护、检测和指示的电路。辅助电路一般包括继电器、仪表、指示灯、控制开关、接触器辅助触点等。

电器元件是电路不可缺少的组成部分。在供电电路中常用隔离开关、断路器、负荷开关、熔断器、互感器等；在机床等机械控制中，常用各种继电器、接触器和控制开关等；在电力电子电路中，常用各种二极管、晶体管、晶闸管和集成电路等。使用前应了解这些电器元件的性能、结构、原理、相互控制关系及在整个电路中的地位和作用。

（2）图形符号、文字符号要熟练应用　电气简图用图形符号与文字符号以及项目代号、接线端子标记等电气技术的“词汇”、符号越多，读图越快捷、越方便。

（3）掌握各类电气图的绘制特点　各类电气图都有各自的绘制方法和特点，掌握这些特点并加以利用可以提高读图的效率，进而设计、绘制电气图。

（4）熟悉典型电路的工作原理　典型电路是构成电气控制电路图的基本电路，例如电气原理图中的电动机起动、制动、正反转控制电路，电子电路中的整流、放大和振荡电路等。熟悉典型电路并掌握其工作原理，对于看懂复杂电气控制电路图非常有帮助。

2. 电气原理图的识读

（1）识读电气原理图的方法

1）查阅图样说明。图样说明包括图样目录、技术说明、元器件明细栏和施工说明书等。看图样说明有助于了解大体情况并抓住识读的重点。

2）分清电路性质。分清电气原理图的主电路和控制电路，交流电路和直流电路。

3）注意识读顺序。在识读电气原理图时，应先看主电路，后看控制电路。识读主电路时，通常从下往上看，即从电气设备（电动机）开始，经控制元件，依次到电源，搞清电源是经过哪些元器件到达用电设备的。

① 看电路及设备的供电电源（生产机械多用380V、50Hz的三相交流电），应看懂电源引自何处。

② 分析主电路共用了几台电动机，并了解各台电动机的功能。

③ 分析各台电动机的工作状况（如起动方式，是否有可逆、调速、制动等控制）及它们的制约关系。

④ 了解主电路中所有的控制电器（如刀开关和交流接触器的主触点等）及保护电器（如熔断器、热继电器与低压断路器的脱扣器等）。

识读控制电路时，通常从左往右看，即先看电源，再依次到各条回路，分析各回路元件的工作情况与主电路的控制关系。搞清回路构成，各元件间的联系，控制关系及在什么条件下回路接通或断开等。

4）复杂电路的识读。对于复杂电路，还可以将它分成几个功能（如起动、制动、调速等）。在分析控制电路时要紧扣主电路动作与控制电路的联动关系，不能孤立地分析控制电路。分析控制电路一般按下列三步进行。

① 弄清控制电路的电源电压。在生产机械中，电动机台数少、控制不复杂的电路，常采用380V交流电压；电动机台数多、控制较复杂的电路，常采用110V、127V、220V的交流电压，其中又以交流110V用得最多，由控制变压器提供控制电压。

② 依次到各条控制回路，了解电路中常用的继电器、接触器、行程开关、按钮等的用途、动作原理及对主电路的控制关系。

③ 结合主电路有关元器件对控制电路的要求，分析控制电路的动作过程。

（2）电气原理图识读实例　电动机双向运行直接起动控制电气原理图如图4-37所示，图中采用两只接触器，即正转接触器KM1和反转接触器KM2。当KM1主触点接通时，三相电源L1、L2、L3按正相序接入电动机；当KM2主触点接通时，三相电源L1、L2、L3按反相序接入电动机，所以当两只接触器分别工作时，电动机的旋转方向相反。

为防止两只接触器KM1、KM2的主触点同时闭合，造成主电路L1和L3两相电源短路，电路要求KM1、KM2不能同时通电。因此，在控制电路中采用了按钮和接触器双重联锁（互锁），以保证接触器KM1、KM2不会同时通电：即在接触器KM1和KM2线圈回路中，相互串联对方的一对常闭触点（接触器联锁），正反转起动按钮SB1、SB2的常闭触点分别与对方的常开触点相互串联（按钮联锁）。合上电源开关QS，电路的操作过程和工作原理如下：

1）正转控制：按下SB1，SB1常开触点闭合，KM1线圈得电，KM1辅助常开触点闭合实现自锁，电动机正转。

2）反转控制：按下SB2，SB2常开触点闭合，KM2线圈得电，KM2辅助常开触点闭合实现自锁，电动机反转。

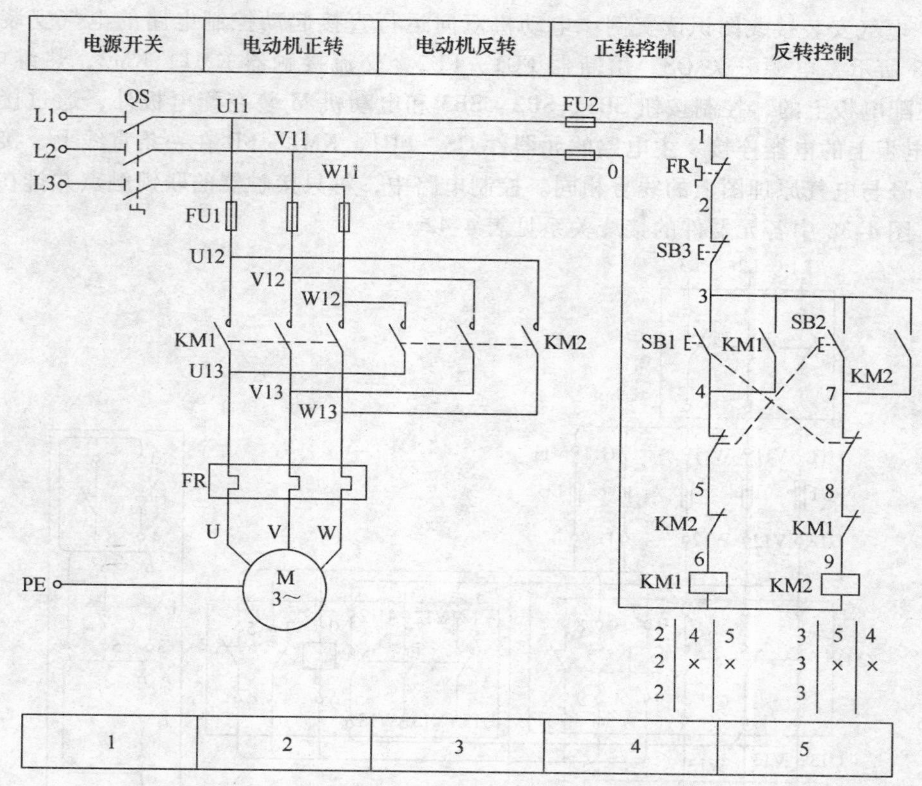

图 4-37　电动机双向运行直接起动控制电气原理图

3）按下 SB3，KM1 或 KM2 线圈失电，电动机停转。

为保证 KM1 和 KM2 线圈不能同时通电（同时通电将造成主电路短路），电路中运用了机械和电气双重互锁保护功能。SB1、SB2 常闭触点在电路中实现机械互锁保护，KM1、KM2 辅助常闭触点在电路中实现电气互锁保护。

熔断器 FU1 作主电路（电动机）的短路保护，熔断器 FU2 作控制电路的短路保护，热继电器 FR 作电动机的过载保护。

3. 电气安装接线图的识读

（1）识读电气安装接线图的基本方法

1）熟悉电气原理图。电气安装接线图是根据电气原理图绘制的，因此识读电气安装接线图首先要熟悉电气原理图。

2）熟悉布线规律。熟悉电气安装接线图中各元器件的实际位置和安装接线图的布线规律。

3）注意识读顺序。分析电气安装接线图时，先看主电路，后看控制电路。看主电路时，可根据电流流向，从电源引入处开始，自上而下，依次经过控制电器到达用电设备。看控制电路时，可以从某一相电源出发，从上至下、从左至右，按照线号，根据假定电流方向经控制元件到另一相电源。

4）注意其他资料。识读时，还应注意所用元器件的型号、规格、数量和布线方式、安装高度等重要资料。

（2）电气安装接线图识读实例　电动机双向运行直接起动控制电路的电气安装接线图如图 4-38 所示，电源开关 QS，熔断器 FU1、FU2，交流接触器 KM1、KM2，热继电器 FR 是固定在配电板上的，控制按钮 SB1、SB2、SB3 和电动机 M 装在配电板外，通过接线端子 XT 与配电板上的电器连接。主电路的元器件 QS、FU1、KM1、FR 在一条直线上，接线图上的端子标号与电气原理图上的线号相同。控制电路中，每只接触器的联锁触点并排在自锁触点旁边。图 4-38 中各元器件的接线关系见表 4-42。

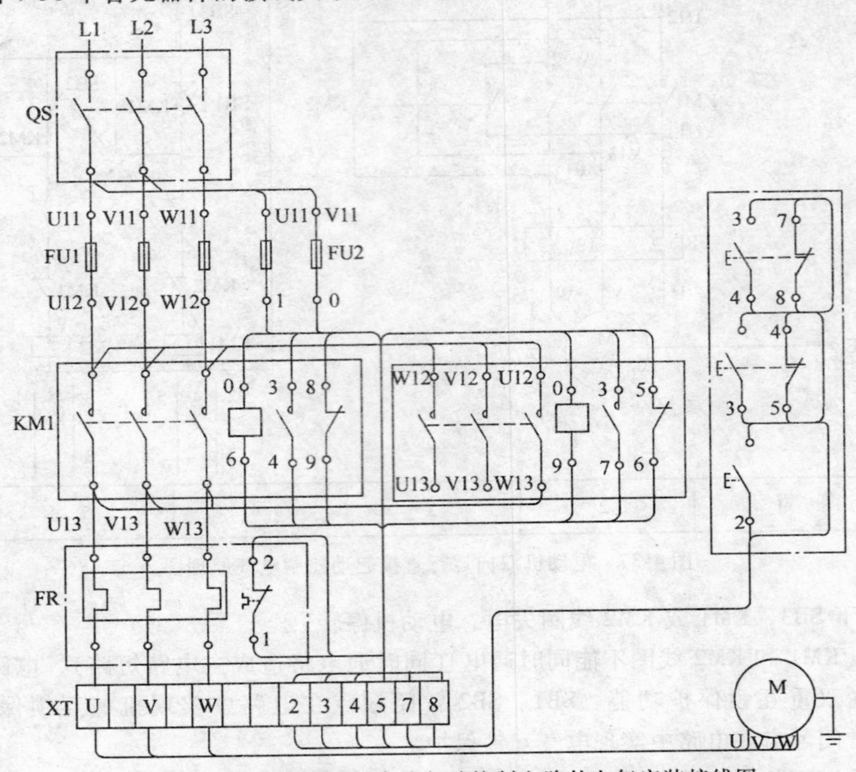

图 4-38　电动机双向运行直接起动控制电路的电气安装接线图

三、基本控制电路类型及其安装步骤和方法

1. 基本控制电路的类型

（1）起动控制电路

1）全压起动：包括手动控制、点动控制、连续单向运行控制、正反转控制等。

2）减压起动：包括串电阻减压控制、星-三角形减压控制、延边三角形减压控制等。

（2）调速控制电路　包括双速三相异步电动机手动调速控制和自动调速控制。

（3）制动控制电路　包括反接制动控制和能耗制动控制。

2. 基本控制电路的安装步骤及方法

（1）识读电路图　明确电路所用元器件名称及其作用，熟悉电路的工作原理，在电气原理图上编号。

（2）检查元器件　按元件明细栏配齐元器件，并对元器件进行检查。对元器件的检查应包括以下几个方面。

表 4-42　图 4-38 各元器件的接线关系

序号	名称		符号	数量	接线关系			
					进线		出线	
					来源	线号	去向	线号
1	电源开关		QS	1	电源	L1、L2、L3	FU1	U11、V11、W11
2	熔断器		FU1	3	QS	U11、V11、W11	KM1、KM2 主触点	U12、V12、W12
			FU2	2	FU1	U11	FR 常闭触点	1
						V11	XT 的 1 端	0
3	接触器	主触点	KM1	3	FU1	U12、V12、W12	FR 热元件	U13、V13、W13
		常开触点		1	XT 的 3 端（KM2 常开触点）	3	XT 的 4 端	4
		常闭触点		1	XT 的 8 端	8	KM2 线圈	9
		线圈		1	FU2（KM2 线圈）	0	KM2 常闭触点	6
		主触点	KM2	3	FU1	W12、V12、U12	FR 热元件	U13、V13、W13
		常开触点		1	XT 的 3 端（KM1 常开触点）	3	XT 的 7 端	7
		常闭触点		1	XT 的 5 端	5	KM1 线圈	6
		线圈		1	FU2（KM1 线圈）	0	KM1 常闭触点	9
4	热继电器	热元件	FR	3	KM1、KM2 主触点	U13、V13、W13	经 XT 至电动机 M	U、V、W
		常闭触点		1	XT 的 2 端	2	FU2	1
5	接线端子	U、V、W	XT	3	FR 热元件	U、V、W	电动机 M	U、V、W
		2		1	FR 常闭触点	2	SB3 常闭触点	2
		3		1	KM1 常开触点	3	SB3 常闭触点（SB1 常开触点）（SB2 常开触点）	3
		4		1	KM1 常开触点	4	SB1 常开触点	4
		5		1	KM2 常闭触点	5	SB2 常闭触点	5
		7		1	KM2 常开触点	7	SB2 常开触点	7
		8		1	KM1 常闭触点	8	SB1 常闭触点	8
6	电动机		M	1	XT 的 U、V、W 端	U、V、W	／	／
7	正转按钮	常开触点	SB1	1	XT 的 3 端（SB2 常开触点）（SB3 常闭触点）	3	XT 的 4 端（SB2 常闭触点）	4
		常闭触点			XT 的 7 端（SB2 常开触点）	7	XT 的 8 端	8
	反转按钮	常开触点	SB2	1	XT 的 3 端（SB1 常开触点）（SB3 常闭触点）	3	XT 的 7 端（SB1 常闭触点）	7
		常闭触点			XT 的 4 端（SB1 常开触点）	4	XT 的 5 端	5
	停止按钮	常闭触点	SB3		XT 的 2 端	2	XT 的 3 端（SB1 常开触点）（SB2 常开触点）	3

1）元器件外观是否清洁、完整；外壳有无碎裂；零部件是否齐全、有效；各接线端子及紧固件有无缺失、生锈等现象。

2）元器件的触点有无熔焊粘结、变形、严重氧化锈蚀等现象；触点的闭合、分断动作是否灵活；触点的开距、超程是否符合标准，接触压力弹簧是否有效。

3）低压电器的电磁机构和传动部件的动作是否灵活；有无衔铁卡阻、吸合位置不正等现象；新品使用前应拆开清除铁心端面的防锈油；检查衔铁复位弹簧是否正常。

4）用万用表或电桥检查所有元器件的电磁线圈（包括继电器、接触器及电动机）的通断情况，测量它们的直流电阻并做好记录，以备在检查电路和排除故障时作为参考。

5）检查有延时作用的元器件的功能；检查热继电器的热元件和触点的动作情况。

6）核对各元器件的规格与图样要求是否一致。元器件先检查、后使用，避免安装、接线后发现问题再拆换，提高制作电路的工作效率。

（3）固定元件　根据接线图将元器件安装在控制板上，固定元器件时应按以下步骤进行。

1）定位。将元器件摆放在确定好的位置，元器件应排列整齐，以保证连接导线时做到横平竖直、整齐美观，同时尽量减少弯折。

2）打孔。用手钻在做好的记号处打孔，孔径应略大于固定螺钉的直径。

3）固定。安装底板上所有的安装孔均打好后，用螺钉将元器件固定在安装底板上。

固定元器件时，应注意在螺钉上加装平垫圈和弹簧垫圈。紧固螺钉时将弹簧垫圈压平即可，不要过分用力。防止用力过大将元器件的底板压裂造成损失。

（4）连接导线　连接导线时，必须按照电气安装接线图规定的走线方位进行。一般从电源端起按线号顺序进行，先做主电路，然后做辅助电路。

接线前应做好准备工作，如按主电路、辅助电路的电流容量选好规定截面积的导线；准备适当的线号管；使用多股线时应准备烫锡工具或压接钳等。

连接导线应按以下的步骤进行。

1）选择适当截面积的导线，按电气安装接线图规定的方位，在固定好的元器件之间测量所需要的长度，截取适当长短的导线，剥去两端绝缘外皮。使用多股芯线时要将线头绞紧，必要时应烫锡处理。

2）走线时应尽量避免导线交叉。先将导线校直，把同一走向的导线汇成一束，依次弯向所需要的方向。走好的导线束用铝线卡（钢筋轧头）垫上绝缘物卡好。

3）在导线套上写好线号，根据接线端子的情况，将芯线弯成圆环或直接压进接线端子。

4）接线端子应紧固好，必要时加装弹簧垫圈紧固，防止元器件动作时因振动而松脱。接线过程中注意对照图样核对，防止错接。必要时用试灯、蜂鸣器或万用表校线。同一接线端子内压接两根以上导线时，可以只套一只线号管；导线截面积不同时，应将截面积大的放在下层，截面积小的放在上层。所使用的线号要用不易褪色的颜料（可用环乙酮与甲紫调和）用印刷体工整地书写，防止检查电路时误读。

（5）检查电路　连接好的控制电路必须经过认真检查后才能通电调试，以防止错接、漏接及电器故障引起的动作不正常，甚至造成短路事故。检查电路应按以下步骤进行：

1）核对接线。对照电气原理图、电气安装接线图，从电源开始逐段核对端子接线的线号，排除漏接、错接现象，重点检查辅助电路中容易错接处的线号，还应核对同一根导线的两端线号是否一致。

2）检查端子接线是否牢固。检查端子所有接线的接触情况，用手一一摇动，拉拔端子的接线，不允许有松动与脱落现象，避免通电调试时因虚接造成麻烦，将故障排除在通电之前。

3）万用表导通法检查。在控制电路不通电时，用手动来模拟电器的操作动作，用万用表检查与测量电路的通断情况。根据电路控制动作来确定检查步骤和内容；根据电气原理图和电气安装接线图选择测量点。先断开辅助电路，以便检查主电路的情况，然后再断开主电路，以便检查辅助电路的情况。主要检查以下内容。

① 主电路不带负荷（电动机）时相间绝缘情况；接触器主触点接触的可靠性；正反转控制电路的电源换相电路及热继电器热元件是否良好，动作是否正常等。

② 辅助电路的各个控制环节及自锁、联锁装置的动作情况及可靠性；与设备的运动部件联动的元器件（如行程开关、速度继电器等）动作的正确性和可靠性；保护电器（如热继电器触点）动作的准确性等情况。

（6）调试与调整　为保证安全，通电调试必须在指导老师的监护下进行。调试前应做好准备工作，包括：清点工具；清除安装底板上的线头杂物；装好接触器的灭弧罩；检查各组熔断器的熔体；分断各开关，使按钮、行程开关处于未操作前的状态；检查三相电源是否对称等。然后，按下述的步骤通电调试。

1）空操作试验。先切除主电路（一般可断开主电路熔断器），装好辅助电路熔断器，接通三相电源，使电路不带负荷（电动机）通电操作，以检查辅助电路工作是否正常。操作各按钮检查它们对接触器、继电器的控制作用；检查接触器的自锁、联锁等控制作用；用绝缘棒操作行程开关，检查它的行程控制或限位控制作用等。还要观察各电器操作动作的灵活性，注意有无卡住或阻滞等不正常现象；细听电器动作时有无过大的振动噪声；检查有无线圈过热等现象。

2）带负荷调试。控制电路经过数次空操作试验动作无误后即可切断电源，接通主电路，带负荷调试。电动机起动前应先做好停机准备，起动后要注意它的运行情况。如果发现电动机起动困难、发出噪声及线圈过热等异常现象，应立即停机，切断电源后进行检查。

3）控制动作的调整。例如，星形-三角形起动电路的转换时间；反接制动电路的终止速度等。应按照各电路的具体情况确定调整步骤。调试运转正常后，可投入正常运行。

四、基本控制电路故障检修步骤和方法

任何电路或设备经一段时间的使用，都会产生一些故障，根据故障现象，进行检测和分析是排除故障时必须进行的一项工作。电气控制电路故障检修步骤和方法见表4-43。

表4-43　电气控制电路故障检修步骤和方法

序号	步　骤	故障检修方法	备　注
1	观察故障现象，初步判断故障范围	电气控制电路出现故障后，经常采用试验的方法观察故障现象，初步判断故障 所谓试验法，就是在不扩大故障范围、不损坏电气设备和生产机械设备的前提下，对控制电路进行通电试验，观察电气设备、元器件的动作情况等是否正常，找出故障发生的部位、元器件或回路	也经常采用看、听、摸等方法初步判断故障范围

（续）

序号	步　骤	故障检修方法	备　注
2	用逻辑分析法缩小故障范围	逻辑分析法就是根据电气控制电路的工作原理、各控制环节的动作顺序、相互之间的联系，结合观察到的故障现象进行具体的分析，迅速缩小故障的范围，进而判断故障所在	是一种快速、准确的检查方法，适用于较复杂的控制电路故障检查
3	用测量法确定故障点	测量法就是利用电工工具和仪表（如测电笔、万用表等）对控制电路进行通电或断电测量，准确找出故障点或故障元器件。常用的测量方法有电压分阶测量法、电阻分阶测量法、电阻分段测量法等 （1）电压分阶测量法 测量时，像上、下台阶一样依次测量电压，称为电压分阶测量法，即按图4-39中所示的方法进行测量 ① 测量时，先将万用表的档位选择在交流电压500V档 ②断开主电路，接通控制电路的电源，如按下起动按钮SB1时，接触器KM不吸合，则说明控制电路有故障 ③先测0-1两点间的电压，若电压为380V，说明控制电路的电源电压正常。然后按下起动按钮SB1，先后测量0-2、0-3、0-4点间的电压 ④若0号点与2、3、4号点间电压均为零，则说明1-2号点间FR常闭触点或电路断开；若0号点与3、4号点间电压均为零，则说明2-3号点间SB2常闭触点或电路断开；若0号点与4号点间电压均为零，则说明3-4号点间SB1常开触点或电路断开；若0号点与2、3、4号点间电压均为380V，则说明KM线圈或电路断开 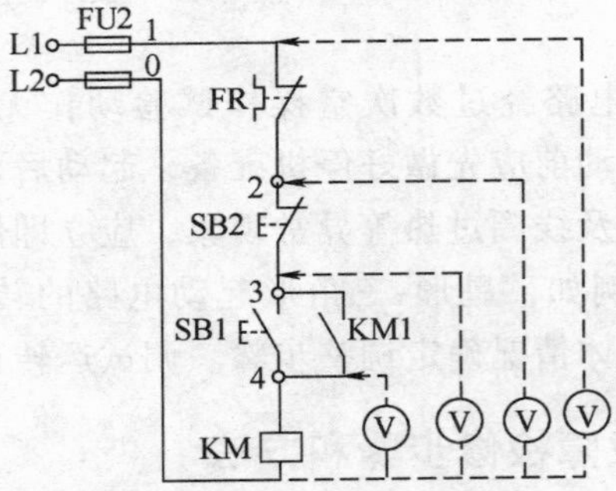 图4-39　电压分阶测量法 （2）电阻分阶测量法 ①测量时，应将万用表的档位选择在合适倍率的电阻档 ②断开主电路，接通控制电路的电源，如按下起动按钮SB1时，接触器KM不吸合，则说明控制电路有故障 ③切断控制电路电源，按下SB1，按图4-40所示的测量方法，依次测量0-4、0-3、0-2、0-1各两点之间的电阻值，根据测量结果判断故障点	运用电压分阶测量法测量时，应两人配合进行，注意安全用电操作规程 运用电阻分阶测量法时，应注意：测量前要切断电源，不能带电操作，否则会损坏万用表、发生触电事故等；测量电路不能与其他电路或负载并联，否则测量结果不准确；测量时要正确选择万用表的档位 运用电阻分段测量法时，万用表在测量不同段的电阻时，应采用不同的电阻档量程，否则测量结果会不正确

（续）

序号	步　骤	故障检修方法	备　注
3	用测量法确定故障点	图 4-40　电阻分阶测量法 (3)电阻分段测量法 ①用万用表电阻 $R\times1$ 档逐一测量“1”与“2”、“2”与“3”点间的电阻。若电阻为零，表示电路和热继电器 FR 及按钮 SB2 常闭触点正常；若阻值很大，表示对应点间的连线或元器件可能接触不良或元器件本身已断开 ②按下起动按钮 SB1，测“3”与“4”点间的电阻。若万用表的指针不指在零位置上，说明电路和按钮的常开触点正常；如阻值很大，表示连线断开或按钮常开触点接触不良 ③图 4-41 所示为电阻分段测量法 图 4-41　电阻分段测量法	运用电压分阶测量法测量时，应两人配合进行，注意安全用电操作规程 运用电阻分阶测量法时，应注意：测量前要切断电源，不能带电操作，否则会损坏万用表、发生触电事故等；测量电路不能与其他电路或负载并联，否则测量结果不准确；测量时要正确选择万用表的档位 运用电阻分段测量法时，万用表在测量不同段的电阻时，应采用不同的电阻档量程，否则测量结果会不正确

五、控制电路故障的分析

1. 故障分析的前提

电动机控制电路是由一些元器件按一定的控制关系连接而成的。这种控制关系反映在电气原理图上。为了顺利地安装、检查和分析电路，必须熟悉和了解相应的电路，所以在故障分析之前必须认真阅读原理图。

要看懂电气原理图中各个元器件之间的控制关系以及连接顺序；分析电路控制动作，以便确定控制电路的检查步骤和方法；明确元器件的数目、种类、规格；对于复杂的电路，还应知道由哪几个环节组成，分析这些环节之间的逻辑关系。

为了便于电路的维护和排除故障，安装或检修时，应按规定对原理图进行标注。主电路与控制电路分开标注，各自从电源端起，各相分开，顺次标注到负荷端，标注时应每段导线均有线号，一线一号，不得重复。

2. 分析举例

电路故障现象与分析见表4-44。

表 4-44 电路故障现象与分析

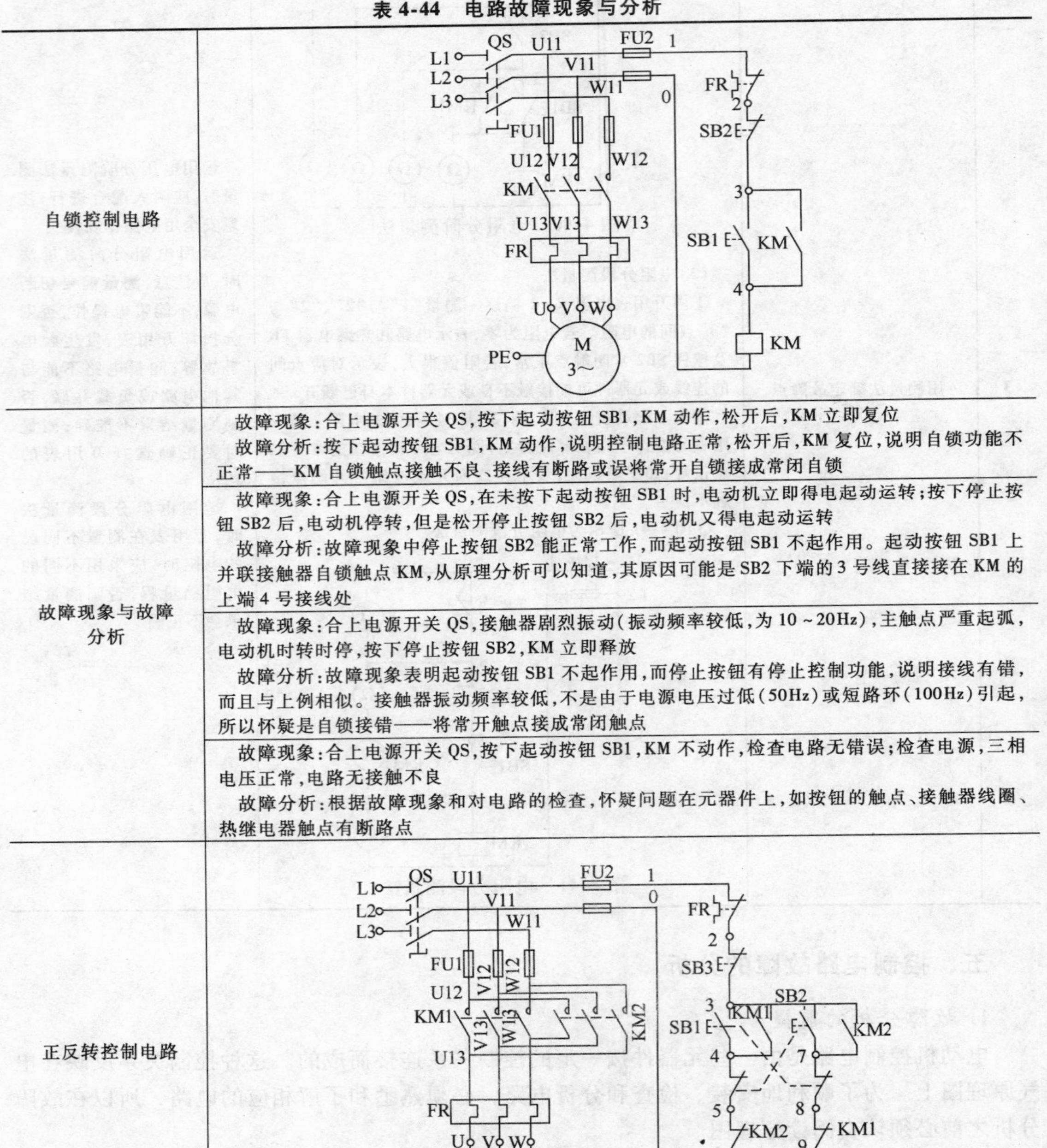

自锁控制电路	
故障现象与故障分析	故障现象:合上电源开关 QS,按下起动按钮 SB1,KM 动作,松开后,KM 立即复位 故障分析:按下起动按钮 SB1,KM 动作,说明控制电路正常,松开后,KM 复位,说明自锁功能不正常——KM 自锁触点接触不良、接线有断路或误将常开自锁接成常闭自锁
	故障现象:合上电源开关 QS,在未按下起动按钮 SB1 时,电动机立即得电起动运转;按下停止按钮 SB2 后,电动机停转,但是松开停止按钮 SB2 后,电动机又得电起动运转 故障分析:故障现象中停止按钮 SB2 能正常工作,而起动按钮 SB1 不起作用。起动按钮 SB1 上并联接触器自锁触点 KM,从原理分析可以知道,其原因可能是 SB2 下端的 3 号线直接接在 KM 的上端 4 号接线处
	故障现象:合上电源开关 QS,接触器剧烈振动(振动频率较低,为 10～20Hz),主触点严重起弧,电动机时转时停,按下停止按钮 SB2,KM 立即释放 故障分析:故障现象表明起动按钮 SB1 不起作用,而停止按钮有停止控制功能,说明接线有错,而且与上例相似。接触器振动频率较低,不是由于电源电压过低(50Hz)或短路环(100Hz)引起,所以怀疑是自锁接错——将常开触点接成常闭触点
	故障现象:合上电源开关 QS,按下起动按钮 SB1,KM 不动作,检查电路无错误;检查电源,三相电压正常,电路无接触不良 故障分析:根据故障现象和对电路的检查,怀疑问题在元器件上,如按钮的触点、接触器线圈、热继电器触点有断路点
正反转控制电路	

（续）

故障现象与故障分析	故障现象：合上电源开关 QS，按下起动按钮 SB2 时 KM2 不动作，而同时按下 SB1 和 SB2 时，KM2 动作正常，松开 SB1，则 KM2 释放 故障分析：根据故障现象，说明按下 SB2 时，控制电路未给 KM2 线圈供电，而按下 SB1 时却给 KM2 线圈供电动作，所以故障是由于误将停止按钮 SB1 的常闭触点接成常开触点
	故障现象：合上电源开关 QS，按下起动按钮 SB1、SB2 时 KM1、KM2 动作正常，但是电动机转向不变 故障分析：两只起动按钮对正、反转接触器控制作用正常，说明控制电路接线无误，而电动机转向不变，说明反向操作时，电源的相序没有改变，检查 KM2 主触点接线即可
	故障现象：合上电源开关 QS，按下起动按钮 SB2 时，KM2 动作且电动机起动运转，但是松开 SB2 后，KM2 立即释放，电动机停转；操作 SB1 时 KM1 动作，且电动机起动反向旋转，但是松开 SB1 后，KM1 立即释放，电动机停转 故障分析：两只起动按钮的控制及电动机的转向均符合要求，但是自锁功能均不起作用，而接触器辅助触点同时损坏的可能性很小，故怀疑是起动按钮自锁有问题——常开、常闭触点错误或接线错误
	故障现象：合上电源开关 QS，交替操作 SB1、SB2 均正常，但是几次后控制电路突然不工作，起动按钮失效 故障分析：几次操作，电动机工作均正常，说明控制电路和主电路都准确，元器件功能也正常。怀疑是由于电动机几次频繁正、反转操作，电动机反复起动，绕组电流过大，使热继电器保护断路动作，切断了控制电路
	故障现象：合上电源开关 QS，操作 SB1，接触器 KM1 剧烈振动，主触点严重起弧，电动机时转时停，松开后 KM1 立即释放；操作 SB2 时与 SB1 相同 故障分析：由于两只按钮同时控制 KM1、KM2，而且都可以起动电动机，表明主电路正常，故障是控制电路引起的，从接触器的振荡现象来看，怀疑是自锁、联锁电路问题，误将联锁触点接到自锁的电路中，使接触器频繁得电、失电而造成
Y-△减压起动控制电路	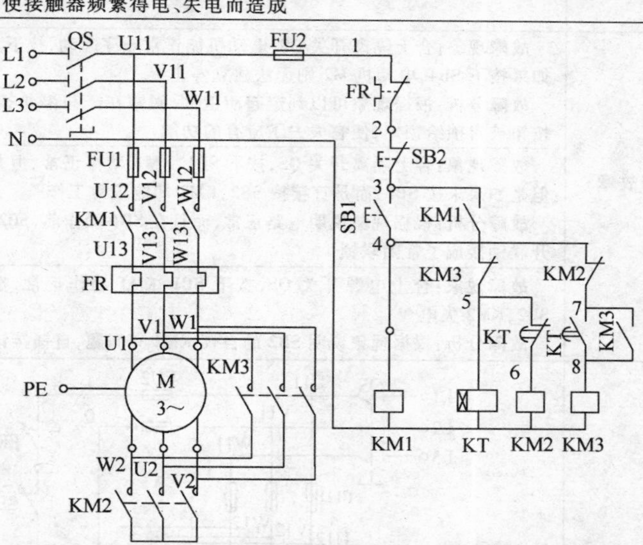
故障现象与故障分析	故障现象：电路经万用表检查无误，进行空载操作运行时，按下 SB1 后，KT、KM1、KM2、KM3 得电动作，而延时 5s 后电路无转换动作 故障分析：分析可知，故障是由于时间继电器延时触点未动作引起的。由于按下 SB1 时 KT 得电动作，所以怀疑 KT 的电磁铁位置不正常，造成延时器不工作
	故障现象：起动时，电动机得电，转速上升，经 1s 左右时间电动机忽然发出嗡嗡声，伴有转速下降，继而断电停转 故障分析：尽管Y-△减压起动方式可以降低电动机起动时的冲击电流，但是起动电流仍可以达到电动机额定电流的 2～3 倍。开始电动机起动状态正常，说明电源在开始时正常，继而电动机忽然发出嗡嗡声是由于断相引起的，怀疑熔断器的额定电流过小，起动时，一相熔断器的熔丝熔断，使电动机断相运行

（续）

<table>
<tr><td>故障现象与故障分析</td><td>故障现象：丫联结起动时正常，转换成△联结运行时，电动机发出异响且转速急剧下降，随之熔断器动作，电动机断电停转
故障分析：丫联结起动正常表明电源及电动机绕组正常，转换成△联结运行时电动机转速急剧下降，与电动机反接制动现象类似，怀疑△联结时电源相序错误，使电动机绕组电流值大于全压直接起动电流，因此熔断器熔丝熔断</td></tr>
<tr><td>顺序控制电路</td><td></td></tr>
<tr><td rowspan="3">故障现象与故障分析</td><td>故障现象：合上隔离开关 QS，电动机能正常顺序起动，按下 SB3，电动机 M1、M2 同时停止。但是如果按下 SB4，电动机 M2 则无法独立停止
故障分析：根据现象可以判定起动正常，问题在于与停止按钮 SB4 相关的电路，一般是该停止按钮被自锁给锁定，使它失去了应有的功能</td></tr>
<tr><td>故障现象：合上隔离开关 QS，按下 SB1，KM1 动作正常，但是按下 SB2 时，KM2 不能得电动作；但是如果未按 SB1，而是直接按 SB2，KM2 却能正常工作
故障分析：根据现象说明电路正常，而且在 SB1 操作前，SB2 控制却正常，说明接线有误，误将常开联锁接成了常闭联锁</td></tr>
<tr><td>故障现象：合上电源开关 QS，按下 SB1，KM1 动作正常，按下 SB2，KM2 动作正常，但是松开 SB2，KM2 失电
故障分析：根据现象说明 SB2 的自锁 KM2 有问题，自锁接错</td></tr>
<tr><td>工作台自动往返控制电路</td><td>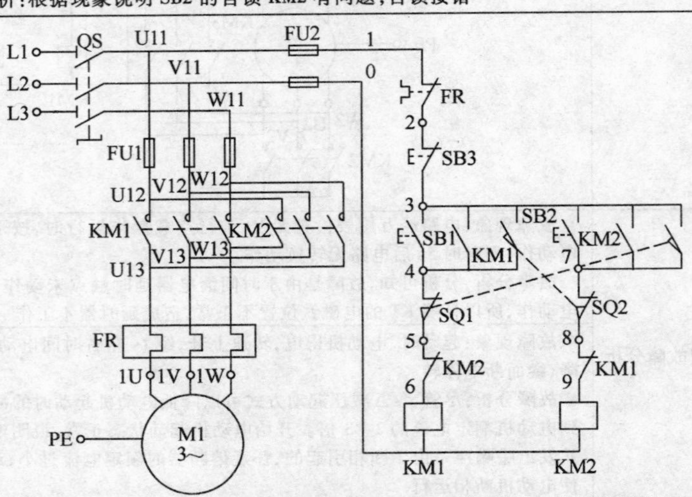
</td></tr>
</table>

（续）

故障现象与故障分析	故障现象：合上隔离开关 QS，按下 SB1、SB2，KM1、KM2 动作，电动机发出嗡嗡声，不转动 故障分析：按下 SB1、SB2 能使接触器 KM1、KM2 动作，说明控制电路正常。电动机不转发出嗡嗡声，可以断定主电路电动机在电源断相下运行
	故障现象：合上隔离开关 QS，按下 SB1，工作台向右移动，当挡块碰撞 SQ1 后，工作台停止，KM2 线圈不能得电；按下 SB2，KM2 得电动作，电动机运转，工作台向左移动 故障分析：根据这一现象，说明工作台不能自动往返，问题在 SQ1 上，SQ1 常闭（4-5）号线正常，而 SQ1 常开（3-7）号线有开路故障
	故障现象：按下 SB1，工作台向右移动，当挡块碰撞 SQ1 后，工作台能自动往返向左移动，当挡块碰撞 SQ2 后，工作台继续向右移动，直到碰撞 SQ4 后，工作台才停止 故障分析：故障现象表明断路安装正常，工作失常的原因是由于 SQ2 造成的，更换即可
	故障现象：合上隔离 QS，按下 SB1、SB2，KM1、KM2 无反应，电动机不起动运转 故障分析：根据这一现象可以判断，断路有开路故障，重点应放在公共电路上
两地控制电路	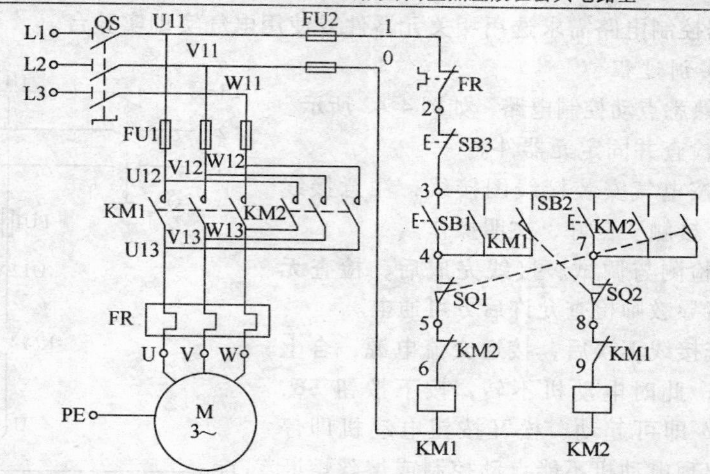
故障现象与故障分析	故障现象：合上隔离开关 QS，按下 SB1，KM 线圈得电，电动机正常起动运转，按下 SB3 停止后，按下 SB2，KM 线圈不动作，电动机不能起动运转 故障分析：根据这一故障现象，说明主电路和公共电路正常，问题主要出现在 SB2 控制上，且为 SB2 开路故障，检查该处电路即可
	故障现象：合上隔离开关 QS，按下 SB1 或 SB2，电动机都能正常工作，但是按下停止按钮 SB3，电动机无法停止，而按下 SQ1 或 SQ2 电动机可以正常停止 故障分析：根据故障现象，停止按钮不能正常停止电动机。可以断定是由于按钮电路接错造成，或接触器自锁锁错对象（将 SB3 锁在内部）
	故障现象：合上隔离开关 QS，按下起动按钮，电动机正常起动运转，但是工作一段时间后，电动机自行停止工作 故障分析：根据现象可以断定主电路和控制电路均正常，问题应该是电动机负载过重，造成电流过大使热继电器保护动作

【项目任务】

任务一　三相笼型异步电动机点动控制电路

一、任务描述

1）由电气原理图绘制电气安装接线图。

2）正确连接电动机控制电路。

3）根据电气原理图和故障现象准确分析与判断故障原因。

三相异步电动机单向点动控制电路如图4-42所示，当合上电源开关QS时，电动机是不会起动运转的，因为这时接触器KM的线圈未通电，它的主触点处在断开状态，电动机M的定子绕组上没有电压。

按下起动按钮SB→KM线圈通电→KM主触点闭合→电动机M起动运转。松开按钮SB→KM线圈失电→KM主触点断开→电动机M停转。这种只有当按下按钮电动机才会运转，松开按钮即停转的电路，称为点动控制电路。

二、实训内容

1. 实训器材

根据控制电路需求选用相关元器件或使用电气实训实验台。

2. 实训过程

1）熟悉点动控制电路，如图4-42所示。

2）检查并固定元器件。

3）按电气安装接线图接线，注意接线要牢固，接触要良好，文明操作。

4）检测与调试。接线完成后，检查无误，经指导教师检查允许后方可通电。

检查接线无误后，接通交流电源，合上开关QS，此时电动机不转，按下按钮SB，电动机M即可起动，松开按钮电动机即停转。若出现电动机不能点动控制或熔丝熔断等故障，则应分断电源，分析和排除故障后使之正常工作。

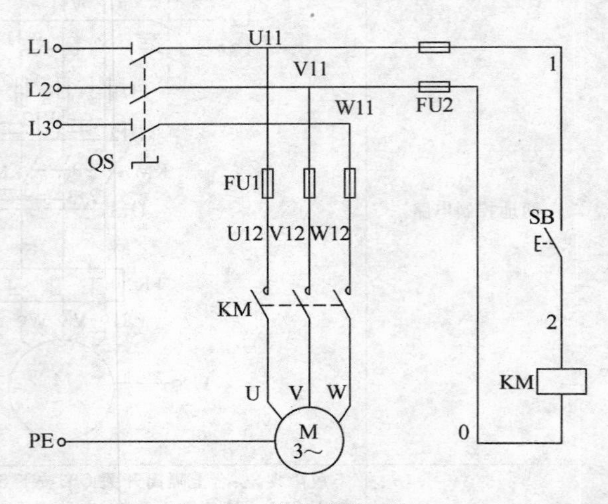

图4-42 点动控制电路

3. 注意事项

电动机必须安放平稳，电动机金属外壳须可靠接地。接至电动机的导线必须穿在导线通道内加以保护，或采用坚韧的四芯橡皮套导线进行临时通电校验。

接线要求牢靠，不允许用手触及各元器件的导电部分，以免触电及意外损伤。

4. 思考与讨论

1）检查电路和调试是按哪几个步骤进行的？

2）接触器是由哪几个部分组成的？

3）点动控制的特点是什么？

5. 评分标准（见表4-45）

表4-45 评分标准

项目内容	配分	评分标准		得分
装前检查	5	元器件漏检或错检	每处扣1分	
安装元件	15	不按布置图安装	扣15分	
		元器件安装不牢固	每只扣4分	
		元器件安装不整齐、不匀称、不合理	每只扣3分	
		损坏元器件	扣15分	

（续）

项目内容	配分	评分标准		得分
布线	40	不按电路图接线	扣 20 分	
		布线不符合要求	每根扣 3 分	
		接点松动、露铜过长、反圈	每个扣 1 分	
		损伤导线绝缘或线芯	每根扣 5 分	
		编码套管套装不正确	每处扣 1 分	
		漏接接地线	扣 10 分	
通电试车	40	熔体规格选用不当	扣 10 分	
		第一次试车不成功	扣 20 分	
		第二次试车不成功	扣 30 分	
		第三次试车不成功	扣 40 分	
安全文明生产	违反安全文明生产规程		由指导教师根据实际情况扣分	
定额时间	2.5h，每超时 5min（不足 5min 以 5min 计）		扣 5 分	
开始时间		结束时间	实际时间	总分

任务二　三相笼型异步电动机起停控制电路

一、任务描述

1）学会绘制电气安装接线图，熟悉安装控制电路的步骤。

2）培养电气控制电路的安装、调试、故障分析与排除的能力。

三相笼型异步电动机单向全压起动控制电路如图 4-43 所示。

起动：合上电源开关 QS，按下按钮 SB1→KM 线圈得电→KM 主触点闭合（KM 辅助触点闭合），电动机 M 起动运转。实现了三相笼型异步电动机单向全压起动控制。

停止：按下停止按钮 SB2→KM 线圈失电→KM 主触点断开→电动机 M 停止运转。

二、实训内容

1. 实训器材

根据控制电路需求选用相关元器件或使用电气实训实验台。

2. 实训过程

1）分析识读三相异步电动机单向全压起动控制电路。

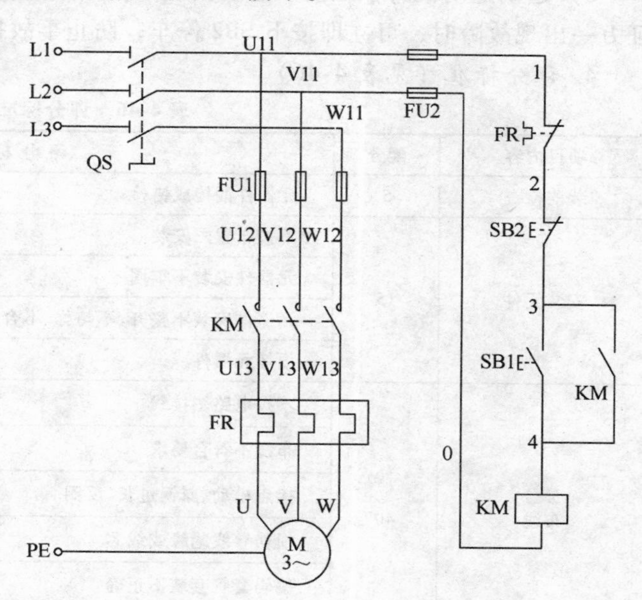

图 4-43　三相笼型异步电动机单向全压起动控制电路

2）完成电气安装接线图。

3）检查元器件，并固定元器件。

4）按电气安装接线图接线，注意接线要牢固，接触要良好，工艺力求美观。

5）检查控制电路的接线是否正确，是否牢固。

6）接线完成后，检查无误，经指导教师检查允许后方可通电调试。

确认接线正确后，接通交流电源 L1、L2、L3 并合上开关 QS，此时电动机不转。按下按钮 SB1，电动机 M 应自动连续转动，按下按钮 SB2 电动机应停转。若按下按钮 SB1 起动运转一段时间后，电源电压降到 380V 以下或电源断电，则接触器 KM 主触点会断开，电动机停转。再次恢复电压 380V（允许 ±10% 波动），电动机应不会自行起动——具有欠电压或失电压保护。

如果电动机转轴被卡住而接通交流电源，则在几秒内热继电器应动作，自动断开加在电动机上的交流电源（注意不能超过 10s，否则电动机过热会冒烟导致损坏）。

3. 注意事项

1）接触器 KM 的自锁触点应并接在起动按钮 SB1 两端，停止按钮 SB2 应串接在控制电路中；热继电器 FR 的热元件应串接在主电路中，它的常闭触点应串接在控制电路中。

2）电源进线应接在螺旋式熔断器的下接线座上，出线则应接在接线座上。

3）按钮内接线时，用力不可过猛，以防螺钉打滑。

4）电动机及按钮的金属外壳必须可靠接地。接至电动机的导线，必须穿在导线通道内加以保护，或采用坚韧的四芯橡皮线或塑料护套线进行临时通电校验。

5）热继电器的整定电流应按电动机的额定电流自行调整，绝对不允许弯折双金属片。

6）热继电器因电动机过载动作后，若需再次起动电动机，必须待热元件冷却并且热继电器复位后才可进行。

7）编码套管套装要正确。

8）起动电动机时，在按下起动按钮 SB1 的同时，手还必须按在停止按钮 SB2 上，以保证万一出现故障时，可立即按下 SB2 停车，防止事故扩大。

4. 评分标准（见表 4-46）

表 4-46 评分标准

项目内容	配分	评分标准		得分
装前检查	5	元器件漏检或错检	每处扣 1 分	
安装元件	15	不按布置图安装	扣 15 分	
		元器件安装不牢固	每只扣 4 分	
		元器件安装不整齐、不匀称、不合理	每只扣 3 分	
		损坏元器件	扣 15 分	
布线	40	不按电路图接线	扣 25 分	
		布线不符合要求	每根扣 3 分	
		接点松动、露铜过长、反圈	每个扣 1 分	
		损伤导线绝缘或线芯	每根扣 5 分	
		编码套管套装不正确	每处扣 1 分	
		漏接接地线	扣 10 分	

（续）

项目内容	配分	评分标准		得分
通电试车	40	热继电器未整定或整定错误	扣15分	
		熔体规格选用不当	扣10分	
		第一次试车不成功	扣20分	
		第二次试车不成功	扣30分	
		第三次试车不成功	扣40分	
安全文明生产	违反安全文明生产规程		由指导教师根据实际情况扣分	
定额时间	3h，每超时5min（不足5min，以5min计）		扣5分	
开始时间		结束时间	实际时间	总分

任务三　三相笼型异步电动机正反转控制电路

一、任务描述

1）掌握三相异步电动机接触器联锁正反转控制电路的工作原理；学习电动机正反转控制电路的安装工艺。

2）熟悉电气联锁的使用和正确接线。

三相异步电动机接触器联锁正反转控制电路如图4-44所示，先合上电源开关QS，电路的动作过程如下：

正转控制：按下按钮SB1→KM1线圈得电→KM1主触点闭合→电动机M起动连续正转。

反转控制：按下按钮SB3→KM1线圈失电→KM1主触点分断→电动机M失电停转；再按下按钮SB2→KM2线圈得电→KM2主触点闭合→电动机M起动连续反转。

停止：按停止按钮SB3→控制电路失电→KM1（或KM2）主触点分断→电动机M失电停转。

二、实训内容

1. 实训器材

根据控制电路需求选用相关元器件或使用电气实训实验台。

2. 实训过程

1）分析三相异步电动机接触器联锁正反转控制电路。

2）根据电气原理图绘制接触器联锁“正—停—反”实训电路的电气安装接线图。

3）检查各元器件。

4）固定各元器件，安装接线。

5）用万用表检查控制电路是否正确，工艺是否美观。

6）经教师检查后，通电调试。

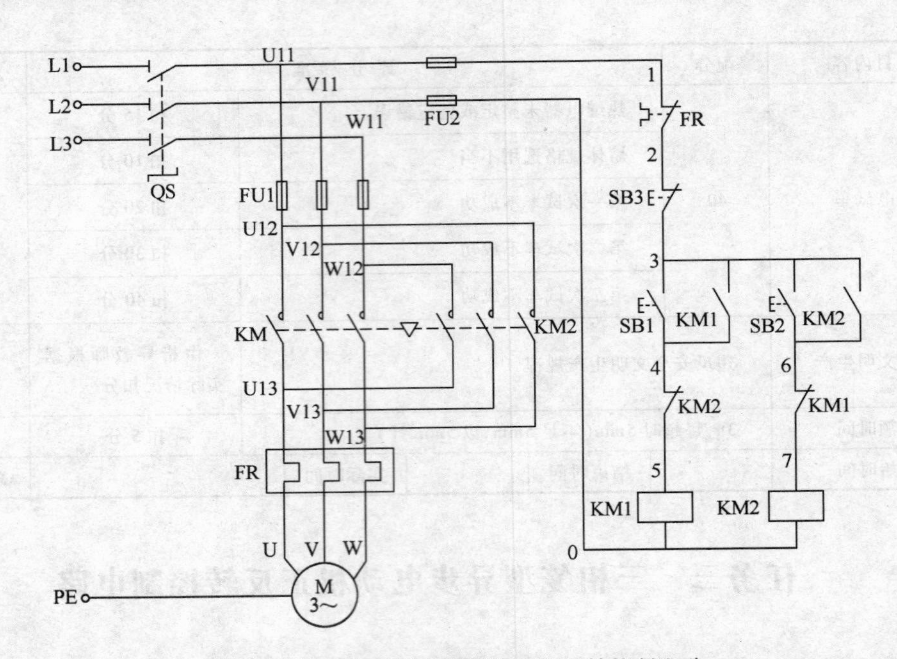

图 4-44 三相异步电动机接触器联锁正反转控制电路

仔细检查确认接线无误后，接通交流电源，按下 SB1，电动机应正转（若不符合转向要求，可停机，换接电动机定子绕组任意两个接线即可）。如果要电动机反转，应按下 SB3，使电动机停转，然后再按下 SB2，则电动机反转，若电动机不能正常工作，则应分析并排除故障，使电路正常工作。

3. 注意事项

1）接线后要认真逐线检查核对接线，重点检查主电路 KM1 和 KM2 之间的换相线及辅助电路中接触器辅助触点之间的连接线。

2）电动机必须安放平稳，以防止在可逆运转时，电动机滚动而引起事故。并将电动机外壳可靠接地。

3）要特别注意接触器的联锁触点不能接错，否则，将会造成主电路中两相电源短路事故。

4. 检修双重联锁正反转控制电路

（1）故障设置 在控制电路或主电路中人为设置电气故障两处。

（2）教师示范检修 教师进行示范检修时，可把下述检修步骤及要求贯穿其中，直至故障排除。

1）用试验法来观察故障现象。主要注意观察电动机的运行情况、接触器的动作情况和电路的工作情况等，如发现有异常情况，应马上断电检查。

2）用逻辑分析法缩小故障范围，并在电路图上用虚线标出故障部位的最小范围。

3）用测量法准确、迅速地找出故障点。

4）根据故障点的不同情况，采取正确的修复方法迅速排除故障。

5）排除故障后通电试车。

（3）学生检修 教师示范检修后，再由指导教师重新设置两个故障点，让学生进行检修。在学生检修的过程中，教师可以进行启发性指导。

（4）检修注意事项

1）要认真听取和仔细观察指导教师在示范过程中的讲解和检修操作。

2）要熟练掌握电路图中各个环节的作用。

3）在排除故障的过程中，分析思路和排除方法要正确。

4）工具和仪表使用要正确。

5）不能随意修改电路和带电触摸元器件。

6）带电检修故障时，必须有教师现场监护，并要确保用电安全。

7）检修必须在规定的时间内完成。

5. 评分标准（见表4-47）

表4-47　评分标准

项目内容	配分	评分标准		得分
选用工具、仪表及器材	15分	工具、仪表少选或错选	每个扣2分	
		元器件选错型号和规格	每个扣4分	
		选错元器件数量或型号规格没有写全	每只扣2分	
装前检查	5分	元器件漏检或错检	每处扣1分	
安装布线	30分	电动机安装不符合要求	扣15分	
		元器件布置不合理	扣5分	
		元器件安装不牢固	每只扣4分	
		元器件安装不整齐、不匀称、不合理	每只扣3分	
		损坏元器件	扣15分	
		不按电路图接线	扣15分	
		布线不符合要求	每根扣3分	
		接点松动、露铜过长、反圈等	每个扣1分	
		损伤导线绝缘层或线芯	每根扣5分	
		漏装或套错编码管	每个扣1分	
		漏接接地线	扣10分	
故障分析	10分	故障分析、排除故障思路不正确	每个扣5～10分	
		标错电路故障范围	每个扣5分	
排除故障	20分	停电不验电	扣5分	
		工具及仪表使用不当	扣5分	
		排除故障的顺序不对	扣5分	
		不能查出故障点	每个扣10分	
		查出故障点，但不能排除	每个故障扣5分	
		产生新的故障且不能排除	每个扣10分	
		产生新的故障但已经排除	每个扣5分	
		损坏电动机	扣20分	
		损坏元器件，或排除故障方法不正确	每只（次）扣5～20分	

（续）

项目内容	配分	评分标准		得分
通电试车	20分	热继电器未整定或整定错误	扣10分	
		熔体规格选用不当	扣5分	
		第一次试车不成功	扣10分	
		第二次试车不成功	扣15分	
		第三次试车不成功	扣20分	
安全文明生产	违反安全文明生产规程		由指导教师根据实际情况扣分	
定额时间	4h，每超时5min（不足5min按5min计）		扣5分	
开始时间		结束时间	实际时间	总分

任务四　两台三相电动机顺序起动、逆序停止控制电路

一、任务描述

1）学习不同顺序的控制电路，加深对有特殊要求的控制电路的了解。

2）掌握两台电动机顺序起动控制方法。

两台三相电动机顺序起动、逆序停止控制电路如图4-45所示。

顺序起动：合上电源开关QS→按下按钮SBl→KM1线圈得电→KM1主触点闭合并自锁→电动机M1起动运转后，再按下按钮SB2→KM2线圈得电→KM2主触点闭合并自锁→电动机M2起动运转。

逆序停止：按下按钮SB4→KM2线圈失电→KM2主触点断开→M2电动机停转，KM2与M1电动机的停止按钮SB3常闭触点并联常开触点断开后→按下SB3→KM1线圈失电→KM1主触点断开→M1电动机停转。

二、实训内容

1. 实训器材

根据控制电路需求选用相关元器件或使用电气实训实验台。

2. 实训过程

1）熟悉图4-45，分析控制电路实现电动机顺序起动、逆序停止控制电路的控制关系。

2）根据电气原理图绘制电气安装接线图。

3）检查元器件是否完好。

4）按电气安装接线图接线。注意接线要牢固，接触要良好，文明操作。

5）在接线完成后，若检查无误，经指导老师检查允许后方可通电调试。

3. 检测与调试

1）接通三相交流电源。按下SB2观察并记录电动机和接触器的运行状态。

2）按下SB1，观察并记录电动机和接触器的运行状态。

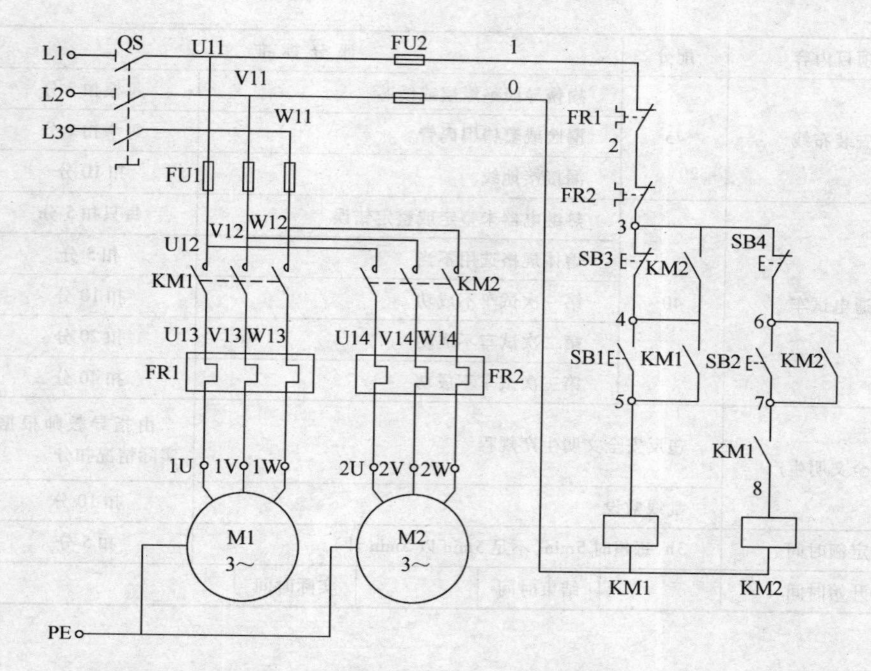

图4-45 两台三相电动机顺序起动、逆序停止控制电路

3）按下 SB1，再按下 SB2 观察并记录电动机和接触器的运行状态。

4）按下 SB3，观察并记录电动机和接触器的运行状态。

5）按下 SB4，再按下 SB3 观察并记录电动机和接触器的运行状态。

4. 注意事项

1）通电试车前，应熟悉电路的操作顺序，即先合上电源开关 QS，然后按下 SB1 后再按下 SB2 顺序起动，按下 SB4 后再按下 SB3 逆序停止。

2）通电试车时，注意观察电动机、各元器件及电路各部分工作是否正常。若发现异常情况，必须立即切断电源开关 QS，而不是按下 SB3，因为此时停止按钮 SB2 可能已失去作用。

5. 评分标准（见表 4-48）

表 4-48 评分标准

项目内容	配分	评分标准		得分
装前检查	15	电动机质量检查	每漏一处扣 5 分	
		元器件漏检或错检	每处扣 1 分	
安装布线	45	电器布置不合理	扣 5 分	
		元件安装不牢固	每只扣 4 分	
		元件安装不整齐、不匀称、不合理	每只扣 3 分	
		损坏元器件	扣 15 分	
		不按电路图接线	扣 25 分	
		布线不符合要求	每根扣 3 分	
		接点松动、露铜过长、反圈等	每个扣 1 分	

（续）

项目内容	配分	评分标准		得分
安装布线	45	损伤导线绝缘层或线芯	每根扣 5 分	
		漏装或套错编码管	每个扣 1 分	
		漏接接地线	扣 10 分	
通电试车	40	热继电器未整定或整定错误	每只扣 5 分	
		熔体规格选用不当	扣 5 分	
		第一次试车不成功	扣 10 分	
		第二次试车不成功	扣 20 分	
		第三次试车不成功	扣 40 分	
安全文明生产	违反安全文明生产规程		由指导教师根据实际情况扣分	
	乱线敷设		扣 10 分	
定额时间	3h，每超时 5min（不足 5min 以 5min 计）		扣 5 分	
开始时间		结束时间	实际时间	总分

任务五　三相笼型异步电动机Y-△减压起动控制电路

一、任务描述

1）掌握三相异步电动机Y-△减压起动控制电路。

2）培养三相异步电动机Y-△减压起动电气电路的安装操作能力。

三相笼型异步电动机Y-△减压起动控制电路如图 4-46 所示，即实训电路。电路的动作过程如下：

合上电源开关 QS→按下按钮 SB1→KT、KMY线圈得电→KMY触点闭合→KM 线圈得电→KM 主触点、KMY主触点闭合→电动机 M 接成星形减压起动→同时 KT 线圈得电→当 M 转速上升到一定值时，KT 延时结束→KT 常闭触点分断→KMY线圈失电→KMY主触点分断（KMY常开触点分断→KT 线圈失电）→解除星形联结→KMY联锁触点闭合→KM△线圈得电→KM△主触点闭合→电动机 M 接成三角形全压运转→KM△联锁分断。停止时按下 SB2 即可。

二、实训内容

1. 实训器材

根据控制电路需求选用相关元器件或使用电气实训实验台。

2. 实训过程

1）分析三相异步电动机Y-△减压起动控制电气控制电路。

2）绘制电气安装接线图，正确标注线号。

3）检查各元器件。特别是时间继电器的检查，检查其延时类型、延时器的动作是否灵

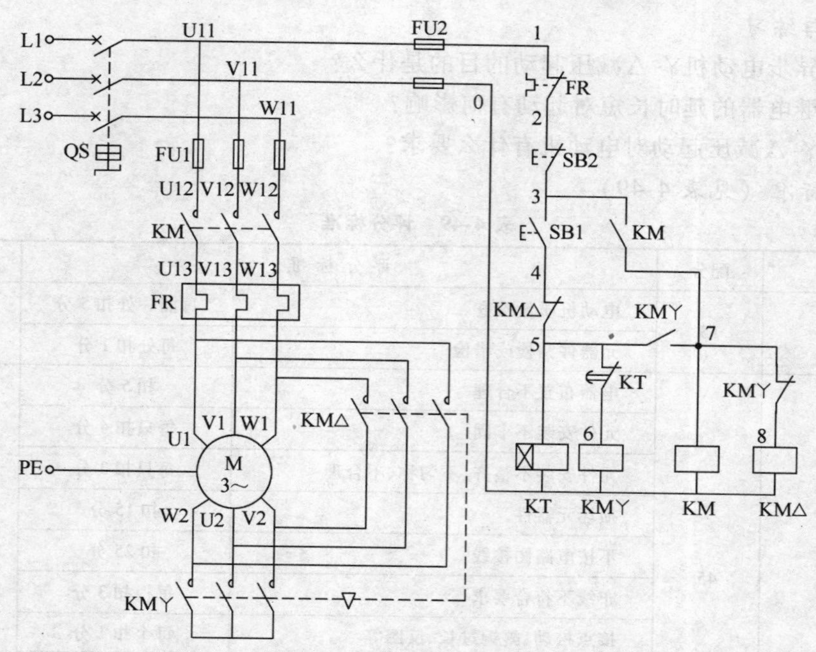

图 4-46　三相笼型异步电动机Y-△减压起动控制电路

活，将延时时间调整至5s（调节延时器上端的针阀）左右。

4）固定元器件，安装接线。要注意JS7-1A时间继电器的安装方位。如果设备安装底板垂直于地面，则时间继电器的衔铁释放方向必须指向下方，否则违反安装规程。

5）按电气安装接线图连接导线。注意接线要牢固，接触要良好，文明操作。

6）在接线完成后，用万用表检查电路的通断。分别检查主电路、辅助电路的起动控制、联锁电路、KT的控制作用等，若检查无误，经指导老师检查允许后，方可通电调试。

3. 注意事项

1）进行Y-△起动控制的电动机，接法必须是△联结。额定电压必须等于三相电源线电压。最小容量为2、4、8极的4kW。

2）接线时要注意电动机的△联结不能接错，同时应该分清电动机的首端和尾端的连接。

3）电动机、时间继电器、接线端板的不带电的金属外壳或底板应可靠接地。

4）接触器KMY的进线必须从三相定子绕组的末端引入，若误将其首端引入，则在KMY吸合时，会产生三相电源短路事故。

5）控制板外部配线，必须按要求一律装在导线通道内，使导线有适当的机械保护，以防止液体、铁屑和灰尘的侵入。在训练时，可适当降低要求，但必须以能确保安全为条件，如采用多芯橡皮线或塑料护套软线。

6）通电校验前，要再检查一下熔体规格及时间继电器、热继电器的各整定值是否符合要求。

7）通电校验时，必须有指导教师在现场监护，学生应根据电路的控制要求独立进行校验，若出现故障也应自行排除。

8）安装训练应在规定的定额时间内完成，同时要做到安全操作和文明生产。

4. 思考与练习

1）三相异步电动机Y-△减压起动的目的是什么？

2）时间继电器的延时长短对起动有何影响？

3）采用Y-△减压起动对电动机有什么要求？

5. 评分标准（见表4-49）

表4-49 评分标准

项目内容	配分	评分标准		得分
装前检查	15	电动机质量检查	每漏一处扣5分	
		元器件漏检或错检	每处扣1分	
安装布线	45	电器布置不合理	扣5分	
		元件安装不牢固	每只扣4分	
		元件安装不整齐、不匀称、不合理	每只扣3分	
		损坏元器件	扣15分	
		不按电路图接线	扣25分	
		布线不符合要求	每根扣3分	
		接点松动、露铜过长、反圈等	每个扣1分	
		损伤导线绝缘层或线芯	每根扣5分	
		漏装或套错编码管	每个扣1分	
		漏接接地线	扣10分	
通电试车	40	热继电器未整定或整定错误	每只扣5分	
		熔体规格选用不当	扣5分	
		第一次试车不成功	扣10分	
		第二次试车不成功	扣20分	
		第三次试车不成功	扣40分	
安全文明生产	违反安全文明生产规程		由指导教师根据实际情况扣分	
	乱线敷设		扣10分	
定额时间	3h，每超时5min（不足5min以5min计）		扣5分	
开始时间		结束时间	实际时间	总分

任务六 三相笼型异步电动机能耗制动控制电路

一、任务描述

1）熟悉时间继电器的结构、原理及使用方法。

2）掌握能耗制动控制电路原理。

3）学会三相笼型异步电动机能耗制动控制电路的安装。

三相笼型异步电动机能耗制动控制电路如图4-47所示。在运转中的三相异步电动机脱离电源后，立即给定子绕组通入直流电产生恒定磁场，则正在惯性运转的转子绕组中的感应电流将产生制动力矩，使电动机迅速停转，这就是能耗制动。

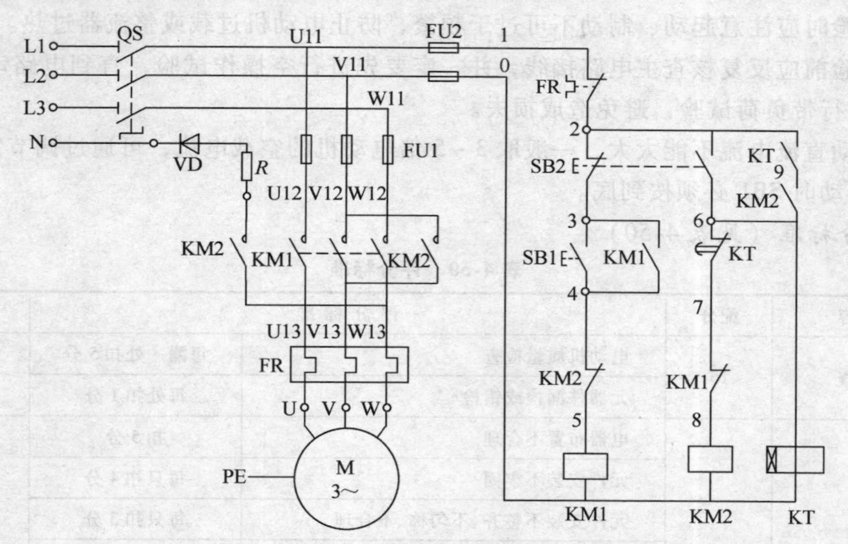

图 4-47　三相笼型异步电动机能耗制动控制电路

主电路由 QS、FU1、KM1 和 FR 组成单向起动控制环节；整流二极管 VD 将 C 相电源整流，得到脉动直流电，由 KM2 控制通入电动机绕组，显然 KM1、KM2 不能同时得电动作，否则将造成电源短路事故。辅助电路中，由时间继电器延时触点来控制 KM2 的动作，而时间继电器 KT 的线圈由 KM2 的常开辅助触点控制。电路由 SB1 控制电动机惯性停机（轻按 SB1）或制动（将 SB1 按到底）。制动电源通入电动机的时间长短由 KT 的延时长短决定。

二、实训内容

1. 实训器材

根据控制电路需求选用相关元器件或使用电气实训实验台。

2. 实训过程

（1）安装训练

1）分析三相笼型异步电动机能耗制动控制电路。

2）根据电气原理图绘制电气安装接线图，如图 4-47 所示，正确标注线号。元器件的布置与正反转控制电路相似。

3）检查元器件。按照常规要求检查按钮、接触器、时间继电器等元器件；检查整流器的耐压值、额定电流值是否符合要求，检查热继电器的热元件、触点，试验其保护动作。

4）按照电器安装接线图连接导线。先连接主电路，后连接辅助电路，先串联连接，后并联连接。

5）检查电路。仍旧按照先主电路、后辅助电路，先串联、后并联进行检查。检查元器件连接是否正确和牢靠。再检查时间继电器 KT 的延时控制。

6）在接线完成且检查无误后，经指导老师检查允许方可通电调试。

（2）检修训练　在主电路或控制电路中，人为设置电气故障两处。自编检修步骤及注意事项，经教师审查合格后进行检修训练。

3. 注意事项

1）试验时应注意起动、制动不可过于频繁，防止电动机过载或整流器过热。

2）试验前应反复核查主电路接线，并一定要先进行空操作试验，直到电路动作正确可靠后，再进行带负荷试验，避免造成损失。

3）制动直流电流不能太大，一般取3～5倍电动机的空载电流，可通过调节制动电阻 R 来实现。制动时SB1必须按到底。

4. 评分标准（见表4-50）

表4-50 评分标准

项目内容	配分	评分标准		得分
装前检查	15	电动机质量检查	每漏一处扣5分	
		元器件漏检或错检	每处扣1分	
安装布线	45	电器布置不合理	扣5分	
		元件安装不牢固	每只扣4分	
		元件安装不整齐、不匀称、不合理	每只扣3分	
		损坏元器件	扣15分	
		不按电路图接线	扣25分	
		布线不符合要求	每根扣3分	
		接点松动、露铜过长、反圈等	每个扣1分	
		损伤导线绝缘层或线芯	每根扣5分	
		漏装或套错编码管	每个扣1分	
		漏接接地线	扣10分	
通电试车	40	热继电器未整定或整定错误	每只扣5分	
		熔体规格选用不当	扣5分	
		第一次试车不成功	扣10分	
		第二次试车不成功	扣20分	
		第三次试车不成功	扣40分	
安全文明生产	违反安全文明生产规程		由指导教师根据实际情况扣分	
	乱线敷设		扣10分	
定额时间	3h，每超时5min（不足5min以5min计）		扣5分	
开始时间		结束时间	实际时间	总分

知识小结

电力拖动的基本控制电路按起动类型分为全压起动和减压起动两大类。每一大类又分若干类型，例如，全压起动分为手动控制、点动控制等；减压起动分串电阻减压控制、Y-△减压控制、自耦变压器减压控制、延边三角形减压控制等。

点动控制指需要电动机作短时断续工作时，只要按下按钮电动机就转动，松开按钮电动机就停止动作的控制。

自锁是指当电动机起动后，再松开起动按钮 SB1，控制电路仍保持接通，继续运转工作。

正反转控制电路是指使电动机实现正反转向调换的控制。在工厂动力设备上通常采用改变接入三相异步电动机绕组的电源相序来实现。

三相异步电动机的正反转控制电路类型有许多，例如，接触器联锁正反转控制电路、按钮联锁正反转控制电路等。

减压起动是指先将电源电压适当降低，加到三相异步电动机绕组上，待电动机起动后再使其电压恢复到额定值的起动。常见的减压起动控制电路分拖动控制和自动控制两种。其中拖动控制又有拖动控制串电阻减压起动和按钮与接触器控制串电阻减压起动等；自动控制又有时间继电器自动控制Y-△减压起动、延边三角形减压起动等。

调速是指采用某种措施改变电动机转速。目前，机床设备电动机的调速以改变电动机定子绕组磁极对数为主。

制动是指在电动机脱离电源后立即停转的过程。电气制动常有反接制动和能耗制动等。

并励直流电动机的基本控制电路有单向起动、正反转起动运行、能耗制动电路。

习　题

1. 填空题

(1) 实现点动控制可以将__________直接与接触器的线圈串联，电动机的运行时间由__________决定。

(2) 连续控制是指当电动机起动后，再松开起动按钮，控制电路仍保持__________，电动机仍工作。连续控制也称__________。

(3) 接触器自锁的连续控制电路具有__________保护和__________保护功能，不会造成不经起动而线圈直接吸合接通电源的事故。

(4) 为实现接触器联锁，可以在接触器 KM1、KM2 线圈支路中，相互串联对方的一副__________；为实现按钮联锁，可以将正反转起动按钮的常闭触点分别与对方的串联。

(5) Y-△减压起动控制电路是利用主电路__________的通断配合完成的；起动时，定子绕组接成__________；正常运行时，定子绕组接成__________。

(6) 采取一定措施使三相异步电动机在切断电源后__________停车的过程，称为三相异步电动机的制动。

(7) 反接制动是将运动中的电动机电源反接，即任意__________两根相线接法，以改变电动机定子绕组的__________，定子绕组产生反向的磁场，从而使转子受到与原旋转方向相反的制动力矩而迅速停车。

2. 选择题

(1) 当需要电动机作短时断续工作时，只要按下按钮电动机就转动，松开按钮电动机就停止动作，这种控制是（　）。

A. 点动控制　B. 连续控制　C. 行程控制　D. 顺序控制

(2) 在继电器-接触器控制电路中，自锁环节触点的正确连接方法是（　）。

A. 接触器的常开辅助触点与起动按钮并联

B. 接触器的常开辅助触点与起动按钮串联

C. 接触器的常闭辅助触点与起动按钮并联

D. 接触器的常闭辅助触点与起动按钮串联

(3) 三相异步电动机的正反转控制的关键是改变（　）。

A. 电源电压　B. 电源电流　C. 电源相序　D. 负载大小

(4) 在正反转控制电路中，联锁的作用是（　　）。

A. 防止主电路电源短路　　B. 防止控制电路电源短路

C. 防止电动机不能停车　　D. 防止正反转不能顺利过渡

(5) 采用Y-△减压起动的电动机，正常工作时定子绕组接成（　　）。

A. 星形　　B. 三角形　　C. 星形或三角形　　D. 定子绕组中间带抽头

(6) 在一般的反接制动控制电路中，常用（　　）来反映转速以实现自动控制。

A. 电流继电器　　B. 时间继电器　　C. 中间继电器　　D. 速度继电器

(7) 转子绕组串电阻起动适用于（　　）。

A. 笼型异步电动机　　B. 绕线转子异步电动机

C. 并励直流电动机　　D. 串励直流电动机

(8) 直流电动机主磁极上两个励磁绕组，一个与电枢绕组串联，另一个与电枢绕组并联，这类电动机称为（　　）直流电动机。

A. 他励　　B. 串励　　C. 并励　　D. 复励

(9) 改变直流电动机励磁绕组的极性是为了改变（　　）。

A. 磁场方向　　B. 电动机转向　　C. 电流的大小　　D. 电压的大小

(10) 直流电动机改变旋转方向，串励电动机通常采用（　　）。

A. 励磁绕组反接　　B. 电枢反接　　C. 电源反接　　D. 以上方法均可

3. 判断题

(1) 工厂中使用的电动葫芦和机床快速移动装置常用连续控制电路。（　　）

(2) 实现连续控制可以将起动按钮、停止按钮与接触器的线圈并联，并在起动按钮两端串联接触器的常开辅助触点。（　　）

(3) 三相笼型异步电动机正反转控制电路中，工作最可靠的是接触器联锁正反转控制电路。（　　）

(4) Y-△减压起动仅适用于电动机空载或轻载起动且要求正常运行时定子绕组为△联结。（　　）

(5) 三相笼型异步电动机采用Y-△减压起动时，定子绕组先按△联结，后改换成Y联结运行。（　　）

(6) 反接制动是将运动中的电动机电源反接，以改变电源相序，定子绕组产生反向的旋转磁场，从而使转子受到与原旋转方向相反的制动力矩而迅速停车。（　　）

(7) 能在两地或多地控制同一台电动机的控制方式称为三相笼型异步电动机的多地控制。（　　）

(8) 串接在三相转子绕组中的电阻，既可作为起动电阻，也可作为调速电阻。（　　）

(9) 串励直流电动机的起动控制常采用电枢回路串联电阻起动。（　　）

(10) 串励直流电动机的双向控制常采用电枢反接方法。（　　）

(11) 并励直流电动机的能耗制动分为自励式和他励式两种。（　　）

4. 综合题

(1) 画出三相异步电动机点动控制电路图，说明其操作过程和工作原理。

(2) 画出三相异步电动机连续控制电路图，说明其操作过程和工作原理。

(3) 画出三相异步电动机双向控制电路图，说明其操作过程和工作原理。

(4) 画出三相异步电动机Y-△减压起动控制电路图，说明其操作过程和工作原理。

(5) 画出三相异步电动机反接制动控制电路图，说明其操作过程和工作原理。

(6) 画出时间继电器控制的三相绕线转子异步电动机串电阻起动控制电路图，说明其操作过程和工作原理。

(7) 按要求画出三相异步电动机的控制电路。要求：

1) 既能点动控制又能连续控制。

2) 有必要的保护功能。

(8) 按要求画出三相异步电动机的控制电路。要求：

1）能正反转。

2）采用反接制动。

3）有必要的保护功能。

项目三　识读并检修普通车床电气控制电路

【学习目标】

知识目标

- 了解机床电气故障处理一般步骤和注意事项。
- 熟悉常用机床电气故障处理的一般要求。
- 掌握常用普通车床电气控制原理图的识读方法。

技能目标

- 会识读普通车床的电气原理图。

【知识准备】

一、普通车床的主要结构及运动形式

首先操作机床，了解生产机械的基本结构、运行情况、工艺要求和操作方法，以便对生产机械的结构及其运行情况有总体的了解。在认识机械的基础上进而明确对电力拖动的控制要求，为分析电路做好前期准备。

CA6140型卧式车床的主要结构如图4-48所示，其结构主要有床身、主轴变速箱、交换齿轮箱、进给箱、溜板箱、溜板、刀架、尾架、光杠和丝杠等组成。

车床的主运动是工件的旋转运动，它是由主轴通过卡盘或顶尖带动工件旋转。电动机的动力通过主轴箱传给主轴，主轴一般只要单方向的旋转运动，只有在车螺纹时，才需要用反转来退刀。CA6140型卧式车床用操纵手柄通过摩擦离合器来改变主轴的旋转方向。车削加工要求主轴能在很大的范围内调速，普通车床调速范围一般大于70。主轴的变速是靠主轴变速箱的齿轮等机械有级调速来实现的，变换主轴箱外的手柄位置，可以改变主轴的转速。进给运动是溜板带动刀具做纵向或横向的直线移动，也就是使切削能连续进行下去的运动。所谓纵向运动是指相对于操作者的左右运动，横向运动是指相对于操作者的前后运动。车螺纹时，要求主轴的旋转速度和进给的移动距离之间保持一定的比例，所以主运动和进给运动要由同一台电动机拖动，主轴箱和车床的溜板箱之间通过齿轮传动来连接，刀架再由溜板箱带动，沿着床身导轨做直线进给运动。车床的辅助运动包括刀架的快进与快退，尾架的移动与工件的夹紧与松开等。为了提高工作效率，车床刀架的快速移动由一台单独的进给电动机拖动。

二、普通车床的电气控制要求

1）主轴电动机一般选用笼型电动机，完成车床的主运动和进给运动。主轴电动机可直接起动；车床采用机械方法实现反转；采用机械调速，对电动机无电气调速要求。

2）车削加工时，为防止刀具和工件温度过高，需要一台冷却泵电动机来提供切削液。要求主轴电动机起动后冷却泵电动机才能起动，主轴电动机停车，冷却泵电动机也同时

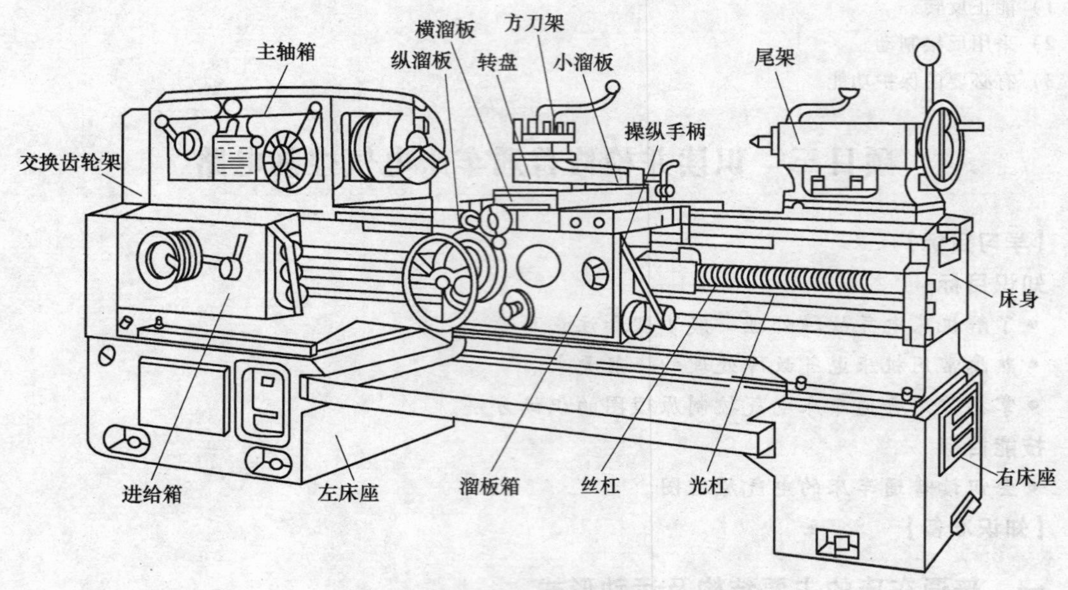

图 4-48　CA6140 型卧式车床的主要结构

停车。

3）CA6140 型卧式车床要有一台刀架快速移动电动机。

4）必须具有短路、过载、失电压和欠电压等必要的保护装置。

三、识读普通车床电气原理图

CA6140 型卧式车床的电气原理图如图 4-49 所示。CA6140 型卧式车床电气原理图底边按顺序分成 12 个区，其中 1 区为电源保护和电源开关部分，2～4 区为主电路部分，5～10 区为控制电路部分，11～12 区为信号灯和照明灯电路部分。

1. 按从电动机到电源侧的顺序识读主电路（2～4 区）

三相电源 L1、L2、L3 由低压断路器 QF 控制（1 区）。从 2 区开始就是主电路。主电路有 3 台电动机。

M1（2 区）为主轴电动机，拖动主轴对工件进行车削加工，是主运动和进给运动电动机。它由接触器 KM1 的主触点控制，其控制线圈在 7 区，热继电器 FR1 作过载保护，其常闭触点在 7 区。M1 的短路保护由 QF 的电磁脱扣器实现。电动机 M1 只需做正转，而主轴的正反转是由摩擦离合器改变传动链来实现的。

M2（3 区）为冷却泵电动机，带动冷却泵供给刀具和工件切削液。它由接触器 KA1 的触点控制，其控制线圈在 10 区，热继电器 FR2 作过载保护，其常闭触点在 10 区。熔断器 FU1 作短路保护。

M3（4 区）为快速移动电动机，带动刀架快速移动。它由 KA2 的触点控制，其控制线圈在 9 区，由于 M3 的容量较小，因此不需要做过载保护。

2. 联系主电路分析控制电路（5～10 区）

控制电路由控制变压器 TC 提供 110V 电源，由 FU2 作短路保护（6 区）。带钥匙的旋钮开关 SB 是电源开关锁，开动机床时，先用钥匙向右旋转旋钮开关 SB 或压下电气箱安全行

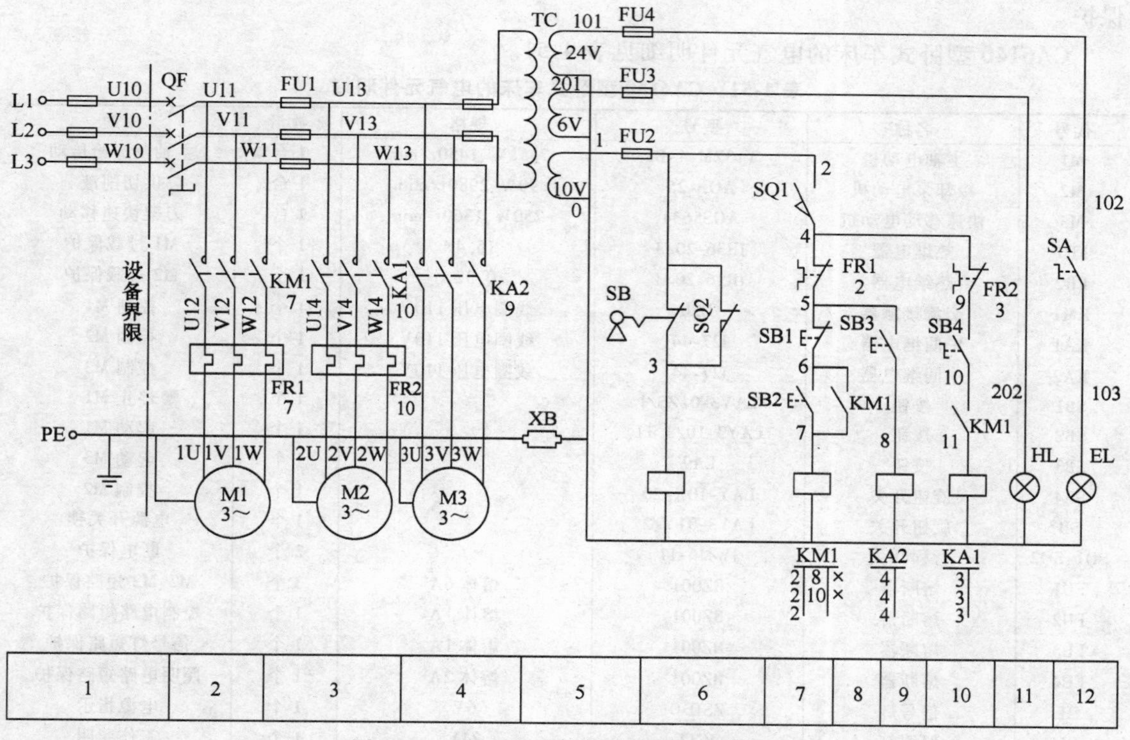

1	2	3	4	5	6	7	8	9	10	11	12

图 4-49　CA6140 型卧式车床电气原理图

程开关 SQ2，再合上低压断路器才能接通电源。7～9 区分别为主轴电动机 M1、刀架快速移动电动机 M3、冷却泵电动机 M2 的控制电路。交换齿轮箱安全行程开关 SB 作 M1、M2、M3 的断电安全保护开关。

（1）主轴电动机 M1 的控制（7～8 区）　按下起动按钮 SB2，接触器 KM1 线圈得电动作，主轴电动机 M1 起动运行。同时 KM1 自锁触点（6-7）和另一对常开触点（10-11）闭合。松开 SB2，常开触点断开，KM1 线圈由自锁电路供电。SB1 为主轴电动机 M1 停止按钮。

（2）冷却泵电动机 M2 的控制（10 区）　由于主轴电动机 M1 和冷却泵电动机 M2 在控制电路中采用顺序控制，所以，先起动主轴电动机 M1，即 KM1（10-11）常开触点闭合，然后合上旋钮开关 SB4，冷却泵电动机 M2 才能起动运行，按 SB1 停止 M1，同时，冷却泵电动机 M2 也自行停止运行。

（3）刀架快速移动电动机 M3 的控制（9 区）　刀架快速移动电动机 M3 的起动由安装在手柄上的按钮 SB3 控制，它与中间继电器 KA2 组成点动控制电路。按下点动按钮 SB3，刀架快速电动机 M3 起动，松开按钮 SB3，M3 立即停止。

(4) 信号灯和照明灯电路（11~12 区） 信号灯和照明灯电路的电源由控制变压器 TC 提供。信号灯电路（11 区）采用 6V 交流电压电源，指示灯 HL 接在 TC 二次侧的 6V 线圈上，指示灯亮表示控制电路有电。照明电路采用 24V 交流电压（12 区）。照明电路由钮子开关 SA 和指示灯 EL 组成。指示灯 EL 的另一端必须接地，以防止照明变压器一、二次绕组间发生短路时可能发生的触电事故。熔断器 FU3、FU4 分别作信号灯电路和照明电路的短路保护。

CA6140 型卧式车床的电气元件明细见表 4-51。

表 4-51 CA6140 型卧式车床的电气元件明细

代号	名称	型号	规格	数量	用途
M1	主轴电动机	Y132M-4-B3	7.5kW、1450r/min	1 台	主轴及进给传动
M2	冷却泵电动机	AOB-25	90W、2980r/min	1 台	供切削液
M3	快速移动电动机	AOS5634	250W、1360r/min	1 台	刀架快速移动
FR1	热继电器	JR36-20/3	15.4A	1 个	M1 过载保护
FR2	热继电器	JR36-20/3	0.32A	1 个	M2 过载保护
KM1	交流接触器	CJ20	线圈电压 110V	1 个	控制 M1
KA1	中间继电器	J27-44	线圈电压 110V	1 个	控制 M2
KA2	中间继电器	J27-44	线圈电压 110V	1 个	控制 M3
SB1	按钮	LAY3-01ZS/1		1 个	停止 M1
SB2	按钮	LAY3-10/3.11		1 个	起动 M1
SB3	按钮	LA9		1 个	起动 M3
SB4	旋钮开关	LAY-10X/20		1 个	控制 M2
SB	旋钮开关	LAY3-01Y/2		1 个	电源开关锁
SQ1、SQ2	行程开关	JWM6-11		2 个	断电保护
FU1	熔断器	BZ001	熔体 6A	3 个	M2、M3 短路保护
FU2	熔断器	BZ001	熔体 1A	1 个	控制电路短路保护
FU3	熔断器	BZ001	熔体 1A	1 个	信号灯短路保护
FU4	熔断器	BZ001	熔体 2A	1 个	照明电路短路保护
HL	信号灯	ZSD-0	6V	1 个	电源指示
EL	照明灯	JC11	24V	1 个	工作照明
QF	低压断路器	AMZ-40	20A	1 个	电源开关
TC	控制变压器	JBK2-10	380V/110V/24V/6V	1 个	控制电路电源

四、机床电气故障处理一般步骤

1）根据故障现象进行故障调查研究。
2）在电气原理图上分析故障范围。
3）通过试验观察法对故障进一步分析，缩小故障范围。
4）用测量法寻找故障点。
5）检修故障。
6）通电试车。
7）整理现场，做好维修记录。

五、机床电气故障处理方法——局部短接法

机床电气设备的常见故障中的断路故障，如导线断路、虚连、虚焊、触点接触不良、熔

断器开路等，对这类故障除用电阻法、电压法检查外，还有一种更为简单可靠的方法，就是短接法。其方法是用一根绝缘良好的导线，将所怀疑的断路部位短路接起来，如短接到某处，电路工作恢复正常，说明该处断路。具体操作可分为局部短接法和长短接法。局部短接法是一次短接一个触点来检查故障的方法。长短接法是指一次短接两个或多个触点或线段，用来检查故障的方法。这样做既节约时间，又可弥补局部短接法的某些缺陷。以上检查方法，要活学活用，遵守安全操作规章。对于连续烧坏的元器件应查明原因后再进行更换；电压测量时应考虑到导线的压降；试车时手不得离开电源开关，注意测量仪器的档位的选择。关键是自己要根据现场情况，灵活采用合适的方法，但必须要保证排除故障过程中的安全操作。

图 4-50 为 CA6140 型卧式车床主轴电动机的控制电路，按下 SB2 后，KM1 不能吸合。检查前先用万用表测量 1-2 两点间的电压，若电压正常，合上交换齿轮箱安全行程开关 SQ1，一人按下起动按钮 SB2 不放，另一人用一根绝缘良好的导线，分别短接标号相邻的两点 1-3、3-4、4-5、5-6、6-7（注意不能短接 1-2 两点，防止短路），如图 4-50 所示。当短接到某两点时，接触器 KM1 吸合，说明断路故障就在该两点之间，见表 4-52。

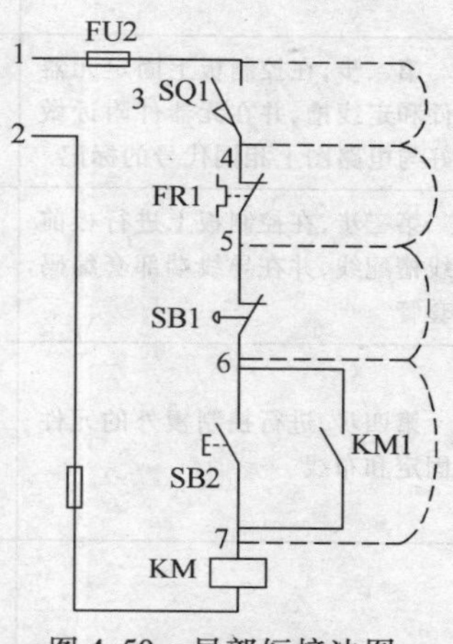

图 4-50　局部短接法图

表 4-52　用局部短接查找故障点

故障现象	短接点标号	KM1 动作	故障点
按下 SB2，KM1 不能吸合	1-3	KM1 吸合	FU2 熔断
	3-4	KM1 吸合	SQ1 常开触点接触不良
	4-5	KM1 吸合	FR1 常闭触点接触不良或误动作
	5-6	KM1 吸合	SB1 常闭触点接触不良
	6-7	KM1 吸合	SB2 常开触点接触不良

【项目任务】

任务一　CA6140 型卧式车床电气控制电路的安装与调试

一、任务描述

正确安装、调试 CA6140 型卧式车床电气控制电路。

二、实训内容

1. 实训器材

1）电工常用工具、MF47 型万用表、500V 兆欧表、钳形电流表等。

2）控制板、直线槽、各种规格的软线和紧固件、金属软管、编码管等。

3）CA6140 型卧式车床。

2. 实训过程

CA6140 型卧式车床电气控制电路的安装步骤及工艺要求见表 4-53。

表 4-53 CA6140 型卧式车床电气控制电路的安装步骤及工艺要求

安装步骤	工艺要求
第一步，选配并检验元件和电气设备	①按表 4-51 配齐电气设备和元件，并逐个检验其规格和质量 ②根据电动机的容量、电路走向及要求和各元件的安装尺寸，正确选配导线的规格、导线通道类型和数量、接线端子板、控制板、紧固体等
第二步，在控制板上固定元器件和走线槽，并在元器件附近做好与电路图上相同代号的标记	安装走线槽时，应做到横平竖直、排列整齐匀称、安装牢固和便于走线等
第三步，在控制板上进行板前线槽配线，并在导线端部套编码套管	按板前线槽配线的工艺要求进行
第四步，进行控制板外的元件固定和布线	①选择合理的导线走向，做好导线通道的支持准备 ②控制箱外部导线的线头上要套装与电路图相同线号的编码套管；可移动的导线通道应留适当的余量 ③按规定在通道内放好备用导线
第五步，自检	①根据电路图检查电路的接线是否正确和接地通道是否具有连续性 ②检查热继电器的整定值和熔断器中熔体的规格是否符合要求 ③检查电动机及电路的绝缘电阻 ④检查电动机的安装是否牢固，与生产机械传动装置的连接是否可靠 ⑤清理安装现场
第六步，通电试车	①接通电源，点动控制各电动机的起动，以检查各电动机的转向是否符合要求 ②通电空转试车。空转试车时，应认真观察各元器件、电路、电动机及传动装置的工作是否正常。发现异常，应立即切断电源进行检查，待调整或修复后方可再次通电试车

3. 注意事项

1）电动机和电路的接地要符合要求。严禁采用金属软管作为接地通道。

2）在控制箱外部进行布线时，导线必须穿在导线通道或敷设在机床底座内的导线通道里，导线中间不允许有接头。

3）在进行快速进给时，要注意将运动部件置于行程的中间位置，以防运动部件与车头或尾架相撞。

4）试车时，要先合上电源开关，后按起动按钮；停车时，要先按停止按钮，后断电源开关。

5）通电试车必须在教师的监护下进行，必须严格遵守操作规程。

4. 评分标准（见表 4-54）

表 4-54 评分标准

项目内容	配分	评分标准		得分
器材选用	10	元器件选错型号和规格	每个扣 2 分	
		导线选用不符合要求	扣 4 分	
		穿线管、编码套管等选用不当	每项扣 2 分	

（续）

项目内容	配分	评分标准		得分
装前检查	5	元器件漏检或错检	每处扣1分	
安装布线	50	元器件布置不合理	扣5分	
		元器件安装不牢固	每只扣4分	
		损坏元器件	每只扣10分	
		电动机安装不符合要求	每台扣5分	
		走线通道敷设不符合要求	每处扣4分	
		不按电路图接线	扣20分	
		导线敷设不符合要求	每根扣3分	
		漏接接地线	扣10分	
通电试车	35	热继电器未整定或整定错误	每只扣5分	
		熔体规格选用不当	每只扣5分	
		试车不成功	扣30分	
安全文明生产	违反安全文明生产规程		由指导教师根据实际情况扣分	
定额时间	4h，每超时5min（不足5min以5min计）		扣5分	
开始时间		结束时间	实际时间	总分

任务二 CA6140型卧式车床电气控制电路的检修

一、任务描述

正确检修CA6140型卧式车床电气控制电路。

二、实训内容

1. 实训器材

1）电工常用工具、MF47型万用表、500V兆欧表、钳形电流表等。

2）CA6140型卧式车床。

2. 实训过程

1）在教师的指导下对车床进行操作，熟悉车床的主要结构和运动形式，了解车床的各种工作状态和操作方法。

2）参照图4-51和图4-52，熟悉车床电器元件的实际位置和布线情况，并通过测量等方法找出实际走电路径。元器件安装位置见表4-55。

3）学生观摩检修。在CA6140型卧式车床上人为设置故障点，由教师示范检修，边分析边检查，直至故障排除。故障设置时应注意以下几点：

① 人为设置的故障必须是模拟车床在使用过程中出现的自然故障。

② 切忌通过更改电路或更换电器元件来设置故障。

③ 设置的故障必须与学生应该具有的检修水平相适应，当设置一个以上故障点时，故障现象尽可能不要相互掩盖。

④ 尽量设置不容易造成人身或设备事故的故障点。

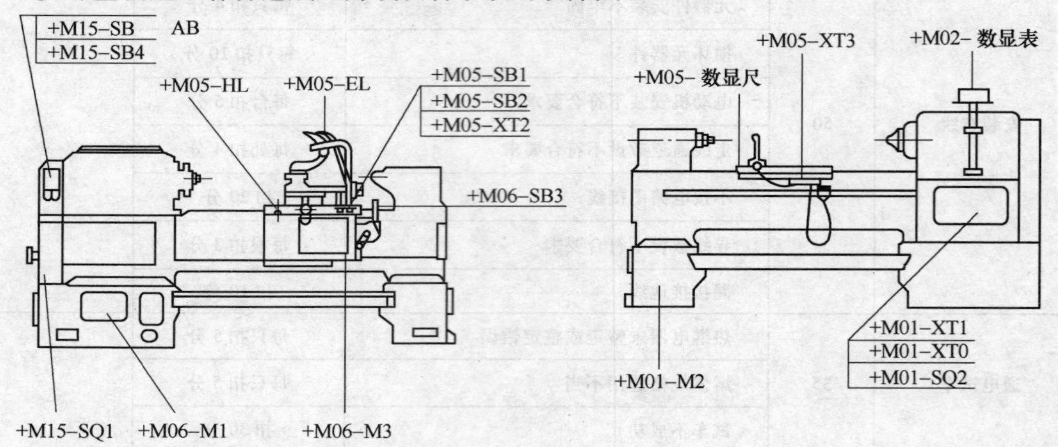

图 4-51 CA6140 型卧式车床电气设备安装布置图

表 4-55 位置代号索引

序号	部件名称	代号	安装元器件
1	床身底座	+ M01	-M1、-M2、-XT0、-XT1、-SQ2
2	床鞍	+ M05	-HL、-EL、-SB1、-SB2、-XT2、-XT3、数显尺
3	溜板	+ M06	-M3、-SB3
4	传动带罩	+ M15	-QF、-SB、-SB4、-SQ1
5	床头	+ M02	数显表

教师示范检修时，边操作边讲解，将下述检修步骤及要求贯穿其中：

① 通电试验，引导学生观察故障现象。

② 根据故障现象，依据电路图用逻辑分析法初步确定故障范围，并在电路图中标出最小故障范围。

③ 采取适当检查方法查出故障点，并正确地排除故障。

④ 检修完毕进行通电试车，并做好维修记录。

4）由教师设置让学生知道的故障点，指导学生如何从故障现象着手进行分析，逐步引导学生采用正确的检查步骤和检修方法进行检修。

5）教师在电路中设置两处人为的自然故障点，由学生按照检查步骤和检修方法进行检修。

3. 注意事项

1）检修前要认真阅读分析电路图，熟练掌握各个控制环节的原理及作用，并认真观摩教师的示范检修。

2）工具和仪表的使用应符合使用要求。

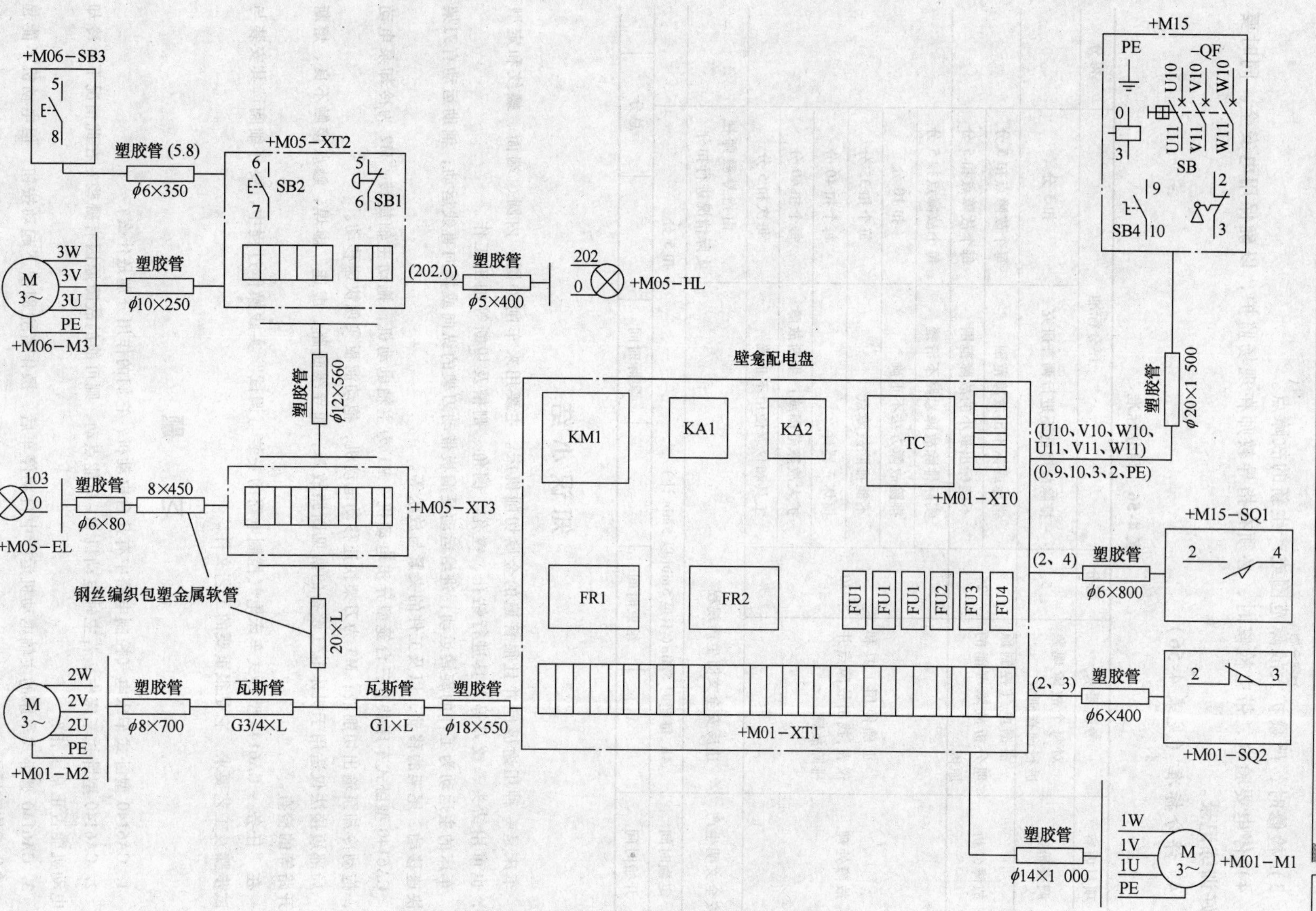

图 4-52 CA6140 型卧式车床电器元件布置图

3）检修时，严禁扩大故障范围或产生新的故障点。

4）停电要验电，带电检修时，必须有指导教师在现场监护，以确保用电安全。同时要做好训练记录。

4. 评分标准（见表4-56）

表4-56 评分标准

项目内容	考核要求	配分	评分标准		得分
调查研究	对每个故障现象进行调查研究	5	排除故障前不进行调查研究	扣5分	
故障分析	根据电气控制原理分析故障可能的原因	25	错标或标不出故障范围	每个故障点扣5分	
			不能标出最小的故障范围	每个故障点扣5分	
故障处理	正确使用工具和仪表，找出故障点并排除故障	70	实际排除故障思路不清楚	每个故障点扣5分	
			排除故障方法不正确	扣10分	
			不能排除故障点	每个扣35分	
			损坏元器件	每个扣40分	
			扩大故障范围或产生新故障	每个扣40分	
			工具和仪表使用不正确	每次扣5分	
安全文明生产	违反安全文明生产规程			由指导教师视实际情况进行扣分	
定额时间	4h，每超时5min（不足5min以5min计）			扣5分	
开始时间		结束时间		实际时间	总分

知识小结

车床是一种用途极广并且很普遍的金属切削机床。主要用来车削外圆、内圆、端面、螺纹和定型面，也可用钻头、铰刀等刀具进行钻孔、镗孔、倒角、割槽及切断等加工工作。

车床的主运动为工件的旋转运动；进给运动是溜板带动刀架的纵向或横向直线运动；辅助运动有刀架的快速移动、尾架的移动，以及工件的夹紧与放松等。

CA6140型卧式车床共有三台笼型异步电动机：M1为主轴电动机，拖动主轴旋转；M2为冷却泵电动机，拖动冷却泵输出切削液；M3为刀架快速移动电动机，拖动溜板实现快速移动。

局部短接法仅适用于机床电气设备的常见断路故障，如导线断路、虚连、虚焊、触点接触不良、熔断器开路等的检查。

在“任务一 CA6140型卧式车床电气控制电路的安装与调试”实践操作过程中，要仔细阅读其安装与调试步骤及工艺要求，它是很重要的工艺文件。

习　题

1. CA6140型卧式车床电气控制电路中有几台电动机？它们的作用分别是什么？

2. CA6140型卧式车床中，若主轴电动机M1只能点动，则可能的故障原因有哪些？在此情况下，冷却泵电动机能否正常工作？

3. CA6140型卧式车床的主轴电动机运行中自动停车后，操作者立即按下起动按钮，但电动机不能起动，试分析故障原因。

项目四　识读并检修数控车床电气控制系统

【学习目标】

知识目标

- 熟悉数控机床维修的基本步骤和方法。
- 掌握 CK0630 型数控车床电气控制电路的构成及工作原理。

技能目标

- 掌握维修 CK0630 型数控车床电气控制系统常见故障的方法。

【知识准备】

一、数控车床的结构和主要工作情况

1. 数控机床的结构

数控机床的电气控制电路同普通机床的有所不同，除了常用的电气控制电路外，还装有数控装置。数控机床的组成结构框图如图 4-53 所示。普通机床与数控机床的区别主要是数控机床的主轴调速、刀架的进给全部自动完成，即根据编程指令按要求执行。

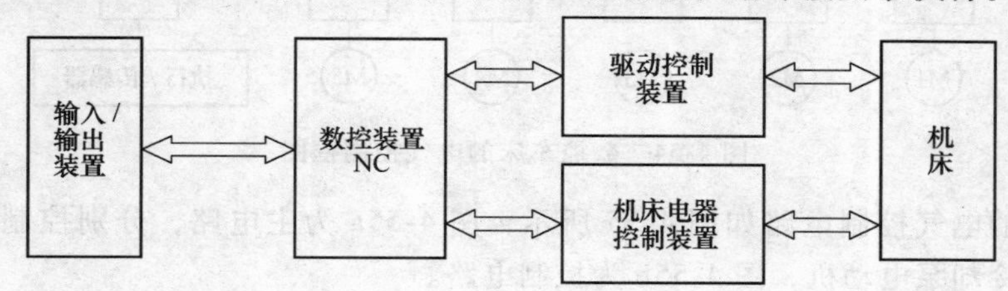

图 4-53　数控机床的组成结构框图

在图 4-53 中，数控装置是整个数控机床的核心，机床的操作要求命令均由数控装置发出。驱动装置位于数控装置和机床之间，包括进给驱动和主轴驱动装置。驱动装置根据控制的电动机不同，其控制电路形式也不同。步进电动机有步进驱动装置，直流电动机有直流驱动装置，交流伺服电动机有交流伺服驱动装置等。

机床电气控制装置也位于数控装置与机床之间，它主要接收数控装置发出的开关命令，控制机床主轴的起动、停止、正反转、换刀、冷却、润滑、液压、气压等相关信号。

2. 数控车床的主要工作情况

数控车床的机械部分比同规格的普通车床更为紧凑和简洁。主轴传动为一级传动，去掉了普通机床主轴变速轮箱，采用变频器实现主轴无级调速。进给移动装置滚珠丝杠，传动效率好、精度高、摩擦力小。一般经济型数控车床的进给均采用步进电动机。进给电动机的运动由数控装置实现信号控制。

数控车床的刀架能自动转位。换刀电动机有步进、直流和异步电动机之分，这些电动刀架的旋转、定位均由数控装置发出信号，控制其动作。而其他的冷却、液压等电气控制跟普通机床差不多。

二、识读 CK0630 型数控车床电气控制电路

数控车床的电气控制框图如图 4-54 所示。数控车床分别由数控装置（CNC），机床控制电器，X、Z 轴进给驱动电动机主轴变频器，刀架电动机控制，冷却控制及其他信号控制电路组成。

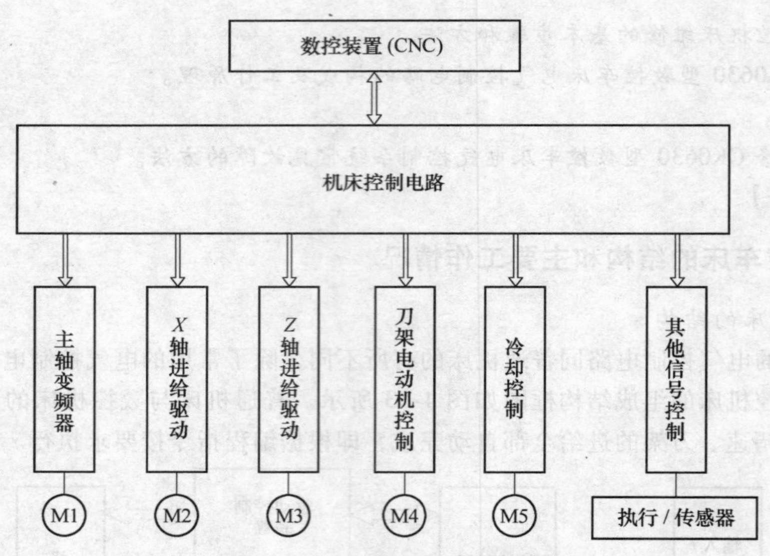

图 4-54　数控车床的电气控制框图

数控车床的电气控制电路如图 4-55 所示，图 4-55a 为主电路，分别控制主轴电动机、刀架电动机及冷却泵电动机，图 4-55b 为控制电路。

下面简要介绍数控系统、变频器、步进驱动、刀架控制等电路。

1. 数控系统

数控系统（又称数控装置）跟外界输入、输出信号的交换都要经过处理，其中输入、输出信号采取光电隔离措施，数控系统内部 I/O 接口如图 4-56 所示。

在图 4-56a 中，当输入电压 U_{IN} 为 14～24V 时，数控系统认定输入是“1”状态，当输入电压 U_{IN} 为 0～8V 时，数控系统认定输入是“0”状态，图 4-56b 为数控系统输出接口电路，当输出为“1”时，光耦导通，U_{OUT} 输出导通；当输出为“0”时，U_{OUT} 输出截止。

数控系统分别有主轴编码器接口、轴控制接口、开关量输入接口、操作面板输出接口等，经济型数控车床选用 HN-100T 型数控装置，其接口的说明如下。

（1）主轴编码器反馈信号接口（P1）　数控系统 9 芯连接器引脚的定义如图 4-57 所示。Z 为主轴编码器的电脉冲，A、B 为主轴编码器的码道脉冲。A、B 两信号有 90°的相位差。

从主轴编码器反馈回来的信号必须是 TTL 电平的方波。这几个信号应采用屏蔽电缆连接，屏蔽层应通过一点接地，可与系统 GND 端相连（可选 6、7、8 脚任一个）。P1 口的 5V、GND 引脚可作为编码器的电源使用。编码器的选用应符合如下要求：工作电压 5V，输出信号为 TTL 电平的方波，每转脉冲为 1200 个或 2400 个。编码器详细资料可参考有关编码的使用手册。

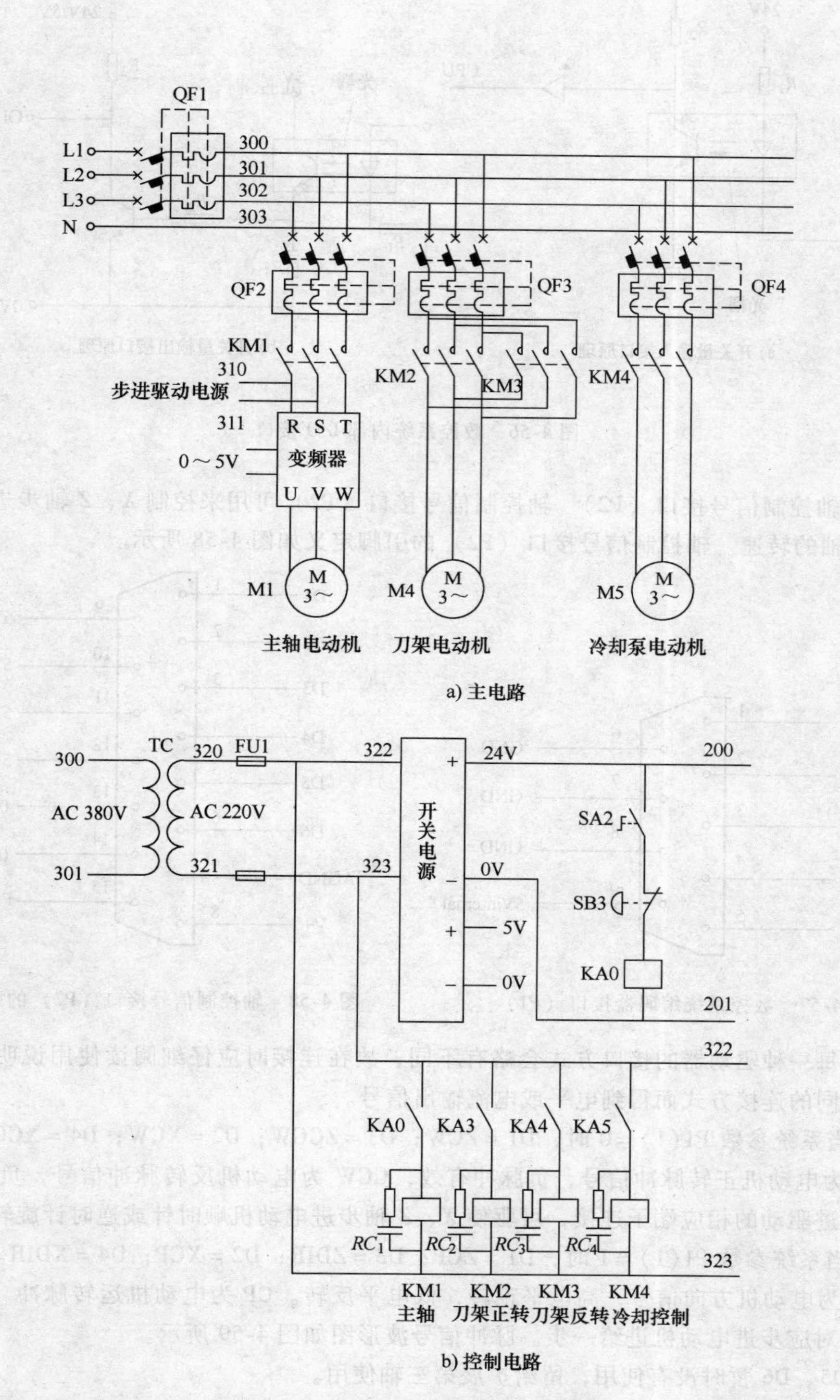

图 4-55　数控车床的电气控制电路

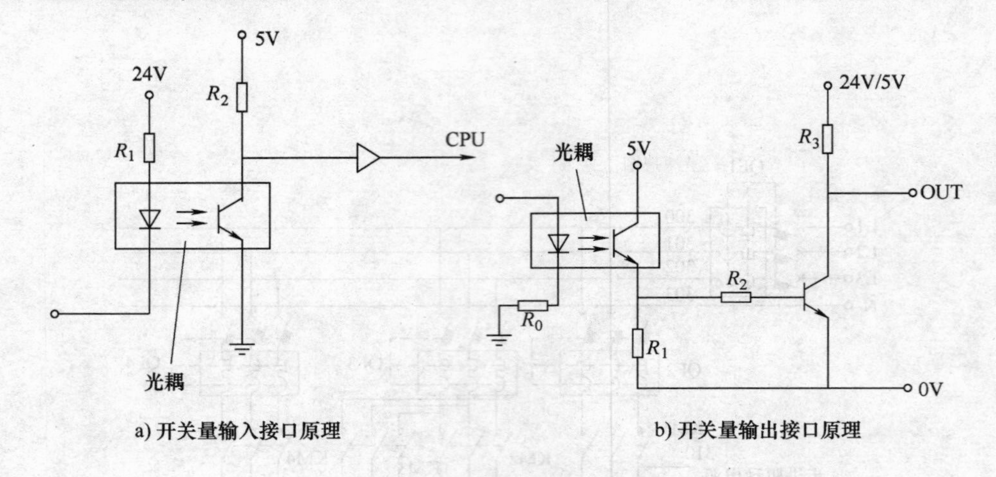

a) 开关量输入接口原理　　b) 开关量输出接口原理

图 4-56　数控系统内部 I/O 接口

（2）轴控制信号接口（P2）　轴控制信号接口（P2）可用来控制 *X*、*Z* 轴步进电动机的运动和主轴的转速。轴控制信号接口（P2）的引脚定义如图 4-58 所示。

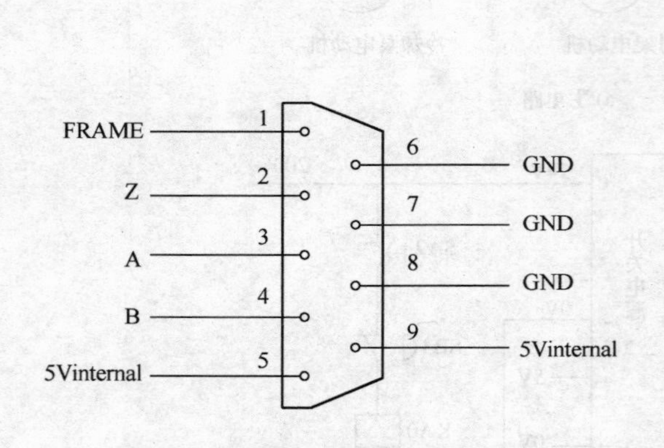

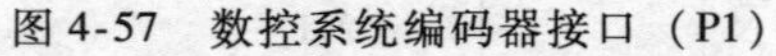

图 4-57　数控系统编码器接口（P1）

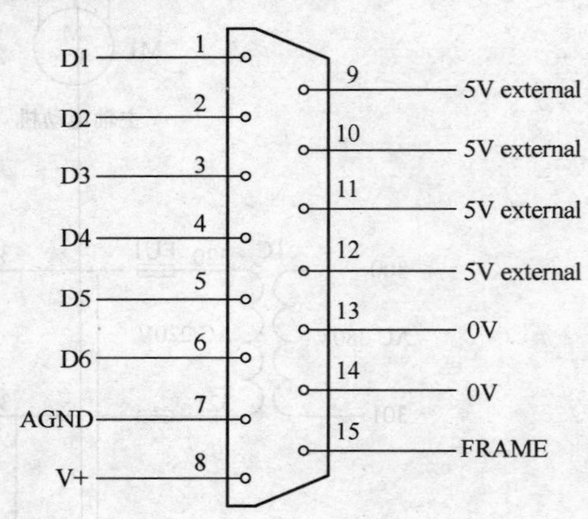

图 4-58　轴控制信号接口（P2）的引脚定义

由于每一种驱动器的接口方式会略有不同，故在连接时应仔细阅读使用说明。P2 接口可根据不同的连接方式而得到电平或电流输出信号。

1）当系统参数 P1(1) = 0 时，D1 = ZCW；D3 = ZCCW；D2 = XCW；D4 = XCCW。

CW 为电动机正转脉冲信号，负脉冲有效，CCW 为电动机反转脉冲信号，负脉冲有效。它们与步进驱动的相应端子连接，可驱使 *X*、*Z* 轴步进电动机顺时针或逆时针旋转。

2）当系统参数 P1(1) = 1 时，D1 = ZCP；D3 = ZDIR；D2 = XCP；D4 = XDIR。

DIR 为电动机方向信号，高电平正转，低电平反转。CP 为电动机运转脉冲（负脉冲），每一脉冲对应步进电动机进给一步。脉冲信号波形图如图 4-59 所示。

3）D5、D6 暂时没有使用，留给扩展第三轴使用。

4）V +、AGND 是主轴速度控制端，输出 0 ~ 5V 的模拟量信号，作为变频器的输入，以控制主轴的转速。这一组模拟电压信号必须使用屏蔽电缆传输，电缆不带屏蔽层部分应尽

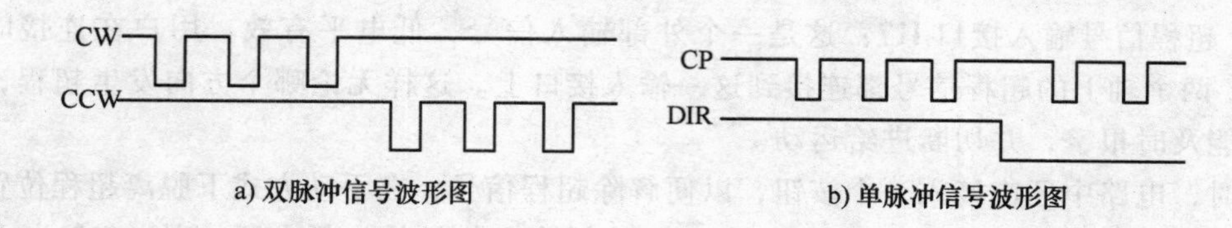

a) 双脉冲信号波形图　　b) 单脉冲信号波形图

图 4-59 脉冲信号波形图

可能短。电缆屏蔽层附接在 P2 口的 0V 引脚上，另一头悬空。布线时应尽量远离交流电源线和噪声发生电路。

（3）开关量输入/输出信号接口（P3） P3 接口的引脚定义如图 4-60 所示。其中 P3 口的 O1 ~ O9 输出端输出信号均为低电平有效。

1）24V external 和 0V：这是一组来自外部的 24V 直流电源，它给光电隔离电路的外端提供电源。在系统上有一只 24V 电源的熔断器。所用熔断器的大小应按输入/输出接口和总电流来设定。此外，只有在此外部电源接入后，系统面板上的按键才起作用。

2）切削液控制接口（O1）：O1 接口可以和面板上的切削液按钮并接起来，这样可实现手动控制和加工程序指令控制的双重目标。

3）辅助输出接口（O2 ~ O5）：辅助输出接口为辅助功能中 M21 指令所用。

4）辅助输入接口（I9 ~ I12）：辅助输入接口（低电平有效）为辅助功能中 M21、M22 指令所用。

用户可利用这几个输入、输出接口来扩展自己的专用功能。在扩展时，应根据实际情况对输出信号进行放大。

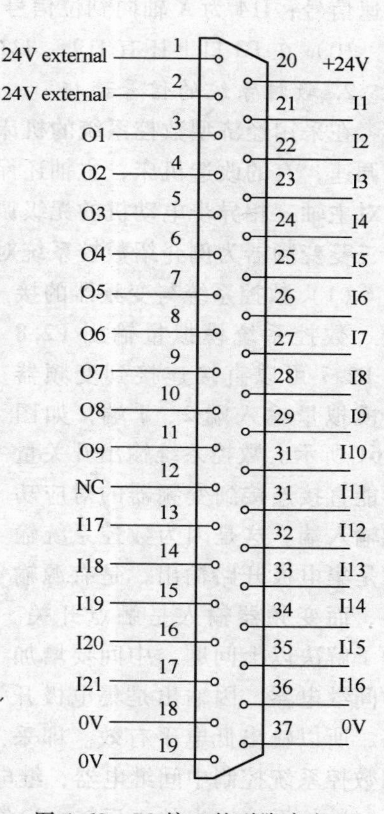

图 4-60 P3 接口的引脚定义

5）刀架控制信号接口：当系统参数 P1(4) = 0 时，I1 ~ I8 刀架控制信号输入接口，其编码分别对应 1 ~ 8 号刀，即低电平有效。I18 为刀架反转到位信号输入接口，低电平有效。O6 为刀架正转信号输出接口。O7 为刀架反转信号输出接口。

利用上述这组刀架控制信号接口，可控制 8 把刀以下的自动刀架。

当系统参数 P1(4) = 1 时，I1 ~ I8 为刀架控制信号输入接口，其编码分别对应 1 ~ 8 号刀，低电平有效。O6 为刀架正转信号输出接口。O7 为刀架反转信号输出接口。

6）主轴控制信号接口：O8、O9 这两个接口控制主轴的正反转、起动和停止等状态。

7）主轴换档控制接口：当系统参数 P1(3) = 1 时，主轴变速采用换档的方式。此时，O2 ~ O5 作为换档控制接口，故编程中不再允许使用 M21 指令。

O2 ~ O5 分别对应 S1 ~ S4 指令。动作时，输出一个宽度为 0.5s 的低电平信号。

当系统参数 P1(3) = 0 时，数控系统输出 0 ~ 5V 模拟电压控制主轴变频器对电动机进行调速。

8）超程信号输入接口 I17：这是一个外部输入信号，低电平有效。用户在连接时，应将 *X*、*Z* 两个轴上的超程信号都连接到这一输入接口上。这样无论哪个方向发生超程，数控系统都能及时报警，并切断进给运动。

同时，电路中还应接入一个按钮，以便解除超程信号，在手动方式下脱离超程位置。

9）回零信号输入接口 I13～I16：这一组外部输入信号均为低电平有效。I13 为 *X* 轴向降速信号；I14 为 *X* 轴向到位信号；I15 为 *Z* 轴向降速信号；I16 为 *Z* 轴向到位信号。

10）在 P3 口上还有 I19～I21 共三个输入接口备用。

2. 数控系统的信号连接

在采用经济型数控系统的机床中，主轴调速设计一般采用无级调速，有的还设计分段无级调速，有的改造机床，主轴还保留普通机床的主轴齿轮箱。随着电力电子技术的发展，现在对主轴三相异步电动机的无级调速控制技术已相当成熟，变频器的应用越来越广泛，这里以三菱变频器为例介绍数控系统对变频器的控制。

（1）数控系统与变频器的接线　数控系统模拟量输出 P2.8 和 P2.7 可以直接连接到变频器的模拟量输入端 2、5 端，如图 4-61 所示。数控系统输出开关量不能直接连接到变频器的对应功能输入端。这是因为数控系统输出是集电极开路输出，是有源输出，而变频器输入是触点开关。为了解决以上问题，中间要增加中间继电器，因输出是集电极开路，所以输出低电平有效。即采用数控系统控制中间继电器，继电器触点控制变频器输入端。

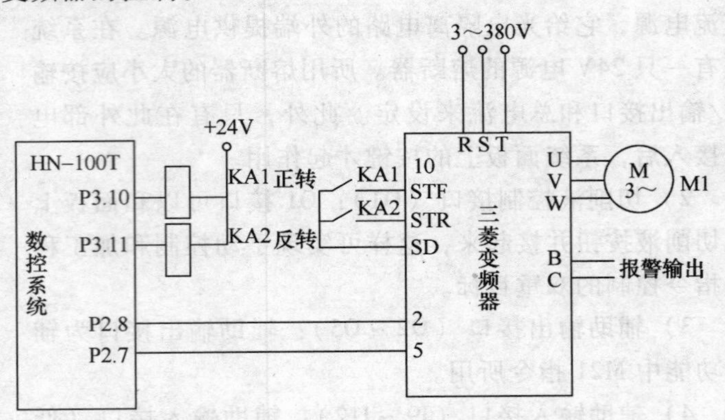

图 4-61　数控系统与变频器的接线

数控系统输出的正反转、启停信号和变频器接收的信号有以下几种组合关系。

1）当系统参数 P1(2)=0 时，工作状态如下：

M03（主轴正转）：08—高电平；09—低电平。

M04（主轴反转）：09—高电平；08—低电平。

M05（主轴停）：08—高电平；09—高电平。

2）当系统参数 P1(2)=1 时，工作状态如下：

M03（主轴正转）：09—高电平；08—低电平。

M04（主轴反转）：09—低电平；08—低电平。

M05（主轴停）：08—高电平；09—高电平。

根据上述情况，可以列出表 4-57 所示的数控系统参数与继电器信号组合关系。

（2）数控系统与步进驱动器的接线　如图 4-62 所示，从数控系统 P2 接口的输出信号可以看出，控制进给驱动的信号共有 XCP、XDIR、ZCP、ZDIR，其中 XCP、XDIR 控制 *X* 轴，ZCP、ZDIR 控制 *Z* 轴。输出信号低电平有效。

从步进驱动接口来看，需要接收 CP 脉冲信号、DIR 方向信号，接口信号高低电平都可以。

表 4-57　数控系统参数与继电器信号组合关系

继电器	P1(2) = 1			P1(2) = 0		
	M03	M04	M05	M03	M04	M05
KA1	合	合	断	合	断	断
KA2	断	合	断	断	合	断

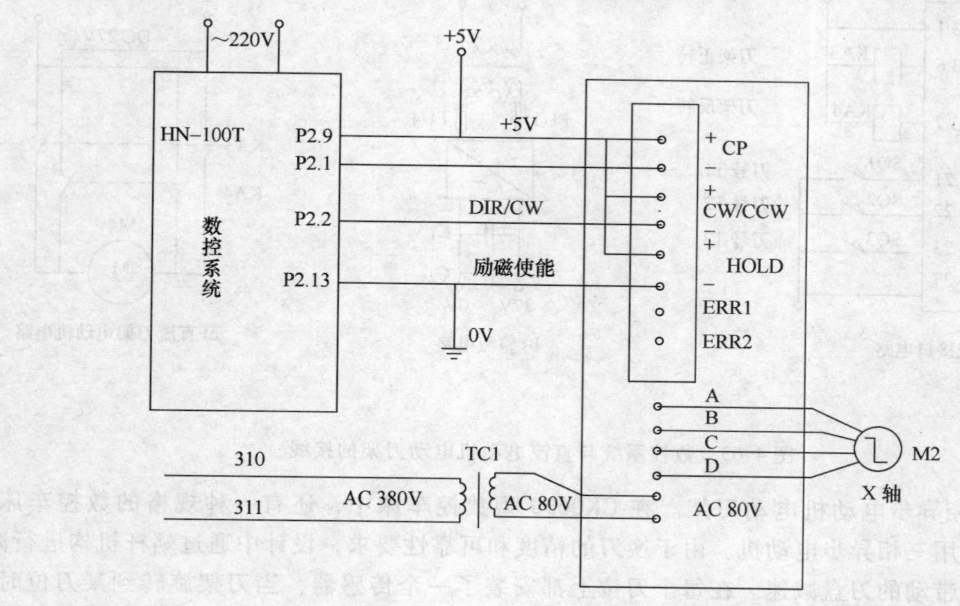

图 4-62　数控系统与步进驱动器的接线

数控系统接口电路需要外加 5V 电源。数控系统可以单双脉冲输出，使用时根据步进驱动输入信号要求和数控系统参数设置。

(3) 数控系统对电动刀架的控制　下面介绍数控系统与直流电动机、三相异步电动机电动刀架的连接。

1) 直流电动机电动刀架。以 CK0630 型数控车床为例，电动刀架选用的是力矩式直流电动机，额定电压为 DC 27V，额定电流为 2A，转速为 800r/min。由于换刀的精度和可靠性要求，设计中通过蜗杆机构进行减速，从而使带动的刀盘减速。在刀架结构上还装有格雷码凸轮，凸轮上方装有三个微动开关，以反映所换刀的刀位号。三个微动开关通、断组合与刀位号的关系见表 4-58，微动开关的组合是格雷码。

表 4-58　三个微动开关通、断组合与刀位号的关系

刀位号	1	2	3	4	5	6	7	8
格雷码	000	001	002	003	004	005	006	007

数控系统控制电动刀架，主要控制刀架电动机的正反转，所反映的刀位号送给数控系统。从数控系统输入信号接口来看，低电平有效。由于电动机电流不是太大，故选用数控系统能驱动的功率继电器。数控系统与直流电动机电动刀架的接线如图 4-63 所示。P3 接口的

O6（P3.6）和 O7（P3.7）控制 KA3、KA4 继电器，由于输出低电平有效，故中间继电器另一端接 24V 电源。三个微动开关信号 SQ1～SQ3 分别接 P3 接口的 I1（P3.21）、I2（P3.22）、I3（P3.23），信号低电平有效。在图 4-63 中，用 KA3、KA4 的触点控制直流电动机的正反转，而 DC 27V 电源通过变压器和整流桥等电路产生。

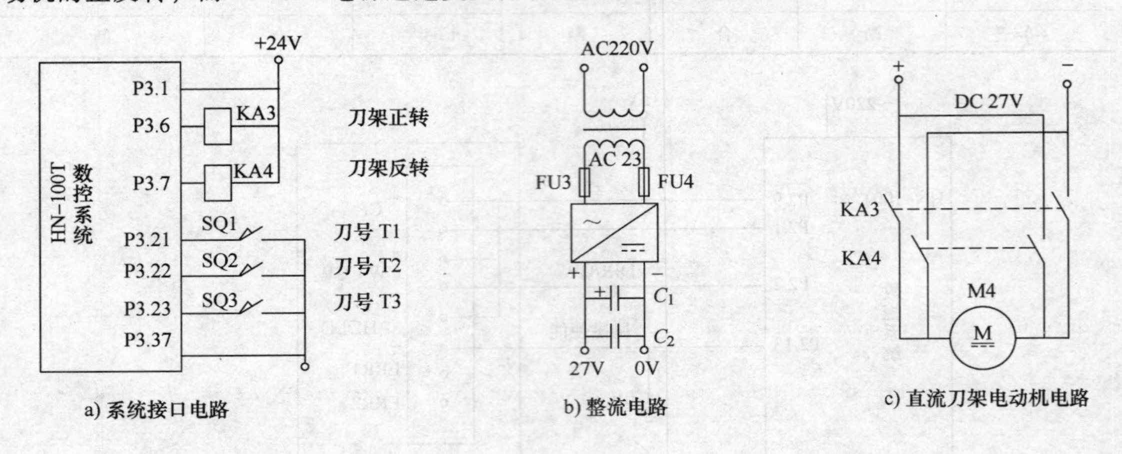

图 4-63　数控系统与直流电动机电动刀架的接线

2）三相异步电动机电动刀架。在 CK0630 型数控车床中，还有一种规格的数控车床，电动刀架选用三相异步电动机。由于换刀的精度和可靠性要求，设计中通过蜗杆机构进行减速，从而使带动的刀盘减速。在每个刀位上都安装了一个传感器，当刀架旋转到某刀位时，该传感器发出信号给数控系统，以反映所在的刀位。

数控系统控制电动刀架，主要控制刀架电动机的正反转，所反映的刀位号送给数控系统。从数控系统输入信号接口来看，低电平有效。数控系统与交流电动机电动刀架的接线如图 4-64 所示。P3 接口的 O6（P3.6）和 O7（P3.7）控制 KA3、KA4 继电器，由于输出低电

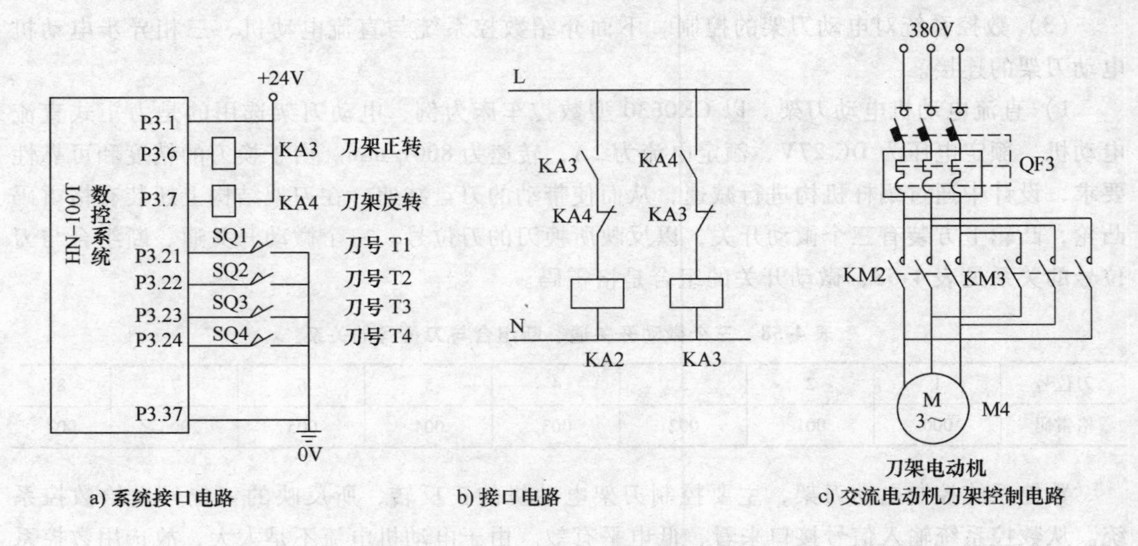

图 4-64　数控系统与交流电动机电动刀架的接线

平有效，故中间继电器另一端接24V电源，4个传感器信号（SQ1～SQ4）分别接P3接口的I1（P3.21）、I2（P3.22）、I3（P3.23）、I4（P3.24），信号低电平有效。再用KA3、KA4的触点控制功率线圈，由功率线圈的触点控制交流电动机。

（4）数控机床的其他信号

1）回零信号。数控机床要建立坐标系，首先要执行回参考点操作，把参考点位置送给数控系统。一般每个轴有两个信号：一个用于回零减速；另一个用于回零到位。根据数控系统接口要求，信号低电平有效，它们与数控系统的接线如图4-65所示。

2）超程信号。由于数控系统只提供一个外部超程信号输入口，低电平有效。用户在连接时，应将X、Z两个轴上的超程信号都连接到这一接口上。这样无论哪个方向发生超程，数控系统都能及时报警，并切断进给运动。同时，电路中还应接入一个按钮，以便解除超程信号，在手动方式下脱离超程位置。数控系统超程信号的接线如图4-66所示。

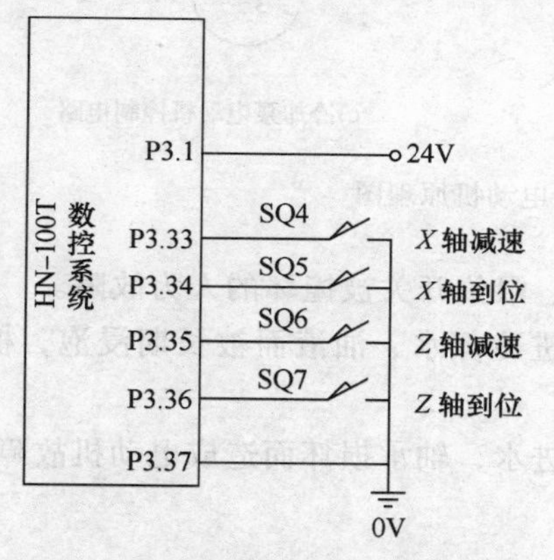

图4-65 数控系统回零信号的接线

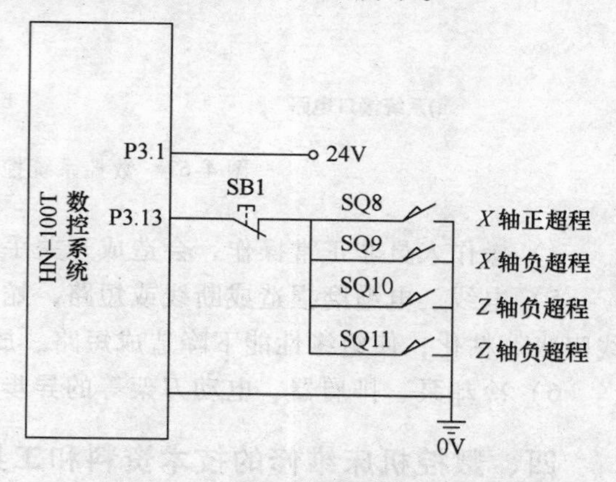

图4-66 数控系统超程信号的接线

3）冷却信号。若电源输入为380V，则冷却泵选择三相异步电动机作为冷却电动机。由数控系统输出接口可知，P3接口的O1（P3.3）输出作为冷却控制信号。数控系统控制冷却泵电动机原理图如图4-67所示，O1（P3.3）输出信号控制KA5中间继电器，由KA3继电器的触点控制KM4交流接触器，KM4交流接触器触点控制冷却电动机通断。

三、数控车床电气系统的故障特点

数控车床电控系统包括交流主电路、机床辅助功能控制电路和电子控制电路，一般将前者称为“强电”电路，后者称为“弱电”电路。其区别在于“强电”电路是24V以上电压供电，以元器件、电力电子功率器件为主组成电路；“弱电”电路是24V以下电压供电，以半导体器件、集成电路为主组成的控制系统电路。

1）电气系统故障的维修特点是故障原因明了，诊断也比较容易，但是故障率相对比较高。

2）元器件有使用寿命限制，非正常使用会使元器件寿命降低，如开关触点经常过电流使用而烧损、粘连，提前造成开关损坏。

3）电气系统容易受外界影响造成故障，如环境温度过热，电气柜温升过高致使某些电器损坏。甚至鼠害也会造成许多电气故障。

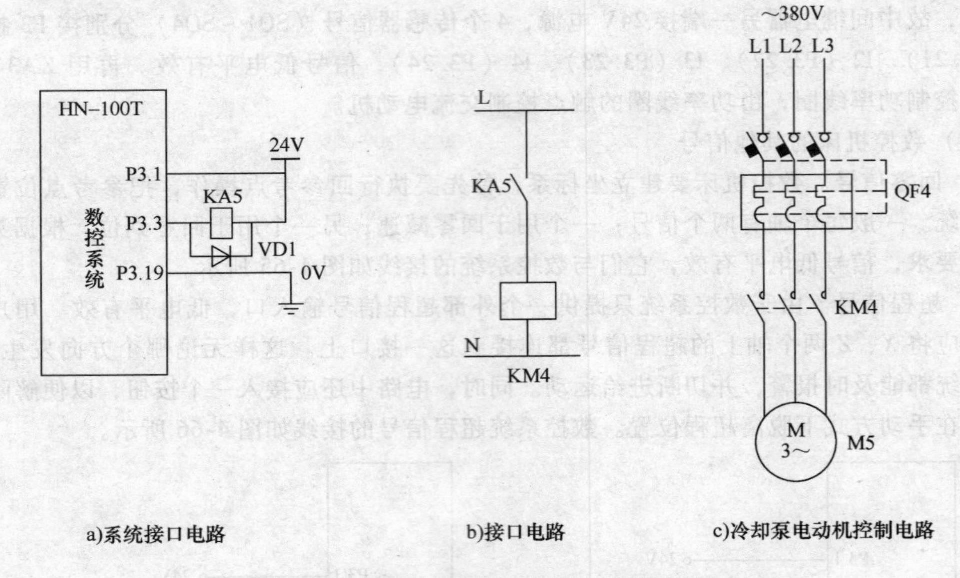

图 4-67 数控系统控制冷却泵电动机原理图

4）操作人员非正常操作，会造成开关手柄损坏、限位开关被撞坏的人为故障。

5）电线、电缆磨损造成断线或短路，蛇皮线管进冷却水、油液而被长期浸泡，橡胶电线膨胀、粘化，使绝缘性能下降造成短路、放炮。

6）冷却泵、排屑器、电动刀架等的异步电动机进水，轴承损坏而造成电动机故障。

四、数控机床维修的技术资料和工具

1. 必要的技术资料

（1）数控机床使用说明书　数控机床使用说明书是由机床生产厂家编制并随机床提供的资料。

1）机床的操作过程与步骤。

2）机床电气控制原理图。

3）机床主要传动系统以及主要部件的结构原理示意图。

4）机床安装和调整的方法与步骤。

5）机床的液压、气动、润滑系统图。

6）机床使用的特殊功能及其说明等。

（2）数控系统方面的资料　这方面的资料应有数控装置安装、使用（包括编程）、操作和维修方面的技术说明书。

1）数控装置操作面板布置及其操作。

2）数控装置内部各电路板的技术要点及其外部连接图。

3）系统参数的意义及其设定方法。

4）数控装置的自诊断功能和报警清单。

5）数控装置接口的分配及其含义等。

维修人员可了解 CNC 原理框图、结构布置、各电路板的作用，板上发光管指示的意义；

可通过面板对数控系统进行各种操作，进行自诊断检测，检查和修改参数并能做出备份；能熟练地通过报警信息确定故障范围，对数控系统提供的维修检测点进行测试，充分利用随机的系统诊断功能。

（3）PLC 的资料

1）PLC 装置及其编程器的连接、编程、操作方面的技术说明书。

2）PLC 用户程序清单或梯形图。

3）I/O 地址及意义清单。

4）报警文本以及 PLC 的外部连接图。

（4）伺服单元的资料　伺服单元的资料包括进给伺服驱动系统和主轴伺服单元的原理、连接、调整和维修方面的技术说明书。

1）电气原理框图和接线图。

2）所有报警显示信息以及重要的调整点和测试点。

3）各伺服单元参数的意义和设置。

维修人员应掌握伺服单元的原理，熟悉其连接。能从单元板上的故障指示发光管的状态和显示屏上显示的报警号确定故障范围；测试关键点的波形和状态，并能做出比较；检查和调整伺服参数，对伺服系统进行优化。

（5）主要配套部分的资料　在数控机床上往往会使用较多的功能部件，如数控转台、自动换刀装置、润滑与冷却系统、排屑器等。这些功能部件的生产厂家一般都提供了较完整的使用说明书，机床生产厂家应将其提供给用户，以便当功能部件发生故障时作为维修的参考。

（6）维修记录　维修记录是维修人员对机床维修过程的记录与维修的总结。维修人员应对自己所进行的每一步的维修情况进行详细的记录，而不管当时的判断是否正确。这样不仅有助于今后的维修，而且有助于维修人员总结经验与提高。

（7）其他　有关元器件方面的技术资料也是必不可少的，如数控设备所用的元器件清单、备件清单，以及各种通用的元器件手册。

2. 常用的维修工具

常用的维修工具见表 4-59。

表 4-59　常用维修工具

常用测量仪器、仪表	万用表、示波器、数字转速表、相序表 常用的长度测量工具 PLC 编程器、IC 测试仪、逻辑分析仪
常用维修工具	电烙铁、吸锡器、扁平集成电路拔放台 旋具类工具、钳类工具、扳手类工具

五、数控机床的故障排除的思路和原则

1. 数控机床故障排除的思路

1）确认故障现象，调查故障现场，充分掌握故障信息。数控机床出现故障后，不要急于动手处理，首先查看故障记录，向操作人员询问故障出现的全过程。在确认通电对机床无

危险的情况下再通电观察，特别要注意确定以下主要故障信息：

① 故障发生时报警号和报警提示是什么？指示灯和发光管指示了什么报警？

② 如无报警，系统处于何种工作状态？系统工作方式诊断结果（诊断内容）是什么？

③ 故障发生在哪个程序段？执行何种指令？故障发生前进行了何种操作？

④ 故障发生在何种速度下？进给轴处于什么位置？与指令值的误差量有多大？

⑤ 以前是否发生过类似故障？现场有无异常现象？故障是否重复发生？

2）根据所掌握故障信息列出故障部位的全部疑点。

3）分析故障原因，制定排除故障的方案。

4）检测故障，逐级定位故障部位。

5）资料的整理。

故障排除后，应迅速恢复机床现场，并做好相关资料的整理工作，以便提高自己的业务水平，方便机床的后续维护和维修。

2. 数控机床故障排除应遵循的原则

（1）先外部后内部　数控机床是机械、液压、电气一体化的机床，其故障的特征必然要从机械、液压、电气这三者综合反映出来。当数控机床发生故障后，维修人员应先采用望、闻、问等方法，由外向内逐一进行检查，如数控机床的行程开关、按钮、液压气动元件以及印制电路板插头座、边缘接插件与外部或相互之间的连接部位、电控柜插座或端子排，这些机电设备之间的连接部位，因其接触不良造成信号传递失灵是产生数控机床故障的重要因素。此外，由于工业环境中温度、湿度变化较大，油污或粉尘对元件及电路板的污染，机械的振动等，对于信号传送通道的接插件都将产生严重影响，在检修中要注意这些因素。另外，尽量避免随意地启封、拆卸。盲目地大拆大卸往往会扩大故障，使设备丧失精度，降低性能。

（2）先机械后电气　由于数控机床是一种自动化程度高、技术复杂的先进机械加工设备，机械故障一般较易察觉，而数控系统故障的诊断难度要大些。先机械后电气就是首先检查机械部分是否正常，导轨运行是否灵活，气动、液压部分是否存在阻塞等。因为数控机床的故障中有很大部分是由机械动作失灵引起的。所以，在故障检修之时，首先注意排除机械性的故障往往可以达到事半功倍的效果。

（3）先静后动　维修人员本身要做到先静后动，不可盲目动手，应先询问机床操作人员故障发生的过程及状态，阅读机床说明书、图样资料后，方可动手查找处理故障。其次，先在机床断电的静止状态，通过观察测试、分析，确认为非恶性循环性故障，或非破坏性故障后，方可给机床通电，在运行工况下进行动态的观察、检验和测试，查找故障。对于恶性的破坏性故障，必须先行处理排除危险后方可进行通电，在运行工况下进行动态诊断。

数控系统的某些模块是需要电池保持参数的，对于这些电路板和模块切勿随意插拔，更不可以在不了解元器件功能的情况下，随意调换数控装置、伺服、驱动等部件中的器件，设定端子，调整电位器位置，改变设置参数，更换数控系统软件版本，以避免产生更严重的后果。

（4）先公用后专用　公用性的问题往往影响全局，而专用性的问题只影响局部。如机床的几个轴都不能运动，这时应先检修和排除各轴公用的 CNC、PLC、电源、液压等的故障，然后再设法排除某轴的局部问题。又如电网或主电源故障是全局性的，因此一般应首先检查电源部分，看看断路器或熔断器是否正常，直流电压输出是否正常。

（5）先简单后复杂　当出现多种故障互相交织掩盖、一时无从下手时，应先解决容易的问题，后解决较大的问题。常常在解决简单故障的过程中，难度大的问题也可能变得容易，或者在排除容易故障时受到启发，对复杂故障的认识更为清晰，从而也有了解决办法。

（6）先一般后特殊　在排除某一故障时，要先考虑最常见的可能原因，然后再分析很少发生的特殊原因。例如，数控车床坐标轴回零不准常常是由于减速挡块位置移动造成的，一旦出现这一故障，应先检查该挡块位置，在排除这一常见的可能性之后，再检查脉冲编码器、位置控制等环节。

六、数控机床维修的基本步骤

1. 故障记录

（1）故障发生时的情况

1）发生故障的机床型号，采用的控制系统型号，系统的软件版本号。

2）发生故障的部位以及故障的现象，如有异常声音、烟、异味等。

3）故障发生时数控系统所处的操作方式，如 AUTO/SINGLE（自动/单段方式）、MDI（手动数据输入方式）、STEP（步进方式）、HANDLE（手轮方式）、JOG（手动方式）、HOME（回零方式）等。

4）若故障发生在自动方式下，则应记录故障发生时的加工程序号，出现故障的程序段号，加工时采用的刀具号以及刀具的位置等。

5）若故障发生在精度超差或轮廓误差过大时，则应记录被加工工件号，并保留不合格工件。

6）在发生故障时，若系统有报警显示，则应记录报警显示情况与报警号。

7）通过诊断画面，记录机床故障时所处的工作状态。如数控系统是否在执行 M、S、T 等功能，数控系统是否进入暂停状态或是急停状态，数控系统坐标轴是否处于“互锁”状态，进给倍率是否为 0 等。

8）记录故障发生时各坐标轴的位置跟随误差的值。

9）记录故障发生时各坐标轴的移动速度、移动方向，主轴转速、转向等数据。

（2）故障发生的频繁程度的记录

1）故障发生的时间与周期，如机床是否一直存在故障，若为随机故障，则一天发生几次，是否频繁发生。

2）故障发生时的环境情况，如是否总是在用电高峰期发生。故障发生时（如雷击后），周围其他机械设备的工作情况如何。

3）若为加工工件时发生的故障，则应记录加工同类工件时发生故障的概率。

4）检查故障是否与“进给速度”“换刀方式”或“螺纹切削”等特殊动作有关。

（3）故障的规律性记录

1）在不危及人身安全和设备安全的情况下，是否可以重现故障现象。

2）检查故障是否与机床的外界因素有关。

3）如果是在执行某固定程序段时出现故障，则可利用 MDI 方式单独执行该程序段，检查是否还存在同样的故障。

4）若机床故障与机床动作有关，在可能的情况下，应在手动方式下执行该动作，检查是否也有同样的故障。

5）机床是否发生过同样的故障？周围的数控机床是否也发生同一故障等。

（4）故障的外界条件记录

1）发生故障时的周围环境温度是否超过允许温度，是否有局部的高温存在。

2）故障发生时，周围是否有强烈的振动源存在。

3）故障发生时，数控系统是否受到阳光的直射。

4）故障发生时，电气柜内是否有切削液、润滑油、水的进入等。

5）故障发生时，输入电压是否超过了数控系统允许的波动范围。

6）故障发生时，车间内或电路上是否有使用大电流的设备正在进行起动、制动。

7）故障发生时，机床附近是否存在起重机械、高频机械、焊接机或电加工机床等强电磁干扰源。

8）故障发生时，附近是否正在安装或修理、调试机床，是否正在修理、调试电气和数控系统。

2. 维修前的检查

（1）数控机床的工作状况检查

1）数控机床的调整状况如何，工作条件是否符合要求。

2）加工时所使用的刀具是否符合要求，切削参数的选择是否合理、正确。

3）自动换刀时，坐标轴是否到达了换刀位置，程序中是否设置了刀具偏移量。

4）数控系统的刀具补偿量等参数设定是否正确。

5）数控系统的坐标轴的间隙补偿量是否正确。

6）数控系统的设定参数（包括坐标旋转、比例缩放因子、镜像轴、编程尺寸单位选择等）是否正确。

7）数控系统的工作坐标系的“零点偏置值”的设置是否正确。

8）工件安装是否合理，测量手段与方法是否正确、合理。

9）机械零件是否存在因温度、加工而产生变形的现象等。

（2）数控机床运转情况检查

1）数控机床在自动运转过程中是否改变或调整过操作方式，是否插入了手动操作。

2）数控机床侧是否处于正常加工状态，工作台、夹具等装置是否处于正常工作位置。

3）数控机床操作面板上的按钮、开关位置是否正确。数控机床是否处于锁住状态，倍率开关是否设定为“0”。

4）数控机床各操作面板上、数控系统上的“急停”按钮是否处于急停状态。

5）电气柜内的熔断器是否有熔断现象，断路器是否有跳闸现象。

6）数控机床操作面板上的方式选择开关位置是否正确，进给保持按钮是否被按下等。

（3）数控机床与数控系统之间连接情况的检查

1）检查电缆是否有破损，电缆拐弯处是否有破裂、损伤现象。

2）电源线与信号线布置是否合理，电缆连接是否正确、可靠。

3）数控机床电源进线是否可靠接地，接地线的规格是否符合要求。

4）信号屏蔽线的接地是否正确，端子板上接线是否牢固、可靠，数控系统接地线是否连接可靠。

5）继电器、电磁铁等电磁部件是否装有噪声抑制器（灭弧器）等。

（4）CNC 装置的外观检查

1）是否在电气柜门打开的状态下运行数控系统，有无切削液或切削粉末进入柜内，空气过滤器清洁状况是否良好。

2）电气柜内部的风扇、热交换器等部件的工作是否正常。

3）电气柜内部系统、驱动器的模块、印制电路板是否有灰尘、金属粉末等污染。

4）在使用纸带阅读机的场合，检查阅读机上是否有污物，阅读机上的制动电磁铁动作是否正常。

5）电源单元的熔断器是否熔断。

6）电缆连接器插头是否完全插入、拧紧。

7）数控系统模块、电路板的数量是否齐全，模块、电路板安装是否牢固、可靠。

8）数控机床操作面板 MDI/CRT 单元上的按钮有无破损，位置是否正确。

9）数控系统的总线设置、模块的设定端的位置是否正确等。

3. CNC 故障自诊断

（1）起动自诊断（初始化诊断） 起动自诊断是指在数控系统通电时，由数控系统内部诊断程序自动执行的诊断，它类似于计算机的开机自检起动。

（2）在线诊断（后台诊断） CNC 机床的在线诊断是指 CNC 系统通过内装程序，在数控系统处于正常运行状态时，对 CNC 系统内部的各种状态以及与其相连的各执行部件进行自动诊断、检查。在线诊断包括 CNC 系统内部设置的自诊断功能和用户单独设计的对加工过程状态的监测与诊断功能，这些功能都是在机床正常运行进程中监视其运行状态的。只要数控系统不断电，在线诊断就一直进行而不停止。另外，在线诊断采用监控的方式来提示报警，所以也称在线监控。

（3）离线诊断 当 CNC 系统出现故障或要判断其是否真正有故障时，往往要停机检查，此时称为离线诊断（或脱机诊断）方法。采用这种方法的主要目的是最终查明故障和进行故障定位，力求把故障定位在尽可能小的范围内，如缩小到某一模块上，电路板上的某部分电路，甚至某个芯片或元器件。

4. 故障诊断与排除的基本方法

（1）直观法（常规检查法） 直观检查指依靠人的感觉器官并借助于一些简单的仪器来寻找机床故障的原因。这种方法在维修中是常用的，也是首先采用的。

（2）系统自诊断法 充分利用数控系统的自诊断功能，根据 CRT 上显示的报警信息及各模块上的发光二极管等器件的指示，可判断出故障的大致起因。进一步利用数控系统的自诊断功能，还能显示数控系统与各部分之间的接口信号状态，找出故障的大致部位。它是故障诊断过程中最常用、有效的方法之一。

（3）拔出插入法 拔出插入法是通过相关的接头、插卡或插拔件拔出再插入这个过程，确定拔出插入的连接件是否为故障部位。

（4）功能测试法 所谓功能测试法，是指通过功能测试程序检查机床的实际动作来判别故障的一种方法。可以对数控系统的功能（如直线定位、圆弧插补、螺纹切削、固定循环、用户宏程序等 G、M、S、T、F 功能）进行测试：用手工编程方法编制一个功能测试程序，并通过运行测试程序来检查机床执行这些功能的准确性和可靠性，进而判断出故障发生的原因。

（5）交换部件法（或称部件替换法） 所谓部件替换法，就是在大致确认了故障范围，并确认外部条件完全相符的情况下，利用装置上同样的印制电路板、模块、集成电路芯片或元器件来替换有疑点部分的方法。

（6）隔离法 若某些故障（如轴抖动、爬行等），一时难以区分是数控部分，还是伺服系统或机械部分造成的，常采用隔离法来处理。隔离法将机电分离，数控系统与伺服系统分开，或将位置闭环分开做开环处理等。

（7）电源拉偏法 电源拉偏法就是拉偏（升高或降低电压，但不能反极性）正常电源电压，制造异常状态，暴露故障或薄弱环节，便于查找故障或处于临界状态的组件、元器件位置。

【项目任务】

任务一 识读并检修 CK0630 型数控车床电气控制系统

一、任务描述

1）了解 CK0630 型数控车床电气控制系统常见的故障类型和故障特点。

2）能根据数控机床维修的基本步骤准确地排除 CK0630 型数控车床的电气故障。

3）排除 CK0630 型数控车床电气控制系统中人为设置的电气自然故障点。

二、实训内容

1. 实训设备与器材

万用表、示波器、数字转速表、相序表、常用的长度测量工具、电烙铁、吸锡器、旋具类工具、钳类工具、扳手类工具。

2. 实训过程

1）充分了解 CK0630 型数控车床的各种工作状态，以及各部分的作用，并观察机床的操作。

2）熟悉机床的电器元件的安装位置、布线情况。

3）人为设置故障点，指导学生从故障的现象着手进行分析，并采用正确的检查步骤和检查方法查出故障。

4）设置 3 个故障点，由学生检查、排除，并记录检查的过程。

要求学生首先根据故障现象，调查分析故障原因，再在原理图上标出最小故障范围，然后采用正确的步骤和方法在规定的时间内排除故障。排除故障时，必须修复故障点，不得采用更换电器元件，改动电路的方法。检修时严禁扩大故障范围或产生新的故障点。

3. 注意事项

1）检修前要认真阅读电路图，熟练掌握各个控制环节的原理及作用，并认真听取和仔细观摩教师的示范检修。

2）由于该机床的电气控制与机械结构的配合十分密切，因此，在出现故障时，应首先判明是机械故障还是电气故障。

3）带电检修时，必须有指导教师在现场监护，以确保用电安全。同时要做好训练记录。

4. 评分标准（见表4-60）

表4-60　评分标准

项目内容	考核要求	配分	评分标准		得分
调查研究	对每个故障现象进行调查研究	5	排除故障前不进行调查研究	扣5分	
故障分析	根据电气控制原理分析故障可能的原因	25	错标或标不出故障范围	每个故障点扣5分	
			不能标出最小的故障范围	每个故障点扣5分	
故障处理	正确使用工具和仪表，找出故障点并排除故障	70	实际排除故障思路不清楚	每个故障点扣5分	
			排除故障方法不正确	扣10分	
			不能排除故障点	每个扣35分	
			损坏元器件	每个扣40分	
			扩大故障范围或产生新故障	每个扣40分	
			工具和仪表使用不正确	每次扣5分	
安全文明生产	违反安全文明生产规程			由指导教师视实际情况进行扣分	
定额时间	4h，每超时5min（不足5min以5min计）			扣5分	
开始时间		结束时间		实际时间	总分

知识小结

1. 数控装置（CNC）是整个数控机床的核心，机床的操作要求命令均由数控装置发出。驱动装置位于数控装置和机床之间，包括进给驱动和主轴驱动装置。驱动装置根据控制的电动机不同，其控制电路形式也不同。步进电动机有步进驱动装置，直流电动机有直流驱动装置，交流伺服电动机有交流伺服驱动装置等。

2. 机床电气控制装置也位于数控装置与机床之间，它主要接收数控装置发出的开关命令，控制机床主轴的起动、停止、正反转、换刀、冷却、润滑、液压、气压等相关信号。

3. 维修人员应了解CNC原理框图、结构布置、各电路板的作用，板上发光管指示的意义；可通过面板对数控系统进行各种操作，进行自诊断检测，检查和修改参数并能做出备份；能熟练地通过报警信息确定故障范围，对数控系统提供的维修检测点进行测试，充分利用随机的系统诊断功能。

4. 维修交流主电路系统的故障时，对查出有问题的元器件最好更换，以确保机床运行的可靠性。更换时应注意使用相同型号、规格的备件。如损坏的元器件属于已过时淘汰的产品，要以新型的产品来替换，而且额定电压、额定电流的等级一定要相符。

习　题

1. 叙述数控车床电气系统的故障特点。
2. 数控机床故障排除的思路是怎样的？

3. 数控机床故障排除的原则有哪些?
4. 简述数控机床维修的基本步骤。
5. 数控机床故障诊断与排除的基本方法有哪些?
6. 数控机床电控系统包括什么?
7. 数控机床辅助功能控制用元器件有哪些? 常见故障有哪些?
8. 数控机床电气系统常用元器件有哪些? 常见故障有哪些?

模块五　智能电气控制系统

项目一　PLC 控制的基本知识

【学习目标】

知识目标

- 了解 PLC 组成，正确分析其工作原理。
- 了解 SIEMENS S7-200 PLC 的基本构成、特性及软件功能。
- 掌握 SIEMENS S7-200 PLC 简单逻辑指令的应用。

技能目标

- 会识读 PLC 原理图。
- 能正确分析梯形图，并按照硬件线路图进行接线、调试 PLC 程序。

【知识准备】

一、PLC 的基础知识

1. PLC 概述

任何生产机械，为了实现预定的动作，都需要有控制装置。传统的由接触器、继电器组成的控制装置，具有结构简单、使用方便、造价低廉等优点，曾经在工业控制领域发挥了巨大的作用。但是继电器控制逻辑采用硬连线结构，接线复杂，体积庞大，元件数量多，故障率高，现场修改困难，灵活性和扩展性差。随着计算机技术的出现和不断发展。计算机被逐步应用于工业控制领域，通过编写、修改程序实现各种控制逻辑，解决了灵活性问题。由于计算机技术本身的复杂性，编程难度大，对工作环境要求高，因此将继电器控制逻辑的简单易懂、操作方便等优点与计算机的可编程序、灵活通用等优点结合起来，做成一种能够适应工业环境的通用控制装置，就显得十分必要和迫切。可编程序控制器（Programmable Controller），简称 PC 或 PLC。它是 20 世纪 70 年代以来在集成电路、计算机技术基础上发展起来的一种新型工业控制装置。它可以取代传统的继电器控制系统实现逻辑控制、顺序控制、定时、计数等各种功能，大型高档 PLC 能进行数字运算、数据处理、模拟量调节以及联网通信等，PLC 迅速地从早期的逻辑控制发展到伺服控制、过程控制等领域。它具有功能强、可靠性高、配置灵活、使用方便以及体积小、重量轻等优点，被广泛应用于自动化控制的各个领域。PLC 应用的不断普及，极大地促进了现代工业的进步与发展。

（1）PLC 定义　可编程序控制器是一种专门为在工业环境下应用而设计的数字运算操作的电子系统，它采用了可编程序的存储器，用来在其内部存储执行逻辑运算、顺序控制、定时、计数和算术运算等操作的指令，并通过数字式和模拟式的输入和输出，控制各种类型机械的生产过程。

定义强调了 PLC 是专为在工业环境下应用而设计的工业计算机。这种工业计算机采用面向用户的指令，因此编程方便。它有丰富的输入/输出接口，具有较强的驱动能力，非常容易与工业控制系统联成一体，易于扩充。PLC 产品并不是针对某一具体工业应用，其灵活标准的配置能够适应工业上的各种控制。在实际应用时，其硬件配置可根据实际需要选择，其软件则根据控制要求进行设计。

(2) PLC 特点　PLC 之所以高速发展，除了工业自动化的客观需要外，还因为它具有许多适合工业控制的独特优点。它较好地解决了工业控制领域中普遍关心的可靠、安全、灵活、方便和经济等问题，其主要特点如下。

1) 可靠性高，抗干扰能力强。PLC 是专为工业控制而设计的，可靠性好、抗干扰能力强是它最重要的特点之一。PLC 的平均无故障间隔时间（MTBF）可达几十万小时。

一般由程序控制的数字电子设备产生的故障有两种：一种是软故障，是由于外界恶劣环境，如电磁干扰、超高温、超低温、过电压及欠电压等引起的未损坏系统硬件的暂时性故障；另一种是由多种因素而导致元器件损坏引起的故障，称为硬故障。PLC 在硬件、软件上采取了以下提高可靠性的措施。

硬件方面：隔离是抗干扰的主要手段之一。在微处理器与 I/O 电路之间，采用光电隔离措施，有效地抑制了外部干扰源对 PLC 的影响，防止外部高电压进入 CPU 模板。滤波是抗干扰的又一主要措施。对供电系统及输入线路采用多种形式的滤波，可消除或抑制高频干扰。用良好的导电、导磁材料屏蔽 CPU 等主要部件可减弱空间电磁干扰。此外，对有些模板还设置了互锁保护、自诊断电路等。

软件方面：设置故障检测与诊断程序。PLC 在每一次循环扫描过程的内部处理期间，检测系统硬件是否正常，锂电池电压是否过低，外部环境是否正常，如掉电、欠电压等，具有状态信息保护功能。当软故障条件出现时，立即把现状态重要信息存入指定存储器，软硬件配合封闭存储器，禁止对存储器进行任何不稳定的读写操作，以防存储信息被冲掉。这样，一旦外界环境正常后，便可恢复到故障发生前的状态，继续原来的程序工作。

由于采取了以上抗干扰措施，PLC 的可靠性、抗干扰能力大大提高。

2) 通用性好，组合灵活。只要改变输入/输出组件、功能模块和应用软件，同一台 PLC 装置可用于不同的受控对象。PLC 的硬件采用模块化结构，可以灵活地组合以适应不同的控制对象、控制规模和控制功能的要求，给组成各种系统带来极大的方便。同时，PLC 控制系统中的控制电路是由软件编程完成的，只要对应用程序进行修改就可以满足不同的控制要求，因此 PLC 具有在线修改能力，功能易于扩展，给生产带来了“柔性”，具有广泛的工业通用性。

3) 编程简单，使用方便。PLC 采用梯形图编程方式，既继承了传统控制电路的清晰直观的优点，又考虑到大多数工矿企业电气技术人员的读图习惯和微机应用水平，因此受到普遍欢迎。这种面向生产的编程方式，与目前微机控制生产对象中常用的汇编语言相比，更容易被操作人员掌握。

4) 功能完善，适应面广。PLC 除基本的逻辑控制、定时、计数、算术运算等功能外，配合特殊功能模块还可实现点位控制、过程控制、数字控制等功能，既可控制一台生产机械，又可控制一条生产线。PLC 还具有通信联网的功能，可与上位计算机构成分布式控制系统。用户只需根据控制的规模和要求，适当选择 PLC 型号和硬件配置，就可组成所需的控制系统。

5）PLC控制系统的设计、安装、调试和维护方便。PLC用软件编程取代了继电器控制系统中的中间继电器、时间继电器等器件，使控制系统的设计、安装工作量大大减少。PLC的程序大多可以在实验室进行模拟调试，然后在现场进行联机调试，既安全，又快速方便，减少了现场调试的工作量。

PLC的故障率很低，且有完善的自诊断和显示功能。PLC或外部的输入装置和执行机构发生故障时，操作人员可以根据PLC提供的报警信息迅速地检查、判断、排除故障，维修十分方便。

6）体积小、重量轻、功耗低。PLC结构紧密、坚固、体积小巧、功耗低，具备很强的抗干扰能力，易于装入机械设备内部。

由于PLC具备了以上特点，它把计算机技术与继电器控制技术很好地融合在一起，因而它的应用几乎覆盖了所有工业，既能改造传统机械产品，使其成为机电结合的新一代产品，又适用于生产过程控制。

(3) PLC的分类　PLC的分类方法很多，大多是根据外部特性来分类的。以下三种分类方法用得较为普遍。

1）按照点数、功能不同分类。根据输入/输出点数、存储器容量和功能将PLC分为小型、中型和大型三类。

小型PLC又称为低档PLC。它的输入/输出（I/O）点数一般在256点以下，用户程序存储器容量小于8KB，具有逻辑运算、定时、计数、移位等功能，还有少量模拟量I/O功能和算术运算功能，可以用来进行条件控制、定时计数控制，通常用来代替继电器控制，在单机或小规模生产过程中使用。

中型PLC的I/O点数一般在256~2048点之间，用户存储器容量小于50KB，兼有开关量和模拟量的控制功能。它除了具备小型PLC的功能外，还具有数字计算、过程参数调节（如比例、积分、微分调节）、查表等功能，同时辅助继电器数量增多；定时计数范围扩大，适用于较为复杂的开关量控制，如大型注塑机控制、配料及称重等小型连续生产过程控制场合。

大型PLC又称为高档PLC，I/O点数超过2048点，进行扩展后还能增加，用户存储容量在50KB以上，具有逻辑运算、数字运算、模拟调节、联网通信、监视、记录、打印、中断控制、智能控制及远程控制等功能，用于大规模过程控制（如钢铁厂、电站）、分布式控制系统和工厂自动化网络。

2）按照结构形状分类。根据PLC组件的组合结构，可将PLC分为整体式和模块式两种。

整体式PLC是将中央处理机、输入/输出部件和电源部件集中于一体，装入机体内，形成一个整体，输入/输出接线端子及电源进线分别在机箱的两侧，并有相应的发光二极管显示输入/输出状态。这种结构的PLC具有结构紧凑、体积小、重量轻、价格低和易于装入工业设备内部的优点，适用于单机控制，小型PLC通常采用这种结构。

模块式PLC中的各功能模块独立存在，如主机模块、输入模块、输出模块和电源模块等，各模块做成插件式，在机架底板上有多个插座，使用时将选用的模块插入底板就构成PLC。这种PLC的配置灵活，装配和维修都很方便，也便于功能扩展，大、中型PLC通常采用这种结构。

3）按照应用情况分类。根据应用情况又可将 PLC 分为通用型和专用型两类。

通用型 PLC 可供各工业控制系统选用，通过不同的配置和应用软件的编程可满足不同的需要，是用作标准工业控制装置的 PLC。

专用型 PLC 是为某类控制系统专门设计的 PLC，如数控机床专用型 PLC。PLC 和机床计算机数控（CNC）系统密切配合，用于数控机床辅助运动的控制。PLC 也可与数控加工中心、计算机网络相结合，构成柔性制造系统（FMS）。

(4) PLC 的应用　目前，PLC 在国内外已广泛应用于钢铁、采矿、水泥、石油、化工、电力、机械制造、汽车、装卸、造纸、纺织、环保、娱乐等各行各业。

1）顺序控制。这是 PLC 应用最广泛的领域，它取代传统的继电器控制。PLC 应用于单机控制、多机群控制、生产自动线控制，例如注塑机、印刷机械、订书机械、切纸机械、组合机床、磨床、装配生产线、包装生产线、电镀流水线及电梯控制等。

2）运动控制。PLC 采用专用的运动控制模块，对直线运动或圆周运动的位置、速度和加速度进行控制，可实现单轴、双轴、多轴位置控制，使运动控制与顺序控制功能有机地结合在一起。PLC 的运动控制功能广泛地用于各种机械，如金属切削机床、装配机械和机器人等场合。

3）过程控制。PLC 能控制大量的物理参数，例如温度、压力、速度和流量。PID 模块的提供使 PLC 具有了闭环控制的功能，即一个具有 PID 控制能力的 PLC 可用于过程控制。

当由于控制过程中某个变量出现偏差时，PID 控制算法会计算出正确的输出，把变量保持在设定值上。

4）数据处理。现代 PLC 具有很强的数据处理功能，它不仅能进行数字运算和数据传送，而且还能进行数据比较、数据转换、数据显示、打印等，它可以与机械加工中的 CNC 设备紧密结合，实现数字控制。数据处理一般用于大型控制系统，也可以用于过程控制系统。

5）通信联网。PLC 的通信包括 PLC 之间、PLC 和其他智能控制设备之间的通信功能。PLC 与其他智能控制设备可以组成“集中管理、分散控制”的分布式控制系统。

2. PLC 的组成与工作原理

(1) PLC 的基本组成　PLC 是一种面向工业环境设计的专用计算机，它具有与一般计算机类似的结构，也是由硬件和软件所组成的。

1）PLC 的硬件结构。PLC 的硬件结构框图如图 5-1 所示。PLC 硬件结构由中央处理单元（CPU）、存储器、输入/输出接口、编程器、电源等几部分组成。

① 中央处理单元（CPU）。CPU 是 PLC 的核心，它通过地址总线、数据总线、控制总线与存储器、I/O 接口相连，其主要作用是

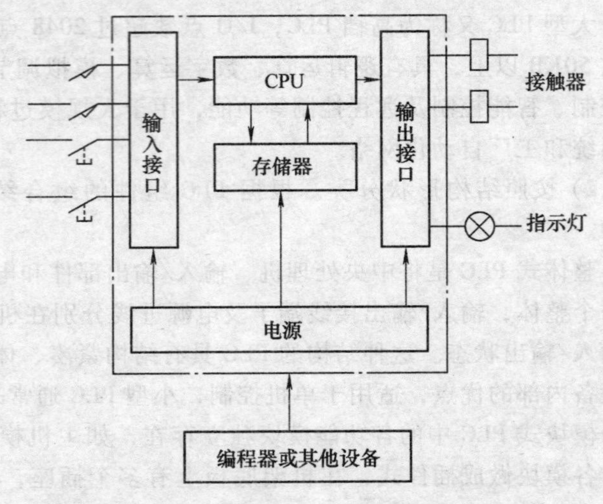

图 5-1　PLC 的硬件结构框图

执行系统控制软件，从输入接口读取各开关状态，根据梯形图程序进行逻辑处理，并将处理结果输出到输出接口。

② 存储器。PLC 的存储器是用来存储数据或程序的。存储器中的程序包括系统程序和应用程序。系统程序用来管理控制系统的运行，解释执行应用程序，存储在只读存储器 ROM 中。应用程序即用户程序，一般存放在随机存储器 RAM 中，由后备电池维持其在一定时间内不丢失。也可将用户程序固化到只读存储器中，永久保存。

③ I/O 接口电路。I/O 接口是 CPU 与现场 I/O 设备联系的桥梁。

输入接口接收和采集输入信号。数字量（或称开关量）输入接口用来接收从按钮、选择开关、限位开关、接近开关、压力继电器等传来的数字量输入信号；模拟量输入接口用来接收电位器、测速发电机和各种变送器提供的连续变化的模拟量电流、电压信号。输入信号通过接口电路转换成适合 CPU 处理的数字信号。为防止各种干扰信号和高电压信号，输入接口一般要加光耦合器进行隔离。

输出接口电路将内部电路输出的弱电信号转换为现场需要的强电信号输出，以驱动执行元件。数字量输出模块用来控制接触器、电磁阀、电磁铁、指示灯、数字显示装置和报警装置等输出设备，模拟量输出模块用来控制调节阀、变频器等执行装置。为保证 PLC 可靠安全地工作，输出接口电路也要采取电气隔离措施。输出接口电路分为继电器输出、晶体管输出和晶闸管输出三种形式，目前，一般采用继电器输出方式。

I/O 接口除了传递信号外，还有电平转换与隔离作用。

④ 编程器。编程器可用来输入和编辑程序，也可用来监视 PLC 运行时各编程元件的工作状态。编程器由键盘、显示器、工作方式开关以及与 PLC 的通信接口等几部分组成。一般情况下只在程序输入、调试阶段和检修时使用，所以一台编程器可供多台 PLC 使用。

编程器可分为简易编程器、智能型编程器两种。前者只能联机编程，且只能输入和编辑指令表程序。简易编程器价格便宜，一般用来给小型 PLC 编程。智能型编程器既可联机编程又可脱机编程；既可输入指令表程序又可直接生成和编辑梯形图程序，使用起来方便直观，但价格较高。

此外，也可以在微机上运行专用的编程软件，通过串行通信口使微机与 PLC 连接，用微机编写、修改程序，程序被编译后下载到 PLC，也可以将 PLC 中的程序上传到计算机。

通过网络，可以实现远程编程和传送。可以用编程软件设置可编程序控制器的各种参数。通过通信，可以显示梯形图中触点和线圈的通断情况，以及运行时可编程序控制器内部的各种参数，这对于查找故障非常有用。

⑤ 电源。电源的作用是把外部供应的电源变换成系统内部各单元所需的电源。有的电源单元还向外提供 24V 直流电源，可供开关量输入单元连接的现场无源开关等使用。电源单元还包括掉电保护电路和后备电池电源，以保持 RAM 在外部电源断电后存储的内容不丢失。PLC 的电源一般采用开关电源，其特点是输入电压范围宽、体积小、重量轻、效率高、抗干扰性能好。驱动 PLC 负载的电源一般由用户提供。

2）PLC 软件。PLC 的软件分为系统软件和用户程序两大部分。系统软件由 PLC 制造商固化在机内，用以控制 PLC 本身的运作。用户程序由 PLC 的使用者编制并输入，用于控制外部被控对象的运行。

① 系统软件。系统软件包括系统管理程序、用户指令解释程序及标准程序模块等。

系统管理程序用于管理、控制整个系统的运行，其作用包括三个方面：第一是运行管理，对控制 PLC 何时输入、何时输出、何时计算、何时自检、何时通信等做时间上的分配管理；第二是存储空间管理，即生成用户环境，由它规定各种参数、程序的存放地址，将用户使用的数据参数、存储地址转化为实际的数据格式及物理存放地址，将有限的资源变为便于用户直接使用的元件；第三是系统自检程序，它包括各种系统出错检验、用户程序语法检验、句法检验、警戒时钟运行等。

用户指令解释程序则把用户程序（如梯形图）逐条解释，翻译成相应的机器语言指令，由 CPU 执行这些指令。

标准程序模块是一些独立的程序模块，各程序块完成不同的功能，有些完成输入、输出处理，有些完成特殊运算等。PLC 的各种具体工作都是由这部分程序来完成的。

② 用户程序。用户程序是用户根据现场控制的需要，用 PLC 的编程语言编制的应用程序。通过编程器将其输入到 PLC 内存中，用来实现各种控制要求。

（2）PLC 的工作原理　PLC 与接触器控制系统的工作原理有很大区别。下面以一个电动机单向起停电路为例，说明这个问题。

图 5-2a 所示为接触器控制系统的起停控制电路。按下起动按钮 SB1，线圈 KM 得电并自锁，其主触点闭合令电动机起动，按下停止按钮 SB2，电动机停。

图 5-2b 所示则为用 PLC 实现起停控制的接线示意图。工作时，PLC 先读入 I0.0、I0.1 的 ON/OFF 状态，然后按程序规定的逻辑做运算，若逻辑条件满足，则 Q0.0 的线圈应得电，使其外部触点闭合，外电路形成回路驱动 KM，由 KM 再驱动电动机。

上述工作过程大体上可分为读入输入状态、逻辑运算、发出输出信号三步。

1）扫描的概念。扫描用来描述 PLC 内部 CPU 的工作过程。所谓扫描就是依次对各种规定的操作项目全部进行访问和处理。PLC 运行时，用户程序中有众多的指令需要去执行，但一个 CPU 每一时刻只能执行一个指令，因此 CPU 按程序规定的顺序依次执行各个指令。这种需要处理多个作业时依次按顺序处理的工作方式称为扫描工作方式。由于扫描是周而复始无限循环的，每扫描一个循环所用的时间，即从读入输入状态到发出输出信号所用的时间称为扫描周期。

2）PLC 的工作过程。PLC 的工作过程是周期循环扫描的工作过程。当 PLC 开始运行时，CPU 根据系统监控程序的规定顺序，通过扫描，完成各输入点的状态采集或输入数据采集、用户程序的执行、各输出点状态的更新及 CPU 自诊断等功能。

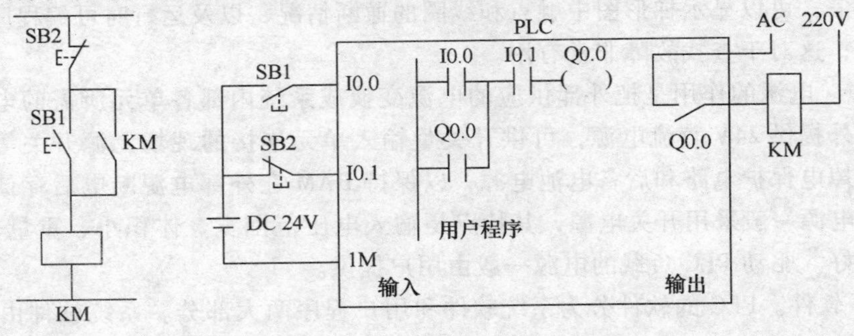

a)继电器控制系统的起停控制电路　　b) PLC实现起停控制的接线示意图

图 5-2　电动机起停控制电路

PLC 采用集中采样、集中输出的工作方式，减少了外界干扰的影响。PLC 的工作过程分三个阶段进行，即输入采样阶段、程序执行阶段和输出刷新阶段，如图 5-3 所示。

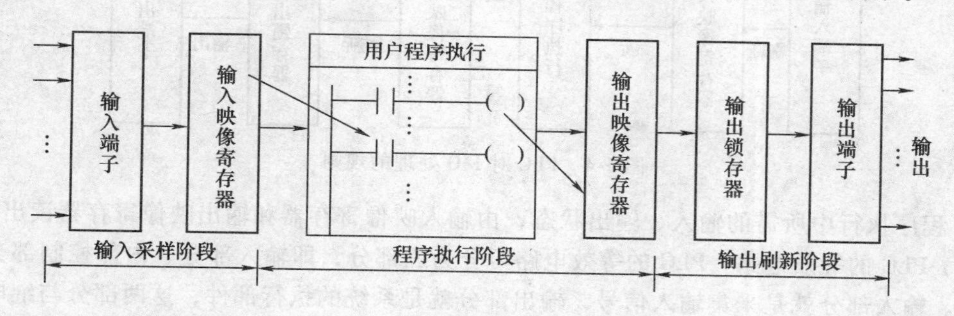

图 5-3　PLC 的工作过程

① 输入采样阶段。PLC 在输入采样阶段，首先扫描所有的输入端子，将各输入存入内存中相应的输入映像寄存器。此时，输入映像寄存器被刷新。接着进入程序执行阶段或输出阶段，输入映像寄存器与外界隔离，无论信号如何变化，其内容保持不变，直到下一扫描周期的输入采样阶段，才重新写入输入端的新内容。

注意：输入采样的信号状态保持一个扫描周期。

② 程序执行阶段。根据 PLC 梯形图程序的扫描原则，PLC 按先左后右、先上后下的顺序逐步扫描。当指令中涉及输入、输出状态时，PLC 从输入映像寄存器中“读入”上一阶段采样的对应输入端子状态。从输出映像寄存器“读入”对应输出映像寄存器的当前状态。然后进行相应的运算，运算结果再存入输出映像寄存器中。对于输出映像寄存器来说，其状态会随着程序执行过程而变化。

③ 输出刷新阶段。在所有指令执行完毕后，输出映像寄存器中所有输出继电器的状态（接通/断开）在输出刷新阶段存到输出锁存器中，通过一定方式输出，驱动外部负载。

PLC 的这种顺序扫描工作方式，简单直观，也简化了用户程序的设计。PLC 在程序执行阶段，根据输入/输出状态表中的内容进行，与外电路相隔离，为 PLC 的可靠运行提供了保证。

PLC 的扫描周期与 PLC 的时钟频率、用户程序的长短及系统配置有关。

由于 PLC 采用循环扫描方式，会使输入、输出延迟响应。对于小型 PLC，I/O 点数较少，用户程序较短，采用集中采样、集中输出的工作方式虽然在一定程度上降低了系统的响应速度，但从根本上提高了系统的抗干扰能力，增强了系统的可靠性。而中大型 PLC 中的 I/O 点数较多，控制功能强，编制的用户程序相应较长，为了提高系统响应速度，可以采用固定周期输入采样、输出刷新，直接输入采样、输出刷新，中断输入采样、输出刷新和智能化 I/O 接口等方式。

根据上述 PLC 的工作过程的特点，可总结出 PLC 对 I/O 处理的规则，如图 5-4 所示。

① 输入映像寄存器的数据取决于输入端子板上各输入点在上一个刷新期间的状态。

② 输出映像寄存器的内容由程序中输出指令的执行结果决定。

③ 输出锁存器中的数据由上一个工作周期输出刷新阶段的输出映像寄存器的数据来确定。

④ 输出端子板上各输出端的 ON/OFF 状态，由输出锁存器的内容来确定。

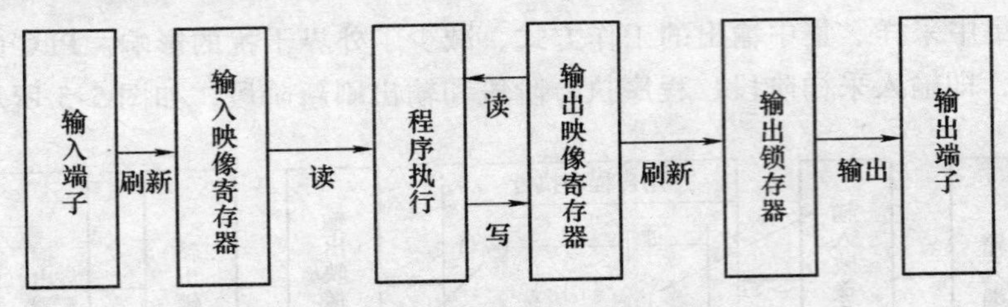

图 5-4 PLC 对 I/O 处理的规则

⑤ 程序执行中所需的输入、输出状态，由输入映像寄存器和输出映像寄存器读出。

(3) PLC 的等效电路 PLC 的等效电路可分为三部分，即输入部分、内部控制部分和输出部分。输入部分就是采集输入信号，输出部分就是系统的执行部件，这两部分与继电器控制电路相同。内部控制部分是由编程实现的逻辑电路，用软件编程代替继电器电路的功能。西门子 S7-200 PLC 的等效电路如图 5-5 所示。

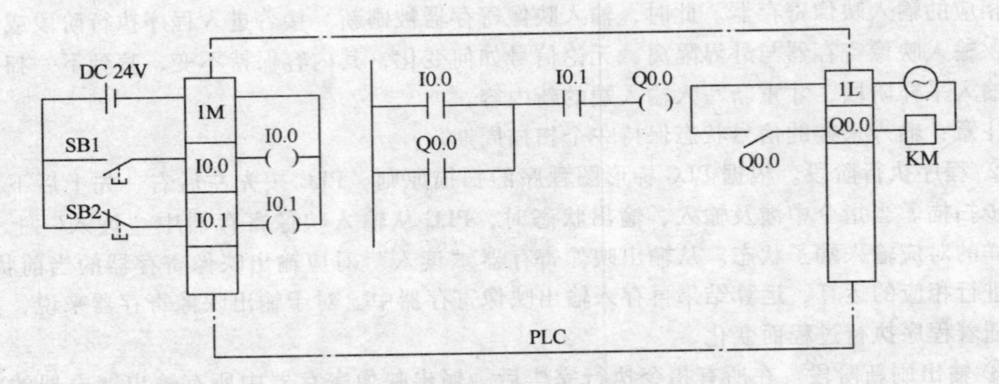

图 5-5 西门子 S7-200 PLC 的等效电路

1) 输入部分。这一部分由外部输入电路、PLC 输入接线端子和输入继电器组成。外部输入信号经 PLC 输入接线端子驱动输入继电器。一个输入端对应有一个等效电路中的输入继电器，它可提供任意数量的常开触点和常闭触点供 PLC 内部控制电路编程用。

2) 内部控制部分。这部分是用户程序，用软件代替硬件电路。它的作用是按照程序规定的逻辑关系，对输入信号和输出信号的状态进行运算、处理和判断，然后得到相应的输出。用户程序通常根据梯形图进行编制，梯形图类似于继电器控制电气原理图，只是图中元件符号与继电器回路的元件符号不相同。

3) 输出部分。输出部分由输出继电器的外部常开触点、输出接线端子和外部电路组成，用来驱动外部负载。

PLC 内部控制电路中有许多输出继电器，每个输出继电器除了有为内部控制电路提供编程使用的常开触点、常闭触点外，还有为输出电路提供的一个常开触点与输出接线端子相连。驱动外部负载的电源由外电源提供。

(4) PLC 的编程语言 PLC 中常用的编程语言有梯形图、语句表、顺序功能图、功能块图等。

1) 梯形图 (LAD)。梯形图是在继电器控制系统基础上开发出来的一种图形语言，在形式上类似于继电器控制电路。图 5-6a 所示为西门子 S7-200 的梯形图。

在梯形图中仍沿用了继电器的线圈、常闭/常开触点、串联/并联等术语和类似的图形符号，并增加了继电器控制系统中没有的指令符号，信号流向清楚、简单、直观、易懂，因此是目前应用最多的一种编程语言。梯形图编程语言的主要特点如下。

① 梯形图按自上而下、从左到右的顺序排列，一侧的垂直公共线称为母线。每一个逻辑行起始于母线，然后是各触点的串、并联连接，最后是继电器线圈。

② 梯形图中的“继电器”是 PLC 内部的编程元件，因此称之为“软继电器”。每一个编程元件与 PLC 的元件映像寄存器的一个存储单元相对应，若相应存储单元为“1”，表示继电器线圈“通电”，则其常开触点闭合（ON），常闭触点断开（OFF），反之亦然。

③ 在梯形图中有一个假想的电流，即所谓“能流”从左流向右。例如，若图 5-6 中触点 I0.0、I0.1 均闭合，就有一假想的能流从左向右流向线圈 Q0.0，即该线圈被通电，或者说被激励。

④ 输入继电器用于 PLC 接受外围设备的输入信号，而不能由 PLC 内部其他继电器的触点去驱动。因此梯形图中只出现输入继电器的触点，而不出现其线圈。输出继电器供 PLC 作输出控制用，当梯形图中输出继电器线圈满足接通条件时，就表示输出继电器对应的输出端有信号输出。

⑤ PLC 按编号来区别编程元件，同一继电器的线圈和它的触点要使用同一编号。由于存储单元的状态可无数次被读出，因此 PLC 中各编程元件的触点可无限次被使用。

2）语句表（STL）。语句表又称为指令表，类似于计算机汇编语言的形式，用指令的助记符来编程，若干条指令组成的程序称为语句表程序。语句表编程语言使用方便，特别是一般的 PLC 既可以使用梯形图编程也可以使用语句表编程，并且梯形图和语句表可以相互转化，因此是一种应用较多的编程语言。

不同机型的 PLC，语句表使用的助记符各不相同。图 5-6b 所示为西门子 S7-200 的语句表。

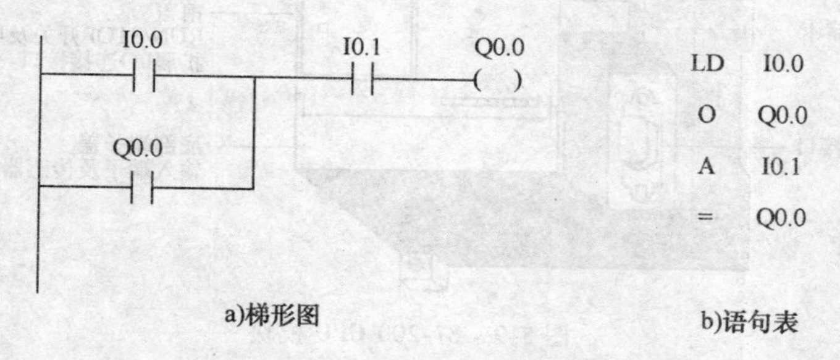

图 5-6 西门子 S7-200 的梯形图与语句表

3）顺序功能图（SFC）。顺序功能图编程是一种较新的编程方法，用来编制顺序控制程序。步、转移条件和动作是顺序功能图中的三个要素，如图 5-7 所示。

一个控制系统的整体功能可以分解成许多相对独立的功能块，每一块又是由几个条件、几个动作按照相应的逻辑关系、动作顺序连接组合而成的，块与块之间可以顺序执行，也可以按条件判断分别执行或者循环转移执行。这样把一个系统的各个动做功能按动作顺序用一个图描述出

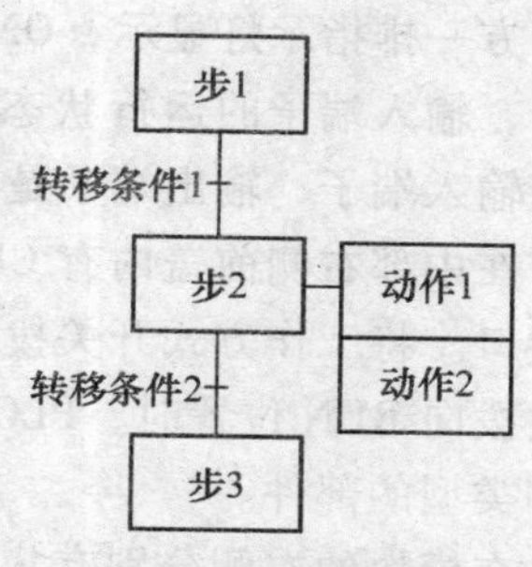

图 5-7 顺序功能图

来就是系统的顺序功能图。

4）功能块图（FBD）。功能块图是在数字逻辑电路设计基础上开发出来的一种图形语言。它采用了数字电路中的图符，逻辑功能清晰，输入输出关系明确，极易表现条件与结果之间的逻辑功能。

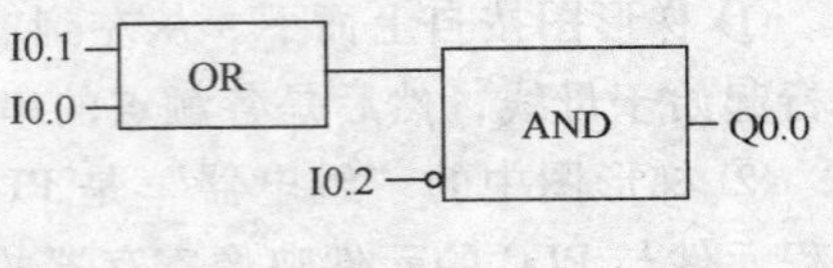

图 5-8　功能块

该编程语言用类似与门、或门的方框来表示逻辑运算关系，方框的左侧为逻辑运算的输入变量，右侧为输出变量，输入、输出端的小圆圈表示“非”运算，方框被“导线”连接在一起，如图 5-8 所示。

二、西门子 S7-200 PLC

1. 西门子 S7-200 PLC 性能简介

西门子 S7-200 PLC 属于小型 PLC。它指令丰富、功能强大、可靠性高、适应性好、结构紧凑、便于扩展、性能价格比高，既可用于简单控制场合，也可用于复杂的自动化控制系统。它有极强的通信功能，在大型网络控制系统中也能充分发挥其作用。

（1）S7-200 PLC 的基本构成　S7-200 PLC 由基本单元（S7-200 CPU 模块）、个人计算机（PC）或编程器、STEP-7 Micro/WIN32 编程软件以及通信电缆等构成。

1）基本单元（S7-200 CPU 模块）。基本单元（S7-200 CPU 模块）也称为主机，由中央处理单元（CPU）、存储器、电源以及 I/O 单元组成。这些都被紧凑地安装在一个独立的装置中。基本单元可以构成一个独立的控制系统，如图 5-9 所示。

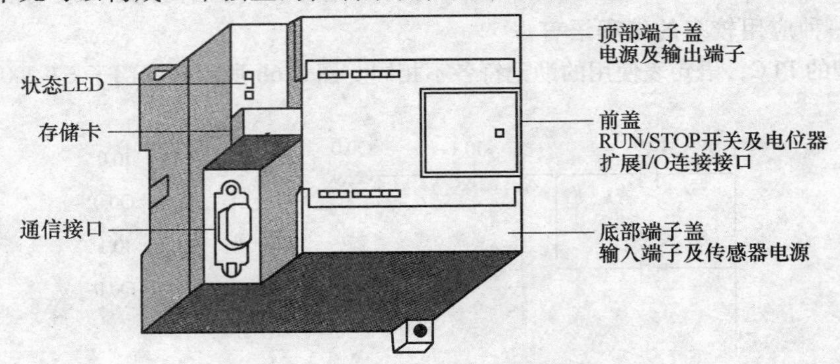

图 5-9　S7-200 CPU 模块

在 CPU 模块的顶部端子盖内有电源及输出端子，输出端子的运行状态可以由顶部端子盖下方一排指示灯显示，ON 状态对应指示灯亮。在底部端子盖内有输入端子及传感器电源端子，输入端子的运行状态可以由底部端子盖上方一排指示灯显示，ON 状态对应指示灯亮。输入端子、输出端子是 PLC 与外部输入信号、外部负载联系的窗口。

在中部右侧前盖内有 CPU 工作方式开关（RUN/STOP）、模拟调节电位器和扩展 I/O 连接接口。将工作方式开关拨到 STOP 位置，PLC 处于停止状态，此时可以对其编写程序，将开关拨向 RUN 位置时，PLC 处于运行状态。扩展 I/O 连接接口是 PLC 主机实现扩展 I/O 点数和类型的部件。

在模块的左侧分别有状态 LED 指示灯、存储卡及通信接口。状态指示灯指示 CPU 的工作方式、主机 I/O 的当前状态、系统错误状态。存储卡（EEPROM 卡）可以存储 CPU 程序。

RS-485 串行通信接口的功能包括串行/并行数据的转换、通信格式的识别、数据传输的出错检验、信号电平的转换等。通信接口是 PLC 主机实现人—机对话、机—机对话的通道，PLC 可以通过它和编程器、彩色图形显示器、打印机等外部设备相连，也可以和其他 PLC 或上位计算机连接。

S7-200 PLC 主机的型号规格种类较多，可以适应不同需求的控制场合。西门子公司推出的 S7-200 CPU22X 系列产品有 CPU221 模块、CPU222 模块、CPU224 模块、CPU226 模块、CUP226XM 模块。CPU22X 系列产品指令丰富、速度快、具有较强的通信能力。例如 CPU226 模块的 I/O 总数为 40 点，其中输入点 24 点，输出点 16 点，可带 7 个扩展模块，用户程序存储器容量为 6.6K 字，其内置高速计数器，具有 PID 控制器的功能，有 2 个高速脉冲输出端和 2 个 RS-485 通信接口，具有 PPI 通信协议、MPI 通信协议和自由口协议的通信能力，功能强，适用于要求较高的中小型控制系统。

图 5-10 所示为 CPU226 AC/DC/继电器模块 I/O 接线图。24 个数字量输入点分成两组：第一组由输入端子 I0.0 ~ I0.7、I1.0 ~ I1.4 共 13 个输入点组成，每个外部输入的开关信号均由各输入端子接出，经一个直流电源至公共端 1M；第二组由输入端子 I1.5 ~ I1.7、I2.0 ~ I2.7 共 11 个输入点组成，每个外部输入信号由各输入端子接出，经一个直流电源至公共端 2M。由于是直流输入模块，所以采用直流电源作为检测各输入接点状态的电源。M、L + 两个端子提供 DC 24V 传感器电源，也可以作为输入端的检测电源使用。16 个数字量输出点分成三组：第一组由输出端子 Q0.0 ~ Q0.3 共 4 个输出点与公共端 1L 组成；第二组由输出端子 Q0.4 ~ Q0.7、Q1.0 共 5 个输出点与公共端 2L 组成；第三组由输出端子 Q1.1 ~ Q1.7 共 7 个输出点与公共端 3L 组成。每个负载的一端与输出点相连，另一端经电源与公共端相连。由于是继电器输出方式，所以既可带直流负载，也可带交流负载。负载的激励源由负载性质确定。输出端子排的右端 N、L1 端子是供电电源 AC 120V/240V 输入端。该电源电压允许范围为 AC 85 ~264V。

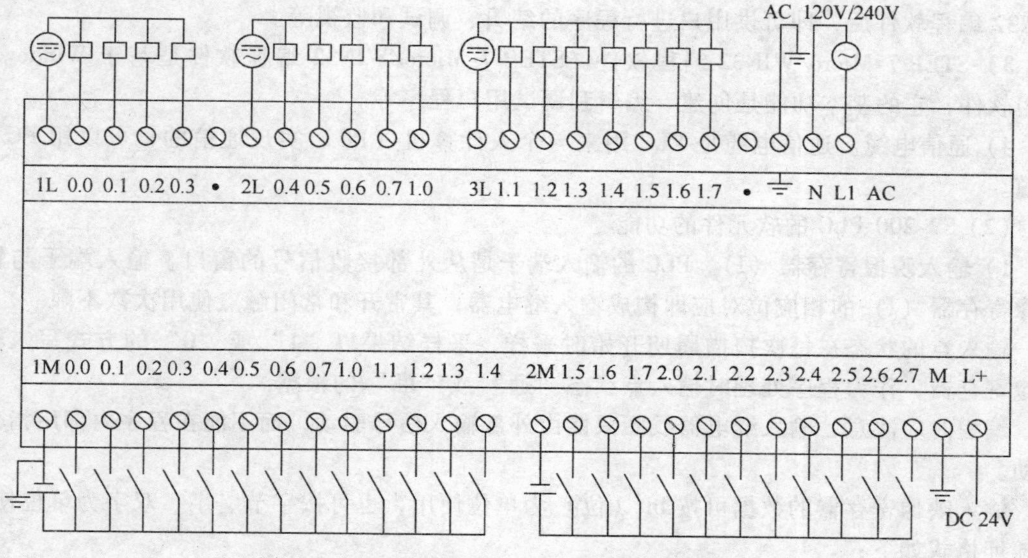

图 5-10　CPU226AC/DC/继电器模块 I/O 接线图

S7-200 CPU 模块的主要技术指标见表 5-1。

表 5-1 S7-200 CPU 模块的主要技术指标

特性	CPU221	CPU222	CPU224	CPU226	CPU226XM
本机 I/O	6 入/4 出	8 入/6 出	14 入/10 出	24 入/16 出	
程序存储器	2048 字		4096 字		8192 字
用户数据存储器	1024 字		2560 字		5120 字
扩展模块	无	2 个	7 个		
内部继电器	256				
定时器/计数器	256/256				
顺序控制继电器	256				
内置高速计数器	4 个(30kHz)		6 个(30kHz)		
高速脉冲输出	2 个(20kHz)				
模拟量调节电位器	1 个		2 个		
DC 24V 电源 CPU 输入电流/最大负载电流	70mA/600mA		120mA/900mA	150mA/1050mA	
AC 240V 电源 CPU 输入电流/最大负载电流	25mA/180mA		35mA/220mA	40mA/160mA	
DC 24V 传感器电源最大电流/电流限制	180mA/600mA		280mA/600mA	400mA/1500mA	
为扩展模块提供的 DC 5V 电源的输出电流	无	最大 340mA	最大 660mA	最大 1000mA	

通常，输出接口的继电器在 DC 5~30V/AC 250V 电压下的最大负载（电阻负载）电流为 2A。

2）个人计算机（PC）或编程器。个人计算机（PC）或编程器装上 STEP 7-Micro/WIN32 编程软件后，即可供用户进行程序的编辑、调试和监视等。

3）STEP 7-Micro/WIN32 编程软件。STEP 7-Micro/WIN32 编程软件是基于 Windows 的应用软件，它的基本功能是创建、编辑和调试用户程序等。

4）通信电缆。通信电缆是 PLC 用来与个人计算机（PC）实现通信的，可以用 PC/PPI 电缆。

（2）S7-200 PLC 的软元件的功能

1）输入映像寄存器（I）。PLC 的输入端子是从外部接收信号的窗口。输入端子与输入映像寄存器（I）的相应位对应即构成输入继电器，其常开和常闭触点使用次数不限。

输入点的状态在每次扫描周期开始时采样，采样结果以“1”或“0”的方式写入输入映像寄存器，作为程序处理时输入点状态“通”或“断”的根据。

编程时应注意，输入继电器线圈只能由外部输入信号驱动，而不能在程序内部用指令来驱动。

输入映像寄存器的数据可按 bit（位）为单位使用，也可按字节、字、双字为单位使用，其地址格式如下：

位地址：I [字节地址]. [位地址]，如 I0.1。

字节、字、双字地址：I［数据长度］［起始字节地址］，如 IB4、IW6、ID8。

CPU226 模块输入映像寄存器的有效地址范围为：I(0.0～15.7)；IB(0～15)；IW(0～14)；ID(0～12)。

2）输出映像寄存器（Q）。PLC 的输出端子是 PLC 向外部负载发出控制命令的窗口。

输出端子与输出映像寄存器（Q）的相应位对应即构成输出继电器，输出继电器控制外部负载，其内部的软触点使用次数不限。

在每次扫描周期的最后，CPU 才以批处理方式将输出映像寄存器的内容传送到输出端子。

输出映像寄存器的数据可按 bit（位）为单位使用，也可按字节、字、双字为单位使用，其地址格式如下：

位地址：Q［字节地址］.［位地址］，如 Q0.1。

字节、字、双字地址：Q［数据长度］［起始字节地址］，如 QB4、QW6、QD8。

CPU226 模块输出映像寄存器的有效地址范围为：Q(0.0～15.7)；QB(0～15)；QW(0～14)；QD(0～12)。

3）内部标志位存储器（M）。内部标志位存储器（M）也称为内部继电器，存放中间操作状态，或存储其他相关的数据。内部标志位存储器可按位为单位使用，也可按字节、字、双字为单位使用。

注意：内部继电器不能直接驱动外部负载。

内部标志位存储器的地址格式如下：

位地址：M［字节地址］.［位地址］，如 M0.1。

字节、字、双字地址：M［数据长度］［起始字节地址］，如 MB4、MW6、MD8。

CPU226 模块内部标志位寄存器的有效地址范围为：M(0.0～31.7)；MB(0～31)；MW(0～30)；MD(0～28)。

4）特殊标志位存储器（SM）。特殊标志位存储器（SM）即特殊内部继电器。它是用户程序与系统程序之间的界面，为用户提供一些特殊的控制功能及系统信息，用户对操作的一些特殊要求也通过 SM 通知系统。特殊标志位存储器可按位为单位使用，也可按字节、字、双字为单位使用。特殊标志位区域分为只读区域（SM0～SM29）和可读写区域，在只读区特殊标志位，用户只能利用其触点。例如：

SM0.0：RUN 监控，PLC 在 RUN 状态时，SM0.0 总为 1。

SM0.1：初始脉冲，PLC 由 STOP 转为 RUN 时，SM0.1 接通一个扫描周期。

SM0.2：当 RAM 中保存的数据丢失时，SM0.2 接通一个扫描周期。

SM0.3：PLC 上电进入 RUN 状态时，SM0.3 接通一个扫描周期。

SM0.4：分脉冲，占空比为 50%，周期为 1min 的脉冲串。

SM0.5：秒脉冲，占空比为 50%，周期为 1s 的脉冲串。

SM0.6：扫描时钟，一个扫描周期为 ON，下一个周期为 OFF，交替循环。

SM1.0：执行指令的结果为 0 时，该位置 1。

SM1.1：执行指令的结果溢出或检测到非法数值时，该位置 1。

SM1.2：执行数学运算的结果为负数时，该位置 1。

SM1.3：除数为 0 时，该位置 1。

特殊标志位存储器的地址格式如下：

位地址：SM［字节地址］.［位地址］，如 SM0.1。

字节、字、双字地址：SM［数据长度］［起始字节地址］，如 SMB8、SMW10、SMD12。

5）顺序控制继电器（S）。顺序控制继电器（S）又称为状态元件，用于顺序控制（步进控制），通常与顺序控制指令 LSCR、SCRT、SCRE 结合使用。

顺序控制继电器可按位为单位使用，也可按字节、字、双字来存取数据，其地址格式为

位地址：S［字节地址］.［位地址］，如 S0.1。

字节、字、双字地址：S［数据长度］［起始字节地址］，如 SB4、SW6、SD8。

CPU226 模块状态寄存器的有效地址范围为：S(0.0~31.7)；SB(0~31)；SW(0~30)；SD(0~28)。

6）定时器（T）。PLC 中的定时器（T）的作用相当于继电器控制系统的时间继电器。

定时器的设定值由程序赋予，定时器的分辨率有三种：1ms、10ms、100ms。每个定时器有一个 16 位的当前值寄存器和一个状态位。

定时器地址表示格式为：T［编号］，如 T124。

S7-200 PLC 定时器的有效地址范围为：T(0~255)。

7）计数器（C）。计数器（C）是累计其计数输入端子送来的脉冲数。计数器的结构与定时器基本一样，其设定值在程序中赋予，它有一个 16 位的当前值寄存器和一个状态位。

一般计数器的计数频率受扫描周期的影响，不可以太高，高频信号的计数可用指定的高速计数器。

计数器地址表示格式为：C［编号］，如 C24。

S7-200 PLC 计数器的有效地址范围为：C(0~255)。

8）变量寄存器（V）。S7-200 PLC 有较大容量的变量寄存器（V），用于模拟量控制、数据运算、设置参数等用途。变量寄存器可按 bit（位）为单位使用，也可按字节、字、双字为单位使用。其地址格式如下：

位地址：V［字节地址］.［位地址］，如 V0.1。

字节、字、双字地址：V［数据长度］［起始字节地址］，如 VB4、VW6、VD8。

CPU226 模块变量寄存器的有效地址范围为：V(0.0~5119.7)；VB(0~5119)；VW(0~5118)；VD(0~5116)。

9）累加器（AC）。累加器（AC）是用来暂存计算中间值的寄存器，也可向子程序传递参数或返回参数。S7-200 CPU 中提供 4 个 32bit 累加器（AC0~AC3）。累加器支持以字节、字和双字为单位的存取。以字节或字为单位存取累加器时，是访问累加器的低 8 位或低 16 位。

10）模拟量输入/输出寄存器（AI/AQ）。PLC 外的模拟量经 A-D 转换为数字量，存放在模拟量输入寄存器（AI），供 CPU 运算，CPU 运算的相关结果存放在模拟量输出寄存器（AQ），经 D-A 转换为模拟量，以驱动外部模拟量控制设备。在 PLC 内的数字量字长为 16bit，即 2 Byte，故其地址格式如下：

AIW/AQW［起始字节地址］，如 AIW0，2，4，…；AQW0，2，4，…。

CPU226 模块模拟量输入/输出寄存器的有效地址范围：AIW0 ~ AIW62，AQW0~AQW62。

2. STEP 7-Micro/WIN32 编程软件的使用

1）打开 STEP 7-Micro/WIN32 编程软件，用菜单命令“文件”→“新建”，生成一个新的项目。用菜单命令“文件”→“打开”，可打开一个已有的项目。用菜单命令“文件”→“另存为”可修改项目的名称。

2）选择菜单命令“PLC”→“类型”，设置 PLC 的型号。可以使用对话框中的“通信”按钮，设置与 PLC 通信的参数。

3）用“检视”菜单可选择 PLC 的编程语言，选择菜单命令“工具”→“选项”，单击窗口中的“通用”选项卡，选择 SIMATIC 指令集，还可以选择使用梯形图（LAD）或语句表（STL）。

4）输入梯形图程序。用“PLC”菜单中的命令或按工具条中的“编译”或“全部编译”按钮来编译输入的程序。

如果程序有错误，编译后在输出窗口将显示与错误有关的信息。双击显示的某一条错误，程序编辑器中的矩形光标将移到该错误所在的位置。必须改正程序中所有的错误，编译成功后，才能下载程序。

5）设置通信参数。

6）将编译好的程序下载到 PLC 之前，PLC 应处于 STOP 工作方式。如果不在 STOP 方式，可将 PLC 上的方式开关扳到 STOP 位置，或单击工具栏的“停止”按钮，进入 STOP 状态。单击工具栏的“下载”按钮，或选择菜单命令“文件”→“下载”，在下载对话框中选择下载程序块，单击“确认”按钮，开始下载。

7）断开数字量输入板上的全部输入开关，输入侧的 LED 全部熄灭。下载成功后，单击工具栏的“运行”按钮，用户程序开始运行，“RUN”LED 亮。

知识小结

可编程序控制器是一种专门为在工业环境下应用而设计的数字运算操作的电子系统，它采用了可编程序的存储器，用来在其内部存储执行逻辑运算、顺序控制、定时、计数和算术运算等操作的指令，并通过数字式和模拟式的输入和输出，控制各种类型机械的生产过程。

PLC 特点：

1）可靠性高，抗干扰能力强。

2）通用性好，组合灵活。

3）编程简单，使用方便。

4）功能完善，适应面广。

5）PLC 控制系统的设计、安装、调试和维护方便。

6）体积小、重量轻、功耗低。

PLC 的分类：

1）按照点数、容量不同分类。根据输入/输出点数、存储器容量将 PLC 分为小型、中型和大型三类。

2）按照结构形状分类。根据 PLC 组件的组合结构，可将 PLC 分为整体式和模块式两种。

3）按照应用情况分类。根据应用情况又可将 PLC 分为通用型和专用型两类。

PLC 的主要功能：随着 PLC 技术的发展，PLC 已经从最初的单机、逻辑控制，发展成为能够联网、具有功能丰富的控制与管理功能。

1）逻辑控制。这是 PLC 最初能完成的功能，能实现多种逻辑组合的控制任务。

2）运动控制。PLC配上相应的运动控制模块能够实现机械加工中的计算机数控技术。

3）模拟量控制。在连续型生产过程中，常要对某些模拟量（如电压、电流、温度、压力等）进行控制，这些量的大小是连续变化的。PLC进行模拟量控制，要配置有模拟量与数字量相互转换的A-D、D-A单元。

西门子S7-200 PLC属于小型PLC。它指令丰富、功能强大、可靠性高、适应性好、结构紧凑、便于扩展、性能价格比高，既可用于简单控制场合，也可用于复杂的自动化控制系统。它有极强的通信功能，在大型网络控制系统中也能充分发挥其作用。

习　题

1. PLC有哪些主要特点？
2. PLC由哪几部分组成，各有什么作用？
3. PLC的工作方式如何？简述PLC的工作过程。
4. 什么是PLC的扫描周期？扫描周期的长短与什么因素有关？
5. SIEMENS S7-200 PLC有哪些基本构成？

项目二　PLC控制指令及应用

【学习目标】

知识目标

- 学习并初步掌握常用基本控制指令的应用。
- 学习并熟悉S7-200 PLC的I/O接线。

技能目标

- 会识读PLC原理图。
- 能正确分析梯形图，并按照硬件线路图进行接线、调试PLC程序。
- 掌握STEP 7-Micro/WIN 32编程软件的使用。

【知识准备】

一、PLC基本逻辑指令

1. 基本逻辑指令

S7-200 PLC的基本指令多用于开关量逻辑控制，这里着重介绍基本指令的功能、梯形图的编程方法及对应的指令表形式。编程时，应注意各操作数的数据类型及数值范围。基本逻辑指令应用举例如图5-11所示。

LD(Load) 指令：常开触点逻辑运算开始。

A(And) 指令：常开触点串联连接。

O(Or) 指令：常开触点并联连接。

=(Out) 指令：输出。

(1) 指令使用说明

1）LD指令用于与输入母线相连的触点，在分支电路块的开始处也要使用LD指令；

2）触点的串/并联用A/O指令，输出线圈总是放在最右边，用=(Out) 指令。

3）LD、A、O指令的操作元件（操作数）可为I、Q、M、SM、T、C、V、S；=(Out)

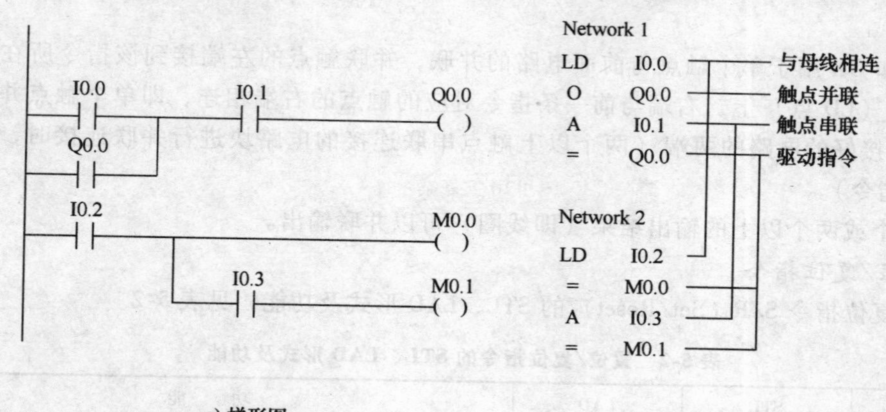

a) 梯形图 b) 指令表

图 5-11 基本逻辑指令应用举例

指令的操作元件（操作数）一般可为 Q、M、SM、T、C、V、S。

4）在 PLC 中，除了常开触点外还有常闭触点。为与之相对应，引入了以下指令。

LDN（Load Not）指令：常闭触点逻辑运算开始。

AN（And Not）指令：常闭触点串联。

ON（OR Not）指令：常闭触点并联。

这三条指令的操作元件与对应常开触点指令的操作元件相同。

（2）指令使用注意

1）在程序中不要用 =（Out）指令去驱动实际的输入（I），因为 I 的状态应由实际输入器件的状态来决定。

2）尽量避免双线圈输出（即同一线圈多次使用），如图 5-12 所示。

若 I0.0 = ON，I0.2 = OFF，则当扫描到图中第一行时，因 I0.0 = ON，CPU 将输出映像寄存器中的 Q0.0 写为 1。随后当扫描到第三行时，因 I0.2 = OFF，CPU 将 Q0.0 改写为 0。因而，实际输出时，Q0.0 仍为 OFF。由此可见，如有双线圈输出，则后面的线圈动作状态有效。

图 5-12 双线圈输出

3）A 是常开触点串联连接指令；AN 是常闭触点串联连接指令；O 是常开触点并联连接指令；ON 是常闭触点并联连接指令。这 4 条指令后面必须有被操作的元件名称及元件号，且都可以用于 I、Q、V、M、SM、S、T、C、L。

4）单个触点与左边的电路串联，使用 A 和 AN 指令时，串联触点的个数没有限制，但是因为图形编程器和打印机的功能有限制，所以建议尽量做到一行不超过 10 个触点和 11 个线圈。

5）O 和 ON 指令是从该指令的当前步开始，对前面的 LD、LDN 指令并联连接，并联连接的次数无限制，但是因为图形编程器和打印机的功能有限制，所以并联连接的次数不要超过 24 次。

6）O 和 ON 用于单个触点与前面电路的并联，并联触点的左端接到该指令所在的电路块的起始点（LD 点）上，右端与前一条指令对应的触点的右端相连，即单个触点并联到它前面已经连接好的电路的两端（两个以上触点串联连接的电路块进行并联连接时，要用后续的 OLD 指令）。

7）两个或两个以上的输出结果（即线圈）可以并联输出。

2. 置位/复位指令

置位/复位指令 S/R（Set/Reset）的 STL、LAD 形式及功能，见表 5-2。

表 5-2　置位/复位指令的 STL、LAD 形式及功能

指令名称	STL	LAD	功　能
置位指令	S bit, n	bit (S) n	从 bit 开始的 *n* 个元件置 1 并保持
复位指令	R　bit, n	bit (R) n	从 bit 开始的 *n* 个元件清 0 并保持

图 5-13 所示为 S/R 指令应用，输入继电器 I0.0 为 1 使 Q0.0 接通并保持，即使 I0.0 断开也不再影响 Q0.0 的状态。输入继电器 I0.1 为 1 使 Q0.0 断开并保持，即使 I0.1 断开也不再影响 Q0.0 的状态。若 I0.0 和 I0.1 同时为 1，R 指令写在后面但有优先权，则 Q0.0 为 0。

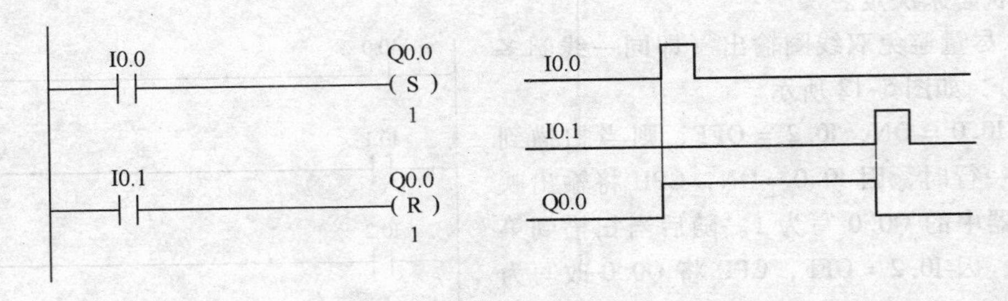

图 5-13　S/R 指令应用

实际上图 5-13 所示的例子组成了一个 SR 触发器，当然也可把次序反过来组成 RS 触发器。

说明：

1）S/R 指令具有保持功能，当置位或复位条件满足时，输出状态保持为 1 或 0。

2）对同一元件可以多次使用 S/R 指令（与 = 指令不同）。

3）由于是扫描工作方式，故写在后面的指令有优先权。

4）对计数器和定时器复位，计数器和定时器的当前值将被置 0。

5）置位/复位元件 bit 可为 Q、M、SM、T、C、V、S 等。

6）置位/复位元件数目取值范围为 1 ~ 255。

【例】　用基本逻辑指令实现置位/复位功能。如图 5-14 所示，输入继电器 I0.0 接通，Q0.0 接通并保持；输入继电器 I0.1 接通，Q0.0 断开。

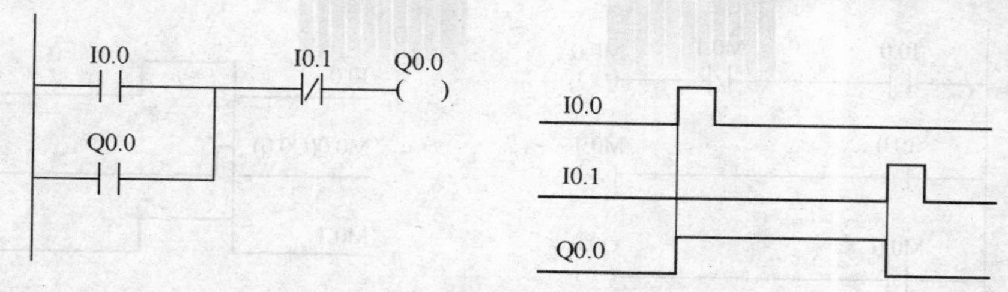

图 5-14　用基本逻辑指令实现置位/复位功能

3. 边沿脉冲指令

边沿脉冲指令 EU/ED（Edge Up/Edge Down）的 STL、LAD 形式及功能见表 5-3。

表 5-3　边沿脉冲指令的 STL、LAD 形式及功能

指令名称	STL	LAD	功　能	操作元件
上升沿脉冲指令	EU	-│P│	上升沿微分输出	无
下降沿脉冲指令	ED	-│N│	下降沿微分输出	无

EU 指令在对应输入条件有一个上升沿（由 OFF 到 ON）时，产生一个宽度为一个扫描周期的脉冲，驱动其后面的输出线圈；而 ED 指令则对应输入条件有一个下降沿（由 ON 到 OFF）时，产生一个宽度为一个扫描周期的脉冲，驱动其后的输出线圈。如图 5-15 所示，当输入 I0.0 有上升沿时，EU 指令产生一个宽度为一个扫描周期的脉冲，驱动其后的输出线圈 Q0.0；当输入 I0.1 有下降沿时产生一个宽度为一个扫描周期的脉冲，驱动其后的输出线圈 Q0.1。

边沿脉冲指令所产生的脉冲常常用于后面应用指令的执行条件。

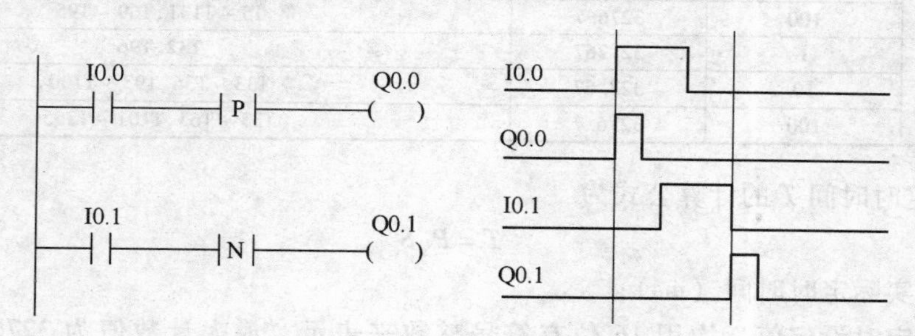

图 5-15　边沿脉冲指令应用

【例】　用基本逻辑指令实现边沿脉冲指令功能。如图 5-16a 所示，当输入继电器 I0.0 有上升沿时，Q0.0 产生一个宽度为一个扫描周期的脉冲。如图 5-16b 所示，当 I0.0 有下降沿时，Q0.0 产生一个宽度为一个扫描周期的脉冲。

4. 定时器指令

S7-200 PLC 按工作方式分为三种类型的定时器：通电延时定时器 TON（On Delay Timer）、断电延时定时器 TOF（Off Delay Timer）和保持型通电延时定时器 TONR（Retentive On Delay Timer）。

每个定时器均有一个 16 位当前值寄存器及一个状态位（反映其触点状态）。

（1）定时器指令使用说明

1）定时器号。定时器总数有 256 个，定时器号范围为 T0 ~ T255。

2）分辨率与定时时间的计算。S7-200 PLC 定时器有三种分辨率：1ms、10ms 和 100ms，

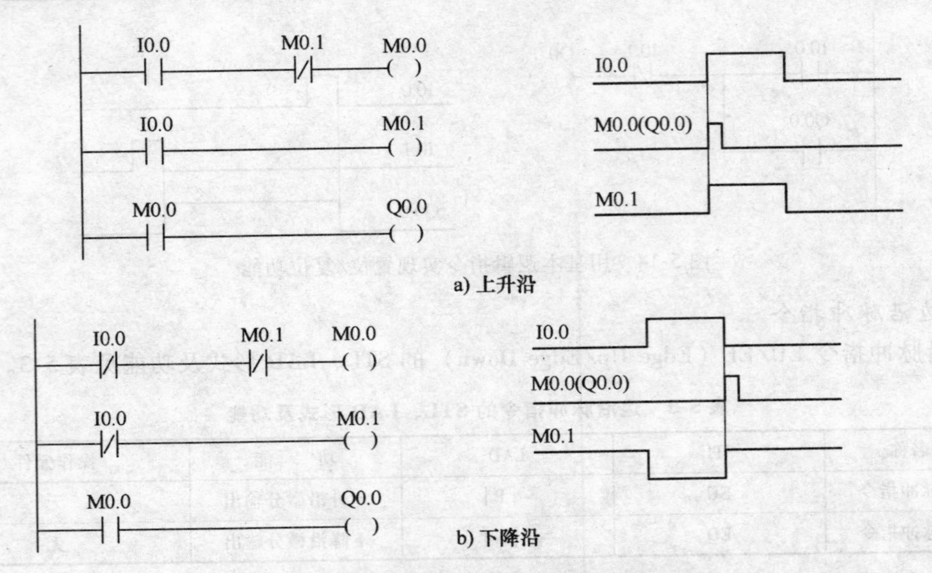

图 5-16 基本逻辑指令实现边沿脉冲指令功能

见表 5-4。

表 5-4 定时器号与分辨率

定时器类型	分辨率/ms	最大当前值/s	定 时 器 号
TONR	1	32.767	T0、T64
	10	327.67	T2 ~ T4、T65 ~ T68
	100	3276.7	T5 ~ T131、T69 ~ T95
TON、TOF	1	32.767	T32、T96
	10	327.67	T33 ~ T36、T97 ~ T100
	100	3276.7	T37 ~ T63、T101 ~ T255

定时器定时时间 T 的计算公式为

$$T = P_T S$$

式中 T——实际定时时间（ms）；

P_T——定时设定值，均用 16 位有符号整数来表示，最大计数值为 32767。除了常数外，还可以用 VW、IW、QW、MW、SW、SMW、AC 等作为设定值；

S——分辨率（ms）。

若 TON 指令使用 T33（10ms 定时器），设定值 $P_T = 100$，则实际定时时间为

$$T = 100 \times 10\text{ms} = 1000\text{ms}$$

（2）定时器指令

1）通电延时定时器 TON。该定时器用于通电后单一时间间隔的定时。当输入端 IN 接通时，定时器位为 0，当前值从 0 开始计时，当前值等于或大于 PT 端的设定值时，定时器位变为 1，梯形图中对应定时器的常开触点闭合，常闭触点断开，当前值仍连续计数到 32767。输入端 IN 断开，定时器自动复位，当前值被置 0，定时器位为 0。

如图 5-17 所示，当 I1.0 接通时，定时器 T37 开始定时，500ms 后 T37 常开触点闭合，常闭触点断开。当 I1.0 断开时，当前值被置 0，T37 常开触点断开，常闭触点闭合。

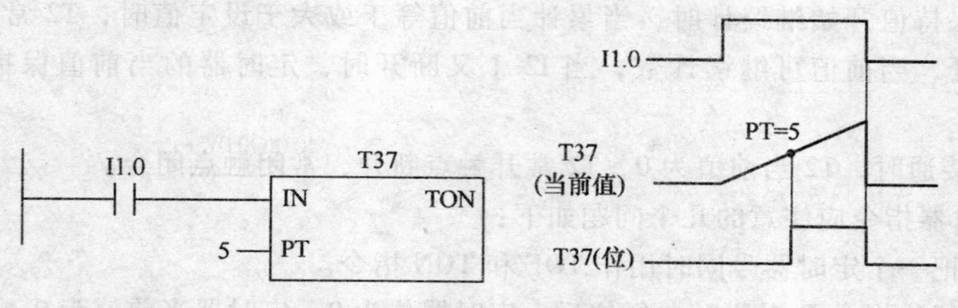

图 5-17　TON 指令编程实例

2）断电延时定时器 TOF。该定时器用于断电后单一时间间隔的定时。输入端 IN 接通时，定时器位变为 1，当前值为 0。当输入端 IN 由接通到断开时，定时器开始定时，当前值达到 PT 端的设定值时，定时器位变为 0，常开触点断开，常闭触点闭合，停止计时。

如图 5-18 所示，当 I1. 2 接通时，定时器 T97 常开触点闭合，常闭触点断开，当前值为 0。当 I1. 2 断开时，定时器 T97 开始定时，80ms 后 T37 常开触点断开，常闭触点闭合，当前值等于设定值，停止计时。

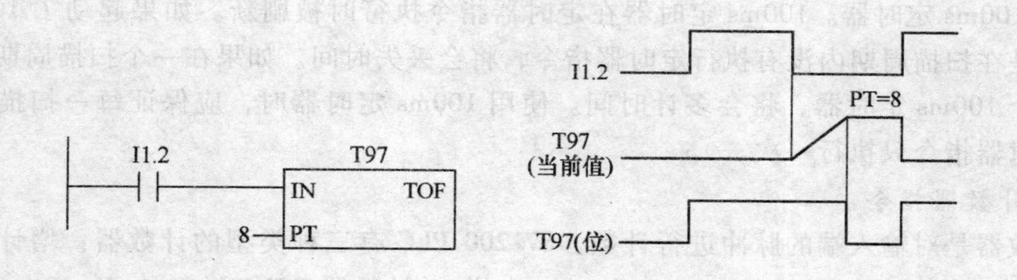

图 5-18　TOF 指令编程实例

3）保持型通电延时定时器 TONR。该定时器用于多个时间间隔的累计定时。通电或首次扫描时，定时器位为 0，当前值保持在掉电前的值。输入端 IN 接通时，当前值从上次的保持值开始继续计时，当累计当前值等于或大于 PT 端的设定值时，定时器位变为 1，当前值可继续计数到 32767。

输入端 IN 断开时，定时器的当前值保持不变，定时器位不变。

TONR 指令只能用复位指令 R 使定时器的当前值为 0，定时器位为 0。

如图 5-19 所示，通电或首次扫描时，当 I2. 1 接通，定时器 T2 的当前值从 0 开始计时；未达到设定值时，I2. 1 断开，T2 位为 0，当前值保持不变；当 I2. 1 又接通时，当前

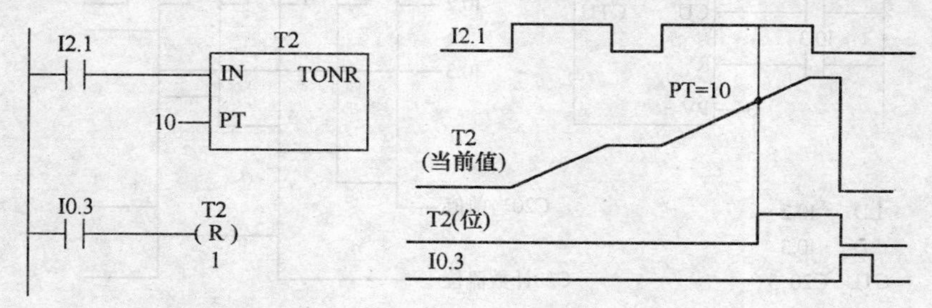

图 5-19　TONR 指令编程实例

值从上次的保持值开始继续计时，当累计当前值等于或大于设定值时，T2 常开触点闭合，常闭触点断开，当前值可继续计数；当 I2.1 又断开时，定时器的当前值保持不变，定时器位不变。

当 I0.3 接通时，T2 当前值为 0，T2 常开触点断开，常闭触点闭合。

应用定时器指令应注意的几个问题如下：

1）不能把一个定时器号同时用作 TOF 和 TON 指令。

2）使用复位指令 R 对定时器复位后，定时器位为 0，定时器当前值为 0。

3）TONR 指令只能通过复位指令进行复位操作。

（3）定时器的刷新方法　S7-200 PLC 的定时器中，1ms、10ms 和 100ms 三种定时器的刷新方式是不同的。

1）1ms 定时器。1ms 定时器由系统每隔 1ms 刷新一次，与扫描周期及程序处理无关，即采用中断刷新方式。因而当扫描周期较长时，在一个周期内可能被多次刷新，其当前值在一个扫描周期内不一定保持一致。

2）10ms 定时器。10ms 定时器由系统在每个扫描周期开始时自动刷新。

3）100ms 定时器。100ms 定时器在定时器指令执行时被刷新。如果起动了 100ms 定时器，但是在扫描周期内没有执行定时器指令，将会丢失时间。如果在一个扫描周期中多次执行同一个 100ms 定时器，将会多计时间。使用 100ms 定时器时，应保证每一扫描周期内同一条定时器指令只执行一次。

5. 计数器指令

计数器是对输入端的脉冲进行计数。S7-200 PLC 有三种类型的计数器：增计数器 CTU（Count Up）、减计数器 CTD（Count Down）和增/减计数器 CTUD（Count Up/Down）。

每个计数器均有一个 16 位当前值寄存器及一个状态位（反映其触点状态）。计数器的当前值、设定值均用 16 位有符号整数来表示，最大计数值为 32767。

计数器总数有 256 个，计数器号范围为 C0～C255。

（1）增计数器 CTU　当复位输入端 R 为 0 时，计数器计数有效；当增计数输入端 CU 有上升沿输入时，计数值加 1，计数器做递增计数，当计数器当前值等于或大于设定值 PV 时，该计数器位为 1，计数至最大值 32767 时停止计数。复位输入端 R 为 1 时，计数器被复位，计数器位为 0，并且当前值被置 0。

增计数器指令编程实例如图 5-20 所示。当 C20 的计数输入端 I0.2 有上升沿输入时，

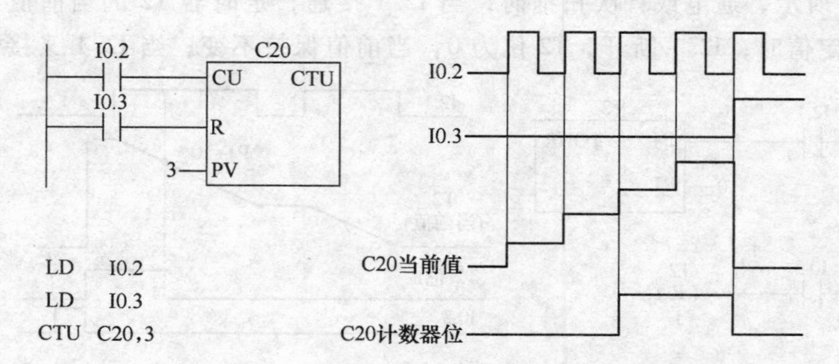

图 5-20　增计数器指令编程实例

C20 计数值加 1；当 C20 当前值等于或大于 3 时，C20 计数器位为 1。复位输入端 I0.3 为 1 时，C20 计数器位为 0，并且当前值被置 0。

（2）减计数器 CTD　当装载输入端 LD 为 1 时，计数器位为 0，并把设定值 PV 装入当前值寄存器中。当装载输入端 LD 为 0 时，计数器计数有效；当减计数输入端 CD 有上升沿输入时，计数器从设定值开始做递减计数，直至计数器当前值等于 0 时，停止计数，同时计数器位被置位。

减计数器指令编程实例如图 5-21 所示。装载输入端 I0.3 为 1 时，C4 计数器位为 0，并把设定值 4 装入当前值寄存器中。当 I0.3 端为 0 时，计数器计数有效；当计数输入端 I0.2 有上升沿输入时，C4 从 4 开始做递减计数，直至计数器当前值等于 0 时，停止计数，同时 C4 计数器位被置 1。

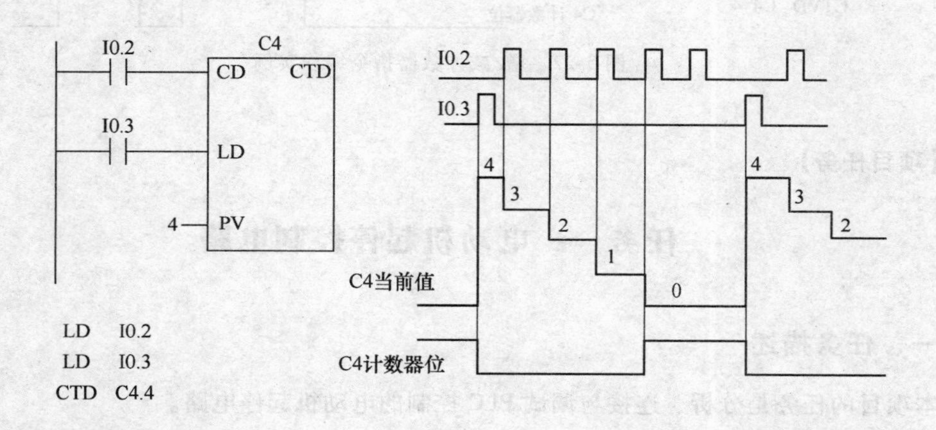

图 5-21　减计数器指令编程实例

（3）增/减计数器 CTUD　当复位输入端 R 为 0 时，计数器计数有效；当增计数输入端 CU 有上升沿输入时，计数器做递增计数；当减计数输入端 CD 有上升沿输入时，计数器做递减计数。当计数器当前值等于或大于设定值 PV 时，该计数器位为 1。当复位输入端 R 为 1 时，计数器当前值为 0，计数器位为 0。

计数器在达到计数最大值 32767 后，下一个增计数输入端 CU 的上升沿将使计数值变为最小值 -32768；同样在达到最小计数值 -32768 后，下一个减计数输入端 CD 的上升沿将使计数值变为最大值 32767。

增/减计数器指令编程实例如图 5-22 所示。当 I0.4 为 0 时，计数器计数有效；当 C4 的计数输入端 I0.2 有上升沿输入时，计数器做递增计数；当 C4 的另一个计数输入端 I0.3 有上升沿输入时，计数器做递减计数。当计数器当前值等于或大于设定值 4 时，C4 计数器位为 1。当复位输入端 I0.4 为 1 时，C4 当前值为 0，C4 位为 0。

注意：

1）在一个程序中，同一计数器号不要重复使用，更不可分配给几个不同类型的计数器。

2）当用复位指令 R 复位计数器时，计数器位被复位，并且当前值被置 0。

3）除了常数外，还可以用 VW、IW、QW、MW、SW、SMW、AC 等作为设定值。

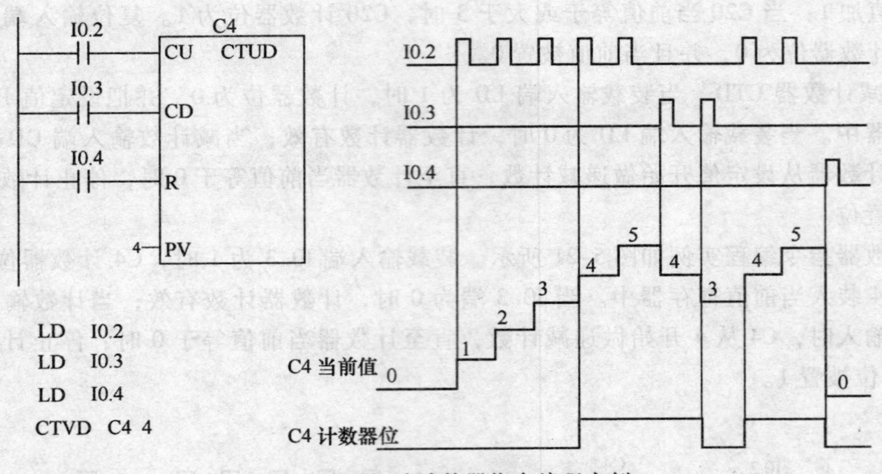

图 5-22 增/减计数器指令编程实例

【项目任务】

任务一 电动机起停控制电路

一、任务描述

本项目的任务是分析、连接与调试 PLC 控制的电动机起停电路。

电路控制要求为：按下起动按钮，电动机运转；按下停止按钮，电动机停转。

二、实训内容

1. 实训器材

设备及工具清单见表 5-5。

表 5-5 设备及工具清单

序号	名称	数量
1	SIEMENS S7-200 PLC	1 台
2	安装了 STEP 7-Micro/WIN32 编程软件的计算机	1 台
3	PC/PPI 电缆	1 根
4	PLC 输入/输出实验板	1 块
5	电源板	1 块
6	导线	若干

2. 实训过程

(1) 电路分析

1) 硬件电路。某些设备运动部件的位置常常需要进行调整，这就要用到点动调整的功能。分析具有点动调整功能的电动机起停控制。电动机起停控制硬件电路如图 5-23 所示。

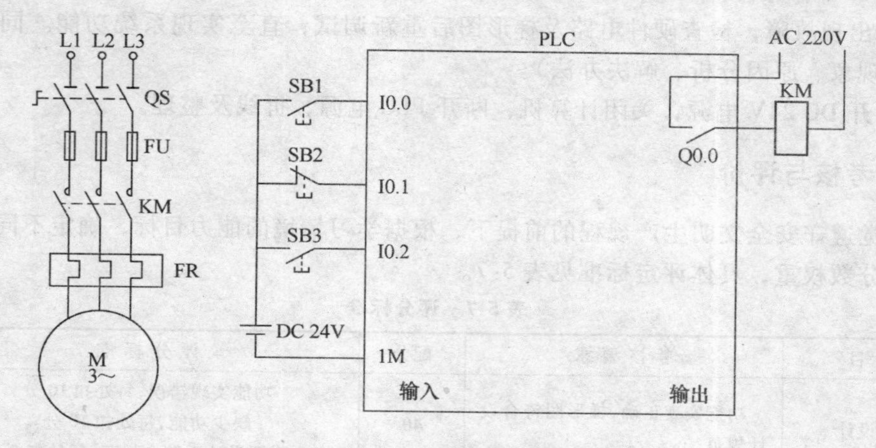

图 5-23　电动机起停控制硬件电路

2）I/O 地址。I/O 地址分配表见表 5-6。

表 5-6　I/O 地址分配表

输入信号		输出信号	
起动按钮 SB1	I0.0	接触器 KM	Q0.0
停止按钮 SB2	I0.1		
点动按钮 SB3	I0.2		

3）梯形图分析。如图 5-24 所示，当按下点动按钮 SB3 时，I0.2 接通，Q0.0 线圈接通，当松开点动按钮 SB3 时，I0.2 断开，Q0.0 线圈断开。当按下起动按钮 SB1 时，I0.0 接通，I0.1 常开触点闭合（停止按钮 SB2 未动作），M0.0、Q0.0 线圈接通并自锁；当按下停止按钮 SB2 时，I0.1 常开触点断开，Q0.0 线圈断开。

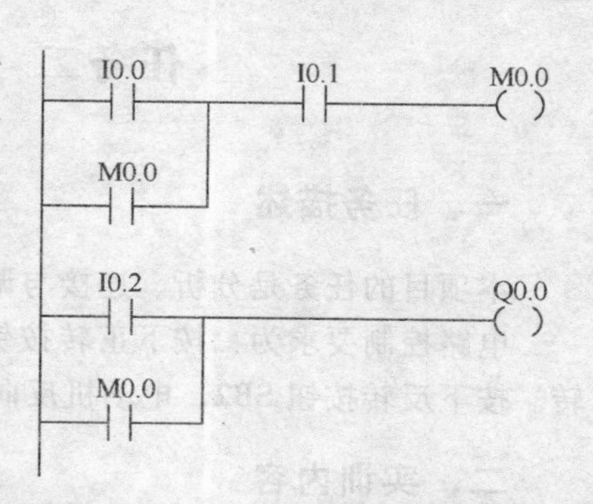

图 5-24　电动机起停控制梯形图

（2）电动机起停电路的安装与调试

1）检查实验设备，准备好实验用导线。

2）按图 5-23 所示电路图接好线，并对照电路图检查是否有掉线、错线，接线是否牢固。学生自行检查和互检，确认安装的电路正确和无安全隐患，经指导老师检查后方可通电实验。切记严格遵守安全操作规程，确保人身安全。

3）接通 PLC 电源，打开计算机，接通 DC 24V 电源，操作 STEP 7-Micro/WIN32 编程软件。首先选择 PLC 类型，录入程序，用“PLC”菜单中的命令或按工具条中的“编译”或“全部编译”按钮来编译输入的程序，并下载到 PLC 上。

4）单击工具栏的“运行”按钮，用户程序开始运行，“RUN” LED 亮。

5）用“程序状态”功能监视程序的运行情况。按下按钮 SB1，观察 Q0.0 的通断情况，按下按钮 SB2，观察 Q0.0 的通断情况；按住按钮 SB3，观察 Q0.0 的通断情况，再松开按钮 SB3，观察 Q0.0 的通断情况。在调试的过程中，观察 Q0.0 的状态是否符合图 5-24 给出的逻辑关系。

6）若出现故障，检查硬件电路及梯形图后重新调试，直至实现系统功能。同时做好记录（故障现象、原因分析、解决办法）。

7）断开 DC 24V 电源，关闭计算机，断开 PLC 电源，拆线及整理。

三、考核与评价

在自觉遵守安全文明生产规程的前提下，根据学习情境的能力目标，确定不同阶段的考核方式及分数权重，具体评定标准见表 5-7。

表 5-7 评分标准

项目	考核要求	配分	评分标准	得分
梯形图设计	功能实现正确，梯形图符合设计规范	40	功能实现错误，每处扣 10 分 缺少功能，每处扣 10 分 梯形图设计不符合规范，每处扣 5 分	
系统连接	连接正确，布线合理、规范	40	连接不正确，每处扣 10 分 布线不合理，每处扣 5 分	
软件调试	软件使用正确	20	软件操作错误，每处扣 5 分	
安全文明操作	违反安全文明操作规程，由指导教师视实际情况进行扣分			
定额时间	2h，每超过 5 min 扣 5 分			
开始时间		结束时间		实际时间		总分	

任务二 电动机正反转控制电路

一、任务描述

本项目的任务是分析、连接与调试 PLC 控制的电动机正反转控制电路。

电路控制要求为：按下正转按钮 SB1，电动机正向运转；按下停止按钮 SB，电动机停转。按下反转按钮 SB2，电动机反向运转；按下停止按钮，电动机停转。

二、实训内容

1. 实训器材

设备及工具清单见表 5-8。

表 5-8 设备及工具清单

序号	名称	数量
1	SIEMENS S7-200 PLC	1 台
2	安装了 STEP 7-Micro/WIN32 编程软件的计算机	1 台
3	PC/PPI 电缆	1 根
4	PLC 输入/输出实验板	1 块
5	电源板	1 块
6	导线	若干
7	交流接触器	2 个
8	热继电器	1 个

2. 实训过程

（1）电路分析

1）硬件电路。图 5-25 所示为三相异步电动机正反转控制的继电器电路图。其中，KM1 是正转接触器，KM2 是反转接触器，SB1 是正转起动按钮，SB2 是反转起动按钮，SB 是停止按钮。按 SB1，KM1 得电并自锁，电动机正转，按 SB 或 FR 动作，KM1 失电，电动机停止；按 SB2，KM2 得电并自锁，电动机反转，按 SB 或 FR 动作，KM2 失电，电动机停止；电动机正转运行时，按反转起动按钮 SB2 不起作用；电动机反转运行时，按正转起动按钮 SB1 不起作用。

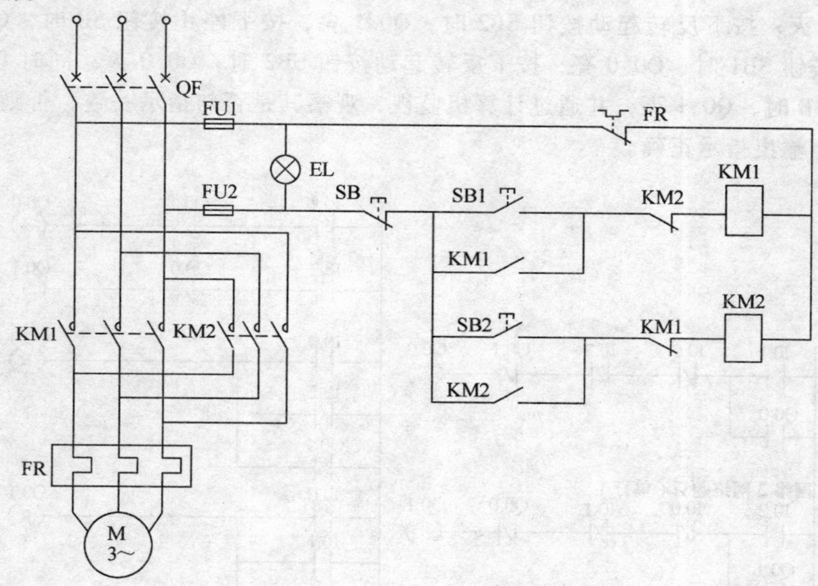

图 5-25　三相异步电动机正反转控制的继电器电路图

电动机正反转控制 PLC 外部接线如图 5-26 所示。

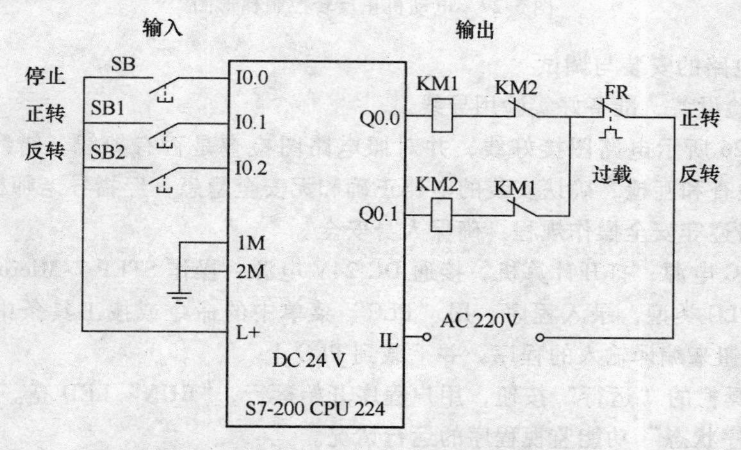

图 5-26　电动机正反转控制 PLC 外部接线图

2）I/O 地址

I/O 地址分配表见表 5-9。

表 5-9 I/O 地址分配表

输入			输出		
输入元件	作用	输入继电器	输出元件	作用	输出继电器
SB1	正转起动	I0.1	KM1	控制电动机正转	Q0.0
SB2	反转起动	I0.2	KM2	控制电动机反转	Q0.1
SB	停止	I0.0			

3）梯形图分析。如图 5-27a 所示，按下正转起动按钮 SB1 时，Q0.0 亮，按下停止按钮 SB 时，Q0.0 灭；按下反转起动按钮 SB2 时，Q0.1 亮，按下停止按钮 SB 时，Q0.1 灭；按下正转起动按钮 SB1 时，Q0.0 亮，按下反转起动按钮 SB2 时，Q0.0 灭，同时 Q0.1 亮，按下停止按钮 SB 时，Q0.1 灭，并通过计算机监视，观察其是否与指示一致，否则，检查并修改程序，直至输出指示正确。

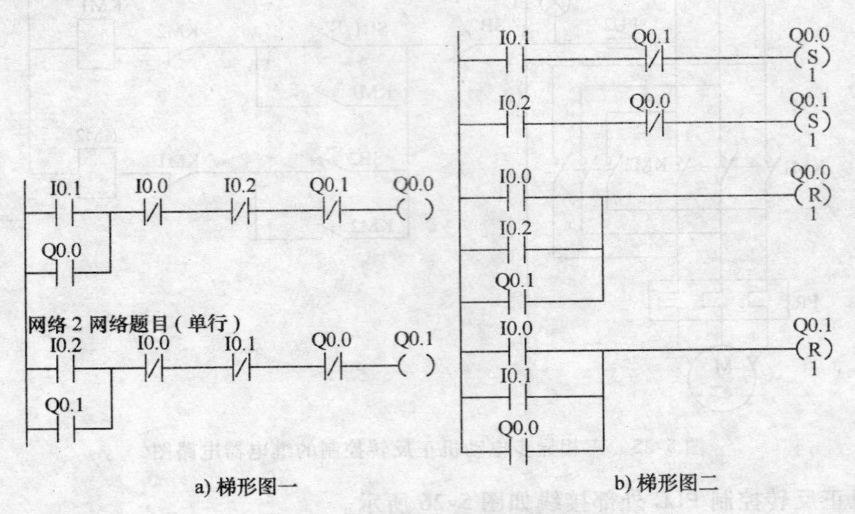

图 5-27 电动机正反转控制梯形图

（2）控制电路的安装与调试

1）检查实验设备，准备好实验用导线。

2）按图 5-26 所示电路图接好线，并对照电路图检查是否有掉线、错线，接线是否牢固。学生自行检查和互检，确认安装的电路正确和无安全隐患，经指导老师检查后方可通电实验。切记严格遵守安全操作规程，确保人身安全。

3）接通 PLC 电源，打开计算机，接通 DC 24V 电源，操作 STEP 7-Micro/WIN32 编程软件。首先选择 PLC 类型，录入程序，用“PLC”菜单中的命令或按工具条中的“编译”或“全部编译”按钮来编译输入的程序，并下载到 PLC 上。

4）单击工具栏的“运行”按钮，用户程序开始运行，“RUN”LED 亮。

5）用“程序状态”功能监视程序的运行情况。

6）若出现故障，检查硬件电路及梯形图后重新调试，直至实现系统功能。同时做好记录（故障现象、原因分析、解决办法）。

7）断开 DC 24V 电源，关闭计算机，断开 PLC 电源，拆线及整理。

三、考核与评价

在自觉遵守安全文明生产规程的前提下，根据学习情境的能力目标，确定不同阶段的考核方式及分数权重，具体评定标准见表5-10。

表5-10　评分标准

项　目	考核要求	配分	评分标准	得分
梯形图设计	功能实现正确，梯形图符合设计规范	40	功能实现错误，每处扣10分 缺少功能，每处扣10分 梯形图设计不符合规范，每处扣5分	
系统连接	连接正确，布线合理、规范	40	连接不正确，每处扣10分 布线不合理，每处扣5分	
软件调试	软件使用正确	20	软件操作错误，每处扣5分	
安全文明操作	违反安全文明操作规程，由指导教师视实际情况进行扣分			
定额时间	2h，每超过5min扣5分			
开始时间		结束时间		实际时间		总分	

任务三　Y-△减压起动电动机控制电路

一、任务描述

本项目的任务是设计、安装与调试PLC控制的Y-△减压起动电路。控制要求如下：按下起动按钮，电动机定子绕组接成星形联结减压起动；延时运行一段时间后，电动机绕组接成三角形联结全压运行；按下停止按钮，电动机停止运行。

二、实训内容

1. 实训器材

设备及工具清单见表5-11。

表5-11　设备及工具清单

序　号	名　称	数　量
1	西门子S7-200 PLC	1台
2	安装了STEP 7-Micro/WIN32编程软件的计算机	1台
3	PC/PPI电缆	1根
4	输入/输出实验板	1块
5	电源板	1块
6	电工工具及导线	若干
7	组合开关	1个
8	熔断器	3个
9	交流接触器	3个
10	热继电器	1个
11	三相笼型异步电动机	1台

2. 实训过程

(1) 分析控制要求。确定输入/输出设备

1) 分析控制要求。项目的任务是设计、安装与调试 PLC 控制的Y-△减压起动电路，具体控制要求如下。

① 按下起动按钮，电动机定子绕组通过接触器接成星形联结减压起动。

② 延时 t_1 时间，电动机星形起动结束。

③ 又经 t_2 时间后，电动机绕组通过接触器接成三角形联结全压运行。

④ 按下停止按钮，电动机停止运行。

2) 确定输入设备。根据控制要求，系统有 3 个输入信号：起动信号、停止信号和过载信号。由此确定，系统的输入设备是 2 个按钮和 1 个热继电器，作为 PLC 的 3 个输入点。

3) 确定输出设备。系统首先通过接触器 KM1、KM3 使电动机定子绕组接成星形联结减压起动，延时一段时间后，通过接触器 KM1、KM2 使电动机绕组接成三角形联结全压运行。由此确定，系统的输出设备是 3 个接触器，作为 PLC 的 3 个输出点。

(2) 硬件电路设计 PLC 控制的电动机Y-△减压起动主电路和 PLC 接线如图 5-28、图 5-29 所示。

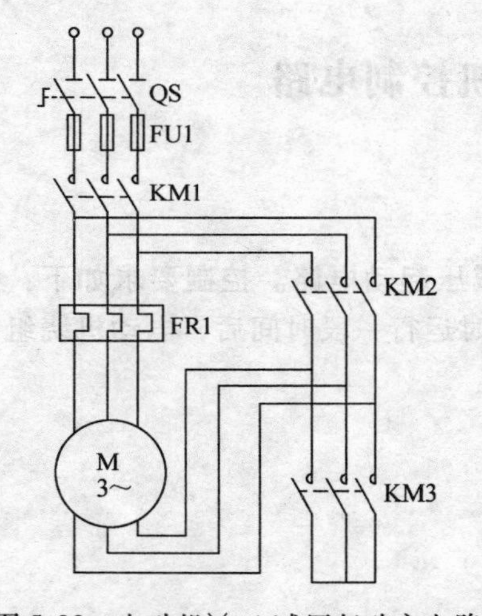

图 5-28 电动机Y-△减压起动主电路

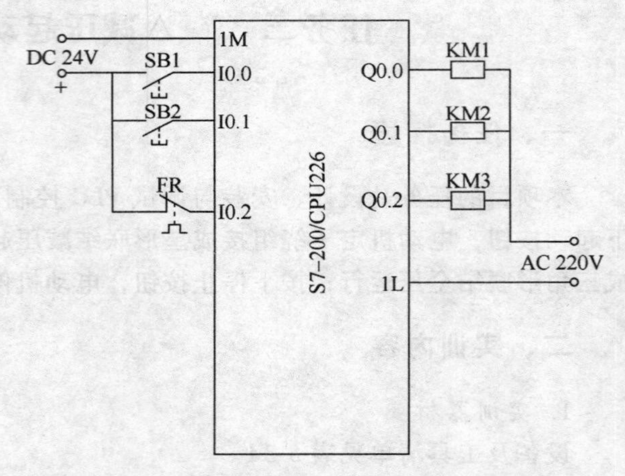

图 5-29 电动机Y-△减压起动 PLC 外部接线图

(3) I/O 地址分配表 I/O 地址分配表见表 5-12。

表 5-12 I/O 地址分配表

输入信号		输出信号	
起动按钮 SB1	I0.0	接触器 KM1	Q0.0
停止按钮 SB2	I0.1	接触器 KM2	Q0.1
过载保护(热继电器常闭触点)	I0.2	接触器 KM3	Q0.2

(4) 设计梯形图 如图 5-28 所示，电动机由接触器 KM1、KM2、KM3 控制，其中 KM3 将电动机绕组接成星形联结，KM2 将电动机绕组接成三角形联结。KM2 与 KM3 不能同时吸合，否则将产生电源短路。在程序设计过程中，应充分考虑由星形联结向三角形联结切换的时间，即当电动机绕组从星形联结切换到三角形联结时，由 KM3 完全断开（包括灭弧时

间）到 KM2 接通这段时间，以防电源短路。

如图 5-30 所示，T37 定时器用于起动延时，T38 用于 KM3 断电后，延长一段时间再让 KM2 通电，保证 KM3、KM2 不同时接通，避免电源短路。

（5）Y-△减压起动电路的安装与调试

1）检查实验设备，准备好实验用导线。查看各电器元件质量情况，详细观察各电器元件外部结构，了解其使用方法，并进行安装。

2）按图 5-28、图 5-29 所示电路图正确连接电路，按照从上到下、从左到右，先接主电路、再连接控制电路的顺序进行接线。

3）对照电路图检查是否有掉线、错线，接线是否牢固。学生自行检查和互检，确认安装的电路正确和无安全隐患，经指导老师检查后方可通电实验。切记严格遵守安全操作规程，确保人身安全。

4）接通 PLC 电源，打开计算机，接通 DC 24V 电源，操作 STEP 7-Micro/WIN32 编程软件。首先选择 PLC 类型，录入程序，用“PLC”菜单中的命令或按工具条中的“编译”或“全部编译”按钮来编译输入的程序，并下载到 PLC 上。

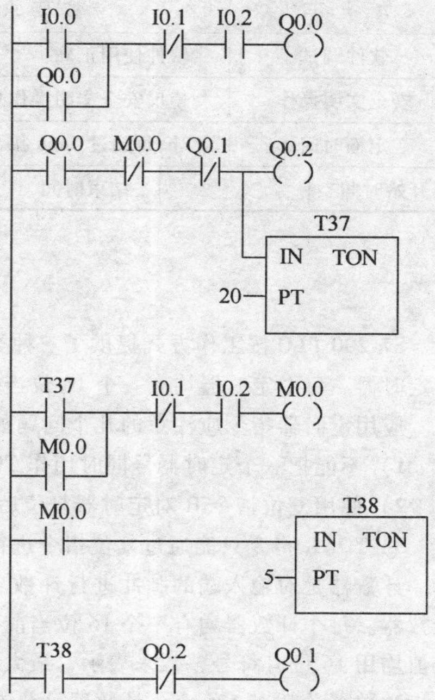

图 5-30 电动机Y-△减压起动梯形图

5）接通主电路电源，合上组合开关，断开数字量输入板上的全部输入开关，输入侧的 LED 全部熄灭。单击工具栏的“运行”按钮，用户程序开始运行，“RUN” LED 亮。

6）用“程序状态”功能监视程序的运行情况。按下起动按钮 SB1，仔细观察各输出及电动机状态。延长一段时间后，观察各输出的状态变化。按下停止按钮 SB2，观察各输出及电动机状态变化。

7）若出现故障，检查硬件电路及梯形图后重新调试，直至实现系统功能。同时做好记录（故障现象、原因分析、解决办法）。

8）断开 DC 24V 电源，关闭计算机，断开 PLC 电源，拆线及整理。

三、考核与评价

在自觉遵守安全文明生产规程的前提下，根据学习情境的能力目标，确定不同阶段的考核方式及分数权重，具体评定标准见表 5-13。

表 5-13 评分标准

项目	考核要求	配分	评分标准	得分
梯形图设计	功能实现正确，梯形图符合设计规范	40	功能实现错误，每处扣 10 分 缺少功能，每处扣 10 分 梯形图设计不符合规范，每处扣 5 分	
系统连接	连接正确，布线合理、规范	40	连接不正确，每处扣 10 分 布线不合理，每处扣 5 分	

（续）

项　目		考核要求		配分		评分标准	得分
软件调试		软件使用正确		20		软件操作错误，每处扣5分	
安全文明操作		违反安全文明操作规程，由指导教师视实际情况进行扣分					
定额时间		2h，每超过5min扣5分					
开始时间		结束时间		实际时间		总分	

知识小结

S7-200 PLC按工作方式提供了三种类型的定时器：通电延时定时器、断电延时定时器和保持型通电延时定时器。每个定时器均有一个16位当前值寄存器及一个状态位（反映其触点状态）。

应用定时器指令应注意的几个问题如下：

1）不能把一个定时器号同时用作TOF和TON指令。

2）使用复位指令R对定时器复位后，定时器位为0，定时器当前值为0。

3）TONR指令只能通过复位指令进行复位操作。

计数器是对输入端的脉冲进行计数。S7-200 PLC有三种类型的计数器：增计数器、减计数器和增/减计数器。每个计数器均有一个16位当前值寄存器及一个状态位（反映其触点状态）。计数器的当前值、设定值均用16位有符号整数来表示，最大计数值为32767。

计数器总数有256个，计数器号范围为C0～C255。

习　题

1. S7-200 PLC共有哪几种类型的定时器？各有何特点？
2. S7-200 PLC共有哪几种类型的计数器？各有何特点？
3. 在STEP 7-Micro/WIN32编程软件中，下载程序前应满足哪些条件？

附　　录

附录A　液压控制元件图形符号
（摘自 GB/T 786.1—2009）

名　称		图形符号	描　述
阀	控制机构		带有分离把手和定位销的控制机构
			具有可调行程限制装置的顶杆
			带有定位装置的推或拉控制机构
			手动锁定控制机构
		5	具有5个锁定位置的调节控制机构
			用作单方向行程操纵的滚轮杠杆
		M	使用步进电动机的控制机构
			单作用电磁铁，动作指向阀芯
			单作用电磁铁，动作背离阀芯
			双作用电气控制机构，动作指向或背离阀芯
			单作用电磁铁，动作指向阀芯，连续控制
			单作用电磁铁，动作背离阀芯，连续控制

（续）

名称		图形符号	描述
阀	控制机构		双作用电气控制机构，动作指向或背离阀芯，连续控制
		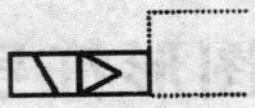	电气操纵的气动先导控制机构
		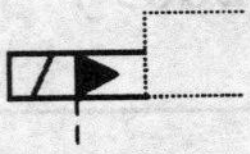	电气操纵的带有外部供油的液压先导控制机构
		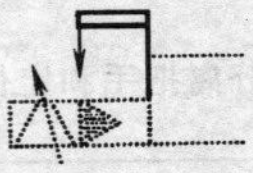	机械反馈
		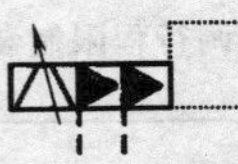	具有外部先导供油，双比例电磁铁，双向操作，集成在同一组件，连续工作的双先导装置的液压控制机构
	方向控制阀	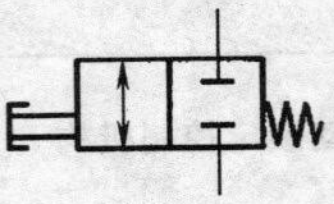	二位二通方向控制阀，两通，两位，推压控制机构，弹簧复位，常闭
		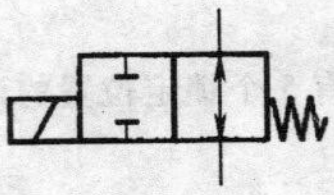	二位二通方向控制阀，两通，两位，电磁铁操纵，弹簧复位，常开
		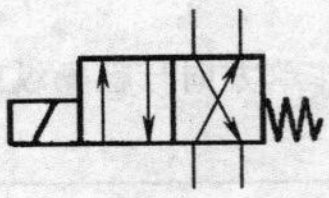	二位四通方向控制阀电磁铁操纵，弹簧复位
		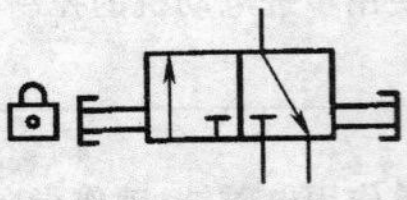	二位三通锁定阀
		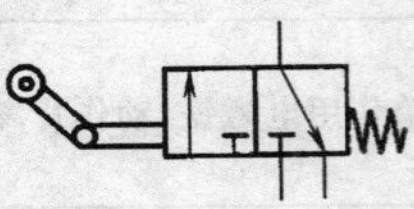	二位三通方向控制阀，滚轮杠杆控制，弹簧复位
		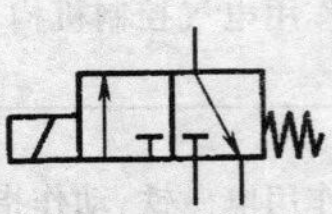	二位三通方向控制阀，电磁铁操纵，弹簧复位，常闭
		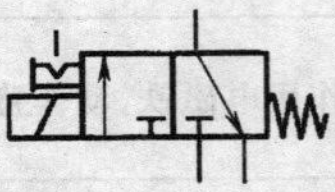	二位三通方向控制阀，单电磁铁操纵，弹簧复位，定位销式手动定位

（续）

名称		图形符号	描述
阀	方向控制阀	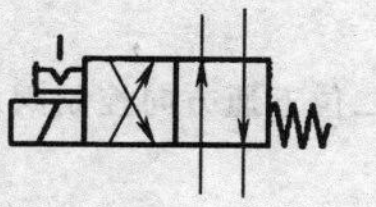	二位四通方向控制阀，单电磁铁操纵，弹簧复位，定位销式手动定位
		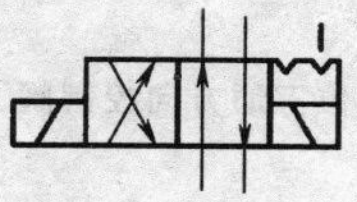	二位四通方向控制阀，双电磁铁操纵，定位销式（脉冲阀）
		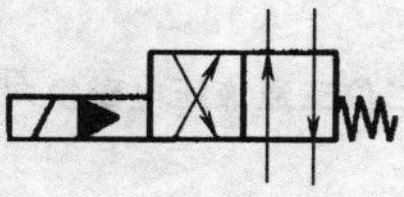	二位四通方向控制阀，电磁铁操纵液压先导控制，弹簧复位
		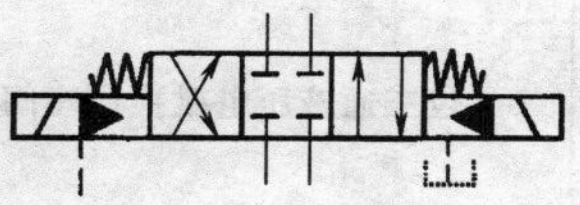	三位四通方向控制阀，电磁铁操纵先导级和液压操作主阀，主阀及先导级弹簧对中，外部先导供油和先导回油
		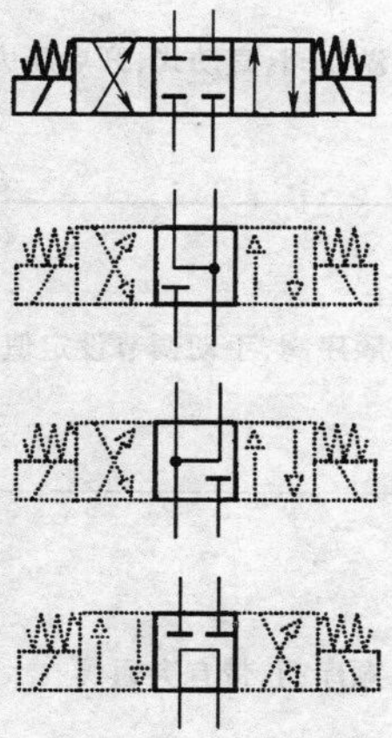	三位四通方向控制阀，弹簧对中，双电磁铁直接操纵，不同中位机能的类别
		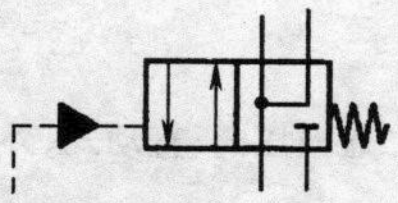	二位四通方向控制阀，液压控制，弹簧复位
		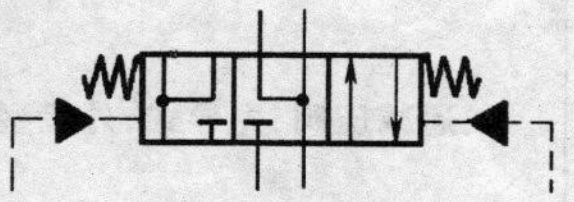	三位四通方向控制阀，液压控制，弹簧对中

（续）

名称		图形符号	描述
阀	方向控制阀	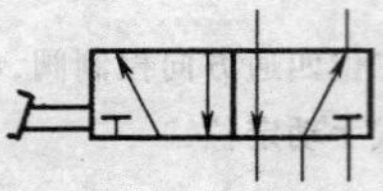	二位五通方向控制阀，踏板控制
		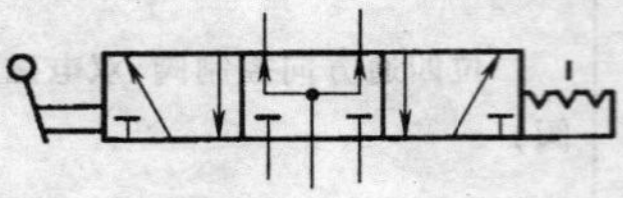	三位五通方向控制阀，定位销式，各位置杠杆控制
		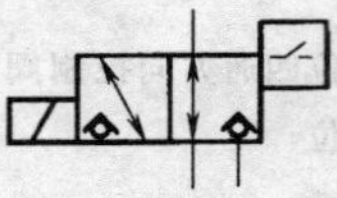	二位三通液压电磁换向座阀，带行程开关
		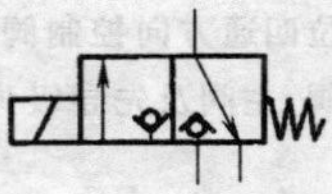	二位三通液压电磁换向座阀
	压力控制阀	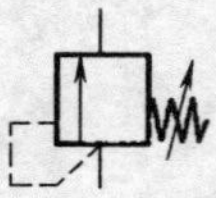	溢流阀，直动式，开启压力由弹簧调节
		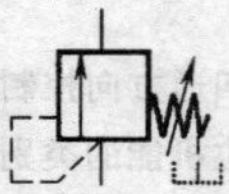	顺序阀，手动调节设定值
		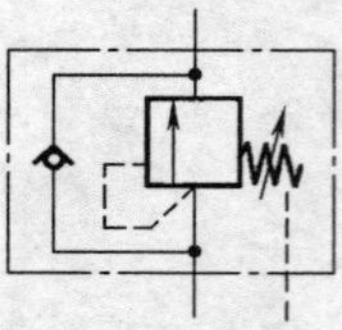	顺序阀，带有旁通阀
		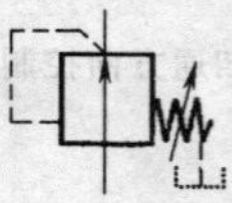	二通减压阀，直动式，外泄型
		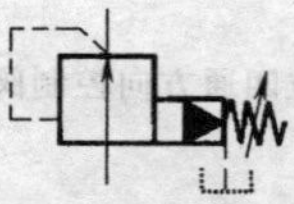	二通减压阀，先导式，外泄型

（续）

名称		图形符号	描述
阀	压力控制阀		防气蚀溢流阀，用来保护两条供给管道
			蓄能器充液阀，带有固定开关压差
			电磁溢流阀，先导式，电器操纵预设定压力
			三通减压阀（液压）
	流量控制阀		可调节流量控制阀
			可调节流量控制阀，单向自由流动
			流量控制阀，滚轮杠杆操纵，弹簧复位

（续）

名称		图形符号	描述
阀	流量控制阀	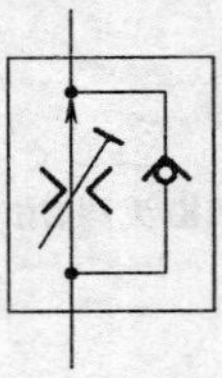	二通流量控制阀，可调节，带旁通阀，固定设置，单向流动，基本与粘度和压差无关
		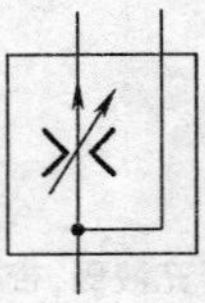	三通流量控制阀，可调节，将输入流量分成固定流量和剩余流量
		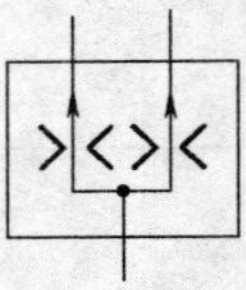	分流器，将输入流量分成两路输出
		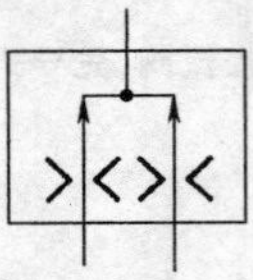	集流阀，保持两路输入流量相互恒定
	单向阀和梭阀		单向阀，只能在一个方向自由流动
			单向阀，带有弹簧复位，只能在一个方向自由流动，常闭
			先导式液控单向阀，带有复位弹簧，先导压力允许在两个方向自由流动
		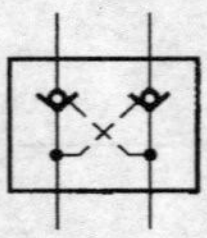	双单向阀，先导型
		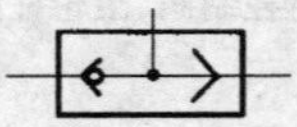	梭阀（“或”逻辑），压力高的入口自动与出口接通

（续）

名称		图形符号	描述
阀	比例方向控制阀	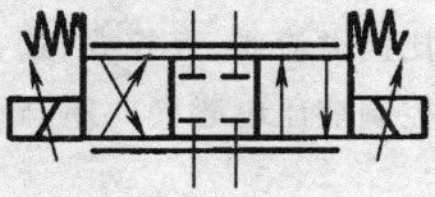	直动式比例方向控制阀
		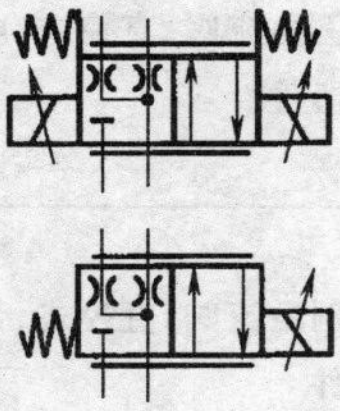	比例方向控制阀，直接控制
		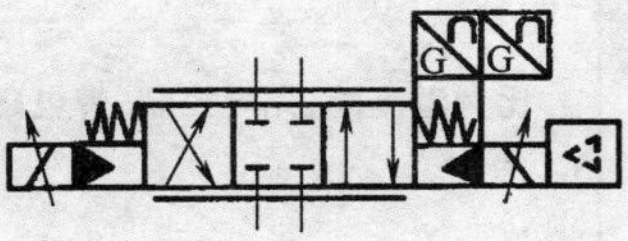	先导式比例方向控制阀，带主级和先导级的闭环位置控制，集成电子器件
		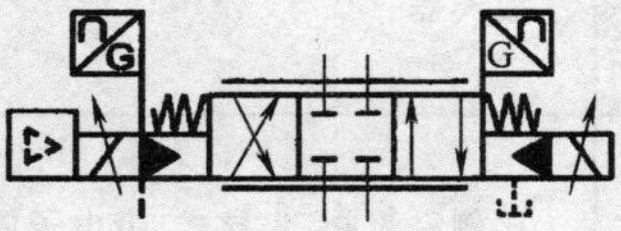	先导式伺服阀，带主级和先导级的闭环位置控制，集成电子器件，外部先导供油和回油
		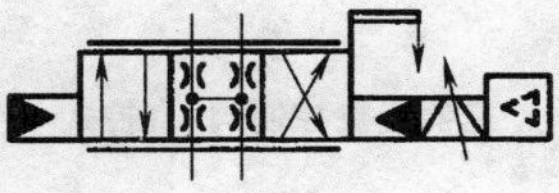	先导式伺服阀，先导级双线圈电气控制机构，双向连续控制，阀芯位置机械反馈到先导装置，集成电子器件
		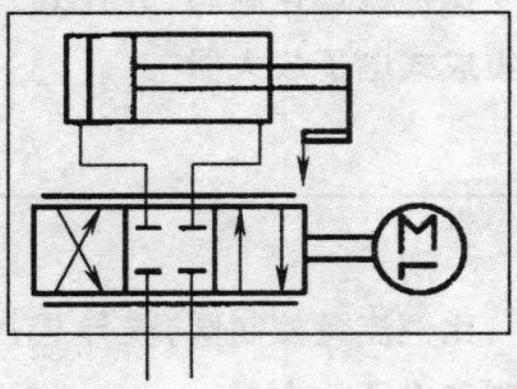	电液线性执行器，带由步进电动机驱动的伺服阀和液压缸位置机械反馈
		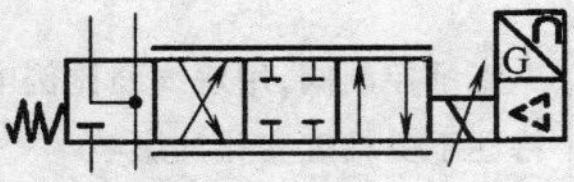	伺服阀，内置电反馈和集成电子器件，带预设动力故障位置

（续）

名	称	图形符号	描　述
阀	比例压力控制阀	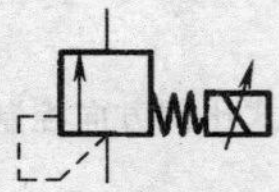	比例溢流阀，直控式，通过电磁铁控制弹簧工作长度来控制液压电磁换向座阀
		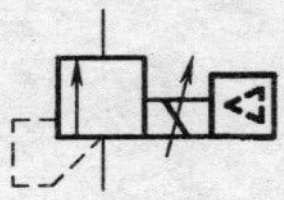	比例溢流阀，直控式，电磁力直接作用在阀芯上，集成电子器件
		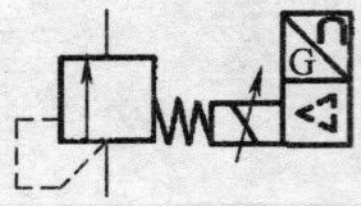	比例溢流阀，直控式，带电磁铁位置闭环控制，集成电子器件
		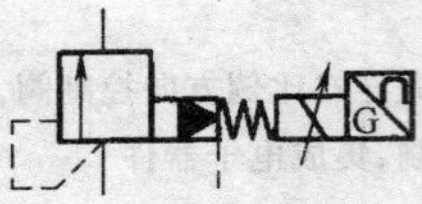	比例溢流阀，先导控制，带电磁铁位置反馈
		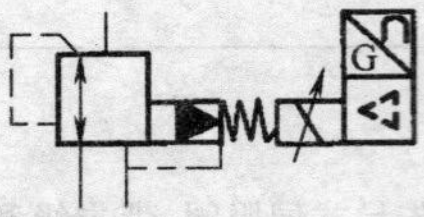	三通比例减压阀，带电磁铁闭环位置控制和集成式电子放大器
		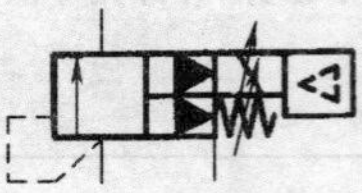	比例溢流阀，先导式，带电子放大器和附加先导级，以实现手动压力调节或最高压力溢流功能
	比例流量控制阀	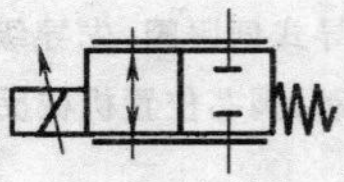	比例流量控制阀，直控式
		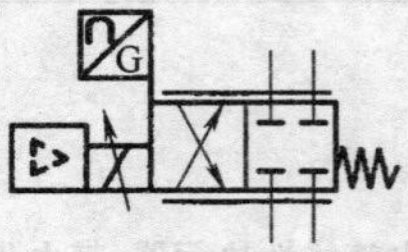	比例流量控制阀，直控式，带电磁铁位置闭环控制和集成式电子放大器
		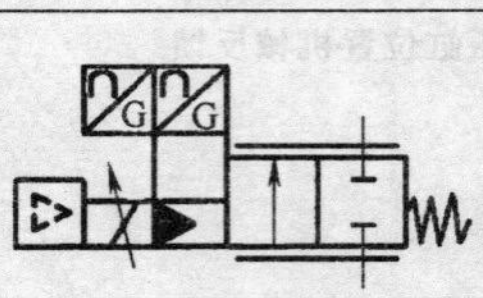	比例流量控制阀，先导式，带主级和先导级的位置控制和电子放大器
			流量控制阀，用双线圈比例电磁铁控制，节流孔可变，特性不受粘度变化的影响

（续）

名称		图形符号	描述
阀	二通盖板式插装阀		压力控制和方向控制插装阀插件，座阀结构，面积比1:1
		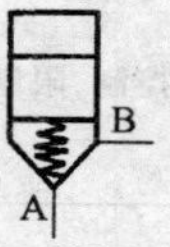	压力控制和方向控制插装阀插件，座阀结构，常开，面积比 1:1
			方向控制插装阀插件，带节流端的座阀结构，面积比≤0.7
			方向控制插装阀插件，带节流端的座阀结构，面积比 >0.7
		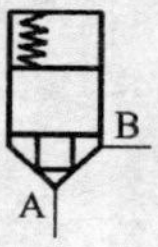	方向控制插装阀插件，座阀结构，面积比≤0.7
		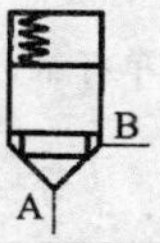	方向控制插装阀插件，座阀结构，面积比 >0.7
泵和马达		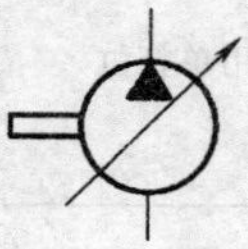	变量泵
		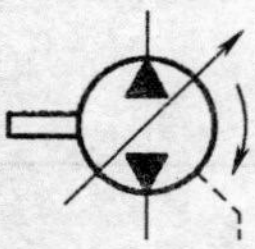	双向流动，带外泄油路单向旋转的变量泵
		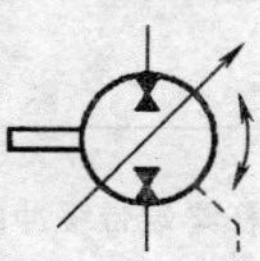	双向变量泵或马达单元，双向流动，带外泄油路，双向旋转

（续）

名　称	图形符号	描　述
泵和马达	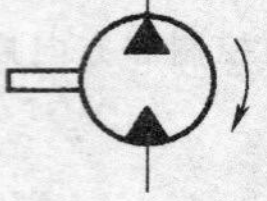	单向旋转的定量泵或马达
	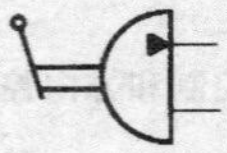	操纵杆控制，限制转盘角度的泵
	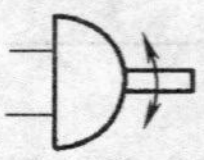	限制摆动角度，双向流动的摆动执行器或旋转驱动
	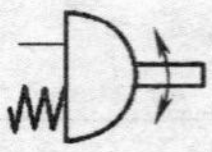	单作用的半摆动执行器或旋转驱动
	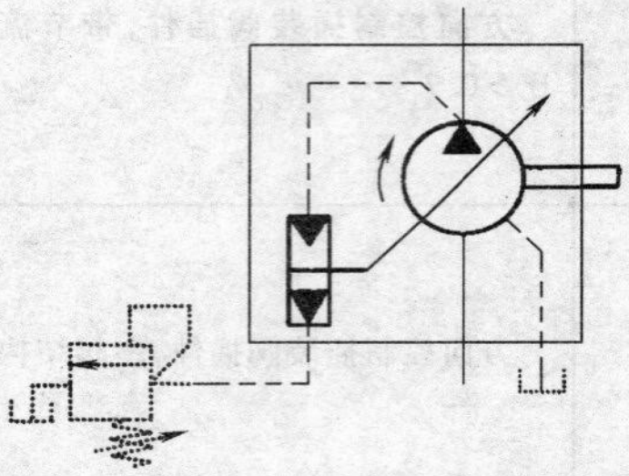	变量泵，先导控制，带压力补偿，单向旋转，带外泄油路
缸	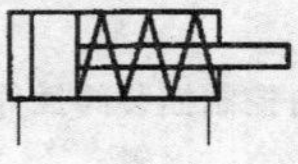	单作用单杆缸，靠弹簧力返回行程，弹簧腔带连接油口
	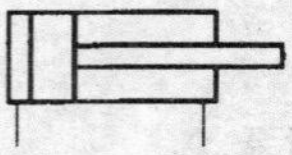	单作用单杆缸
	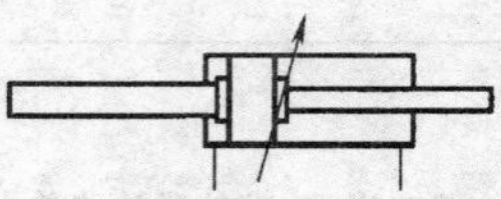	双作用双杆缸，活塞杆直径不同，双向缓冲，右侧带调节
	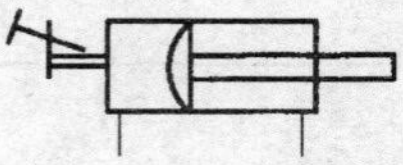	带行程限制器的双作用膜片缸
	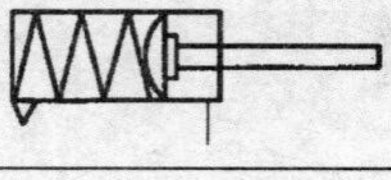	活塞杆终端带缓冲的单作用膜片缸，排气口不连接

（续）

名称	图形符号	描述
缸	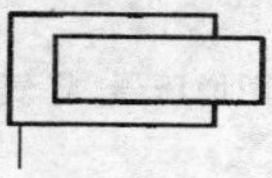	单作用缸，柱塞缸
	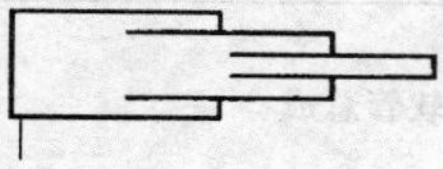	单作用伸缩缸
	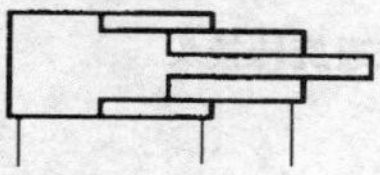	双作用伸缩缸
	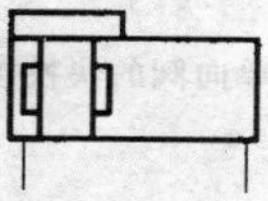	双作用带状无杆缸，活塞两端带终点位置缓冲
	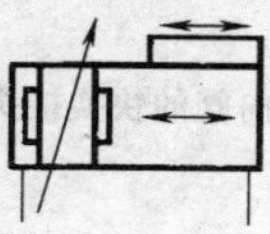	双作用缆绳式无杆缸，活塞两端带可调节终点位置缓冲
	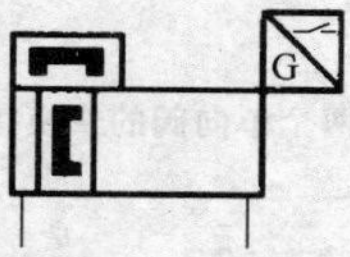	双作用磁性无杆缸，仅右边终端位置切换
	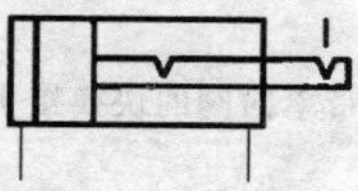	行程两端定位的双作用缸
	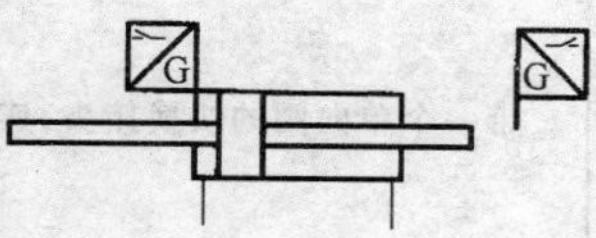	双杆双作用缸，左终点带内部限位开关，内部机械控制，右终点有外部限位开关，由活塞杆触发
	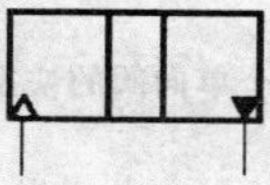	单作用压力介质转换器，将气体压力转换为等值的液体压力，反之亦然

（续）

名　称	图形符号	描　述
缸	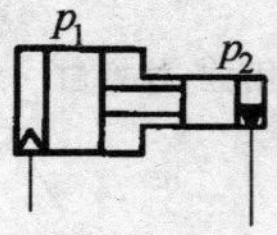	单作用增压器，将气体压力 p_1 转换为更高的液体压力 p_2
连接和管接头		软管总成
		三通旋转接头
		不带单向阀的快换接头，断开状态
		带单向阀的快换接头，断开状态
		带两个单向阀的快换接头，断开状态
		不带单向阀的快换接头，连接状态
		带一个单向阀的快换接头，连接状态
		带两个单向阀的快换接头，连接状态

（续）

名　称	图形符号	描　述
电气装置		可调节的机械电子压力继电器
		输出开关信号，可电子调节的压力转换器
		模拟信号输出压力传感器
测量仪和指示器		光学指示器
		数字式指示器
		声音指示器
		压力测量单元（压力表）
		压差计
		温度计
		可调电气常闭触点温度计（接点温度计）
		液位指示器
		模拟量输出，数字式电气液位监控器

（续）

名　称	图形符号	描　述
测量仪和指示器		流量指示器
		流量计
	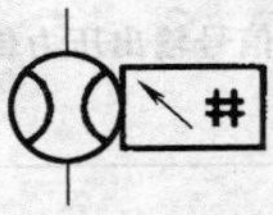	数字式流量计
	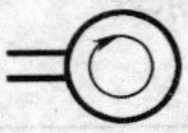	转速仪
		转矩仪
过滤器与分离器	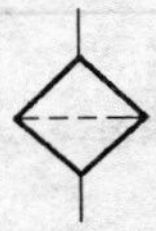	过滤器
	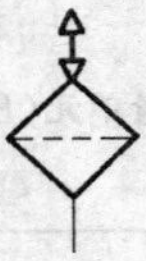	油箱通气过滤器
		带附属磁性滤芯的过滤器
	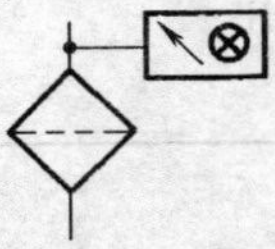	带光学阻塞指示器的过滤器
	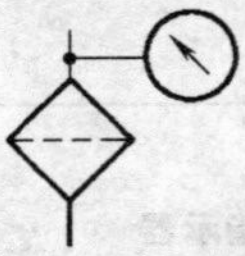	带压力表的过滤器
	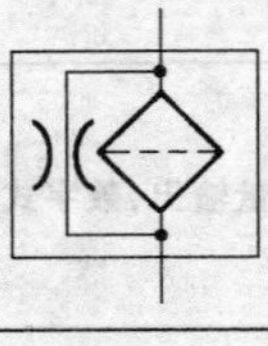	带旁路节流的过滤器

（续）

名称	图形符号	描述
过滤器与分离器	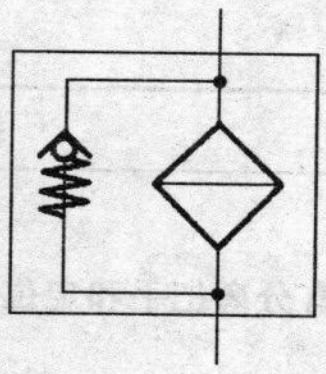	带旁路单向阀的过滤器
	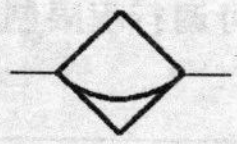	离心式分离器
蓄能器	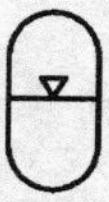	隔膜式充气蓄能器(隔膜式蓄能器)
		囊隔式充气蓄能器(囊式蓄能器)
	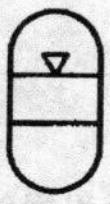	活塞式充气蓄能器(活塞式蓄能器)
	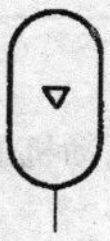	气瓶
	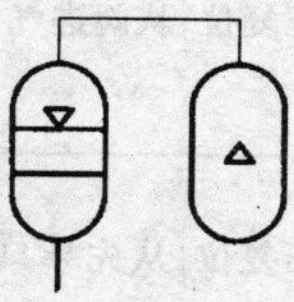	带下游气瓶的活塞式蓄能器
润滑点		润滑点

附录 B 气动控制元件图形符号

(摘自 GB/T 786.1—2009)

名称		图形符号	描述
阀	控制机构		带有分离把手和定位销的控制机构
			具有可调行程限制装置的柱塞
			带有定位装置的推或拉控制机构
			手动锁定控制机构
		5	具有 5 个锁定位置的调节控制机构
			单方向行程操纵的滚轮手柄
		M	用步进电动机的控制机构
			气压复位,从阀进气口提供内部压力
			气压复位,从先导口提供内部压力(注:为了更易理解,图中标出外部先导线)
			气压复位,外部压力源

（续）

名　称		图形符号	描　述
阀	控制机构		单作用电磁铁，动作指向阀芯
			单作用电磁铁，动作背离阀芯
			双作用电气控制机构，动作指向或背离阀芯
			单作用电磁铁，动作指向阀芯，连续控制
			单作用电磁铁，动作背离阀芯，连续控制
			双作用电气控制机构，动作指向或背离阀芯，连续控制
			电气操纵的气动先导控制机构
	方向控制阀		二位二通方向控制阀，两通，两位，推压控制机构，弹簧复位，常闭
			二位二通方向控制阀，两通，两位，电磁铁操纵，弹簧复位，常开
			二位四通方向控制阀，电磁铁操纵，弹簧复位
			气动软起动阀，电磁铁操纵，内部先导控制

（续）

名称		图形符号	描述
阀	方向控制阀	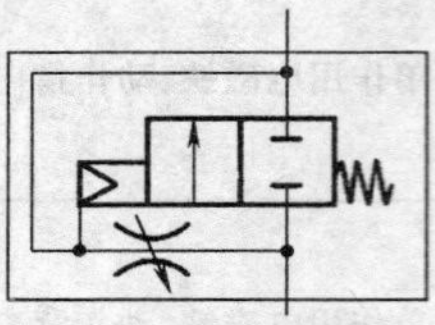	延时控制气动阀，其入口接入一个系统，使得气体低速流入，直至达到预设压力才使阀口全开
		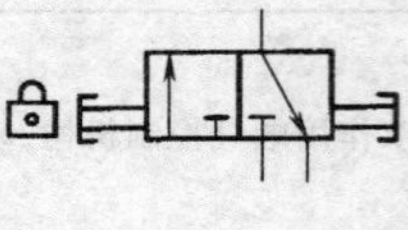	二位三通锁定阀
		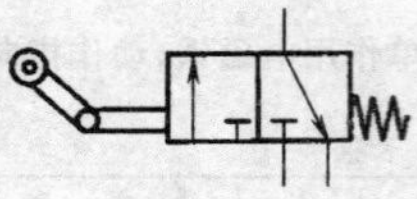	二位三通方向控制阀，滚轮杠杆控制，弹簧复位
		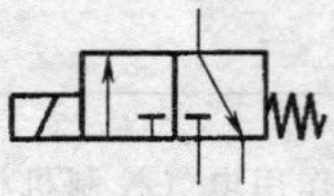	二位三通方向控制阀，电磁铁操纵，弹簧复位，常闭
		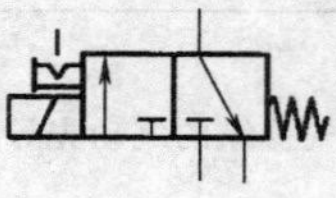	二位三通方向控制阀，单电磁铁操纵，弹簧复位，定位销式手动定位
		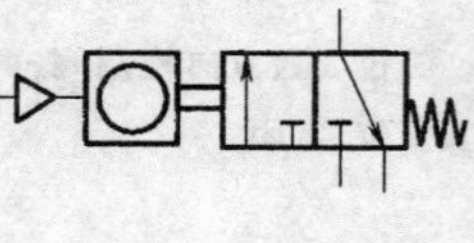	带气动输出信号的脉冲计数器
		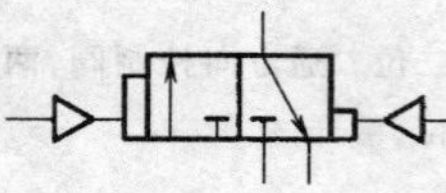	二位三通方向控制阀，差动先导控制
		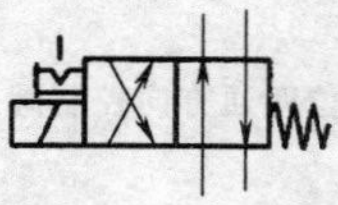	二位四通方向控制阀，单电磁铁操纵，弹簧复位，定位销式手动定位
		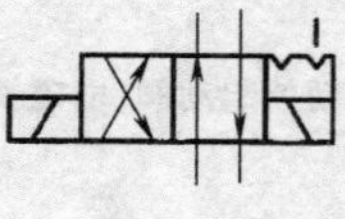	二位四通方向控制阀，双电磁铁操纵，定位销式(脉冲阀)

（续）

名称		图形符号	描述
阀	方向控制阀	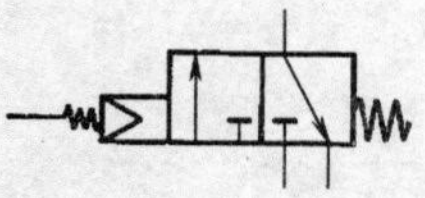	二位三通方向控制阀，气动先导式控制和扭力杆，弹簧复位
		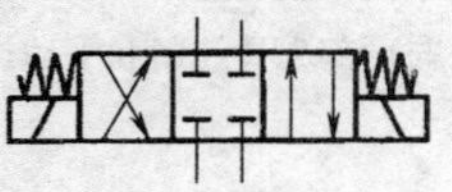 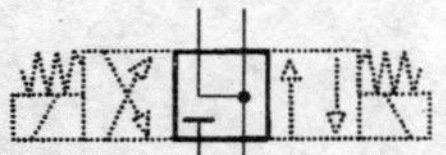 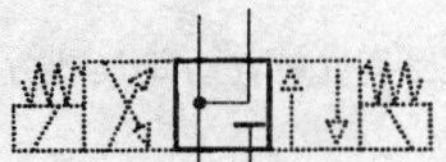 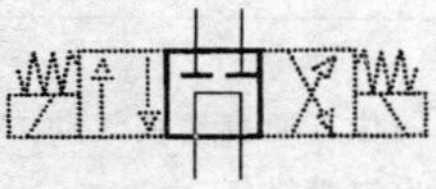	三位四通方向控制阀，弹簧对中，双电磁铁直接操纵，不同中位机能的类别
		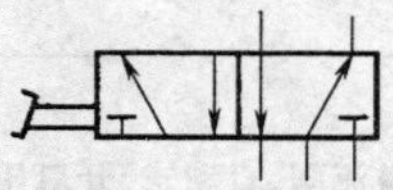	二位五通方向控制阀，踏板控制
		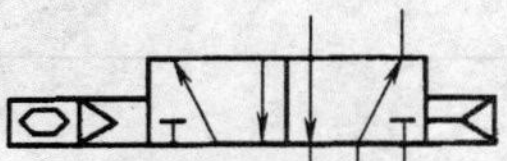	二位五通气动方向控制阀，先导式压电控制，气压复位
		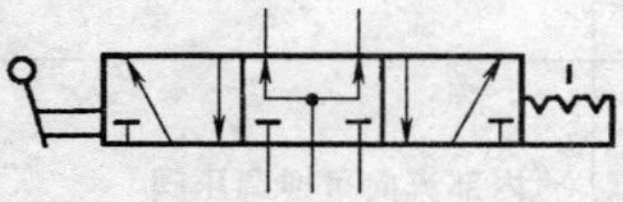	三位五通方向控制阀，手动拉杆控制，位置锁定
		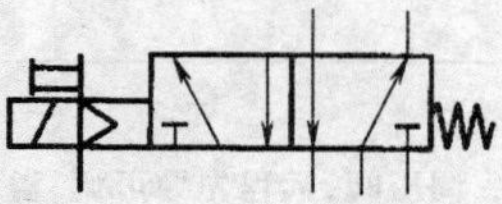	二位五通气动方向控制阀，单作用电磁铁，外部先导供气，手动操纵，弹簧复位
		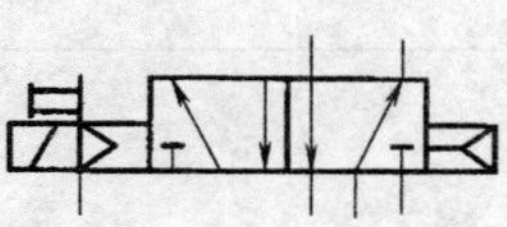 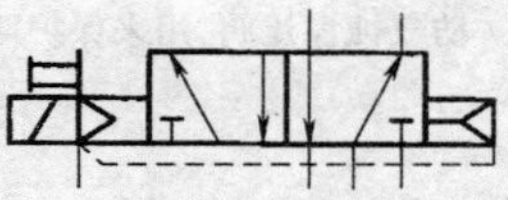 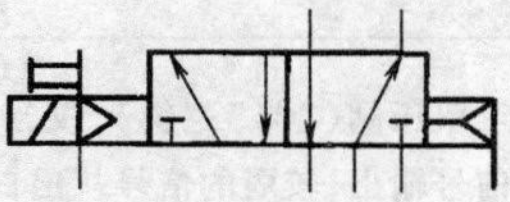	二位五通气动方向控制阀，电磁铁先导控制，外部先导供气，气压复位，手动辅助控制。气压复位供压具有如下可能： 从阀进气口提供内部压力； 从先导口提供内部压力； 外部压力源

（续）

名　称		图形符号	描　述
阀	方向控制阀	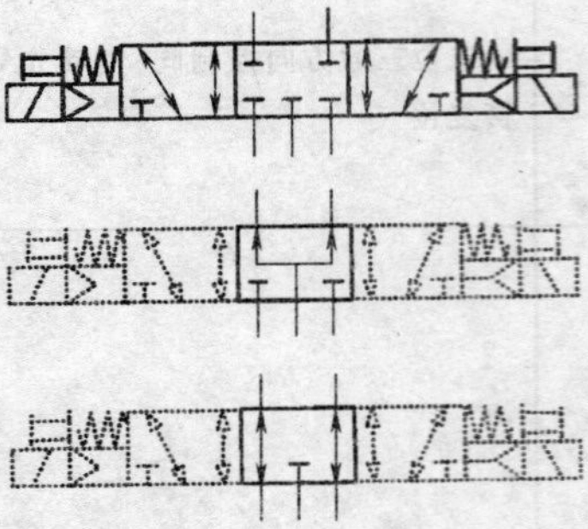	不同中位机能的三位五通气动方向控制阀，两侧电磁铁与内部先导控制和手动操纵控制，弹簧复位至中位
		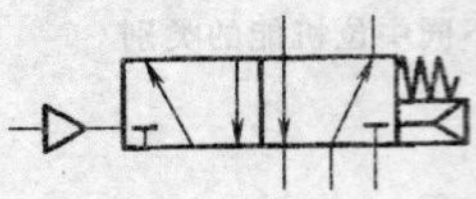	二位五通直动式气动方向控制阀，机械弹簧与气压复位
		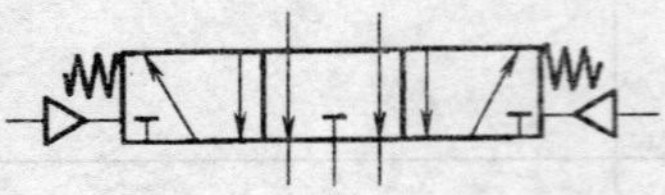	三位五通直动式气动方向控制阀，弹簧对中，中位时两出口都排气
	压力控制阀	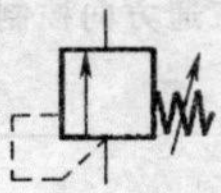	溢流阀，直动式，开启压力由弹簧调节
		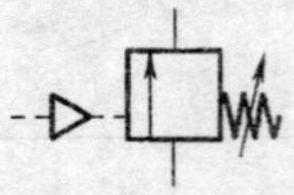	外部控制的顺序阀
		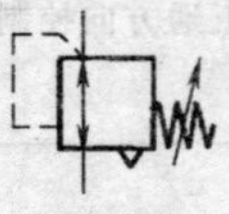	内部流向可逆调压阀
		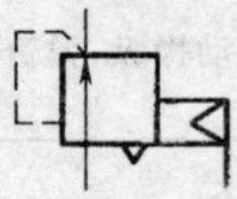	调压阀，远程先导可调，溢流，只能向前流动
		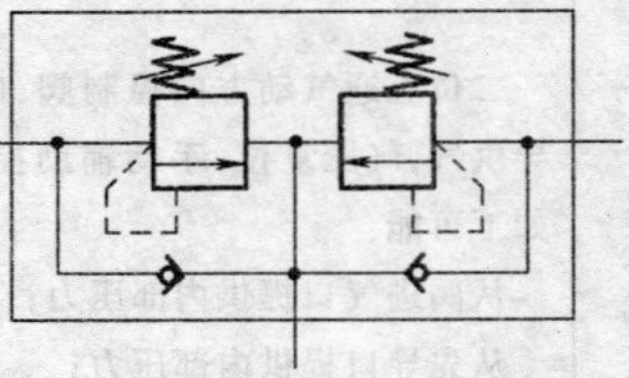	防气蚀溢流阀，用来保护两条供给管道
		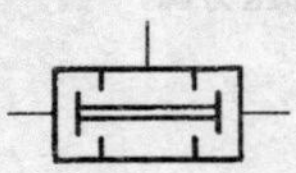	双压阀（"与"逻辑），仅当两进气口有压力时才会有信号输出，较弱的信号从出口输出

（续）

名称		图形符号	描述
阀	流量控制阀		可调流量控制阀
			可调流量控制阀，单向自由流动
		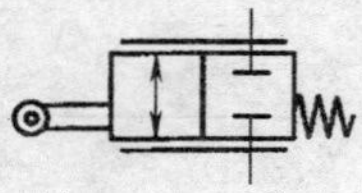	流量控制阀，滚轮杠杆操纵，弹簧复位
	单向阀和梭阀		单向阀，只能在一个方向自由流动
			单向阀，带有弹簧复位，只能在一个方向自由流动，常闭
			先导式液控单向阀，带有复位弹簧，先导压力允许在两个方向自由流动
		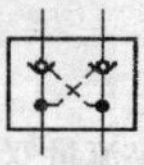	双单向阀，先导式
		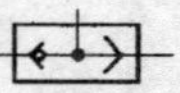	梭阀（“或”逻辑），压力高的入口自动与出口接通
		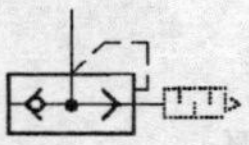	快速排气阀
	比例方向控制阀	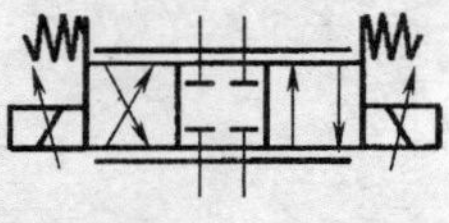	直动式比例方向控制阀
	比例压力控制阀	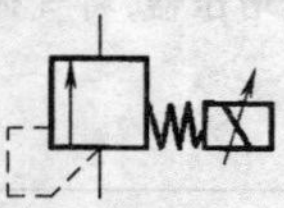	比例溢流阀，直控式，通过电磁铁控制弹簧工作长度来控制液压电磁换向座阀
		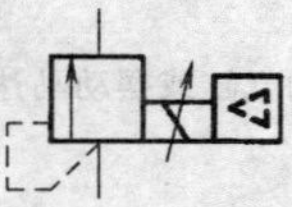	比例溢流阀，直控式，电磁力直接作用在阀芯上，集成电子器件
		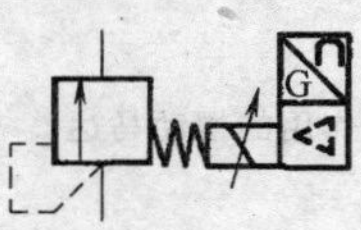	比例溢流阀，直控式，带电磁铁位置闭环控制，集成电子器件

（续）

名称		图形符号	描述
阀	比例流量控制阀	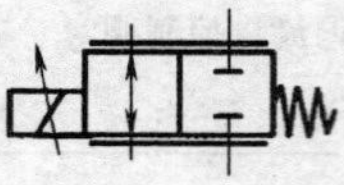	比例流量控制阀，直控式
		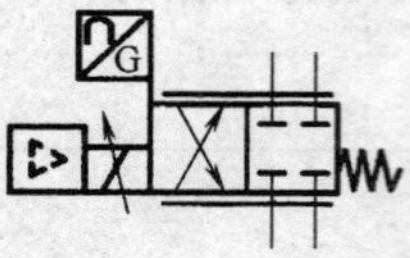	比例流量控制阀，直控式，带电磁铁位置闭环控制和集成式电子放大器
空气压缩机和马达		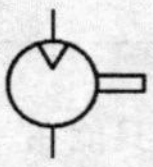	马达
		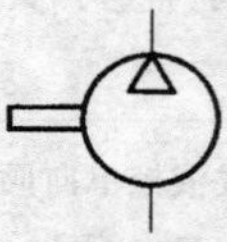	空气压缩机
		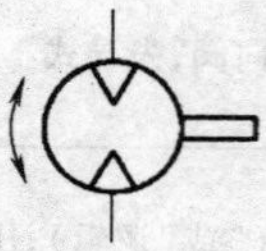	变方向定流量双向摆动马达
		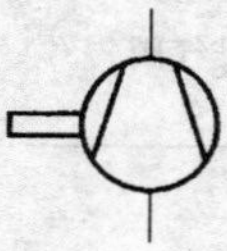	真空泵
		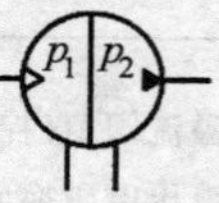	连续增压器，将气体压力 p_1 转换为较高的液体压力 p_2
		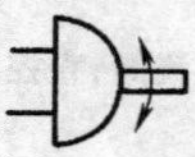	摆动气缸或摆动马达，限制摆动角度，双向摆动
		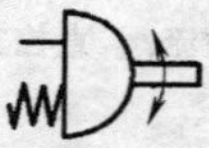	单作用的摆动马达

（续）

名　称	图形符号	描　述
缸	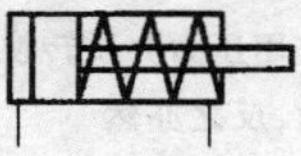	单作用单杆缸，靠弹簧力返回行程，弹簧腔带连接口
	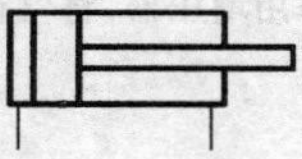	单作用单杆缸
	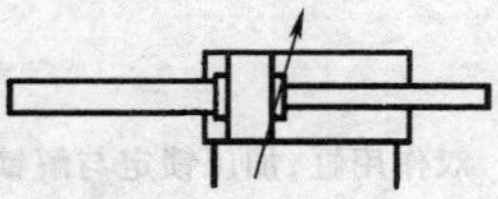	双作用双杆缸，活塞杆直径不同，双向缓冲，右侧带调节
	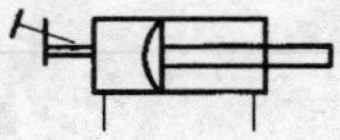	带行程限制器的双作用膜片缸
	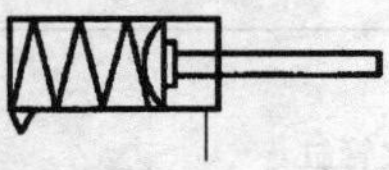	活塞杆终端带缓冲的单作用膜片缸，排气口不连接
	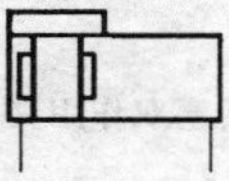	双作用带状无杆缸，活塞两端带终点位置缓冲
	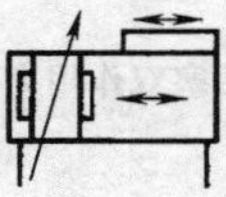	双作用缆索式无杆缸，活塞两端带可调节重点位置缓冲
	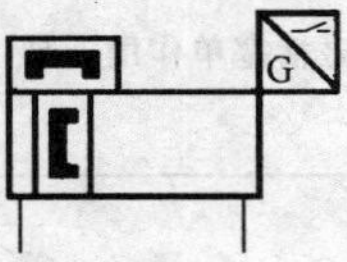	双作用磁性无杆缸，仅右边终端位置切换
	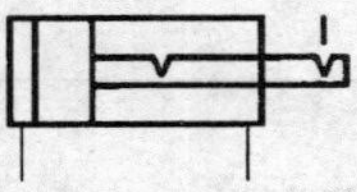	行程两端定位的双作用缸
	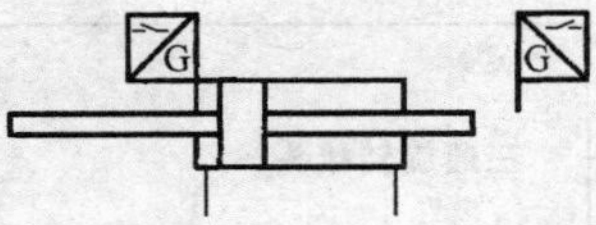	双杆双作用缸，左终点带内部限位开关，内部机械控制，右终点有外部限位开关，由活塞杆触发

（续）

名　称	图形符号	描　　述
缸		单作用压力介质转换器，将气体压力转换为等值的液体压力，反之亦然
	p_1 p_2	单作用增压器，将气体压力 p_1 转换为更高的液体压力 p_2
		双作用缸，加压锁定与解锁活塞杆机构
		波纹管缸
		软管缸
		永磁活塞双作用夹具
		永磁活塞双作用夹具
		永磁活塞单作用夹具
		永磁活塞单作用夹具
连接和管接头		软管总成
	1 2 3 1 2 3	三通旋转接头

(续)

名　称	图形符号	描　述
连接和管接头		不带单向阀的快换接头，断开状态
		带单向阀的快换接头，断开状态
		带两个单向阀的快换接头，断开状态
		不带单向阀的快换接头，连接状态
		带一个单向阀的快换接头，连接状态
		带两个单向阀的快换接头，连接状态
电气装置		可调节的机械电子压力继电器
	P	输出开关信号，可电子调节的压力转换器
	P	模拟信号输出压力传感器
		压电控制机构

（续）

名　称	图形符号	描　述
测量仪和指示器		光学指示器
		数字式指示器
		声音指示器
		压力测量单元（压力表）
		压差计
	1 2 3 4 5	带选择功能的压力表
		开关式压力表
		计数器
过滤器与分离器		过滤器
		带光学阻塞指示器的过滤器
		带压力表的过滤器
		离心式分离器

（续）

名称	图形符号	描述
过滤器与分离器	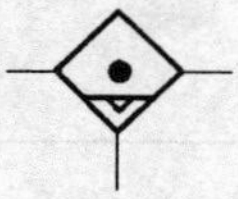	自动排水聚结式过滤器
	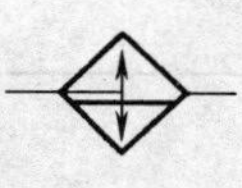	双相分离器
	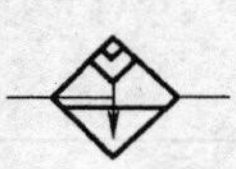	真空分离器
	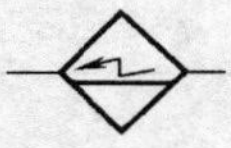	静电分离器
	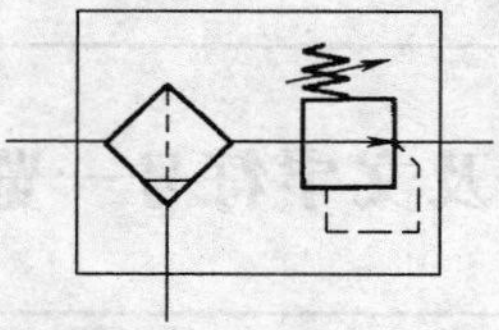	不带压力表的手动排水过滤器，手动调节，无溢流
	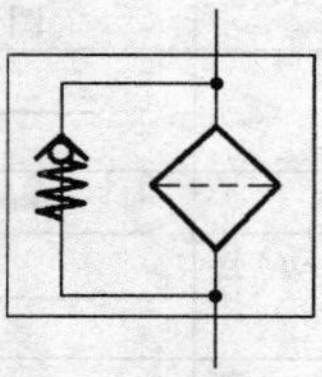	带旁路单向阀的过滤器
	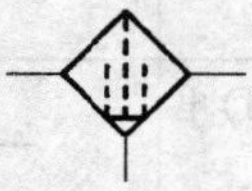	油雾分离器
	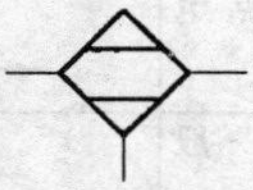	空气干燥器
	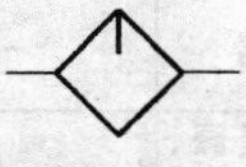	油雾器
	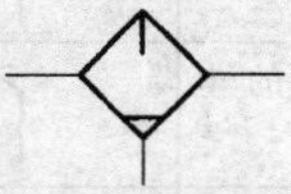	手动排水式油雾器
	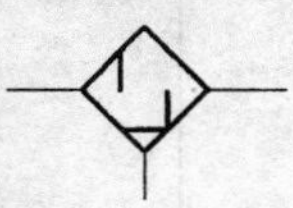	手动排水式重新分离器

（续）

名称	图形符号	描述
蓄能器（压力容器、气瓶）		气罐
真空发生器		真空发生器
		带集成单向阀的单级真空发生器
吸盘		吸盘
		带弹簧压紧式推杆和单向阀的吸盘

附录 C 电气图常用图形及文字符号一览表

名称	GB/T 4728—2005、2008 图形符号	GB/T 7159—1987 文字符号	名称	GB/T 4728—2005、2008 图形符号	GB/T 7159—1987 文字符号
直流电			插座		X
交流电			插头		X
交直流电			滑动（滚动）连接器		E
正、负极	+ −		电阻器一般符号		R
三角形联结的三相绕组			可变（可调）电阻器		R
星形联结的三相绕组			滑动触点电位器		RP
导线			电容器一般符号		C
三根导线			极性电容器	+	C
导线连接			电感器、线圈、绕组		L
端子			带铁心的电感器		L
可拆卸的端子			电抗器		L
端子板	1 2 3 4 5 6 7 8	X			
接地		E			

（续）

名称	GB/T 4728—2005、2008 图形符号	GB/T 7159—1987 文字符号	名称	GB/T 4728—2005、2008 图形符号	GB/T 7159—1987 文字符号
可调压的单相自耦变压器		T	普通刀开关		Q
有铁心的双绕组变压器		T	普通三相刀开关		Q
三相自耦变压器星形联结		T	按钮常开触点（起动按钮）		SB
电流互感器		TA	按钮常闭触点（停止按钮）		SB
电机扩大机		AR	位置开关常开触点		SQ
串励直流电动机	M	M	位置开关常闭触点		SQ
并励直流电动机	M	M	熔断器		KM
他励直流电动机	M	M	接触器常开主触点		KM
三相笼型异步电动机	M 3~	M3 ~	接触器常开辅助触点		KM
三相绕线转子异步电动机	M 3~	M3 ~	接触器常闭主触点		KM
永磁式直流测速发电机	TG	BR	接触器常闭辅助触点		KM
			继电器常开触点		KA
			继电器常闭触点		KA
			热继电器常闭触点		FR

（续）

名　称	GB/T 4728—2005、2008 图形符号	GB/T 7159—1987 文字符号	名　称	GB/T 4728—2005、2008 图形符号	GB/T 7159—1987 文字符号
延时闭合的常开触点		KT	电磁阀		YV
延时断开的常开触点		KT	电磁制动器		YB
延时闭合的常闭触点		KT	电磁铁		YA
延时断开的常闭触点		KT	照明灯一般符号		EL
			指示灯、信号灯一般符号		HL
接近开关常开触点		SQ	电铃		HA
接近开关常闭触点		SQ	电喇叭		HA
气压式液压继电器常开触点		SP	蜂鸣器		HA
气压式液压继电器常闭触点		SP	电警笛、报警器		HA
速度继电器常开触点		KS	普通二极管		VD
速度继电器常闭触点		KS	普通晶闸管		VTH
			稳压二极管		VS
操作器件一般符号接触器线圈		KM	PNP 型晶体管		VT
缓慢释放继电器的线圈		KT	NPN 型晶体管		VT
缓慢吸合继电器的线圈		KT	单结晶体管		VU
热继电器的驱动器件		FR			
电磁离合器		YC	运算放大器		N

参 考 文 献

[1] 栾居里，高宇．机械设备控制技术［M］．北京：化学工业出版社，2009．
[2] 符林芳，李稳贤．液压与气压传动技术［M］．北京：北京理工大学出版社，2010．
[3] 夏燕兰．数控机床电气控制［M］．北京：机械工业出版社，2012．
[4] 姜新桥．PLC应用技术项目教程［M］．西安：西安电子科技大学出版社，2012．
[5] 李山兵，刘海燕．机床电气控制技术［M］．北京：电子工业出版社，2012．
[6] 牟志华，张海军．液压与气动技术［M］．北京：中国铁道出版社，2010．
[7] 蔺国民，李锁牢．液压与气压传动［M］．北京：西苑出版社，2011．
[8] 李方园，李亚峰．数控机床电气控制简明教程［M］．北京：机械工业出版社，2013．